Álgebra Linear

4ª edição

Álgebra Linear

4ª edição

José Luiz Boldrini
Sueli I. Rodrigues Costa
Vera Lúcia Figueiredo
Henry G. Wetzler

Depto. de Matemática da
Universidade Estadual de Campinas – UNICAMP

editora HARBRA

Direção Geral: Julio E. Emöd
Supervisão Editorial: Maria Pia Castiglia
Edição de Arte e Capa: Mônica Roberta Suguiyama
Coordenação Editorial: Maria Elizabeth Santo
Editoração Eletrônica e Artes: s Ltda. AM Produções Gráficas Ltda.
Fotografia da Capa: Shutterstock
Impressão e Acabamento: Gráfica Forma Certa

CIP-BRASIL. CATALOGAÇÃO NA PUBLICAÇÃO
SINDICATO NACIONAL DOS EDITORES DE LIVROS, RJ

A383
4. ed.

Álgebra linear / José Luiz Boldrini ... [et al.]. - 4. ed., ampl. e rev. - São Paulo : HARBRA, 2025.
424 p. ; 22 cm.

Inclui bibliografia e índice
ISBN 978-85-294-0643-5

1. Álgebra linear. I. Boldrini, José Luiz.

24-95329 CDD: 512.5
CDU: 512.64

Gabriela Faray Ferreira Lopes - Bibliotecária - CRB-7/6643

Rua Mauro, 400
04055-041 – São Paulo – SP
Tel.: (0.xx.11) 5084-2482
Site: www.harbra.com.br

ISBN 978-85-294-0643-5

Impresso no Brasil *Printed in Brazil*

Conteúdo

CAPÍTULO 8 – PRODUTO INTERNO 219

CAPÍTULO 9 – TIPOS ESPECIAIS DE OPERADORES LINEARES 253

CAPÍTULO 10 – FORMAS LINEARES, BILINEARES E QUADRÁTICAS 269

CAPÍTULO 11 – CLASSIFICAÇÃO DE CÔNICAS E QUADRÁTICAS 285

Prefácio

Este livro teve como origem o texto de um curso de Álgebra Linear, oferecido para alunos de Engenharia, Física, Matemática, Estatística e Computação da Universidade Estadual de Campinas. O programa foi estabelecido tendo em vista que seria o único curso de Álgebra Linear que a maioria dos alunos receberia. Por isso, procuramos englobar os assuntos que seriam indispensáveis aos cursos que estes alunos seguissem posteriormente. Ele foi ministrado numa disciplina de segundo semestre que é seqüência de um curso, também semestral, de Geometria Analítica.

Os pré-requisitos para a leitura deste texto são os tópicos de Matemática, normalmente vistos até o curso Colegial. A partir destes, introduzimos e desenvolvemos razoavelmente os conceitos básicos de Álgebra Linear, procurando sempre indicar aos alunos as fontes às quais eles podem recorrer para aprofundar seus conhecimentos.

Alunos que cursam pela primeira vez esta disciplina, freqüentemente julgam-na muito abstrata e não vêem como podem utilizar os conceitos básicos. E, normalmente, muitos cursos terminam sem que se mostre aos alunos uma aplicação concreta de tudo o que aprenderam.

Procuramos, então, dar aos tópicos uma abordagem com dois objetivos:

1. Conseguir uma exposição da matéria, de tal forma que a ênfase seja colocada no *uso* dos conceitos. Neste sentido, optamos por uma exposição em que estes sejam introduzidos, na medida do possível, dentro de um contexto onde surja a necessidade de sua apresentação. Algumas demonstrações são propostas na forma de exercícios, o que permite uma maior fluência do texto e possibilita ao aluno desenvolvê-las dentro do seu raciocínio lógico.

2. Encaminhar os conceitos para a solução de problemas nos quais os alunos já tenham sentido dificuldade. Desta forma, é conveniente fixar qualquer um dos capítulos (Cap. 11: *Classificação de Cônicas e Quádricas*; Cap. 12: *Resolução de Sistemas de Equações Diferenciais*; Cap. 13: *Processos Iterativos*; Cap. 14: *Conjuntos Convexos e Programação Linear*), como chave, ou seja, um capítulo que englobe os diversos conceitos apresentados no livro. Na busca das soluções para os problemas que colocamos nestes capítulos recorremos à maioria dos conceitos incorporados em um curso tradicional de Álgebra Linear (noções de espaço vetorial, autovalores e autovetores, diagonalização de operadores), de modo que os alunos possam perceber a inter-relação entre eles e a aplicação conjunta dos mesmos.

Dentro desta perspectiva, poderíamos sugerir algumas seqüências para o desenvolvimento de um curso de Álgebra Linear:

1. Capítulos 1 a 11;
2. Capítulos 1 a 8 e 12;
3. Capítulos 1 a 8 e 13;
4. Capítulos 1 a 8 e 14.

Uma outra sugestão é a de que o conteúdo deste livro seja desenvolvido, como já vem sendo feito, em disciplinas que integrem os tradicionais cursos de Cálculo, Álgebra Linear e Equações Diferenciais.

Quanto aos aspectos didáticos, gostaríamos de ressaltar que os exercícios são importantes inclusive como extensão de cada capítulo. O conteúdo foi elaborado de modo a se enquadrar em diversos programas, podendo-se deixar de estudar as seções assinaladas com asterisco sem prejuízo do entendimento dos tópicos abordados. Por exemplo, seções como Cadeia de Markov (seção 1.5) e Ajuste de Curvas (8.8), que são tópicos especiais, podem ou não ser incluídas de acordo com o interesse de cada aluno, grupo ou classe.

Nesta edição, a antiga seção 4.9 foi ampliada e transformada no ada no atual Capítulo 14: Conjuntos Convexos e Programação Linear. A relativa simplicidade deste assunto e seu grande número de aplicações práticas são responsáveis por sua difusão e interesse nos últimos anos. Anexamos a este novo capítulo uma seção de autoria do Prof. Antonio Carlos Moretti, que descreve o algoritmo do método simplex para programação linear e indica as etapas para a programação por microcomputadores deste método.

A nossa experiência, assim como a de outros professores, tem mostrado que o núcleo de um curso introdutório de Álgebra Linear e, portanto, o deste livro, corresponde à matéria exposta nos Capítulos de 1 a 8, podendo ser excluídas as seções 7.2 a 7.4, dependendo dos objetivos a atingir. Recomendamos especial atenção aos capítulos introdutórios, principalmente ao que trata de Sistemas Lineares, e que fornecerão a base técnica indispensável para a boa compreensão dos demais capítulos, além de conterem em si métodos fundamentais aplicáveis a muitas situações. Acreditamos que as seções e capítulos alternativos permitam opções para trabalhar com os conceitos de Álgebra Linear em diferentes áreas.

Queremos agradecer a todas as pessoas que leram e utilizaram o livro, enviando sugestões, e de modo especial aos professores Antonio Carlos Gilli Martins e João Frederico C. A. Meyer.

Os Autores

capítulo 1

Matrizes

1.1 INTRODUÇÃO

Nesta seção, apresentamos os conceitos básicos sobre matrizes. Estes conceitos aparecem naturalmente na resolução de muitos tipos de problemas e são essenciais, não apenas porque eles "ordenam e simplificam" o problema, mas também porque fornecem novos métodos de resolução.

Chamamos de *matriz* uma tabela de elementos dispostos em linhas e colunas. Por exemplo, ao recolhermos os dados referentes a altura, peso e idade de um grupo de quatro pessoas, podemos dispô-los na tabela:

	Altura (m)	*Peso (kg)*	*Idade (anos)*
Pessoa 1	1,70	70	23
Pessoa 2	1,75	60	45
Pessoa 3	1,60	52	25
Pessoa 4	1,81	72	30

Ao abstraírmos os significados das linhas e colunas, temos a matriz:

$$\begin{bmatrix} 1{,}70 & 70 & 23 \\ 1{,}75 & 60 & 45 \\ 1{,}60 & 52 & 25 \\ 1{,}81 & 72 & 30 \end{bmatrix}$$

Observe que em um problema em que o número de variáveis e de observações é muito grande, essa disposição ordenada dos dados em forma de matriz torna-se absolutamente indispensável.

Outros exemplos de matrizes são:

$$\begin{bmatrix} 2x & -1 \\ 2 & 3 \\ 0 & x \end{bmatrix} \qquad [3 \quad 0 \quad 1] \qquad [1]$$

Os elementos de uma matriz podem ser números (reais ou complexos), funções, ou ainda outras matrizes.

Representaremos uma matriz de m linhas e n colunas por:

$$A_{m \times n} = \begin{bmatrix} a_{11} & a_{12} & \cdots & a_{1n} \\ a_{21} & a_{22} & \cdots & a_{2n} \\ \vdots & \vdots & & \vdots \\ a_{m1} & a_{m2} & \cdots & a_{mn} \end{bmatrix} = [a_{ij}]_{m \times n}$$

Usaremos sempre letras maiúsculas para denotar matrizes, e quando quisermos especificar a ordem de uma matriz **A** (isto é, o número de linhas e colunas), escreveremos $A_{m \times n}$. Também são utilizadas outras notações para matriz, além de colchetes, como parênteses ou duas barras. Por exemplo:

$$\begin{pmatrix} 2 & -1 \\ 0 & 4 \end{pmatrix} \quad \text{e} \quad \left\| \begin{matrix} 2 & -1 \\ 0 & 4 \end{matrix} \right\|$$

Não obstante, neste livro as matrizes aparecerão sempre entre colchetes.

Para localizar um elemento de uma matriz, dizemos a linha e a coluna (nesta ordem) em que ele está. Por exemplo, na matriz:

$$A_{2 \times 3} = \begin{bmatrix} 1 & 0 & -4 \\ 4 & -3 & 2 \end{bmatrix}$$

o elemento que está na primeira linha e terceira coluna é -4, isto é, $a_{13} = -4$, Ainda neste exemplo, temos $a_{11} = 1$, $a_{12} = 0$, $a_{21} = 4$, $a_{22} = -3$ e $a_{23} = 2$.

1.1.1 Definição: Duas matrizes $\mathbf{A}_{m \times n} = [a_{ij}]_{m \times n}$ e $\mathbf{B}_{r \times s} = [b_{ij}]_{r \times s}$ são iguais, $\mathbf{A} = \mathbf{B}$, se elas têm o mesmo número de linhas ($m = r$) e colunas ($n = s$), e todos os seus elementos correspondentes são iguais ($a_{ij} = b_{ij}$).

Exemplo:

$$\begin{bmatrix} 3^2 & 1 & \log 1 \\ 2 & 2^2 & 5 \end{bmatrix} = \begin{bmatrix} 9 & \text{sen } 90^\circ & 0 \\ 2 & 4 & 5 \end{bmatrix}$$

1.2 TIPOS ESPECIAIS DE MATRIZES

Ao trabalhar com matrizes, observamos que existem algumas que, seja pela quantidade de linhas ou colunas, ou ainda, pela natureza de seus elementos, têm propriedades que as diferenciam de uma matriz qualquer. Além disso, estes tipos de matrizes aparecem freqüentemente na prática e, por isso, recebem nomes especiais.

Consideremos uma matriz com m linhas e n colunas que denotamos por $\mathbf{A}_{m \times n}$:

1.2.1 Matriz Quadrada é aquela cujo número de linhas é igual ao número de colunas ($m = n$).

Exemplos:

$$\begin{bmatrix} 1 & -2 & 0 \\ 3 & 0 & 1 \\ 4 & 5 & 6 \end{bmatrix} \quad \text{e} \quad [8]$$

No caso de matrizes quadradas $\mathbf{A}_{m \times m}$, costumamos dizer que $\mathbf{A}$ é uma matriz de ordem m.

1.2.2 Matriz Nula é aquela em que $a_{ij} = 0$, para todo i e j.

Exemplos:

$$\mathbf{A}_{2 \times 2} = \begin{bmatrix} 0 & 0 \\ 0 & 0 \end{bmatrix} \quad \text{e} \quad \mathbf{B}_{3 \times 5} = \begin{bmatrix} 0 & 0 & 0 & 0 & 0 \\ 0 & 0 & 0 & 0 & 0 \\ 0 & 0 & 0 & 0 & 0 \end{bmatrix}$$

1.2.3 Matriz-Coluna é aquela que possui uma única coluna ($n = 1$).

Exemplos:

$$\begin{bmatrix} 1 \\ 4 \\ -3 \end{bmatrix} \quad \text{e} \quad \begin{bmatrix} x \\ y \end{bmatrix}$$

Analogamente, temos:

1.2.4 Matriz-Linha é aquela onde $m = 1$.

Exemplos: $[3 \quad 0 \quad -1]$ e $[0 \quad 0]$

1.2.5 Matriz Diagonal é uma matriz quadrada ($m = n$) onde $a_{ij} = 0$, para $i \neq j$, isto é, os elementos que não estão na "diagonal" são nulos.

Exemplos:

$$\begin{bmatrix} 7 & 0 & 0 \\ 0 & 1 & 0 \\ 0 & 0 & -1 \end{bmatrix} \text{ e } \begin{bmatrix} 3 & 0 & 0 & 0 \\ 0 & 3 & 0 & 0 \\ 0 & 0 & 3 & 0 \\ 0 & 0 & 0 & 3 \end{bmatrix}$$

Um exemplo importante de matriz diagonal vem a seguir.

1.2.6 Matriz Identidade Quadrada é aquela em que $a_{ii} = 1$ e $a_{ij} = 0$, para $i \neq j$.

Exemplos:

$$\mathbf{I}_3 = \begin{bmatrix} 1 & 0 & 0 \\ 0 & 1 & 0 \\ 0 & 0 & 1 \end{bmatrix} \text{ e } \mathbf{I}_2 = \begin{bmatrix} 1 & 0 \\ 0 & 1 \end{bmatrix}$$

1.2.7 Matriz Triangular Superior é uma matriz quadrada onde todos os elementos abaixo da diagonal são nulos, isto é, $m = n$ e $a_{ij} = 0$, para $i > j$.

Exemplos:

$$\begin{bmatrix} 2 & -1 & 0 \\ 0 & -1 & 4 \\ 0 & 0 & 3 \end{bmatrix} \text{ e } \begin{bmatrix} a & b \\ 0 & c \end{bmatrix}$$

1.2.8 Matriz Triangular Inferior é aquela em que $m = n$ e $a_{ij} = 0$, para $i < j$.

Exemplos:

$$\begin{bmatrix} 2 & 0 & 0 & 0 \\ 1 & -1 & 0 & 0 \\ 1 & 2 & 2 & 0 \\ 1 & 0 & 5 & 4 \end{bmatrix} \text{ e } \begin{bmatrix} 5 & 0 & 0 \\ 7 & 0 & 0 \\ 2 & 1 & 3 \end{bmatrix}$$

1.2.9 Matriz Simétrica é aquela onde $m = n$ e $a_{ij} = a_{ji}$.

Exemplos:

$$\begin{bmatrix} 4 & 3 & -1 \\ 3 & 2 & 0 \\ -1 & 0 & 5 \end{bmatrix} \text{ e } \begin{bmatrix} a & b & c & d \\ b & e & f & g \\ c & f & h & i \\ d & g & i & k \end{bmatrix}$$

Observe que, no caso de uma matriz simétrica, a parte superior é uma "reflexão" da parte inferior, em relação à diagonal.

1.3 OPERAÇÕES COM MATRIZES

Ao utilizar matrizes, surge naturalmente a necessidade de efetuarmos certas operações. Por exemplo, consideremos as tabelas, que descrevem a produção de grãos em dois anos consecutivos.

Produção de grãos (em milhares de toneladas) durante o primeiro ano				
	soja	feijão	arroz	milho
Região A	3000	200	400	600
Região B	700	350	700	100
Região C	1000	100	500	800

Produção de grãos (em milhares de toneladas) durante o segundo ano				
	soja	feijão	arroz	milho
Região A	5000	50	200	0
Região B	2000	100	300	300
Região C	2000	100	600	600

Se quisermos montar uma tabela que dê a produção por produto e por região nos dois anos conjuntamente, teremos que somar os elementos correspondentes das duas tabelas anteriores:

$$\begin{bmatrix} 3000 & 200 & 400 & 600 \\ 700 & 350 & 700 & 100 \\ 1000 & 100 & 500 & 800 \end{bmatrix} + \begin{bmatrix} 5000 & 50 & 200 & 0 \\ 2000 & 100 & 300 & 300 \\ 2000 & 100 & 600 & 600 \end{bmatrix} = \begin{bmatrix} 8000 & 250 & 600 & 600 \\ 2700 & 450 & 1000 & 400 \\ 3000 & 200 & 1100 & 1400 \end{bmatrix}$$

Ou seja:

Produção de grãos (em milhares de toneladas) durante os dois anos				
	soja	feijão	arroz	milho
Região A	8000	250	600	600
Região B	2700	450	1000	400
Região C	3000	200	1100	1400

Podemos considerar agora a seguinte situação. Existem muitos incentivos para se incrementar a produção, condições climáticas favoráveis etc., de tal forma que a previsão para a safra do terceiro ano será o triplo da produção do primeiro. Assim, a matriz de estimativa de produção deste último será:

$$3 \cdot \begin{bmatrix} 3000 & 200 & 400 & 600 \\ 700 & 350 & 700 & 100 \\ 1000 & 100 & 500 & 800 \end{bmatrix} = \begin{array}{c} \begin{matrix} \text{soja} & \text{feijão} & \text{arroz} & \text{milho} \end{matrix} \\ \begin{bmatrix} 9000 & 600 & 1200 & 1800 \\ 2100 & 1050 & 2100 & 300 \\ 3000 & 300 & 1500 & 2400 \end{bmatrix} \end{array} \begin{matrix} \text{Região A} \\ \text{Região B} \\ \text{Região C} \end{matrix}$$

Acabamos de efetuar, neste exemplo, duas operações com matrizes: soma e multiplicação por um número, que serão definidas formalmente, a seguir.

1.3.1 Adição: A soma de duas matrizes de mesma ordem, $\mathbf{A}_{m \times n} = [a_{ij}]$ e $\mathbf{B}_{m \times n} = [b_{ij}]$, é uma matriz $m \times n$, que denotaremos $\mathbf{A} + \mathbf{B}$, cujos elementos são somas dos elementos correspondentes de **A** e **B**. Isto é,

$$\mathbf{A} + \mathbf{B} = [a_{ij} + b_{ij}]_{m \times n}$$

Exemplo:

$$\begin{bmatrix} 1 & -1 \\ 4 & 0 \\ 2 & 5 \end{bmatrix} + \begin{bmatrix} 0 & 4 \\ -2 & 5 \\ 1 & 0 \end{bmatrix} = \begin{bmatrix} 1 & 3 \\ 2 & 5 \\ 3 & 5 \end{bmatrix}$$

Observe que, pela forma com que foi definida, a adição de matrizes tem as mesmas propriedades que a adição de números reais.

Propriedades: Dadas as matrizes **A**, **B** e **C** de mesma ordem $m \times n$, temos:

i) $\mathbf{A} + \mathbf{B} = \mathbf{B} + \mathbf{A}$ (comutatividade)
ii) $\mathbf{A} + (\mathbf{B} + \mathbf{C}) = (\mathbf{A} + \mathbf{B}) + \mathbf{C}$ (associatividade)
iii) $\mathbf{A} + \mathbf{0} = \mathbf{A}$, onde **0** denota a matriz nula $m \times n$.

Poderá ser usada a notação $\mathbf{0}_{m \times n}$ para a matriz nula, quando houver perigo de confusão com o número zero.

A operação que definiremos a seguir é a multiplicação de uma matriz por um número (real ou complexo), também chamada multiplicação por escalar.

1.3.2 Multiplicação por Escalar: Seja $\mathbf{A} = [a_{ij}]_{m \times n}$ e k um número, então definimos uma nova matriz

$$k \cdot \mathbf{A} = [ka_{ij}]_{m \times n}$$

Exemplo:

$$-2\begin{bmatrix} 2 & 10 \\ 1 & -3 \end{bmatrix} = \begin{bmatrix} -4 & -20 \\ -2 & 6 \end{bmatrix}$$

Propriedades: Dadas matrizes **A** e **B** de mesma ordem $m \times n$ e números k, k_1 e k_2, temos:

i) $k(\mathbf{A} + \mathbf{B}) = k\mathbf{A} + k\mathbf{B}$
ii) $(k_1 + k_2)\mathbf{A} = k_1\mathbf{A} + k_2\mathbf{A}$
iii) $0 \cdot \mathbf{A} = \mathbf{0}$, isto é, se multiplicarmos o número zero por qualquer matriz **A**, teremos a matriz nula.
iv) $k_1(k_2\mathbf{A}) = (k_1k_2)\mathbf{A}$

Às vezes, é conveniente considerarmos as linhas de uma dada matriz como colunas de uma nova matriz.

1.3.3 Transposição: Dada uma matriz $\mathbf{A} = [a_{ij}]_{m \times n}$, podemos obter uma outra matriz $\mathbf{A}' = [b_{ij}]_{n \times m}$, cujas linhas são as colunas de **A**, isto é, $b_{ij} = a_{ji}$. **A**$'$ é denominada *transposta* de **A**.

1.3.4 Exemplos

Exemplo 1:

$$\mathbf{A} = \begin{bmatrix} 2 & 1 \\ 0 & 3 \\ -1 & 4 \end{bmatrix}_{3 \times 2} \qquad \mathbf{A}' = \begin{bmatrix} 2 & 0 & -1 \\ 1 & 3 & 4 \end{bmatrix}_{2 \times 3}$$

Exemplo 2:

$$\mathbf{B} = \begin{bmatrix} 1 & 3 \\ 3 & 2 \end{bmatrix} \quad \mathbf{B}' = \begin{bmatrix} 1 & 3 \\ 3 & 2 \end{bmatrix}$$

Exemplo 3:

$$\begin{bmatrix} 1 \\ 2 \end{bmatrix}' = \begin{bmatrix} 1 & 2 \end{bmatrix}$$

Propriedades:

i) Uma matriz é simétrica se, e somente se ela é igual à sua transposta, isto é, se, e somente se $\mathbf{A} = \mathbf{A}'$. (Observe a matriz **B** acima.)

ii) $\mathbf{A}'' = \mathbf{A}$. Isto é, a transposta da transposta de uma matriz é ela mesma.

iii) $(\mathbf{A} + \mathbf{B})' = \mathbf{A}' + \mathbf{B}'$. Em palavras, a transposta de uma soma é igual à soma das transpostas.

iv) $(k\mathbf{A})' = k\mathbf{A}'$, onde k é qualquer escalar.

Antes de definir uma outra operação, a multiplicação de matrizes, vejamos um exemplo do que pode ocorrer na prática.

Suponhamos que a seguinte matriz forneça as quantidades das vitaminas A, B e C obtidas em cada unidade dos alimentos I e II.

	A	B	C
Alimento I	4	3	0
Alimento II	5	0	1

Se ingerirmos 5 unidades do alimento I e 2 unidades do alimento II, quanto consumiremos de cada tipo de vitamina?

Podemos representar o consumo dos alimentos I e II (nesta ordem) pela matriz "consumo":

$$\begin{bmatrix} 5 & 2 \end{bmatrix}$$

A operação que vai nos fornecer a quantidade ingerida de cada vitamina é o "produto":

$$(*) \quad \begin{bmatrix} 5 & 2 \end{bmatrix} \begin{bmatrix} 4 & 3 & 0 \\ 5 & 0 & 1 \end{bmatrix}$$
$$= \begin{bmatrix} 5 \cdot 4 + 2 \cdot 5 & 5 \cdot 3 + 2 \cdot 0 & 5 \cdot 0 + 2 \cdot 1 \end{bmatrix}$$
$$= \begin{bmatrix} 30 & 15 & 2 \end{bmatrix}$$

Isto é, serão ingeridas 30 unidades de vitamina A, 15 de B e 2 de C.

Outro problema que poderemos considerar em relação aos dados anteriores é o seguinte:

Se o custo dos alimentos depender somente do seu contéudo vitamínico e soubermos que os preços por unidade de vitamina A, B e C são, respectivamente, 1,5, 3 e 5 u.c.p., quanto pagaríamos pela porção de alimentos indicada anteriormente?

$$(**) \qquad [30 \quad 15 \quad 2] \cdot \begin{bmatrix} 1,5 \\ 3 \\ 5 \end{bmatrix}$$

$$= [30(1,5) + 15(3) + 2(5)]$$
$$= [100]$$

Ou seja, pagaríamos 100 u.c.p.

Observamos que nos "produtos" de matrizes efetuados em (*) e (**), cada um dos elementos da matriz-resultado é obtido a partir de uma linha da primeira matriz e uma coluna da segunda. Além disso, com relação às ordens das matrizes envolvidas, temos:

Em (*) $\quad [\ ]_{1\times 2} \cdot [\ ]_{2\times 3} = [\ ]_{1\times 3}$

Em (**) $\quad [\ ]_{1\times 3} \cdot [\ ]_{3\times 1} = [\ ]_{1\times 1}$

O exemplo anterior esboça uma definição de multiplicação de matrizes **A** e **B**, quando **A** é uma matriz linha. Esta noção de produto pode ser estendida para o caso mais geral, e os elementos da matriz-produto serão obtidos pela soma de produtos dos elementos de uma linha da primeira matriz pelos elementos de uma coluna da segunda matriz. Por exemplo,

Sejam

$$\mathbf{A}_{2\times 2} = \begin{bmatrix} a_{11} & a_{12} & a_{13} \\ a_{21} & a_{22} & a_{23} \end{bmatrix}$$

$$\text{e} \qquad \mathbf{B}_{3\times 2} = \begin{bmatrix} b_{11} & b_{12} \\ b_{21} & b_{22} \\ b_{31} & b_{32} \end{bmatrix}$$

A matriz-produto **AB** é a matriz 2 × 2 definida como:

$$\mathbf{AB} = \begin{bmatrix} a_{11} & a_{12} & a_{13} \\ a_{21} & a_{22} & a_{23} \end{bmatrix} \cdot \begin{bmatrix} b_{11} & b_{12} \\ b_{21} & b_{22} \\ b_{31} & b_{32} \end{bmatrix}$$

$$= \begin{bmatrix} a_{11}b_{11} + a_{12}b_{21} + a_{13}b_{31} & a_{11}b_{12} + a_{12}b_{22} + a_{13}b_{32} \\ a_{21}b_{11} + a_{22}b_{21} + a_{23}b_{31} & a_{21}b_{12} + a_{22}b_{22} + a_{23}b_{32} \end{bmatrix}$$

Agora, passemos para a definição geral.

1.3.5 Multiplicação de Matrizes: Sejam $\mathbf{A} = [a_{ij}]_{m \times n}$ e $\mathbf{B} = [b_{rs}]_{n \times p}$.
Definimos $\mathbf{AB} = [c_{uv}]_{m \times p}$
onde

$$c_{uv} = \sum_{k=1}^{n} a_{uk}b_{kv} = a_{u1}b_{1v} + \ldots + a_{un}b_{nv}$$

Observações:

i) Só podemos efetuar o produto de duas matrizes $\mathbf{A}_{m \times n}$ e $\mathbf{B}_{l \times p}$ se o número de colunas da primeira for igual ao número de linhas da segunda, isto é, $n = l$. Além disso, a matriz-resultado $\mathbf{C} = \mathbf{AB}$ será de ordem $m \times p$.

ii) O elemento c_{ij} (*i*-ésima linha e *j*-ésima coluna da matriz-produto) é obtido, multiplicando os elementos da *i*-ésima linha da primeira matriz pelos elementos correspondentes da *j*-ésima coluna da segunda matriz, e somando estes produtos.

1.3.6 Exemplos

Exemplo 1:

$$\begin{bmatrix} 2 & 1 \\ 4 & 2 \\ 5 & 3 \end{bmatrix}_{3\times 2} \cdot \begin{bmatrix} 1 & -1 \\ 0 & 4 \end{bmatrix}_{2\times 2} = \begin{bmatrix} 2 \cdot 1 + 1 \cdot 0 & 2(-1) + 1 \cdot 4 \\ 4 \cdot 1 + 2 \cdot 0 & 4(-1) + 2 \cdot 4 \\ 5 \cdot 1 + 3 \cdot 0 & 5(-1) + 3 \cdot 4 \end{bmatrix}_{3\times 2} =$$

$$= \begin{bmatrix} 2 & 2 \\ 4 & 4 \\ 5 & 7 \end{bmatrix}$$

Exemplo 2:

$$\begin{bmatrix} 1 & -1 \\ 0 & 4 \end{bmatrix}_{2\times 2} \cdot \begin{bmatrix} 2 & 1 \\ 4 & 2 \\ 5 & 3 \end{bmatrix}_{3\times 2}$$

Não é possível efetuar esta multiplicação, porque o número de colunas da primeira é diferente do número de linhas da segunda.

Exemplo 3:

$$\begin{bmatrix} 1 & 0 \\ -2 & 3 \\ 5 & 4 \\ 0 & 1 \end{bmatrix}_{4\times 2} \cdot \begin{bmatrix} 0 & 6 & 1 \\ 3 & 8 & -2 \end{bmatrix}_{2\times 3} = \begin{bmatrix} 0 & 6 & 1 \\ 9 & 12 & -8 \\ 12 & 62 & -3 \\ 3 & 8 & -2 \end{bmatrix}_{4\times 3}$$

Propriedades:

i) Em geral $\mathbf{AB} \neq \mathbf{BA}$ (podendo mesmo um dos membros estar definido e o outro não).

Exemplo:

$$\text{Sejam } \mathbf{A} = \begin{bmatrix} 1 & -1 & 1 \\ -3 & 2 & -1 \\ -2 & 1 & 0 \end{bmatrix} \text{ e } \mathbf{B} = \begin{bmatrix} 1 & 2 & 3 \\ 2 & 4 & 6 \\ 1 & 2 & 3 \end{bmatrix}$$

$$\text{Então } \mathbf{AB} = \begin{bmatrix} 0 & 0 & 0 \\ 0 & 0 & 0 \\ 0 & 0 & 0 \end{bmatrix} \text{ e } \mathbf{BA} = \begin{bmatrix} -11 & 6 & -1 \\ -22 & 12 & -2 \\ -11 & 6 & -1 \end{bmatrix}$$

Note, ainda, que $\mathbf{AB} = 0$, sem que $\mathbf{A} = 0$ ou $\mathbf{B} = 0$.
Desde que sejam possíveis as operações, as seguintes propriedades são válidas:

ii) $\mathbf{AI} = \mathbf{IA} = \mathbf{A}$ (Isto justifica o nome da matriz identidade.)
iii) $\mathbf{A(B + C)} = \mathbf{AB} + \mathbf{AC}$ (distributividade à esquerda da multiplicação, em relação à soma)
iv) $\mathbf{(A + B)C} = \mathbf{AC} + \mathbf{BC}$ (distributividade à direita da multiplicação, em relação à soma)
v) $\mathbf{(AB)C} = \mathbf{A(BC)}$ (associatividade)
vi) $\mathbf{(AB)'} = \mathbf{B'A'}$ (Observe a ordem!)
vii) $\mathbf{0} \cdot \mathbf{A} = \mathbf{0}$ e $\mathbf{A} \cdot \mathbf{0} = \mathbf{0}$

1.4 EXERCÍCIOS

1. Sejam

$$\mathbf{A} = \begin{bmatrix} 1 & 2 & 3 \\ 2 & 1 & -1 \end{bmatrix}, \mathbf{B} = \begin{bmatrix} -2 & 0 & 1 \\ 3 & 0 & 1 \end{bmatrix}, \mathbf{C} = \begin{bmatrix} -1 \\ 2 \\ 4 \end{bmatrix} \text{ e } \mathbf{D} = [2 \;\; -1].$$

Encontre:

a) $\mathbf{A} + \mathbf{B}$
b) $\mathbf{A} \cdot \mathbf{C}$
c) $\mathbf{B} \cdot \mathbf{C}$
d) $\mathbf{C} \cdot \mathbf{D}$
e) $\mathbf{D} \cdot \mathbf{A}$
f) $\mathbf{D} \cdot \mathbf{B}$
g) $-\mathbf{A}$
h) $-\mathbf{D}$

2. Seja $\mathbf{A} = \begin{bmatrix} 2 & x^2 \\ 2x-1 & 0 \end{bmatrix}$. Se $\mathbf{A}' = \mathbf{A}$, então $x =$ ____________.

3. Se **A** é uma matriz simétrica, então $\mathbf{A} - \mathbf{A}' =$ ____________.

4. Se **A** é uma matriz triangular superior, então $\mathbf{A}'$ é ____________.

5. Se **A** é uma matriz diagonal, então $\mathbf{A}' =$ ____________.

6. Verdadeiro ou falso?
   a) $(-\mathbf{A})' = -(\mathbf{A}')$
   b) $(\mathbf{A} + \mathbf{B})' = \mathbf{B}' + \mathbf{A}'$
   c) Se $\mathbf{AB} = 0$, então $\mathbf{A} = 0$ ou $\mathbf{B} = 0$.
   d) $(k_1\mathbf{A})(k_2\mathbf{B}) = (k_1k_2)\mathbf{AB}$
   e) $(-\mathbf{A})(-\mathbf{B}) = -(\mathbf{AB})$
   f) Se **A** e **B** são matrizes simétricas, então $\mathbf{AB} = \mathbf{BA}$.
   g) Se $\mathbf{A} \cdot \mathbf{B} = 0$, então $\mathbf{B} \cdot \mathbf{A} = 0$.
   h) Se podemos efetuar o produto $\mathbf{A} \cdot \mathbf{A}$, então **A** é uma matriz quadrada.

7. Se $\mathbf{A}^2 = \mathbf{A} \cdot \mathbf{A}$, então $\begin{bmatrix} -2 & 1 \\ 3 & 2 \end{bmatrix}^2 =$ ____________.

8. Se **A** é uma matriz triangular superior, então $\mathbf{A}^2$ é ____________.

9 Ache x, y, z, w se $\begin{bmatrix} x & y \\ z & w \end{bmatrix} \begin{bmatrix} 2 & 3 \\ 3 & 4 \end{bmatrix} = \begin{bmatrix} 1 & 0 \\ 0 & 1 \end{bmatrix}$.

10. Dadas $\mathbf{A} = \begin{bmatrix} 1 & -3 & 2 \\ 2 & 1 & -3 \\ 4 & -3 & -1 \end{bmatrix}$, $\mathbf{B} = \begin{bmatrix} 1 & 4 & 1 & 0 \\ 2 & 1 & 1 & 1 \\ 1 & -2 & 1 & 2 \end{bmatrix}$ e $\mathbf{C} = \begin{bmatrix} 2 & 1 & -1 & -2 \\ 3 & -2 & -1 & -1 \\ 2 & -5 & -1 & 0 \end{bmatrix}$
    mostre que $\mathbf{AB} = \mathbf{AC}$.

11. Suponha que $\mathbf{A} \neq 0$ e $\mathbf{AB} = \mathbf{AC}$ onde **A**, **B**, **C** são matrizes tais que a multiplicação esteja definida.
    a) $\mathbf{B} = \mathbf{C}$?
    b) Se existir uma matriz **Y**, tal que $\mathbf{YA} = \mathbf{I}$, onde **I** é a matriz identidade, então $\mathbf{B} = \mathbf{C}$?

12. Explique por que, em geral, $(\mathbf{A} + \mathbf{B})^2 \neq \mathbf{A}^2 + 2\mathbf{AB} + \mathbf{B}^2$ e $(\mathbf{A} + \mathbf{B})(\mathbf{A} - \mathbf{B}) \neq \mathbf{A}^2 - \mathbf{B}^2$.

13. Dadas $\mathbf{A} = \begin{bmatrix} 2 & -3 & -5 \\ -1 & 4 & 5 \\ 1 & -3 & -4 \end{bmatrix}$, $\mathbf{B} = \begin{bmatrix} -1 & 3 & 5 \\ 1 & -3 & -5 \\ -1 & 3 & 5 \end{bmatrix}$ e $\mathbf{C} = \begin{bmatrix} 2 & -2 & -4 \\ -1 & 3 & 4 \\ 1 & -2 & -3 \end{bmatrix}$,

a) Mostre que $AB = BA = 0$, $AC = A$ e $CA = C$.

b) Use os resultados de (*a*) para mostrar que $ACB = CBA$, $A^2 - B^2 = (A - B)(A + B)$ e $(A \pm B)^2 = A^2 + B^2$.

14. Se $A = \begin{bmatrix} 3 & -2 \\ -4 & 3 \end{bmatrix}$, ache **B**, de modo que $B^2 = A$.

15. Um construtor tem contratos para construir 3 estilos de casa: moderno, mediterrâneo e colonial. A quantidade de material empregada em cada tipo de casa é dada pela matriz:

	Ferro	Madeira	Vidro	Tinta	Tijolo
Moderno	5	20	16	7	17
Mediterrâneo	7	18	12	9	21
Colonial	6	25	8	5	13

(Qualquer semelhança dos números com a realidade é mera coincidência.)

a) Se ele vai construir 5, 7 e 12 casas dos tipos moderno, mediterrâneo e colonial, respectivamente, quantas unidades de cada material serão empregadas?

b) Suponha agora que os preços por unidade de ferro, madeira, vidro, tinta e tijolo sejam, respectivamente, 15, 8, 5, 1 e 10 u.c.p. Qual é o preço unitário de cada tipo de casa?

c) Qual o custo total do material empregado?

16. Uma rede de comunicação tem cinco locais com transmissores de potências distintas. Estabelecemos que $a_{ij} = 1$, na matriz abaixo, significa que a estação *i* pode transmitir diretamente à estação *j*, $a_{ij} = 0$ significa que a transmissão da estação *i* não alcança a estação *j*. Observe que a diagonal principal é nula significando que uma estação não transmite diretamente para si mesma.

$$A = \begin{bmatrix} 0 & 1 & 1 & 1 & 1 \\ 1 & 0 & 1 & 1 & 0 \\ 0 & 1 & 0 & 1 & 0 \\ 0 & 0 & 1 & 0 & 1 \\ 0 & 0 & 0 & 1 & 0 \end{bmatrix}$$

Qual seria o significado da matriz $A^2 = A \cdot A$?

Seja $A^2 = [c_{ij}]$. Calculemos o elemento $c_{42} = \sum_{k=1}^{5} a_{4k}a_{k2} = 0+0+1+0+0=1.$

Note que a única parcela não nula veio de $a_{43} \cdot a_{32} = 1 \cdot 1$. Isto significa que a estação 4 transmite para a estação 2 através de uma retransmissão pela estação 3, embora não exista uma transmissão direta de 4 para 2.

a) Calcule A^2.

b) Qual o significado de $c_{13} = 2$?

c) Discuta o significado dos termos nulos, iguais a 1 e maiores que 1 de modo a justificar a afirmação: "A matriz A^2 representa o número de caminhos disponíveis para se ir de uma estação a outra com uma única retransmissão".

d) Qual o significado das matrizes $A + A^2$, A^3 e $A + A^2 + A^3$?

e) Se A fosse simétrica, o que significaria?

17. Existem três marcas de automóveis disponíveis no mercado: o Jacaré, o Piranha e o Urubu. O termo a_{ij} da matriz A abaixo é a probabilidade de que um dono de carro da linha i mude para o carro da coluna j, quando comprar um carro novo.

$$\begin{array}{cc} & \text{Para} \\ & \begin{array}{ccc} \text{J} & \text{P} & \text{U} \end{array} \\ \text{De} \begin{array}{c} \text{J} \\ \text{P} \\ \text{U} \end{array} & \left[\begin{array}{ccc} 0{,}7 & 0{,}2 & 0{,}1 \\ 0{,}3 & 0{,}5 & 0{,}2 \\ 0{,}4 & 0{,}4 & 0{,}2 \end{array}\right] \end{array}$$

Os termos da diagonal dão a probabilidade a_{ii} de se comprar um carro novo da mesma marca.

A^2 representa as probabilidades de se mudar de uma marca para outra depois de duas compras. Você pode verificar isto a partir dos conceitos básicos de probabilidade (consulte 1.5) e produto de matrizes.

Calcule A^2 e interprete.

18. Tente descobrir outras situações concretas que possam ser analisadas de modo similar ao de cada um dos problemas 15, 16 e 17.

* 1.5 PROCESSOS ALEATÓRIOS: CADEIAS DE MARKOV

Muitos dos processos que ocorrem na natureza e na sociedade podem ser estudados (pelo menos em primeira aproximação) como se o fenômeno estudado passasse, a partir de um estado inicial, por uma seqüência de estados, onde a transição de um determinado estado para o seguinte ocorreria segundo uma certa probabilidade. (Suporemos nesta secção um conhecimento mínimo sobre probabilidades.) No caso em que esta probabilidade de transição depende apenas do estado em que o fenômeno se encontra e do estado a seguir, o processo será chamado *processo de Markov* e uma seqüência de estados seguindo este processo será denominada uma *cadeia de Markov*. Evidentemente, ao se supor tal restrição estaremos simplificando, talvez demasiadamente, uma vez que as probabilidades podem se modificar com o tempo. Mas, assim mesmo, a informação que obtivermos com este modelo já nos servirá de auxílio para uma previsão do comportamento de certos fenômenos.

Suponhamos, por exemplo, que, em uma determinada região, observa-se que se chover bastante durante um ano, a probabilidade de que chova bastante no ano seguinte é $\frac{1}{4}$, e que a probabilidade de que faça seca é de $\frac{3}{4}$. Ainda, se houver seca em um ano, no ano seguinte a probabilidade de haver seca ou chuva suficiente será a mesma, e igual a $\frac{1}{2}$. Suponhamos também, para simplificar (o que não ocorre na prática, embora possamos usar como recurso para ter um indicador da situação), que estas probabilidades não mudem com o decorrer do tempo. Os estados possíveis para este processo são: chuva e seca.

Podemos ter, então, as seguintes seqüências de acontecimentos (árvore de probabilidades):

Assim, sabendo que no primeiro ano houve seca, a probabilidade de que chova bastante no terceiro ano é $\frac{1}{2} \cdot \frac{1}{4} + \frac{1}{2} \cdot \frac{1}{2} = \frac{3}{8}$. Conforme o número de anos aumenta, as contas se tornam mais complicadas e, se estivermos interessados em previsões a longo prazo sobre o clima da região, temos que procurar um outro procedimento. Isto pode ser feito se introduzirmos a noção de *matriz das probabilidades de transição*, e a de *vetor de probabilidades*. A matriz **T** das probabilidades de transição é obtida da tabela de probabilidades onde o elemento na i-ésima linha e j-ésima coluna indica a probabilidade de transição do j-ésimo para o i-ésimo estado.

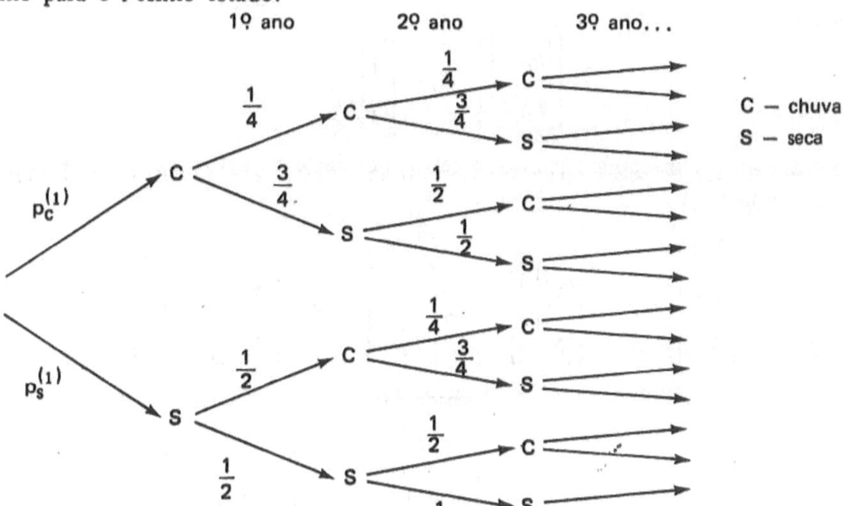

Figura 1.5.1.

	C	S
C	$\frac{1}{4}$	$\frac{1}{2}$
S	$\frac{3}{4}$	$\frac{1}{2}$

$$\mathbf{T} = \begin{bmatrix} \frac{1}{4} & \frac{1}{2} \\ \frac{3}{4} & \frac{1}{2} \end{bmatrix}$$

O vetor de probabilidades é a matriz

$$\begin{bmatrix} p_c^{(n)} \\ p_s^{(n)} \end{bmatrix}$$

cuja primeira linha dá a probabilidade de que haja chuva no n-ésimo ano e a segunda linha dá a probabilidade de que haja seca no n-ésimo ano.

Analisando a árvore de probabilidades vemos que

$$p_c^{(2)} = \frac{1}{4} p_c^{(1)} + \frac{1}{2} p_s^{(1)}$$

$$p_s^{(2)} = \frac{3}{4} p_c^{(1)} + \frac{1}{2} p_s^{(1)}$$

Observamos que $\mathbf{T} \cdot \begin{bmatrix} p_c^{(1)} \\ p_s^{(1)} \end{bmatrix} = \begin{bmatrix} \frac{1}{4} & \frac{1}{2} \\ \frac{3}{4} & \frac{1}{2} \end{bmatrix} \cdot \begin{bmatrix} p_c^{(1)} \\ p_s^{(1)} \end{bmatrix} = \begin{bmatrix} \frac{1}{4} p_c^{(1)} + \frac{1}{2} p_s^{(1)} \\ \frac{3}{4} p_c^{(1)} + \frac{1}{2} p_s^{(1)} \end{bmatrix}$

e portanto

$$\begin{bmatrix} p_c^{(2)} \\ p_s^{(2)} \end{bmatrix} = \mathbf{T} \cdot \begin{bmatrix} p_c^{(1)} \\ p_s^{(1)} \end{bmatrix}$$

O mesmo ocorre do segundo para o terceiro ano, deste para o quarto etc. Temos, então, a seqüência:

$$\underset{1^{\circ}\text{ ano}}{\begin{bmatrix} p_c^{(1)} \\ p_s^{(1)} \end{bmatrix}} \longrightarrow \underset{2^{\circ}\text{ ano}}{\begin{bmatrix} p_c^{(2)} \\ p_s^{(2)} \end{bmatrix}} = \mathbf{T} \cdot \begin{bmatrix} p_c^{(1)} \\ p_s^{(1)} \end{bmatrix} \longrightarrow \underset{3^{\circ}\text{ ano}}{\begin{bmatrix} p_c^{(3)} \\ p_s^{(3)} \end{bmatrix}} = \mathbf{T} \cdot \begin{bmatrix} p_c^{(2)} \\ p_s^{(2)} \end{bmatrix} = \mathbf{T}^2 \begin{bmatrix} p_c^{(1)} \\ p_s^{(1)} \end{bmatrix}$$

$$\longrightarrow \ldots \longrightarrow \underset{\text{n-ésimo ano}}{\begin{bmatrix} p_c^{(n)} \\ p_s^{(n)} \end{bmatrix}} = \mathbf{T}^n \begin{bmatrix} p_c^{(1)} \\ p_s^{(1)} \end{bmatrix}$$

Portanto, o comportamento do clima desta região a longo prazo (isto é, quando n aumenta) poderá ser previsto se soubermos que os elementos das matrizes $\mathbf{T}^n$, $n = 1, 2, \ldots$ se aproximam dos elementos de uma matriz fixa $\mathbf{P}$ pois, neste caso,

$$p_c^{(n)} \longrightarrow p_1 \text{ e } p_s^{(n)} \longrightarrow p_2 \text{ quando } n \longrightarrow \infty$$

com

$$\begin{bmatrix} p_1 \\ p_2 \end{bmatrix} = \mathbf{P} \begin{bmatrix} p_c^{(1)} \\ p_s^{(1)} \end{bmatrix}$$

(Tal previsão é importante, pois se chegarmos, por exemplo, à conclusão que $p_s^{(n)} \to 1$ quando $n \to \infty$, a longo prazo a região se tornará um deserto.)

Se $\mathbf{T}^n$ não se aproxima de uma matriz $\mathbf{P}$, então não poderemos fazer nenhuma previsão a longo prazo, pois o processo se modificará bastante a cada passo. Assim, um dos problemas que devemos resolver é quais são as condições sobre a matriz $\mathbf{T}$ das probabilidades de transição, para que suas potências se aproximem de uma determinada matriz. Antes de resolver isto, porém, vamos formalizar a situação anterior.

1.5.1 Definição: Um *processo aleatório de Markov* é um processo que pode assumir estados $a_1, a_2, \ldots, a_r$, de tal modo que a probabilidade de transição de um estado a_j para um estado a_i seja p_{ij} (um número que só depende de a_j e a_i).

A *matriz das probabilidades de transição (matriz estocástica)* é dada por:

$$\mathbf{T} = \begin{bmatrix} p_{11} & p_{12} & \cdots & p_{1r} \\ p_{21} & p_{22} & \cdots & p_{2r} \\ \vdots & \vdots & & \vdots \\ p_{r1} & p_{r2} & \cdots & p_{rr} \end{bmatrix}$$

(Observe que $p_{ij} \geqslant 0$, e que a soma de cada coluna deve ser 1.)

O *vetor de probabilidades* é aquele cuja i-ésima linha dá a probabilidade de ocorrência do estado a_i após n transações:

$$\begin{bmatrix} p_1^{(n)} \\ \vdots \\ p_r^{(n)} \end{bmatrix}$$

Seguindo o raciocínio do exemplo anterior vemos que, após n passos,

$$\begin{bmatrix} p_1^{(n)} \\ \vdots \\ p_r^{(n)} \end{bmatrix} = \mathbf{T}^n \cdot \begin{bmatrix} p_1^{(1)} \\ \vdots \\ p_r^{(1)} \end{bmatrix}$$

1.5.2 Previsões a Longo Prazo: Para podermos fazer previsões a longo prazo, a matriz **T** deve cumprir certas condições. Assim, introduzimos a definição a seguir.

1.5.3 Definição: Uma matriz das probabilidades de transição é *regular* se alguma de suas potências tem todos os elementos não nulos.

A importância da matriz regular para as previsões a longo prazo é dada pelo teorema abaixo:

1.5.4 Teorema: Se a matriz $\mathbf{T}_{r \times r}$ das probabilidades de transição é regular, então:

i) As potências $\mathbf{T}^n$ aproximam-se de uma matriz **P**, no sentido de que cada elemento de $\mathbf{T}^n$ aproxima-se do elemento correspondente em **P**.

ii) Todas as colunas de **P** são iguais, sendo dadas por um vetor-coluna

$$.\mathbf{V} = \begin{bmatrix} p_1 \\ \vdots \\ p_r \end{bmatrix}$$

com $p_1 > 0, p_2 > 0, ..., p_r > 0$.

iii) Para qualquer vetor de probabilidades inicial

$$\mathbf{V}_1 = \begin{bmatrix} p_1^{(1)} \\ \vdots \\ p_r^{(1)} \end{bmatrix}$$

o vetor de probabilidades $\mathbf{T}^n\mathbf{V}_1$ aproxima-se de **V** (dado no item anterior).

iv) O vetor **V** é o único vetor que satisfaz $\mathbf{V} = \mathbf{TV}$.

O que este teorema nos diz é que se a matriz das probabilidades de transição é regular, então é possível fazer previsão a longo prazo e esta não depende das probabilidades iniciais V_1. Além disso, o item (*iv*) nos indicará como achar as probabilidades depois de um longo prazo. O processo utilizado para se encontrar o vetor "final" de probabilidades, usando o item (*iv*), corresponde à procura de autovetor associado ao autovalor um da matriz **T**, segundo as denominações que veremos no Capítulo 6. Não faremos a prova deste teorema porque isto nos desviará demais de nossos objetivos.

1.5.5 Exemplos

Exemplo 1: No problema sobre previsão de clima que estávamos estudando na introdução,

$$\mathbf{T} = \begin{bmatrix} \frac{1}{4} & \frac{1}{2} \\ \frac{3}{4} & \frac{1}{2} \end{bmatrix}$$

é regular pois sua primeira potência, isto é, ela mesma, já tem todos os elementos estritamente positivos, e assim podemos concluir, usando o item (*iv*), que quaisquer que sejam as probabilidades iniciais, as probabilidades a longo prazo são dadas por:

$$\begin{bmatrix} p_c \\ p_s \end{bmatrix} = \begin{bmatrix} \frac{1}{4} & \frac{1}{2} \\ \frac{3}{4} & \frac{1}{2} \end{bmatrix} \begin{bmatrix} p_c \\ p_s \end{bmatrix}$$

ou $\begin{cases} p_c = \frac{1}{4} p_c + \frac{1}{2} p_s \\ p_s = \frac{3}{4} p_c + \frac{1}{2} p_s \end{cases}$

ou $\begin{cases} 2p_s = 3p_c \\ 2p_s = 3p_c \end{cases} \Longrightarrow p_s = \frac{3}{2} p_c$

Como devemos ter $p_c + p_s = 1$ (que é a probabilidade total), temos $p_c + \frac{3}{2} p_c =$ $= 1$ ou $p_c = \frac{2}{5}$ e, portanto, $p_s = \frac{3}{5}$. Assim, a longo prazo a probabilidade de um ano de chuva é $\frac{2}{5}$, enquanto que a probabilidade de um ano de seca é $\frac{3}{5}$ (dentro das hipóteses simplificadoras), e portanto a região tenderá a uma ligeira aridez.

Exemplo 2: Suponhamos que em uma determinada região, a cada ano três por cento da população rural migra para as cidades, enquanto que apenas um por cento da população urbana migra para o meio rural. Se todas as demais condições permanecerem estáveis, as condições políticas não mudarem, e estas porcentagens de migração continuarem as mesmas, qual deve ser a relação entre as populações urbana e rural desta região a longo prazo?

Como três por cento da população rural migra para o meio urbano, a probabilidade de migração do meio rural para o meio urbano é 0,03, enquanto que a probabilidade de não migração é 0,97. Como um por cento da população urbana migra para o meio rural a probabilidade de migração do meio urbano para o rural é 0,01 e a de não migração é 0,99. Denotando por U o meio urbano e por R o meio rural, temos a matriz das probabilidades de transição:

	R	U
R	0,97	0,01
U	0,03	0,99

Como a matriz é regular, a longo prazo as probabilidades p_R, de viver no meio rural, e p_U, de viver no meio urbano, devem satisfazer

$$\begin{bmatrix} 0{,}97 & 0{,}01 \\ 0{,}03 & 0{,}99 \end{bmatrix} \cdot \begin{bmatrix} p_R \\ p_U \end{bmatrix} = \begin{bmatrix} p_R \\ p_U \end{bmatrix}$$

donde $p_U = 3p_R$ e, como devemos ter $p_U + p_R = 1$, temos $p_R = 0{,}25$ e $p_U = 0{,}75$. Ou seja, a longo prazo, e se não houver modificações nas tendências de migração, teremos 25% da população no meio rural e 75% da população no meio urbano.

Exemplo 3: Observa-se experimentalmente que, em condições naturais e sem ser submetida à pesca industrial, a quantidade de uma certa espécie de peixes varia da seguinte forma: se em um determinado ano a população diminuiu, a probabilidade de que diminua ainda mais no ano seguinte é de 0,6 e, se em um determinado ano a população aumenta, a probabilidade de que diminua no ano seguinte é de apenas 0,3. Entretanto, observa-se que sendo submetida à pesca industrial, quando a população aumenta num determinado ano, a probabilidade de que diminua no ano seguinte se altera para 0,5, enquanto que se a população diminui num ano, a probabilidade de que diminua no ano seguinte continua sendo de 0,6. Deseja-se saber como, a longo prazo, a pesca industrial estará afetando os peixes dessa espécie, para ver se é necessário diminuir a intensidade de pesca ou se, ao contrário, é possível aumentá-la.

Os estados deste processo são: diminuição da população (D) e aumento da população (A). Então, sem haver pesca industrial, a matriz de probabilidades de transição é

	D	A
D	0,6	0,3
A	0,4	0,7

Como é uma matriz regular, as probabilidades p_D da população diminuir e p_A da população aumentar a longo prazo são dadas por

$$\begin{bmatrix} 0,6 & 0,3 \\ 0,4 & 0,7 \end{bmatrix} \cdot \begin{bmatrix} p_D \\ p_A \end{bmatrix} = \begin{bmatrix} p_D \\ p_A \end{bmatrix}$$

que, sendo resolvida (lembrando que $p_D + p_A = 1$), fornece $p_D = \frac{3}{7}$ e $p_A = \frac{4}{7}$. Portanto, como a probabilidade de a população aumentar é maior, em condições naturais, a espécie tem a sobrevivência razoavelmente garantida. Com a pesca industrial, a matriz se altera para

	D	A
D	0,6	0,5
A	0,4	0,5

Como é uma matriz regular, a longo prazo p_D e p_A são dadas por

$$\begin{bmatrix} 0,6 & 0,5 \\ 0,4 & 0,5 \end{bmatrix} \cdot \begin{bmatrix} p_D \\ p_A \end{bmatrix} = \begin{bmatrix} p_D \\ p_A \end{bmatrix}$$

Assim, temos $p_D = \frac{5}{9}$ e $p_A = \frac{4}{9}$. Como a probabilidade de a população diminuir é maior, se a espécie for submetida à pesca industrial, sua sobrevivência será ameaçada e, portanto, a pesca deve ser diminuída.

Exemplo 4: Duas substâncias distintas estão em contato e trocam íons de sódio entre si. Sabe-se (por dedução teórica, ou experimentação) que um íon de sódio do meio (1) tem probabilidade 0,7 de passar ao meio (2), enquanto que um íon de sódio que esteja no meio (2) tem probabilidade 0,1 de passar ao meio (1). Colocando-se dois moles de sódio no meio (1), quais serão as con-

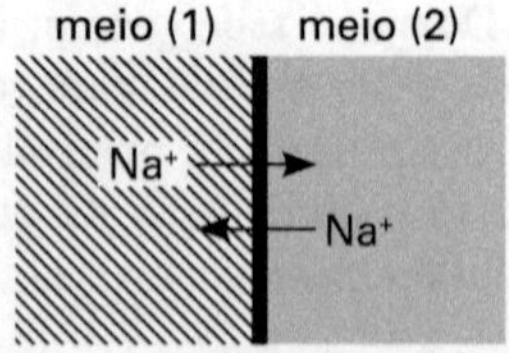

Figura 1.5.2

centrações de sódio em cada um dos meios, após um longo período de tempo?

Os estados deste processo são: o íon está no meio (1) e o íon está no meio (2). A matriz de probabilidades de transição é:

	meio (1)	meio (2)
meio (1)	0,3	0,1
meio (2)	0,7	0,9

Sejam p_1 e p_2 as probabilidades de estar no meio (1) e (2), respectivamente. Então, inicialmente, quando todo o sódio foi colocado no meio (1), $p_1^{(1)} = 1$ e $p_2^{(1)} = 0$. Como a matriz de probabilidades é regular, a longo prazo as probabilidades não dependem das probabilidades iniciais, e devem satisfazer

$$\begin{bmatrix} 0,3 & 0,1 \\ 0,7 & 0,9 \end{bmatrix} \cdot \begin{bmatrix} p_1 \\ p_2 \end{bmatrix} = \begin{bmatrix} p_1 \\ p_2 \end{bmatrix}$$

Resolvendo (lembrando sempre que $p_1 + p_2 = 1$), temos $p_1 = \frac{1}{8}$ e $p_2 = \frac{7}{8}$.

Logo, as concentrações finais em cada meio são $\frac{1}{8} \cdot 2 = 0,25$ moles no meio (1) e $\frac{7}{8} \cdot 2 = 1,75$ moles no meio (2).

1.5.6 Previsões em Genética: Com pequenas modificações das idéias usadas nos processos de Markov, podemos estudar vários problemas genéticos. Sabemos que o tipo mais simples de transmissão de herança genética é efetuado através de pares de genes, os quais podem ser ambos dominantes, recessivos, ou um dominante e outro recessivo. Chamemos G o gene dominante e g o gene recessivo. Um indivíduo será chamado dominante se tiver genes GG, híbrido se tiver genes Gg, e recessivo, caso os genes sejam gg. Um indivíduo herda os genes ao acaso, um deles de seu pai e o outro de sua mãe. Assim, nos vários tipos de cruzamento, temos probabilidades distintas de transmissão de herança genética. No caso de cruzamento de indivíduos dominantes teremos somente filhos de genótipos dominantes.

$$GG \text{ cruzado com } GG \begin{cases} \to GG \text{ com probabilidade } 1 \\ \to Gg \text{ com probabilidade } 0 \\ \to gg \text{ com probabilidade } 0 \end{cases}$$

No caso de cruzamento de indivíduos recessivos, teremos:

$$gg \text{ cruzado com } gg \begin{cases} \to GG \text{ com probabilidade } 0 \\ \to Gg \text{ com probabilidade } 0 \\ \to gg \text{ com probabilidade } 1 \end{cases}$$

No caso do cruzamento de um indivíduo dominante com um recessivo, temos:

$$GG \text{ cruzado com } gg \begin{cases} \to GG \text{ com probabilidade } 0 \\ \to Gg \text{ com probabilidade } 1 \\ \to gg \text{ com probabilidade } 0 \end{cases}$$

No caso do cruzamento de um indivíduo dominante com um híbrido, temos:

$$GG \text{ cruzado com } Gg \begin{cases} \to GG \text{ com probabilidade } 0{,}5 \\ \to Gg \text{ com probabilidade } 0{,}5 \\ \to gg \text{ com probabilidade } 0 \end{cases}$$

No caso recessivo e híbrido, temos:

$$gg \text{ cruzado com } Gg \begin{cases} \to GG \text{ com probabilidade } 0 \\ \to Gg \text{ com probabilidade } 0{,}5 \\ \to gg \text{ com probabilidade } 0{,}5 \end{cases}$$

E finalmente, no caso de dois indivíduos híbridos, temos:

$$Gg \text{ cruzado com } Gg \begin{cases} \to GG \text{ com probabilidade } 0{,}25 \\ \to Gg \text{ com probabilidade } 0{,}5 \\ \to gg \text{ com probabilidade } 0{,}25 \end{cases}$$

Denotando por d, dominante, r, recessivo e h, híbrido, e os respectivos cruzamentos por $d \times d$, $d \times r$ etc., colocando as probabilidades em colunas, podemos montar a seguinte matriz **T**:

	$d \times d$	$r \times r$	$d \times r$	$d \times h$	$r \times h$	$h \times h$
d	1	0	0	0,5	0	0,25
h	0	0	1	0,5	0,5	0,5
r	0	1	0	0	0,5	0,25

Além disso, numa população numerosa composta por uma porcentagem $p_d^{(1)}$ de indivíduos de características dominantes, $p_h^{(1)}$ de indivíduos híbridos e $p_r^{(1)}$ de indivíduos de características recessivas, a probabilidade de cruzamento de genes de um indivíduo dominante com outro dominante é $p_d^{(1)} \cdot p_d^{(1)}$. Se quizermos calcular a probabilidade de um cruzamento onde um dos indivíduos é dominante e o outro é híbrido, temos que somar $p_d^{(1)} \cdot p_h^{(1)}$ (considerando que o primeiro é dominante e o segundo é híbrido) a $p_h^{(1)} \cdot p_d^{(1)}$. Assim, a probabilidade é de $2p_d^{(1)} \cdot p_h^{(1)}$. Os outros casos seguem o mesmo raciocínio e temos então:

Cruzamento	Probabilidade
$d \times d$	$p_d^{(1)} \cdot p_d^{(1)}$
$r \times r$	$p_r^{(1)} \cdot p_r^{(1)}$
$d \times r$	$2\,p_d^{(1)} \cdot p_r^{(1)}$
$d \times h$	$2\,p_d^{(1)} \cdot p_h^{(1)}$
$r \times h$	$2\,p_r^{(1)} \cdot p_h^{(1)}$
$h \times h$	$p_h^{(1)} \cdot p_h^{(1)}$

(Estamos supondo que a característica genética analisada seja tal que não interfira no cruzamento natural.)

Então, podemos ter as porcentagens de indivíduos dominantes, $p_d^{(2)}$, de indivíduos híbridos, $p_h^{(2)}$, e de indivíduos recessivos, $p_r^{(2)}$, da segunda geração, multiplicando as matrizes:

$$\begin{bmatrix} p_d^{(2)} \\ p_h^{(2)} \\ p_r^{(2)} \end{bmatrix} = \begin{bmatrix} 1 & 0 & 0 & 0{,}5 & 0 & 0{,}25 \\ 0 & 0 & 1 & 0{,}5 & 0{,}5 & 0{,}5 \\ 0 & 1 & 0 & 0 & 0{,}5 & 0{,}25 \end{bmatrix} \cdot \begin{bmatrix} p_d^{(1)} \cdot p_d^{(1)} \\ p_r^{(1)} \cdot p_r^{(1)} \\ 2p_d^{(1)} \cdot p_r^{(1)} \\ 2p_d^{(1)} \cdot p_h^{(1)} \\ 2p_r^{(1)} \cdot p_h^{(1)} \\ p_h^{(1)} \cdot p_h^{(1)} \end{bmatrix}$$

Supondo que não haja novo cruzamento de indivíduos da primeira geração (o que, em geral, ocorre com populações de insetos etc.), uma vez obtidas as porcentagens de indivíduos da segunda geração, podemos obter as porcentagens da terceira geração, multiplicando novamente a matriz T pelos novos dados, e assim sucessivamente. Dessa forma, obtemos o perfil genético de qualquer geração. Evidentemente, os cálculos tornam-se demorados, mas podem ser feitos facilmente, se usarmos calculadoras. Este tipo de análise é muito simples (demais talvez), mas é importante em muitos campos, como em Agricultura, para se ter uma idéia da propagação da resistência genética a certos tipos de doença, da resistência de insetos a tipos de inseticidas etc.

Exemplo: Aplica-se um certo tipo de inseticida em uma plantação, para se combater uma determinada espécie de insetos. Após a aplicação verifica-se que, dos poucos insetos sobreviventes, 60% eram resistentes ao inseticida e os outros 40% não o eram (e haviam sobrevivido por razões casuais). Sabe-se que o ciclo de vida desses insetos é de um ano e que eles se cruzam apenas uma vez em cada geração. Além disso, ficou comprovada que a resistência ao inseticida é uma característica dominante e que o inseticida não foi aplicado novamente. Tendo estes dados em mente, perguntamos qual é a porcentagem de insetos resistentes ao inseticida após dois anos?

Como a resistência é uma característica dominante, os insetos resistentes podem ter genótipo GG ou Gg na relação 1 : 2, e assim, 20% dos insetos resistentes são dominantes e 40% são híbridos. Temos, portanto, $p_d^{(1)} = 0{,}2$, $p_h^{(1)} = 0{,}4$ e $p_r^{(1)} = 0{,}4$ e assim, a distribuição da porcentagem dos insetos após um ano é dada por

$$\begin{bmatrix} p_d^{(2)} \\ p_h^{(2)} \\ p_r^{(2)} \end{bmatrix} = \begin{bmatrix} 1 & 0 & 0 & 0{,}5 & 0 & 0{,}25 \\ 0 & 0 & 1 & 0{,}5 & 0{,}5 & 0{,}5 \\ 0 & 1 & 0 & 0 & 0{,}5 & 0{,}25 \end{bmatrix} \cdot \begin{bmatrix} (0{,}2)\cdot(0{,}2) \\ (0{,}4)\cdot(0{,}4) \\ 2(0{,}2)\cdot(0{,}4) \\ 2(0{,}2)\cdot(0{,}4) \\ 2(0{,}4)\cdot(0{,}4) \\ (0{,}4)\cdot(0{,}4) \end{bmatrix}$$

ou seja, $p_d^{(2)} = 0{,}16$, $p_h^{(2)} = 0{,}48$ e $p_r^{(2)} = 0{,}36$. Após mais um ano, a distribuição de insetos será dada por

$$\begin{bmatrix} p_d^{(3)} \\ p_h^{(3)} \\ p_r^{(3)} \end{bmatrix} = \begin{bmatrix} 1 & 0 & 0 & 0{,}5 & 0 & 0{,}25 \\ 0 & 0 & 1 & 0{,}5 & 0{,}5 & 0{,}5 \\ 0 & 1 & 0 & 0 & 0{,}5 & 0{,}25 \end{bmatrix} \begin{bmatrix} (0{,}16) & (0{,}16) \\ (0{,}36) & (0{,}36) \\ 2(0{,}16) & (0{,}36) \\ 2(0{,}16) & (0{,}48) \\ 2(0{,}36) & (0{,}48) \\ (0{,}48) & (0{,}48) \end{bmatrix}$$

ou seja, $p_d^{(3)} = 0{,}16$, $p_h^{(3)} = 0{,}48$ e $p_r^{(3)} = 0{,}36$. Assim, após dois anos, a porcentagem dos insetos resistentes ao inseticida será $p_d^{(3)} + p_h^{(3)} = 0{,}16 + 0{,}48 = 0{,}64$, ou seja, 64% da população é resistente. Dessa forma, se for necessária uma nova aplicação de inseticida, não será conveniente aplicar o mesmo tipo, pois ele matará no máximo 36% do insetos.

Observe que a distribuição dos insetos quanto ao genótipo *GG*, *Gg* ou *gg* permaneceu a mesma na segunda e terceira gerações. ($p_d^{(2)} = p_d^{(3)} = 0{,}16$ $p_h^{(2)} = p_h^{(3)} = 0{,}48$ e $p_r^{(2)} = p_r^{(3)} = 0{,}36$.)

Calcule as probabilidades para a quarta geração de insetos (depois de três anos). O resultado que você obteve não é uma casualidade. Existe uma "lei genética" muito conhecida, que estabelece sob condições ideais que depois da segunda geração, a distribuição entre os genótipos permanece a mesma. Assim, se partirmos de uma população onde a formação inicial é dada por freqüências $p_d^{(1)} = u$, $p_h^{(1)} = v$ e $p_r^{(1)} = w$, temos:

Genótipo	*Geração inicial*	*Gerações seguintes*
GG	u	$(u + \frac{v}{2})^2$
Gg	v	$2(u + \frac{v}{2})\,(w + \frac{v}{2})$
gg	w	$(w + \frac{v}{2})^2$

Você pode mostrar esta relação através do produto de matrizes.

No "modelo genético" considerado neste parágrafo, é assumida uma situação-padrão: não existe migração, os encontros são ao acaso, não ocorrem mutações nem seleção, os dois sexos aparecem sempre em quantidades iguais.

Esta relação de estabilidade genética aqui apresentada foi mostrada independentemente, pelo matemático G. H. Hardy e o genético W. Weinberg em 1908.

* 1.6 EXERCÍCIOS

1. Suponha que um corretor da Bolsa de Valores faça um pedido para comprar ações na segunda-feira, como segue: 400 quotas de ação A, 500 quotas da ação B e 600 quotas da ação C. As ações A, B e C custam por quota Cr\$ 500,00, Cr\$ 400,00 e Cr\$ 250,00, respectivamente.

   a) Encontre o custo total de ações, usando multiplicação de matrizes.

b) Qual será o ganho ou a perda quando as ações forem vendidas seis meses mais tarde se as ações A, B e C custam Cr$ 600,00, Cr$ 350,00 e Cr$ 300,00 por quota, respectivamente?

2. É observado que as probabilidades de um time de futebol ganhar, perder e empatar uma partida depois de conseguir uma vitória são $\frac{1}{2}$, $\frac{1}{5}$ e $\frac{3}{10}$ respectivamente; e depois de ser derrotado são $\frac{3}{10}$, $\frac{3}{10}$ e $\frac{2}{5}$, respectivamente; e depois de empatar são $\frac{1}{5}$, $\frac{2}{5}$ e $\frac{2}{5}$, respectivamente. Se o time não melhorar nem piorar, conseguirá mais vitórias que derrotas a longo prazo?

3. Numa pesquisa procura-se estabelecer uma correlação entre os níveis de escolaridade de pais e filhos. Estabelecendo as letras P para os que concluíram o curso primário, S para o curso secundário e U para o curso universitário, a probabilidade de um filho pertencer a um destes grupos, dependendo do grupo em que o pai está é dada pela matriz

$$\begin{array}{c} \\ P \\ S \\ U \end{array}\begin{array}{c} \begin{array}{ccc} P & S & U \end{array} \\ \begin{bmatrix} \frac{2}{3} & \frac{1}{3} & 0 \\ \frac{1}{3} & \frac{1}{3} & \frac{1}{3} \\ 0 & \frac{1}{3} & \frac{2}{3} \end{bmatrix} \end{array}$$

Qual é a probabilidade de um neto de um indivíduo que realizou o curso secundário ser um universitário?

4. Numa cidade industrial, os dados sobre a qualidade do ar são classificados como satisfatório (S) e insatisfatório (I). Assuma que, se num dia é registrado S, a probabilidade de se ter S no dia seguinte é de $\frac{2}{5}$ e que, uma vez registrado I, tem-se $\frac{1}{5}$ de probabilidade de ocorrer S no dia seguinte.

a) Qual é a probabilidade do quarto dia ser S, se o primeiro dia é I?
b) O que se pode dizer a longo prazo sobre a probabilidade de termos dias S ou I?

5. Numa ilha maravilhosa verificou-se que a cor azul ocorre em borboletas de genótipo *aa*, e não ocorre em *Aa* e *AA*. Suponha que a proporção de borboletas azuis seja $\frac{1}{4}$. Depois de algumas gerações, qual será a porcentagem das borboletas não azuis, mas capazes de ter filhotes azuis?

1.7 RESPOSTAS

1.7.1 Respostas de 1.4

2. $x = 1$
4. Triangular inferior
6. *a*) V; *b*) V; *c*) F; *d*) V; *e*) F; *f*) F; *g*) F; *h*) V
8. Triangular superior
12. Porque em geral o produto de matrizes não é comutativo.
15. *a*) [146 526 260 158 388]

b) $\begin{bmatrix} 492 \\ 528 \\ 465 \end{bmatrix}$

c) Cr$ 11.736,00

16. *a*) $\begin{bmatrix} 1 & 1 & 2 & 3 & 1 \\ 0 & 2 & 2 & 2 & 2 \\ 1 & 0 & 2 & 1 & 1 \\ 0 & 1 & 0 & 2 & 0 \\ 0 & 0 & 1 & 0 & 1 \end{bmatrix}$

17. $\begin{bmatrix} 0{,}59 & 0{,}28 & 0{,}13 \\ 0{,}44 & 0{,}39 & 0{,}17 \\ 0{,}48 & 0{,}36 & 0{,}16 \end{bmatrix}$

1.7.2 Respostas de 1.6

2. As probabilidades de ganhar, perder ou empatar, a longo prazo, são aproximadamente iguais a 1/3, sendo a probabilidade de ganhar ligeiramente maior.
3. A probabilidade é 1/3.
4. *a*) 31/125

   b) A longo prazo, a probabilidade de termos dias satisfatórios é 1/4 e de termos dias insatisfatórios é 3/4.

Leituras Sugeridas e Referências

[1] Herstein, I. N.; *Tópicos de Álgebra*; Editora Polígono, São Paulo, 1970.
[2] Lipschutz, S.; *Álgebra Linear*; McGraw-Hill do Brasil Ltda., Rio de Janeiro, 1971.
[3] SMSG; *Matemática*: *Curso Colegial*, vol. 3; Yale University Press, New Haven, 1965.
[4] Campbell, H. G.; *Linear Algebra with Applications*; Meredith Corporation, New York, 1971.

capítulo 2

Sistemas de Equações Lineares

2.1 INTRODUÇÃO

Na natureza, as coisas estão sempre mudando, se transformando, e o ser humano, para garantir sua sobrevivência e melhorar sua existência, precisa conhecer e dominar estes processos de mudança. Um dos métodos encontrados para se descrever estas transformações foi o de procurar nestas o que permanece constante durante a mudança. Por exemplo, sabemos que o hidrogênio (H_2) reage com o oxigênio (O_2) para produzir água (H_2O). Mas, quanto de hidrogênio e de oxigênio precisamos? Esta é uma mudança que podemos descrever do seguinte modo: x moléculas de H_2 reagem com y moléculas de O_2 produzindo z moléculas de H_2O, ou esquematicamente:

$$xH_2 + yO_2 \longrightarrow zH_2O.$$

O que permanece constante nessa mudança? Como os átomos não são modificados, o número de átomos de cada elemento no início da reação deve ser igual ao número de átomos desse mesmo elemento, no fim da reação. Assim, para o hidrogênio devemos ter $2x = 2z$, e para o oxigênio, $2y = z$. Portanto, as as nossas incógnitas x, y e z devem satisfazer as equações:

$$\begin{cases} 2x - 2z = 0 \\ 2y - z = 0 \end{cases}$$

Se conseguirmos descobrir quais são os números x, y, z que satisfazem simultaneamente estas relações, teremos aprendido um pouco mais sobre como se comporta a natureza.

Este procedimento que consiste em identificarmos o que permanece constante na mudança, leva a um sistema de equações que precisa ser resolvido e, em muitos casos, as equações envolvidas são lineares (como no exemplo anterior da reação de H_2 com O_2). Evidentemente, você já sabe um pouco como resolver este tipo de sistema, mas quando o número de equações se torna muito grande, ou temos menos equações do que incógnitas (como no caso anterior), podem surgir muitas dúvidas, até mesmo sobre a existência ou não de solução para o sistema.

Por outro lado, em sistemas que apresentam mais do que uma solução é necessário ter-se uma forma clara de se expressar todas elas. Por exemplo, no sistema anterior você pode encontrar duas soluções distintas para (x, y, z) (faça isto!), mas só o terá resolvido se conseguir expressar o conjunto de todas as soluções. Por isso, nosso objetivo neste capítulo é estudar um método para a resolução de sistemas lineares em geral. A técnica que será utilizada pode não ser a melhor no caso de sistemas muito simples, mas tem a vantagem de poder ser aplicada sempre e ser facilmente mecanizada. É particularmente útil em sistemas com grande número de incógnitas onde o uso de calculadoras é inevitável. Em síntese, este método consiste em substituir o sistema inicial por sistemas cada vez mais simples, sempre "equivalentes" ao original.

Comecemos com o seguinte exemplo. (Para efeito de visualização, colocaremos ao lado de cada sistema uma matriz a ele associada.)

$$\text{(I)} \begin{cases} x_1 + 4x_2 + 3x_3 = 1 & (1) \\ 2x_1 + 5x_2 + 4x_3 = 4 & (2) \\ x_1 - 3x_2 - 2x_3 = 5 & (3) \end{cases} \qquad \begin{bmatrix} 1 & 4 & 3 & 1 \\ 2 & 5 & 4 & 4 \\ 1 & -3 & -2 & 5 \end{bmatrix}$$

1º Passo: Eliminamos x_1 das equações (2) e (3). Para isto, multiplicamos a equação (1) por -2 e somamos a equação obtida com a equação (2), obtendo uma nova equação (2'). Da mesma maneira produziremos a equação (3'), obtida ao multiplicarmos a equação (1) por -1, somando esta nova equação à equação (3). Isto resulta no seguinte sistema:

$$\text{(II)} \begin{cases} x_1 + 4x_2 + 3x_3 = 1 & (1') \\ 0x_1 - 3x_2 - 2x_3 = 2 & (2') \\ 0x_1 - 7x_2 - 5x_3 = 4 & (3') \end{cases} \qquad \begin{bmatrix} 1 & 4 & 3 & 1 \\ 0 & -3 & -2 & 2 \\ 0 & -7 & -5 & 4 \end{bmatrix}$$

2º Passo: Tornamos o coeficiente de x_2 da equação (2′) igual a 1. Para isto, multiplicamos a equação (2′) por -1/3. O sistema resultante é:

$$\text{(III)} \begin{cases} x_1 + 4x_2 + 3x_3 = 1 & (1'') \\ 0x_1 + x_2 + \frac{2}{3}x_3 = -\frac{2}{3} & (2'') \\ 0x_1 - 7x_2 - 5x_3 = 4 & (3'') \end{cases} \qquad \begin{bmatrix} 1 & 4 & 3 & 1 \\ 0 & 1 & \frac{2}{3} & -\frac{2}{3} \\ 0 & -7 & -5 & 4 \end{bmatrix}$$

3º Passo: Eliminamos x_2 das equações (1″) e (3″). Para isto, multiplicamos a equação (2″) por -4 e somamos a esta a equação (1″), obtendo (1‴). De maneira análoga obtemos (3‴), multiplicando a equação (2″) por 7 e somando a esta nova equação a equação (3″).

$$\text{(IV)} \begin{cases} x_1 + 0x_2 + \frac{1}{3}x_3 = \frac{11}{3} & (1''') \\ 0x_1 + x_2 + \frac{2}{3}x_3 = -\frac{2}{3} & (2''') \\ 0x_1 + 0x_2 - \frac{1}{3}x_3 = -\frac{2}{3} & (3''') \end{cases} \qquad \begin{bmatrix} 1 & 0 & \frac{1}{3} & \frac{11}{3} \\ 0 & 1 & \frac{2}{3} & -\frac{2}{3} \\ 0 & 0 & -\frac{1}{3} & -\frac{2}{3} \end{bmatrix}$$

4º Passo: Tornamos o coeficiente de x_3 na equação (3‴) igual a 1. Para isto, multiplicamos a equação (3‴) por -3. Isto resulta no seguinte sistema:

$$\text{(V)} \begin{cases} x_1 + 0x_2 + \frac{1}{3}x_3 = \frac{11}{3} & (1^{iv}) \\ 0x_1 + x_2 + \frac{2}{3}x_3 = -\frac{2}{3} & (2^{iv}) \\ 0x_1 + 0x_2 + x_3 = 2 & (3^{iv}) \end{cases} \qquad \begin{bmatrix} 1 & 0 & \frac{1}{3} & \frac{11}{3} \\ 0 & 1 & \frac{2}{3} & -\frac{2}{3} \\ 0 & 0 & 1 & 2 \end{bmatrix}$$

5º Passo: Eliminamos x_3 das duas primeiras equações do sistema V. Multiplicamos a equação (3^{iv}) por -1/3 e somamos a esta nova equação a equação (1^{iv}). De modo análogo, multiplicamos a equação (3^{iv}) por -2/3 e a esta nova equação somamos a equação (2^{iv}). Sistema resultante:

$$\text{(IV)} \begin{cases} x_1 + 0x_2 + 0x_3 = 3 \\ 0x_1 + x_2 + 0x_3 = -2 \\ 0x_1 + 0x_2 + x_3 = 2 \end{cases} \qquad \begin{bmatrix} 1 & 0 & 0 & 3 \\ 0 & 1 & 0 & -2 \\ 0 & 0 & 1 & 2 \end{bmatrix}$$

ou ainda:

$$\begin{cases} x_1 = 3 \\ x_2 = -2 \\ x_3 = 2 \end{cases}$$

Assim, cada sistema foi obtido a partir do sistema anterior, por "operações" que preservaram as igualdades. Por isto, cada terna (x_1, x_2, x_3) que é solução do sistema I, também será solução dos sistemas seguintes. Deste modo, uma vez encontradas as soluções do sistema VI, as soluções do sistema I, se existirem devem estar entre estas, isto é, *toda solução do sistema I também é solução do sistema VI.*

O ponto fundamental deste procedimento é que as etapas são todas reversíveis. Por exemplo, partindo do sistema II podemos obter o sistema I, da seguinte maneira:

$$(1) = (1')$$
$$(2) = 2 \cdot (1') + (2')$$
$$(3) = (1') + (3')$$

(Com esta notação estamos querendo indicar que, por exemplo, a segunda linha (2) do sistema I é obtida multiplicando-se por dois a primeira linha (1') do sistema II e somando-se a segunda linha (2') do sistema II, isto é, $(2) = 2 \cdot (1') + (2')$.)

De modo análogo, você pode obter o sistema V a partir de VI, IV a partir de V, III a partir de IV e II a partir de III. Usando o mesmo argumento anterior, podemos dizer que *toda solução de VI também é solução de I.* A partir das duas afirmações destacadas acima concluímos que os sistemas I, II, III, IV, V e VI têm as mesmas soluções e, portanto, $x_1 = 3$, $x_2 = -2$ e $x_3 = 2$, que é a solução de VI, é a única solução do sistema inicial I. (Você pode verificar por substituição direta, que esta é uma solução, mas apenas como garantia de que não erramos nos cálculos.)

Podemos afirmar que no exemplo anterior os sistemas I, II, III, IV, V e VI são *equivalentes* segundo a definição dada a seguir.

Observe que, no exemplo anterior, as únicas operações que efetuamos são dos seguintes tipos:

i) Multiplicar uma equação por um número diferente de zero.
ii) Adicionar a equação a outra.

Existe ainda uma outra operação que às vezes precisaremos efetuar neste procedimento, e ela também é reversível.

iii) Permutar duas equações.

Por exemplo, no sistema:

$$\begin{cases} \phantom{x_1 +{}} x_2 + 3x_3 = 5 & (1) \\ x_1 + 3x_2 + x_3 = 2 & (2) \\ 2x_1 + 4x_2 - x_3 = 1 & (3) \end{cases}$$

nosso primeiro passo seria permutar as equações (1) e (2), de modo a obter o coeficiente de x_1 diferente de zero na primeira equação.

Estas operações num sistema produzem sempre sistemas com mesmo conjunto-solução, como vimos no exemplo anterior. Uma demonstração formal deste fato, usando matrizes elementares, será vista em 3.8.5. Agora iremos usar matrizes para apresentar uma maneira organizada de resolver sistemas de equações, seguindo a idéia do exemplo anterior. Antes, porém, vamos formalizar alguns conceitos.

2.2 SISTEMAS E MATRIZES

2.2.1 Conceitos

Um sistema de equações lineares com m equações e n incógnitas é um conjunto de equações do tipo:

$$(*)\begin{cases} a_{11}x_1 + a_{12}x_2 + \ldots + a_{1n}x_n = b_1 \\ a_{21}x_1 + a_{22}x_2 + \ldots + a_{2n}x_n = b_2 \\ \vdots \qquad \vdots \qquad \qquad \vdots \qquad \vdots \\ a_{m1}x_1 + a_{m2}x_2 + \ldots + a_{mn}x_n = b_m \end{cases}$$

com a_{ij}, $1 \leqslant i \leqslant m$, $1 \leqslant j \leqslant n$, números reais (ou complexos).

Uma *solução* do sistema (*) é uma n-upla de números $(x_1, x_2, \ldots, x_n)$ que satisfaça simultaneamente estas m equações.

Dois sistemas de equações lineares são *equivalentes* se, e somente se toda solução de qualquer um dos sistemas também é solução do outro.

2.2.2 Sistemas e Matrizes

Podemos escrever o sistema (*) numa forma matricial:

$$\begin{bmatrix} a_{11} & a_{12} & \ldots & a_{1n} \\ a_{21} & a_{22} & \ldots & a_{2n} \\ \vdots & \vdots & & \vdots \\ a_{m1} & a_{m2} & \ldots & a_{mn} \end{bmatrix} \cdot \begin{bmatrix} x_1 \\ x_2 \\ \vdots \\ x_n \end{bmatrix} = \begin{bmatrix} b_1 \\ b_2 \\ \vdots \\ b_m \end{bmatrix}$$

ou $\mathbf{A} \cdot \mathbf{X} = \mathbf{B}$ onde

$$\mathbf{A} = \begin{bmatrix} a_{11} & \ldots & a_{1n} \\ \vdots & & \vdots \\ a_{m1} & \ldots & a_{mn} \end{bmatrix}$$

é a matriz dos coeficientes,

$$\mathbf{X} = \begin{bmatrix} x_1 \\ \vdots \\ x_n \end{bmatrix}$$

a matriz das incógnitas e

$$\mathbf{B} = \begin{bmatrix} b_1 \\ \vdots \\ b_m \end{bmatrix}$$

a matriz dos termos independentes.

Uma outra matriz que podemos associar ao sistema é

$$\begin{bmatrix} a_{11} & a_{12} & \dots & a_{1n} & b_1 \\ a_{21} & a_{22} & \dots & a_{2n} & b_2 \\ \vdots & \vdots & & \vdots & \vdots \\ a_{m1} & a_{m2} & \dots & a_{mn} & b_m \end{bmatrix}$$

que chamamos *matriz ampliada do sistema.* Cada linha desta matriz é simplesmente uma representação abreviada da equação correspondente no sistema. Observe que no exemplo dado em 2.1, ao lado de cada sistema, escrevemos sua matriz ampliada. Assim, no sistema dado:

$$\begin{cases} x_1 + 4x_2 + 3x_3 = 1 \\ 2x_1 + 5x_2 + 4x_3 = 4 \\ x_1 - 3x_2 - 2x_3 = 5 \end{cases}$$

temos a forma matricial

$$\begin{bmatrix} 1 & 4 & 3 \\ 2 & 5 & 4 \\ 1 & -3 & -2 \end{bmatrix} \cdot \begin{bmatrix} x_1 \\ x_2 \\ x_3 \end{bmatrix} = \begin{bmatrix} 1 \\ 4 \\ 5 \end{bmatrix}$$

Em termos de matrizes ampliadas, na resolução do sistema, partimos de

$$\begin{bmatrix} 1 & 4 & 3 & 1 \\ 2 & 5 & 4 & 4 \\ 1 & -3 & -2 & 5 \end{bmatrix}$$

e chegamos a

$$\begin{bmatrix} 1 & 0 & 0 & 3 \\ 0 & 1 & 0 & -2 \\ 0 & 0 & 1 & 2 \end{bmatrix}$$

que é a matriz ampliada do sistema VI

$$\begin{cases} x_1 & & & = 3 \\ & x_2 & & = -2 \\ & & x_3 & = 2 \end{cases}$$

através de operações equivalentes às efetuadas nas equações dos sistemas. Estas que serão definidas a seguir são as operações elementares sobre as linhas de uma matriz.

2.3 OPERAÇÕES ELEMENTARES

São três as operações elementares sobre as linhas de uma matriz.

i) Permuta das *i*-ésima e *j*-ésima linhas. ($L_i \longleftrightarrow L_j$)

Exemplo: $L_2 \longrightarrow L_3$

$$\begin{bmatrix} 1 & 0 \\ 4 & -1 \\ -3 & 4 \end{bmatrix} \longrightarrow \begin{bmatrix} 1 & 0 \\ -3 & 4 \\ 4 & -1 \end{bmatrix}$$

ii) Multiplicação da *i*-ésima linha por um escalar não nulo k. ($L_i \longrightarrow kL_i$)

Exemplo: $L_2 \longrightarrow -3L_2$

$$\begin{bmatrix} 1 & 0 \\ 4 & -1 \\ -3 & 4 \end{bmatrix} \longrightarrow \begin{bmatrix} 1 & 0 \\ -12 & 3 \\ -3 & 4 \end{bmatrix}$$

iii) Substituição da *i*-ésima linha pela *i*-ésima linha mais k vezes a *j*-ésima linha. ($L_i \longrightarrow L_i + kL_j$)

Exemplo: $L_3 \longrightarrow L_3 + 2L_1$

$$\begin{bmatrix} 1 & 0 \\ 4 & -1 \\ -3 & 4 \end{bmatrix} \longrightarrow \begin{bmatrix} 1 & 0 \\ 4 & -1 \\ -1 & 4 \end{bmatrix}$$

Se **A** e **B** são matrizes $m \times n$, dizemos que **B** *é linha equivalente* a **A**, se **B** for obtida de **A** através de um número finito de operações elementares sobre as linhas de **A**. Notações: **A** → **B** ou **A** ~ **B**.
Por exemplo,

$$\begin{bmatrix} 1 & 0 \\ 4 & -1 \\ -3 & 4 \end{bmatrix} \text{ é linha equivalente a } \begin{bmatrix} 1 & 0 \\ 0 & 1 \\ 0 & 0 \end{bmatrix}, \text{ pois}$$

$$\begin{bmatrix} 1 & 0 \\ 4 & -1 \\ -3 & 4 \end{bmatrix} \xrightarrow[L_2 \to L_2 - 4L_1]{} \begin{bmatrix} 1 & 0 \\ 0 & -1 \\ -3 & 4 \end{bmatrix} \xrightarrow[L_3 \to L_3 + 3L_1]{}$$

$$\begin{bmatrix} 1 & 0 \\ 0 & -1 \\ 0 & 4 \end{bmatrix} \xrightarrow[L_2 \to -1L_2]{} \begin{bmatrix} 1 & 0 \\ 0 & 1 \\ 0 & 4 \end{bmatrix} \xrightarrow[L_3 \to L_3 - 4L_2]{} \begin{bmatrix} 1 & 0 \\ 0 & 1 \\ 0 & 0 \end{bmatrix}$$

Já comentamos em 2.1 que as operações com linhas de um sistema produzem outro sistema equivalente ao inicial. Em termos de matrizes, podemos enunciar este resultado como:

2.3.1 Teorema: Dois sistemas que possuem matrizes ampliadas equivalentes são equivalentes.

(A demonstração deste teorema, usando-se matrizes elementares, está em 3.8.5.)

Como vimos, o processo utilizado para se resolver sistemas por "eliminação de incógnitas" corresponde a passar a matriz ampliada do sistema inicial para matrizes-linha equivalentes a esta, até que cheguemos a uma matriz conveniente que indique a solução do sistema original. Você pode observar em 2.2. que a matriz final (associada ao sistema VI) tem uma forma especial. Ela é um exemplo do que chamaremos *matriz-linha reduzida à forma escada*. O método que apresentamos aqui consiste em obter por linha-redução estas matrizes, por meio das quais chegamos à solução do sistema de uma forma explícita.

Um outro método, conhecido como o Método de Gauss, reduz por linha-equivalência a matriz ampliada do sistema a uma matriz "triangular". (Você terá a oportunidade de resolver sistemas por este método, que é muito usado por suas vantagens computacionais, no Exercício 17 de 2.6. Não perca!)

2.4 FORMA ESCADA

2.4.1 Definição: Uma matriz $m \times n$ é *linha reduzida à forma escada* se

a) O primeiro elemento não nulo de uma linha não nula é 1.

b) Cada coluna que contém o primeiro elemento não nulo de alguma linha tem todos os seus outros elementos iguais a zero.

c) Toda linha nula ocorre abaixo de todas as linhas não nulas (isto é, daquelas que possuem pelo menos um elemento não nulo).

d) Se as linhas 1, ..., r são as linhas não nulas, e se o primeiro elemento não nulo da linha i ocorre na coluna k_i, então $k_1 < k_2 < \ldots < k_r$.

Esta última condição impõe a forma escada à matriz:

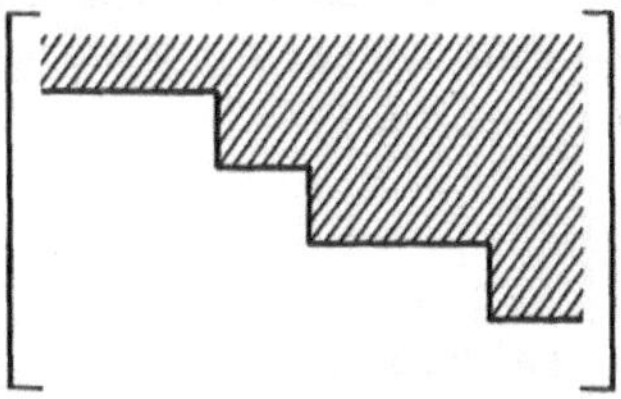

Figura 2.4.1

Isto é, o número de zeros precedendo o primeiro elemento não nulo de uma linha aumenta a cada linha, até que sobrem somente linhas nulas, se houver.

2.4.2 Exemplos

Exemplo 1: $\begin{bmatrix} 1 & 0 & 0 & 0 \\ 0 & 1 & -1 & 0 \\ 0 & 0 & 1 & 0 \end{bmatrix}$ Não é a forma escada pois a segunda condição não é satisfeita.

Exemplo 2: $\begin{bmatrix} 0 & 2 & 1 \\ 1 & 0 & -3 \\ 0 & 0 & 0 \end{bmatrix}$ Não é a forma escada pois não satisfaz a primeira e a quarta condições.

Exemplo 3: $\begin{bmatrix} 0 & 1 & -3 & 0 & 1 \\ 0 & 0 & 0 & 0 & 0 \\ 0 & 0 & 0 & -1 & 2 \end{bmatrix}$ Não satisfaz a primeira nem a terceira condição.

Exemplo 4: $\begin{bmatrix} 0 & 1 & -3 & 0 & 2 \\ 0 & 0 & 0 & 1 & 2 \\ 0 & 0 & 0 & 0 & 0 \end{bmatrix}$ É a forma escada pois todas as condições são satisfeitas.

2.4.3 Teorema: Toda matriz $A_{m \times n}$ é linha-equivalente a uma única matriz-linha reduzida à forma escada.

Para a demonstração, veja a secção 2.7. Este teorema permite-nos definir os conceitos abaixo que serão relacionados a seguir com o número real de equações e o número de soluções de um sistema.

2.4.4 Definição: Dada uma matriz $A_{m \times n}$, seja $B_{m \times n}$ a matriz-linha reduzida à forma escada linha equivalente a A. O *posto* de A, denotado por p, é o número de linhas não nulas de B. A *nulidade* de A é o número $n - p$.

Observamos que dada uma matriz A qualquer, para achar seu posto necessitamos encontrar primeiro sua matriz-linha reduzida à forma escada, e depois contar suas linhas não nulas. Este número é o posto de A. A nulidade é a diferença entre colunas de A e o posto.

2.4.5 Exemplos

Exemplo 1: Desejamos encontrar o posto e a nulidade de A, onde

$$A = \begin{bmatrix} 1 & 2 & 1 & 0 \\ -1 & 0 & 3 & 5 \\ 1 & -2 & 1 & 1 \end{bmatrix}$$

Assim, efetuamos as seguintes operações com matrizes:

$$\begin{bmatrix} 1 & 2 & 1 & 0 \\ -1 & 0 & 3 & 5 \\ 1 & -2 & 1 & 1 \end{bmatrix} \longrightarrow \begin{bmatrix} 1 & 2 & 1 & 0 \\ 0 & 2 & 4 & 5 \\ 0 & -4 & 0 & 1 \end{bmatrix} \longrightarrow \begin{bmatrix} 1 & 2 & 1 & 0 \\ 0 & 1 & 2 & \frac{5}{2} \\ 0 & -4 & 0 & 1 \end{bmatrix} \longrightarrow$$

$$\begin{bmatrix} 1 & 0 & -3 & -5 \\ 0 & 1 & 2 & \frac{5}{2} \\ 0 & 0 & 8 & 11 \end{bmatrix} \longrightarrow \begin{bmatrix} 1 & 0 & -3 & -5 \\ 0 & 1 & 2 & \frac{5}{2} \\ 0 & 0 & 1 & \frac{11}{8} \end{bmatrix} \longrightarrow \begin{bmatrix} 1 & 0 & 0 & -\frac{7}{8} \\ 0 & 1 & 0 & -\frac{1}{4} \\ 0 & 0 & 1 & \frac{11}{8} \end{bmatrix}$$

O posto de A é 3 e a nulidade de A é $4 - 3 = 1$.
Observação: Se interpretarmos a matriz A dada acima como sendo a matriz ampliada de um sistema linear, teremos:

$$\begin{cases} x_1 + 2x_2 + x_3 = 0 \\ -x_1 + 0x_2 + 3x_3 = 5 \\ x_1 - 2x_2 + x_3 = 1 \end{cases}$$

A matriz-linha reduzida à forma escada é linha equivalente à matriz **A**. Assim, o sistema que ela representa:

$$\begin{cases} x_1 \qquad\qquad = -\dfrac{7}{8}. \\ \qquad x_2 \qquad = -\dfrac{1}{4} \\ \qquad\qquad x_3 = \dfrac{11}{8} \end{cases}$$

é equivalente ao sistema inicial, possuindo a mesma solução que este.

Exemplo 2: Desejamos encontrar o posto e a nulidade de **B**, onde

$$\mathbf{B} = \begin{bmatrix} 2 & -1 & 3 \\ 1 & 4 & 2 \\ 1 & -5 & 1 \\ 4 & 16 & 8 \end{bmatrix}$$

Assim, efetuamos as seguintes operações matriciais:

$$\begin{bmatrix} 2 & -1 & 3 \\ 1 & 4 & 2 \\ 1 & -5 & 1 \\ 4 & 16 & 8 \end{bmatrix} \longrightarrow \begin{bmatrix} 1 & 4 & 2 \\ 2 & -1 & 3 \\ 1 & -5 & 1 \\ 4 & 16 & 8 \end{bmatrix} \longrightarrow \begin{bmatrix} 1 & 4 & 2 \\ 0 & -9 & -1 \\ 0 & -9 & -1 \\ 0 & 0 & 0 \end{bmatrix} \longrightarrow$$

$$\begin{bmatrix} 1 & 4 & 2 \\ 0 & 1 & \frac{1}{9} \\ 0 & 0 & 0 \\ 0 & 0 & 0 \end{bmatrix} \longrightarrow \begin{bmatrix} 1 & 0 & \frac{14}{9} \\ 0 & 1 & \frac{1}{9} \\ 0 & 0 & 0 \\ 0 & 0 & 0 \end{bmatrix}$$

O posto de **B** é 2, e a nulidade é 1. Repare que a matriz

$$\mathbf{B}_1 = \begin{bmatrix} 2 & -1 & 3 \\ 1 & 4 & 2 \end{bmatrix}$$

tem o mesmo posto e nulidade que **B**.

Reinterpretando as matrizes acima como sistemas de equações, diremos que o sistema de quatro equações associado à matriz inicial:

$$\begin{cases} 2x - \ \ y = 3 \\ x + 4y = 2 \\ x - 5y = 1 \\ 4x + 16y = 8 \end{cases}$$

é equivalente ao sistema de duas equações:

$$\begin{cases} x + 0y = \dfrac{14}{9} \\ 0x + y = \dfrac{1}{9} \end{cases}$$

associado à matriz-linha reduzida à forma escada. Este é um caso de sistema com equações redundantes. A terceira e a quarta equações (que se tornam nulas no final do processo) podem ser desprezadas. Isto significa que o sistema inicial é equivalente ao sistema:

$$\begin{cases} 2x - \ \ y = 3 \\ x + 4y = 2 \end{cases}$$

associado à matriz $\mathbf{B}_1$.

Usamos dizer também que, neste caso, as duas primeiras equações são "independentes" e que as demais são "dependentes" destas. Você vai se familiarizar com estas denominações no Capítulo 4. Ainda segundo esta terminologia, denominamos posto de uma matriz ao número de *linhas "independentes"* desta. Você pode observar que uma linha será "dependente" de outras (isto é, será igual a zero no final do processo de redução) se ela puder ser escrita como soma de produtos destas outras linhas por constantes. Costumamos dizer também que esta linha é uma *combinação linear* das outras. Por exemplo, na matriz **B** podemos dizer que a primeira e a segunda linhas são independentes, enquanto que a terceira e a quarta são combinações lineares das duas primeiras linhas.

Você viu assim que um posto da matriz ampliada de um sistema nos dá o número de equações independentes deste. Na próxima secção veremos que o posto também está relacionado com o número de soluções de um sistema.

2.5 SOLUÇÕES DE UM SISTEMA DE EQUAÇÕES LINEARES

O objetivo desta secção é estudar detalhadamente todas as situações que podem ocorrer na resolução de um sistema linear.

2.5.1 Se tivermos um sistema de uma equação e uma incógnita

$$ax = b$$

existirão três possibilidades:

i) a ≠ 0. Neste caso a equação tem uma única solução

$$x = \frac{b}{a}$$

ii) a = 0 e b = 0. Então temos $0x = 0$ e qualquer número real será solução da equação.

iii) a = 0 e b ≠ 0. Temos $0x = b$. Não existe solução para esta equação.

Para analisar sistemas de duas equações e duas incógnitas, vejamos alguns exemplos.

2.5.2 Exemplos

Exemplo 1:

$$\begin{cases} 2x_1 + x_2 = 5 \\ x_1 - 3x_2 = 6 \end{cases}$$

Lembramos que o conjunto de pontos $(x_1, x_2) \in R \times R$, que satisfaz cada equação deste sistema, representa uma reta no plano. Para resolver este sistema devemos então encontrar os pontos comuns a estas duas retas.

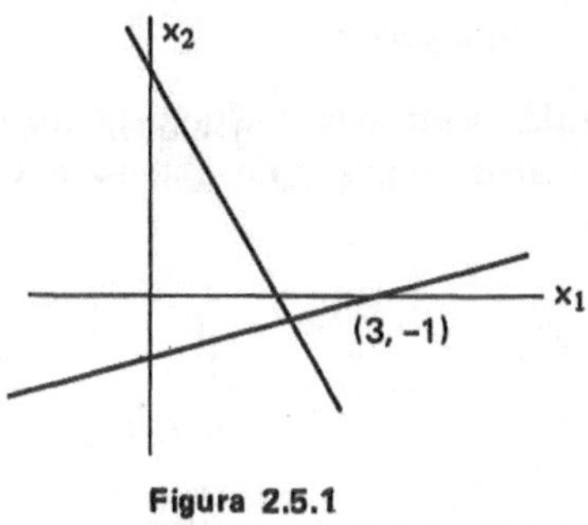

Figura 2.5.1

Deste modo, (3, -1) é a única solução. A matriz ampliada do sistema é $\begin{bmatrix} 2 & 1 & 5 \\ 1 & -3 & 6 \end{bmatrix}$. Transformando-a em matriz-linha reduzida à forma escada, obtemos $\begin{bmatrix} 1 & 0 & 3 \\ 0 & 1 & -1 \end{bmatrix}$, que é a matriz ampliada do sistema

$$\begin{cases} x_1 = 3 \\ x_2 = -1 \end{cases}$$

equivalente ao sistema inicial. O sistema tem uma única solução $x_1 = 3$ e $x_2 = -1$, como foi analisado graficamente. Observamos que o posto da matriz dos coeficientes do sistema reduzido $\begin{bmatrix} 1 & 0 \\ 0 & 1 \end{bmatrix}$ e o da matriz ampliada $\begin{bmatrix} 1 & 0 & 3 \\ 0 & 1 & -1 \end{bmatrix}$ é 2.

Exemplo 2:

$$\begin{cases} 2x_1 + x_2 = 5 \\ 6x_1 + 3x_2 = 15 \end{cases}$$

As duas retas que formam este sistema são coincidentes.

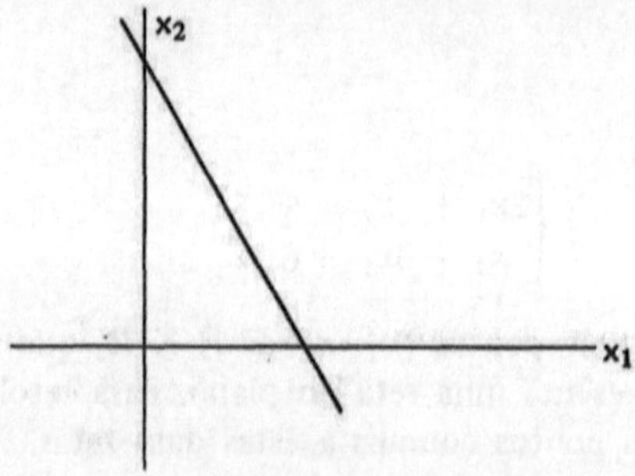

Figura 2.5.2

Neste caso, vemos geometricamente que qualquer ponto de uma das retas é solução deste sistema. A matriz ampliada do sistema e a matriz reduzida por linhas à forma escada são:

$$\begin{bmatrix} 2 & 1 & 5 \\ 6 & 3 & 15 \end{bmatrix} \longrightarrow \begin{bmatrix} 1 & \frac{1}{2} & \frac{5}{2} \\ 0 & 0 & 0 \end{bmatrix}$$

Portanto, o sistema acima é equivalente ao sistema

$$\begin{cases} x_1 + \frac{1}{2}x_2 = \frac{5}{2} \\ 0x_1 + 0x_2 = 0 \end{cases}$$

onde a segunda equação pode ser simplesmente "ignorada", pois não estabelece nenhuma condição sobre x_1 ou x_2. Ela é verdadeira para quaisquer números x_1 e x_2. O conjunto de soluções deste sistema será dado, atribuindo-se valores arbitrários para a incógnita x_2 e tomando $x_1 = \frac{5}{2} - \frac{1}{2}x_2$. Assim, para $x_2 = \lambda$ temos:

$$x_1 = \frac{5}{2} - \frac{1}{2}\lambda$$
$$x_2 = \lambda$$

Atribuindo diversos valores para λ, obtemos várias soluções para o sistema. Por exemplo, para $\lambda = 0$, temos $x_1 = \frac{5}{2}$ e $x_2 = 0$. Para $\lambda = 1$, temos $x_1 = 2$ e $x_2 = 1$ etc. Este sistema admite infinitas soluções.

Observe que a matriz ampliada e também a matriz dos coeficientes do sistema têm posto 1, pois, uma vez transformadas em matrizes-linha reduzidas na forma escada, elas possuem uma linha não nula. A nulidade da matriz dos coeficientes é 2 - 1 = 1 que é também chamada o grau de liberdade do sistema. Isto quer dizer que o nosso sistema apresenta uma variável livre.

Exemplo 3:

$$\begin{cases} 2x_1 + x_2 = 5 \\ 6x_1 + 3x_2 = 10 \end{cases}$$

Geometricamente, temos duas retas no plano que não possuem nenhum ponto em comum, pois são paralelas, e portanto este sistema não tem solução. Isto é mostrado na Figura 2.5.3.

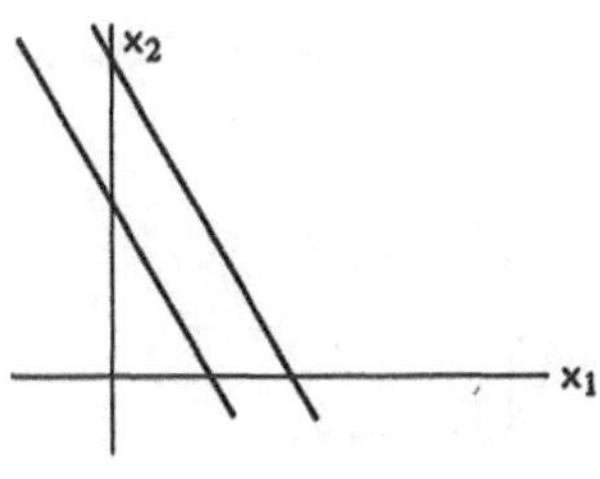

Figura 2.5.3

A matriz ampliada deste sistema $\begin{bmatrix} 2 & 1 & 5 \\ 6 & 3 & 10 \end{bmatrix}$ é equivalente à matriz-linha reduzida à forma escada

$$\begin{bmatrix} 1 & \frac{1}{2} & 0 \\ 0 & 0 & 1 \end{bmatrix}$$

Portanto, o sistema inicial é equivalente a

$$\begin{cases} x_1 + \frac{1}{2}x_2 = 0 \\ 0x_1 + \quad 0x_2 = 1 \end{cases}$$

Não existe nenhum valor de x_1 ou x_2 capaz de satisfazer a segunda equação. Assim, o sistema inicial não tem solução. Dizemos que ele é incompatível (impossível). Vamos comparar a matriz de coeficientes e a ampliada, reduzidas à forma escada do sistema

$$\begin{bmatrix} 1 & \frac{1}{2} \\ 0 & 0 \end{bmatrix} \text{ e } \begin{bmatrix} 1 & \frac{1}{2} & 0 \\ 0 & 0 & 1 \end{bmatrix}$$

Observe que o posto da matriz dos coeficientes do sistema inicial é 1 e o posto de sua matriz ampliada é 2.

2.5.3 Caso Geral: Consideremos um sistema de m equações lineares com n incógnitas $x_1, ..., x_n$.

$$\begin{cases} a_{11}x_1 + a_{12}x_2 + ... + a_{1n}x_n = b_1 \\ \vdots \qquad \vdots \qquad \qquad \vdots \qquad \vdots \\ a_{m1}x_1 + a_{m2}x_2 + ... + a_{mn}x_n = b_m \end{cases}$$

cujos coeficientes a_{ij} e termos constantes b_i são números reais (ou complexos). Este sistema poderá ter

i) uma única solução: $\begin{cases} x_1 = k_1 \\ \vdots \quad \vdots \\ x_n = k_n \end{cases}$

ii) infinitas soluções

iii) nenhuma solução.

No primeiro caso, dizemos que o sistema é *possível* (compatível) e *determinado*. No segundo caso, dizemos que o sistema é *possível* e *indeterminado*. E no terceiro caso, dizemos que o sistema é *impossível* (incompatível).

Consideremos a matriz ampliada do sistema anterior e tomemos sua matriz-linha reduzida à forma escada:

$$\begin{bmatrix} a_{11} & \dots & a_{1n} & b_1 \\ \vdots & & \vdots & \vdots \\ a_{m1} & \dots & a_{mn} & b_m \end{bmatrix}_{m\times(n+1)}$$

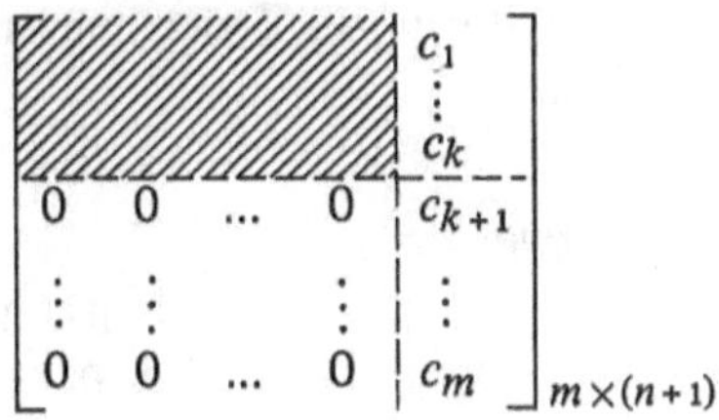

Procure entender e demonstrar (veja a secção 2.7) cada uma das afirmações do teorema abaixo. Leia com atenção e volte aos exemplos dados em 2.5.2, se achar conveniente.

2.5.4 Teorema

i) Um sistema de m equações e n incógnitas admite solução se, e somente se o posto da matriz ampliada é igual ao posto da matriz dos coeficientes.

ii) Se as duas matrizes têm o mesmo posto p e $p = n$, a solução será única.

iii) Se as duas matrizes têm o mesmo posto p e $p < n$, podemos escolher $n - p$ incógnitas, e as outras p incógnitas serão dadas em função destas.

Para finalizarmos este assunto, convém ilustrá-lo. Dizemos no caso *iii* que o *grau de liberdade* do sistema é $n - p$.

Em cada exemplo, é dada a matriz-linha reduzida à forma escada da matriz ampliada. Usamos a notação

p_c = posto da matriz dos coeficientes e

p_a = posto da matriz ampliada. Se $p_c = p_a$ denotamos simplesmente por p.

2.5.5 Exemplos

Exemplo 1:

$$\begin{bmatrix} 1 & 0 & 0 & 3 \\ 0 & 1 & 0 & -2 \\ 0 & 0 & 1 & 2 \end{bmatrix} \qquad p_c = p_a = 3$$

$m = 3$, $n = 3$ e $p = 3$. Então, a solução é única e $x_1 = 3$, $x_2 = -2$ e $x_3 = 2$.

Exemplo 2:

$$\begin{bmatrix} 1 & 0 & 7 & -10 \\ 0 & 1 & 5 & -6 \end{bmatrix} \qquad p_c = p_a = 2$$

$m = 2$, $n = 3$ e $p = 2$. Temos um grau de liberdade: $x_1 = -10 - 7x_3$ e $x_2 = -6 - 5x_3$.

Exemplo 3:

$$\begin{bmatrix} 1 & 0 & 7 & -10 \\ 0 & 1 & 5 & -6 \\ 0 & 0 & 0 & 2 \end{bmatrix}$$

$m = 3$, $n = 3$, $p_c = 2$ e $p_a = 3$. O sistema é impossível e, portanto, não existe solução.

Exemplo 4:

$$\begin{bmatrix} 1 & 0 & -10 & -2 & -10 \\ 0 & 1 & 7 & 1 & 4 \\ 0 & 0 & 0 & 0 & 0 \end{bmatrix} \quad p_c = p_a = 2$$

$m = 3$, $n = 4$ e $p = 2$. Temos dois graus de liberdade: $x_1 = -10 + 10x_3 + 2x_4$ e $x_2 = 4 - 7x_3 - x_4$.

2.5.6 Agora, depois de termos mostrado como é possível resolver sistemas de equações lineares através de matrizes, podemos voltar ao problema que havíamos proposto no início do capítulo, relativo à quantidade de hidrogênio e oxigênio necessária para se formar a água.

Sabemos que

$$xH_2 + yO_2 \longrightarrow zH_2O$$

onde x, y, z devem satisfazer

$$\begin{cases} 2x - 2z = 0 \\ 2y - z = 0 \end{cases}$$

A matriz ampliada, associada ao sistema é

$$\begin{bmatrix} 2 & 0 & -2 & 0 \\ 0 & 2 & -1 & 0 \end{bmatrix}$$

que, reduzida à forma escada, dá

$$\begin{bmatrix} 1 & 0 & -1 & 0 \\ 0 & 1 & -\frac{1}{2} & 0 \end{bmatrix}$$

ou seja, z é uma variável livre e, assim, se tornarmos $z = \lambda$, teremos

$$\begin{cases} x - \lambda = 0 \\ y - \frac{1}{2}\lambda = 0 \\ z = \lambda \end{cases}$$

ou

$$\begin{bmatrix} x \\ y \\ z \end{bmatrix} = \lambda \begin{bmatrix} 1 \\ \frac{1}{2} \\ 1 \end{bmatrix}$$

Note o significado de termos um grau de liberdade na solução deste sistema. Temos apenas estabelecida a proporção com que os elementos devem entrar na reação, e, para diferentes valores de λ, teremos quantidades diferentes de reagentes produzindo quantidades diferentes de água. Por exemplo,
se $\lambda = 2$, teremos $2H_2 + O_2 \rightarrow 2H_2O$
se $\lambda = 4$, teremos $4H_2 + 2O_2 \rightarrow 4H_2O$

2.5.7 Exemplos

Exemplo 1: Resolver o sistema

$$\begin{cases} x + 2y + z + t = 0 \\ x + 3y - z + 2t = 0 \end{cases}$$

A matriz associada ao sistema é

$$\begin{bmatrix} 1 & 2 & 1 & 1 & 0 \\ 1 & 3 & -1 & 2 & 0 \end{bmatrix}$$

que reduzida à forma escada fornece

$$\begin{bmatrix} 1 & 0 & 5 & -1 & 0 \\ 0 & 1 & -2 & 1 & 0 \end{bmatrix}$$

Reinterpretando o sistema, vemos que z e t são variáveis livres (grau de liberdade 2). Chamando $z = \lambda_1$ e $t = \lambda_2$ obtemos:

$$\begin{aligned} x &= -5\lambda_1 + \lambda_2 \\ y &= 2\lambda_1 - \lambda_2 \\ z &= \lambda_1 \\ t &= \lambda_2 \end{aligned}$$

ou, na forma matricial

$$\begin{bmatrix} x \\ y \\ z \\ t \end{bmatrix} = \lambda_1 \begin{bmatrix} -5 \\ 2 \\ 1 \\ 0 \end{bmatrix} + \lambda_2 \begin{bmatrix} 1 \\ -1 \\ 0 \\ 1 \end{bmatrix}$$

Observe que $[-5\ 2\ 1\ 0]'$ e $[1\ -1\ 0\ 1]'$ são soluções do sistema obtidas da seguinte forma: a primeira, fazendo $\lambda_1 = 1$ e $\lambda_2 = 0$, e a segunda, $\lambda_1 = 0$ e $\lambda_2 = 1$. Elas são chamadas *soluções básicas* do sistema porque geram todas as outras. Todo sistema homogêneo tem solução que pode ser escrita desta forma. Basta reduzir o sistema, observar as variáveis livres e atribuir valores 1 para uma delas e zero para as outras, obtendo as soluções básicas (tantas quanto o grau de liberdade). A solução será uma soma destas soluções multiplicadas por constantes.

Exemplo 2: Resolver o sistema

$$\begin{cases} x + 3y + z = 0 \\ 2x + 6y + 2z = 0 \\ -x - 3y - z = 0 \end{cases}$$

A matriz associada é $\begin{bmatrix} 1 & 3 & 1 & 0 \\ 2 & 6 & 2 & 0 \\ -1 & -3 & -1 & 0 \end{bmatrix}$

que reduzida torna-se $\begin{bmatrix} 1 & 3 & 1 & 0 \\ 0 & 0 & 0 & 0 \\ 0 & 0 & 0 & 0 \end{bmatrix}$

Reinterpretando, vemos que y e z são variáveis livres.

Fazendo $y = \lambda_1$ e $z = \lambda_2$, temos

$$\begin{aligned} x &= -3\lambda_1 - \lambda_2 \\ y &= \lambda_1 \\ z &= \lambda_2 \end{aligned}$$

As soluções básicas são então: $x = -3$, $y = 1$, $z = 0$ e $x = -1$, $y = 0$, $z = 1$. Assim

$$\begin{bmatrix} x \\ y \\ z \end{bmatrix} = \lambda_1 \begin{bmatrix} -3 \\ 1 \\ 0 \end{bmatrix} + \lambda_2 \begin{bmatrix} -1 \\ 0 \\ 1 \end{bmatrix}$$

Exemplo 3: Resolver o sistema

$$\begin{cases} x + 2y + z + t = 1 \\ x + 3y - z + 2t = 3 \end{cases}$$

A matriz associada é

$$\begin{bmatrix} 1 & 2 & 1 & 1 & 1 \\ 1 & 3 & -1 & 2 & 3 \end{bmatrix}$$ que reduzida à forma escada torna-se

$$\begin{bmatrix} 1 & 0 & 5 & -1 & 3 \\ 0 & 1 & -2 & 1 & 2 \end{bmatrix}$$. Reinterpretando, vemos que z e t são livres.

Fazendo $z = \lambda_1$ e $t = \lambda_2$, obtemos

$$\begin{aligned} x &= -5\lambda_1 + \lambda_2 + 3 \\ y &= 2\lambda_1 - \lambda_2 + 2 \\ z &= \lambda_1 \\ t &= \lambda_2 \end{aligned}$$

ou $$\begin{bmatrix} x \\ y \\ z \\ t \end{bmatrix} = \lambda_1 \begin{bmatrix} -5 \\ 2 \\ 1 \\ 0 \end{bmatrix} + \lambda_2 \begin{bmatrix} 1 \\ -1 \\ 0 \\ 1 \end{bmatrix} + \begin{bmatrix} 3 \\ 2 \\ 0 \\ 0 \end{bmatrix}$$

Compare com o exemplo 1. O que você nota?

2.6 EXERCÍCIOS

1. Resolva o sistema de equações, escrevendo as matrizes ampliadas, associadas aos novos sistemas.

$$\begin{cases} 2x - y + 3z = 11 \\ 4x - 3y + 2z = 0 \\ x + y + z = 6 \\ 3x + y + z = 4 \end{cases}$$

2. Descreva todas as possíveis matrizes 2 X 2, que estão na forma escada reduzida por linhas.

3. Reduza as matrizes à forma escada reduzida por linhas.

a) $$\begin{bmatrix} 1 & -2 & 3 & -1 \\ 2 & -1 & 2 & 3 \\ 3 & 1 & 2 & 3 \end{bmatrix}$$

b) $$\begin{bmatrix} 0 & 1 & 3 & -2 \\ 2 & 1 & -4 & 3 \\ 2 & 3 & 2 & -1 \end{bmatrix}$$

c) $$\begin{bmatrix} 0 & 2 & 2 \\ 1 & 1 & 3 \\ 3 & -4 & 2 \\ 2 & -3 & 1 \end{bmatrix}$$

4. Calcule o posto e a nulidade das matrizes da questão 3.

5. Dado o sistema $\begin{cases} 3x + 5y = 1 \\ 2x + z = 3 \\ 5x + y - z = 0 \end{cases}$

escreva a matriz ampliada, associada ao sistema e reduza-a à forma escada reduzida por linhas, para resolver o sistema original.

6. Determine k, para que o sistema admita solução.

$$\begin{cases} -4x + 3y = 2 \\ 5x - 4y = 0 \\ 2x - y = k \end{cases}$$

7. Encontre todas as soluções do sistema

$$\begin{cases} x_1 + 3x_2 + 2x_3 + 3x_4 - 7x_5 = 14 \\ 2x_1 + 6x_2 + x_3 - 2x_4 + 5x_5 = -2 \\ x_1 + 3x_2 - x_3 + 2x_5 = -1 \end{cases}$$

8. Explique por que a nulidade de uma matriz nunca é negativa.

9. Foram estudados três tipos de alimentos. Fixada a mesma quantidade (1 g) determinou-se que:
   i) O alimento I tem 1 unidade de vitamina A, 3 unidades de vitamina B e 4 unidades de vitamina C.
   ii) O alimento II tem 2, 3 e 5 unidades respectivamente, das vitaminas A, B e C.
   iii) O alimento III tem 3 unidades de vitaminas A, 3 unidades de vitamina C e não contém vitamina B.

Se são necessárias 11 unidades de vitamina A, 9 de vitamina B e 20 de vitamina C,

a) Encontre todas as possíveis quantidades dos alimentos I, II e III, que fornecem a quantidade de vitaminas desejada.

b) Se o alimento I custa 60 centavos por grama e os outros dois custam 10, existe uma solução custando exatamente Cr$ 1,00?

Resolva os sistemas seguintes achando as matrizes ampliadas linha reduzidas à forma escada e dando também seus postos, os postos das matrizes dos coeficientes e, se o sistema for possível, o grau de liberdade.

10. $x_1 + 2x_2 - x_3 + 3x_4 = 1$

11. $\begin{cases} x + y + z = 4 \\ 2x + 5y - 2z = 3 \end{cases}$

12. $\begin{cases} x + y + z = 4 \\ 2x + 5y - 2z = 3 \\ x + 7y - 7z = 5 \end{cases}$

13. $\begin{cases} x - 2y + 3z = 0 \\ 2x + 5y + 6z = 0 \end{cases}$

14. $\begin{cases} x_1 + x_2 + x_3 + x_4 = 0 \\ x_1 + x_2 + x_3 - x_4 = 4 \\ x_1 + x_2 - x_3 + x_4 = -4 \\ x_1 - x_2 + x_3 + x_4 = 2 \end{cases}$

15. $\begin{cases} x + 2y + 3z = 0 \\ 2x + y + 3z = 0 \\ 3x + 2y + z = 0 \end{cases}$

16. $\begin{cases} 3x + 2y - 4z = 1 \\ x - y + z = 3 \\ x - y - 3z = -3 \\ 3x + 3y - 5z = 0 \\ -x + y + z = 1 \end{cases}$

17. O método de Gauss para resolução de sistemas é um dos mais adotados quando se faz uso do computador, devido ao menor número de operações que envolve. Ele consiste em se reduzir a matriz ampliada do sistema por linha-equivalência a uma matriz que só é diferente da linha reduzida à forma escada na condição *b*) de 2.4.1, que passa a ser: *b'*) Cada coluna que contém o primeiro elemento não nulo de alguma linha, tem todos os elementos *abaixo* desta linha iguais a zero. As outras condições *a, c* e *d* são idênticas. Uma vez reduzida a matriz ampliada a esta forma, a solução final do sistema é obtida por substituição.

Exemplo:

$$\begin{cases} 2x_1 + x_2 = 5 \\ x_1 - 3x_2 = 6 \end{cases}$$

$$\begin{bmatrix} 2 & 1 & 5 \\ 1 & -3 & 6 \end{bmatrix} \sim \begin{bmatrix} 1 & \frac{1}{2} & \frac{5}{2} \\ 0 & -\frac{7}{2} & \frac{7}{2} \end{bmatrix} \sim \begin{bmatrix} 1 & \frac{1}{2} & \frac{5}{2} \\ 0 & 1 & -1 \end{bmatrix}$$

a última matriz corresponde ao sistema:

$$x_1 + \frac{1}{2} x_2 = \frac{5}{2}$$
$$x_2 = -1.$$

Por substituição, $x_1 - \frac{1}{2} = \frac{5}{2}$, ou seja, $x_1 = 2$.

Resolva pelo método de Gauss os Exercícios 14, 15 e 16 e compare as respostas.

18. *a*) Mostre a proposição 2.4.3 para matrizes 2×2 quaisquer.
    b) Sinta a dificuldade que você terá para formalizar o resultado para matrizes $n \times m$, mas convença-se de que é só uma questão de considerar todos os casos possíveis, e escreva a demonstração. Consulte 2.7.

19. Chamamos de sistema homogêneo de n equações e m incógnitas aquele sistema cujos termos independentes, b_i, são todos nulos.
    a) Um sistema homogêneo admite pelo menos uma solução. Qual é ela?
    b) Encontre os valores de $k \in R$, tais que o sistema homogêneo

$$\begin{cases} 2x - 5y + 2z = 0 \\ x + y + z = 0 \\ 2x + kz = 0 \end{cases}$$

tenha uma solução distinta da solução trivial ($x = y = z = 0$).

20. Considere o sistema

$$\begin{cases} x + 6y - 8z = 1 \\ 2x + 6y - 4z = 0 \end{cases}$$

Note que podemos escrevê-lo na forma matricial

$$(*) \quad \begin{bmatrix} 1 & 6 & -8 \\ 2 & 6 & -4 \end{bmatrix} \begin{bmatrix} x \\ y \\ z \end{bmatrix} = \begin{bmatrix} 1 \\ 0 \end{bmatrix}$$

a) Verifique que a matriz $\mathbf{X}_1 = \begin{bmatrix} x \\ y \\ z \end{bmatrix} = \begin{bmatrix} 1 \\ \frac{1}{3} \\ 0 \end{bmatrix}$ é uma solução para o sistema.

b) Resolva o sistema e verifique que toda "matriz-solução" é da forma

$$\mathbf{X} = \begin{bmatrix} x \\ y \\ z \end{bmatrix} = \lambda \begin{bmatrix} -4 \\ 2 \\ 1 \end{bmatrix} + \begin{bmatrix} -1 \\ \frac{1}{3} \\ 0 \end{bmatrix}$$

onde $\lambda \in R$.

c) Verifique

$$\lambda \begin{bmatrix} -4 \\ 2 \\ 1 \end{bmatrix} = \begin{bmatrix} -4\lambda \\ 2\lambda \\ \lambda \end{bmatrix}$$

é a solução do sistema homogêneo, associado ao sistema (*),

$$(**) \begin{bmatrix} 1 & 6 & -8 \\ 2 & 6 & -4 \end{bmatrix} \begin{bmatrix} x \\ y \\ z \end{bmatrix} = \begin{bmatrix} 0 \\ 0 \end{bmatrix}.$$

d) Conclua, dos itens *a*), *b*) e *c*), que o conjunto-solução do sistema * é o conjunto-solução do sistema **, somado a uma solução particular do sistema *.

21. Dado o sistema

$$\begin{bmatrix} 1 & 2 & 0 & -1 \\ 1 & 0 & 2 & -1 \\ 1 & 2 & 2 & -1 \\ 3 & 4 & 4 & -3 \end{bmatrix} \begin{bmatrix} x \\ y \\ z \\ w \end{bmatrix} = \begin{bmatrix} 2 \\ 2 \\ 4 \\ 8 \end{bmatrix}$$

a) Encontre uma solução dele sem resolvê-lo. (Atribua valores para *x*, *y*, *z* e *w*.)
b) Agora, resolva efetivamente o sistema, isto é, encontre sua matriz-solução.
c) Resolva também o sistema homogêneo associado.
d) Verifique que toda matriz-solução obtida em *b*) é a soma de uma matriz-solução encontrada em *c*) com a solução particular que você encontrou em *a*).

22. Altamente motivado pelos Exercícios 20 e 21, mostre que toda matriz-solução de um sistema linear **AX** = **B** é a soma de uma solução do sistema ho-

mogêneo associado $AX = 0$ com uma solução particular de $AX = B$. Sugestão: siga as etapas seguintes, usando somente propriedades de matrizes.

i) Mostre que se X_0 é uma solução do sistema $AX = 0$ e X_1 é uma solução de $AX = B$, então $X_0 + X_1$ é solução de $AX = B$.

ii) Se X_1 e X_2 são soluções de $AX = B$, então $X_1 - X_2$ é solução de $AX = 0$.

iii) Use *i*) e *ii*) para chegar à conclusão desejada.

23. Faça o balanceamento das reações:

a) $N_2O_5 \rightarrow NO_2 + O_2$ (decomposição térmica do N_2O_5)

b) $HF + SiO_2 \rightarrow SiF_4 + H_2O$ (dissolução do vidro em HF)

c) $(NH_4)_2CO_3 \rightarrow NH_3 + H_2O + CO_2$

24. Dado o sistema linear

$$\begin{cases} 3x + 5y + 12z - w = -3 \\ x + y + 4z - w = -6 \\ 2y + 2z + w = 5 \end{cases}$$

a) Discuta a solução do sistema.

b) Acrescente a equação $2z + kw = 9$ a este sistema, encontre um valor de k que torne o sistema incompatível.

25. Sabe-se que uma alimentação diária equilibrada em vitaminas deve constar de 170 unidades de vitamina A, 180 unidades de vitamina B, 140 unidades de vitamina C, 180 unidades de vitamina D e 350 unidades de vitamina E.

Com o objetivo de descobrir como deverá ser uma refeição equilibrada, foram estudados cinco alimentos. Fixada a mesma quantidade (1 g) de cada alimento, determinou-se que:

i) O alimento I tem 1 unidade de vitamina A, 10 unidades de vitamina B, 1 unidade de vitamina C, 2 unidades de vitamina D e 2 unidades de vitamina E.

ii) O alimento II tem 9 unidades de vitamina A, 1 unidade de vitamina B, 0 unidades de vitamina C, 1 unidade de vitamina D e 1 unidade de vitamina E.

iii) O alimento III tem 2 unidades de A, 2 unidades de B, 5 unidades de C, 1 unidade de D e 2 unidades de E.

iv) O alimento IV tem 1 unidade de A, 1 unidade de B, 1 unidade de C, 2 unidades de D e 13 unidades de E.

v) O alimento V tem 1 unidade de A, 1 unidade de B, 1 unidade de C, 9 unidades de D e 2 unidades de E.

Quantos gramas de cada um dos alimentos I, II, III, IV e V devemos ingerir diariamente para que nossa alimentação seja equilibrada?

26. Necessita-se adubar um terreno acrescentando a cada 10 m² 140 g de nitrato, 190 g de fosfato e 205 g de potássio.

Dispõe-se de quatro qualidades de adubo com as seguintes características:

i) Cada quilograma do adubo I custa 5 u.c.p. e contém 10 g de nitrato, 10 g de fosfato e 100 g de potássio.

ii) Cada quilograma do adubo II custa 6 u.c.p. e contém 10 g de nitrato, 100 g de fosfato e 30 g de potássio.

iii) Cada quilograma do adubo III custa 5 u.c.p. e contém 50 g de nitrato, 20 g de fosfato e 20 g de potássio.

iv) Cada quilograma do adubo IV custa 15 u.c.p. e contém 20 g de nitrato, 40 g de fosfato e 35 g de potássio.

Quanto de cada adubo devemos misturar para conseguir o efeito desejado se estamos dispostos a gastar 54 u.c.p. a cada 10 m² com a adubação?

27. Deseja-se construir um circuito como o mostrado na figura,

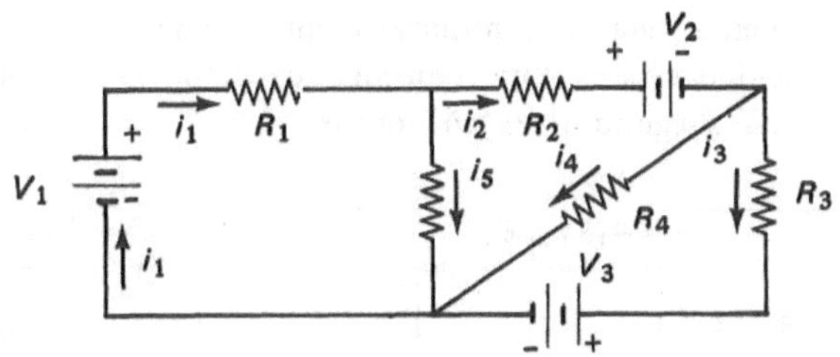

onde $V_1 = 280$ V, $V_2 = 100$ V, $V_3 = 50$ V, $R_1 = 20\Omega$, $R_2 = 30\Omega$, $R_3 = 50\Omega$, $R_4 = 40\Omega$, $R_5 = 100\Omega$.

Dispõe-se de uma tabela de preços de vários tipos de resistências; assim como as correntes máximas que elas suportam sem queimar.

		← resistências →				
		20Ω	30Ω	40Ω	50Ω	100Ω
corr. máxima	0,5 A	10,00	10,00	15,00	15,00	20,00
	1,0 A	15,00	20,00	15,00	15,00	25,00
	3,0 A	20,00	22,00	20,00	20,00	28,00
	5,0 A	30,00	30,00	34,00	34,00	37,00

De que tipo devemos escolher cada resistência para que o circuito funcione com segurança e a sua fabricação seja a de menor custo possível?

28. Uma placa quadrada de material homogêneo é mantida com os bordos AC e BD à temperatura de 20°C, o bordo AB a 40°C e CD a 10°C, com o uso de isolantes térmicos em A, B, C e D (vide figura).

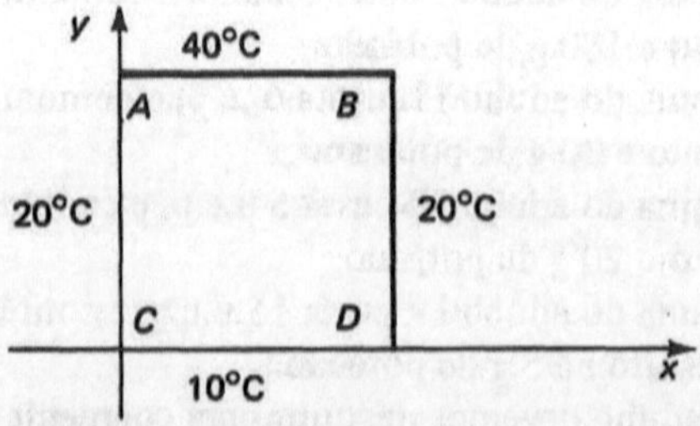

Após ser atingido o equilíbrio térmico, qual é a temperatura aproximada em cada ponto da placa?

29. Consideremos uma unidade de produção (muito simplificada) de um processo de produção industrial de um determinado composto C a partir de certos compostos A e B (segundo a reação química $A + B \rightleftarrows C$):

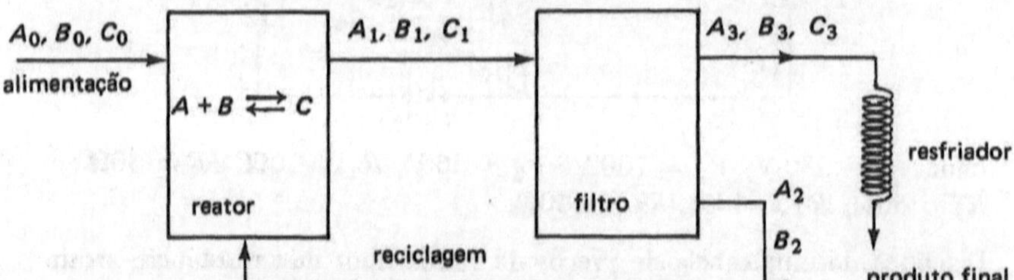

$A_0 = 100$ kg/h, $B_0 = 100$ kg/h, $C_0 = 10$ kg/h são os fluxos de alimentação, isto é, a quantidade de material jogada dentro da unidade de produção por hora, enquanto que A_i, B_i e C_i são os fluxos em cada estágio da produção. Sabe-se, ainda que:

i) No reator a reação processa-se em condições tais que a quantidade de A após a reação é 0,487 da sua quantidade antes da reação, enquanto a de B é 0,266 e a de C é 4,675 de suas respectivas quantidades antes da reação.

ii) Baseado no fato do ponto de ebulição de C ser inferior ao de A e B, o filtro constitui-se de um destilador. Dessa forma o vapor dentro do filtro tem maior concentração de C do que A e B, e é continuamente retirado do filtro, sendo levado para um resfriador do qual obtemos o produto final. Enquanto isso a parte não vaporizada no destilador é levada de volta ao reator para ser reciclada. Tem-se a informação de que a quantidade de A em forma de vapor dentro do filtro é, em um determinado instante, 0,5854 da quantidade de A presente naquele instante na parte não vaporizada, enquanto que para B e C estas relações são 1,50 e 1,07 respectivamente.

Deseja-se saber qual é o grau de concentração de C no produto final se a unidade opera em condição estacionária (isto é, os fluxos de A, B e C não mudam com o tempo em cada estágio), sabendo que a concentração de C_1 na mistura que passa do reator para o filtro é de 68%.

2.6.1 Respostas

1. $x = -1, \quad y = 2, \quad z = 5$

3. *a*) $\begin{bmatrix} 1 & 0 & 0 & 22/7 \\ 0 & 1 & 0 & -11/7 \\ 0 & 0 & 0 & -17/7 \end{bmatrix}$

b) $\begin{bmatrix} 1 & 0 & -\frac{7}{2} & \frac{5}{2} \\ 0 & 1 & 3 & -2 \\ 0 & 0 & 0 & 0 \end{bmatrix}$

c) $\begin{bmatrix} 1 & 0 & 2 \\ 0 & 1 & 1 \\ 0 & 0 & 0 \\ 0 & 0 & 0 \end{bmatrix}$

5. $x = \frac{7}{16}, \quad y = -\frac{1}{16}, \quad z = \frac{17}{8}$

7. $x_1 = 1 - 3x_2 - x_5$
$x_3 = 2 + x_5$
$x_4 = 3 + 2x_5$

9. *a*) Sejam x, y e z as quantidades de alimentos I, II e III respectivamente. Então
$x = -5 + 3z, \quad y = 8 - 3z$ onde $\frac{5}{3} \leqslant z \leqslant \frac{8}{3}$

b) Sim. $x = 1, \quad y = 2, \quad z = 2$

11. $x = \frac{17}{3} - \frac{7}{3}z, \quad y = -\frac{5}{3} + \frac{4}{3}z$
$p_a = 2 = p_c, \quad g.l. = 1$

13. $p_a = 2 = p_c, \quad g.l. = 1, x = 3z, y = 0$

15. $p_a = 3 = p_c, \quad g.l. = 0, x = y = z = 0$

19. *a*) $x_i = 0$ *b*) $k = 2$

21. *a*) $x = 0, \; y = z = 1, \; w = 0$

b) $\begin{bmatrix} \lambda \\ 1 \\ 1 \\ \lambda \end{bmatrix}$ *c*) $\begin{bmatrix} \lambda \\ 0 \\ 0 \\ \lambda \end{bmatrix}$ *d*) $\begin{bmatrix} \lambda \\ 1 \\ 1 \\ \lambda \end{bmatrix} = \begin{bmatrix} \lambda \\ 0 \\ 0 \\ \lambda \end{bmatrix} + \begin{bmatrix} 0 \\ 1 \\ 1 \\ 0 \end{bmatrix}$

23. *a*) $2\,N_2O_5 \longrightarrow 4\,NO_2 + O_2$

b) $4\,HF + SiO_2 \longrightarrow SiF_4 + 2\,H_2O$

c) $(NH_4)_2CO_3 \longrightarrow 2\,NH_3 + H_2O + CO_2$

27. *Sugestão*: Calcule as várias correntes que circulam no circuito para depois fazer a escolha dos tipos de resistência. Para isto use as *Leis de Kirchoff*:

i) A soma das correntes que entram em um nó de um circuito é igual à soma das correntes que saem deste nó.

ii) A partir de um ponto qualquer de uma malha, se a percorrermos em um sentido qualquer, ao voltarmos ao mesmo ponto, a soma algébrica das quedas de potencial é nula.

Leve em conta as observações:

i)

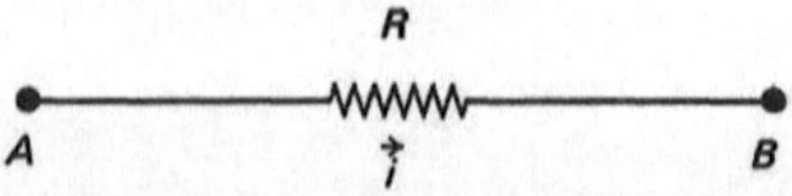

Neste caso, ao irmos do ponto A ao ponto B há uma queda de potencial dada por Ri. Se fôssemos do ponto B ao ponto A haveria uma queda de potencial de $-Ri$, ou seja, um aumento de potencial de Ri.

ii)

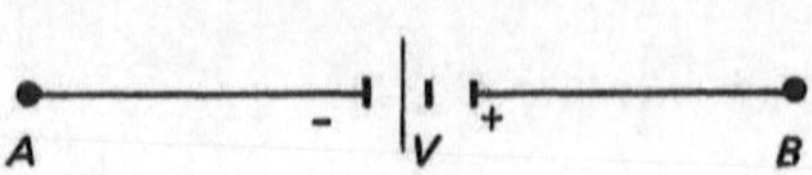

Neste caso, ao irmos do ponto A ao ponto B há um aumento de potencial de V, ou seja, uma queda de potencial de $-V$. Se fôssemos de B até A teríamos uma queda de potencial de V.

Aplique, então, as leis de Kirchoff ao circuito, obtendo um sistema linear. Generalizações do problema podem ser obtidas nas situações:

i) Circuitos de Corrente Alternada (obtemos sistemas com coeficientes complexos).

ii) Projetos de Circuito (cálculo das características dos componentes para que o circuito tenha certas especificações).

28. *Sugestão*: Sabe-se que a equação que rege o fluxo de calor é dada por:

$$\text{(I)} \quad \boxed{\frac{\partial T}{\partial t} = c\left(\frac{\partial^2 T}{\partial x^2} + \frac{\partial^2 T}{\partial y^2}\right)}$$

onde T é a temperatura num ponto (x, y) e no instante de tempo t e $c > 0$ é uma constante característica do material de que é feita a placa. No equilíbrio térmico T não varia mais com o tempo e, portanto, $\frac{\partial T}{\partial t} = 0$; a equação se torna

$$\text{(II)} \quad \boxed{\frac{\partial^2 T}{\partial x^2} + \frac{\partial^2 T}{\partial y^2} = 0}$$

e o problema se converte em achar $T(x, y)$ satisfazendo (II) e tal que T tem um valor pré-fixado no bordo da placa.

Modelo Aproximado: Substituímos a placa por uma "aproximação discreta" que consiste em uma malha (espera-se que quanto mais fina a malha melhor seja a aproximação – veja a figura abaixo)

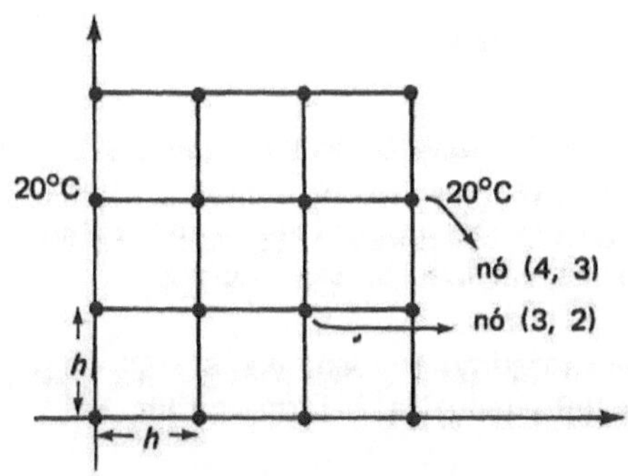

e procuramos as temperaturas T_{ij} nos (i, j) da malha que devem satisfazer a condição dada nos bordos e uma equação que é uma aproximação de (II). Para obter a aproximação de (II) temos, num ponto (i, j) do interior da malha:

$$\left.\frac{\partial^2 T}{\partial x^2}\right|_{(i,j)} \approx \frac{T_{i+1,j} - 2T_{ij} + T_{i-1,j}}{h^2}$$

$$\left.\frac{\partial^2 T}{\partial y^2}\right|_{(i,j)} \approx \frac{T_{i,j+1} - 2T_{ij} + T_{i,j-1}}{h^2}$$

substituindo em (II) e simplificando obtemos então:

$$\text{(III)}\quad T_{ij} = \frac{T_{i+1,j} + T_{i-1,j} + T_{i,j+1} + T_{i,j-1}}{4}$$

(Observe que a temperatura num ponto do interior da malha deve ser a média aritmética das temperaturas dos seus vizinhos mais próximos.) Impondo a condição (III) nos pontos do interior da malha na figura acima, obtemos um sistema linear. Resolva-o!

O que seria modificado se a "abertura" da malha na vertical fosse diferente da "abertura" na horizontal? Seriam necessárias mais informações sobre a placa? E se o formato da placa fosse diferente?

Sugestão: O modelo teórico é construído baseado no seguinte fato: a massa que entra em um determinado estágio deve ser igual à massa que sai.

Usando este fato em cada estágio, assim como as informações dadas no problema, obtemos um sistema linear. Resolva-o e interprete os resultados. Você acredita neles? Os dados são reais?

2.7 DEMONSTRAÇÕES

Nesta seção, faremos com detalhes as provas dos teoremas 2.4.3 e 2.5.4, que omitimos anteriormente, para não prejudicar a seqüência de exposição do assunto. Estas demonstrações são apresentadas como matéria adicional, podendo ser estudadas ou não, dependendo de seu interesse.

2.7.1 Demonstração do Teorema 2.4.3: Toda matriz é linha equivalente a uma única matriz-linha reduzida à forma escada.

Demonstração

1ª Parte: Seja A uma matriz $m \times n$ qualquer. Se todo elemento da primeira linha de A é zero então a condição (*a*) está satisfeita, no que diz respeito a esta linha. Se a primeira linha tem algum elemento não nulo, seja k o menor inteiro j tal que $a_{ij} \neq 0$. Multiplicamos a primeira linha por $1/a_{ij}$ e a condição (*a*) ficará satisfeita. Agora, para cada $i \geqslant 2$ somemos $(-a_{ik})$ vezes a primeira linha à i-ésima linha. Como resultado, teremos uma matriz cujo primeiro elemento da primeira linha é 1 e ocorre na coluna k. Além disto, todos os outros elementos da coluna k são nulos.

Consideremos agora a matriz **B** obtida acima. Se a segunda linha desta matriz for nula nada fazemos. Se houver elementos não nulos nesta linha, seja a coluna k' a primeira a conter um destes. Multiplicamos a segunda linha por $1/b_{2k'}$ e a seguir, somando múltiplos adequados desta nova segunda linha às demais linhas, obtemos uma matriz cujo primeiro elemento não nulo da segunda linha é 1 e todos os outros elementos da coluna em que este elemento (1) se encontra são nulos. O importante é que neste processo não foram alterados os elementos b_{11}, b_{1k}, e nem a k-ésima coluna da matriz **B**. (Por quê).

Repetindo o procedimento acima em relação às demais linhas (3ª, 4ª, ..., m-ésima) obteremos no final uma matriz **M** que é linha equivalente à inicial **A**, e que satisfaz as condições (*a*) e (*b*) da definição 2.4.1.

As condições (*c*) e (*d*) serão satisfeitas através de um número finito de permutações de linhas da matriz **M**.

2ª Parte: Assim, mostramos nesta primeira parte que toda matriz **A** é linha equivalente a *uma* matriz-linha reduzida à forma escada. Para mostrarmos que só existe uma *única* matriz-linha reduzida à forma escada linha equivalente a A, observamos primeiramente que *duas matrizes-linha reduzidas à forma escada que são linhas equivalentes só podem ser iguais.*

De fato, você pode observar que nenhuma das três operações com linhas (exceto a multiplicação de uma linha pela constante 1) pode ser efetuada numa matriz-linha reduzida à forma escada, sem que ela perca esta condição. (Pense nisto!)

Agora, suponhamos que por operações com linhas, partimos de uma matriz **M** e podemos chegar a duas matrizes-linha reduzidas à forma escada, **N** e **P**. Teremos então **M** $\sim$ **N** e **M** $\sim$ **P**. Como as operações com linhas são reversíveis, isto significará que **N** será linha-equivalente a **P**, e, portanto, da afirmação destacada acima, **N** = **P**.

2.7.2 Demonstração do Teorema 2.5.4

1ª Parte: Se o posto da matriz ampliada for maior que o da matriz dos coeficientes (menor não pode ser), então esta matriz reduzida à forma escada deve ter pelo menos uma linha do tipo $(00 \ldots 0c_k)$, com $c_k \neq 0$. Isto significa que o sistema associado a esta matriz (que é equivalente ao inicial) tem uma equação do tipo:

$$0x_1 + \ldots + 0x_n = c_k \neq 0$$

e portanto não admite solução.

2ª Parte: Por outro lado, se o posto da matriz ampliada, **P**, for igual ao da matriz dos coeficientes, temos dois casos a considerar:

a) se $p = n$, teremos a matriz-linha reduzida à forma escada:

$$\left[\begin{array}{ccccc|c} 1 & 0 & & \cdots & 0 & c_1 \\ 0 & 1 & 0 & \cdots & 0 & c_2 \\ & & & & & \vdots \\ 0 & 0 & & \cdots & 0 \;\; 1 & c_n \\ \hline 0 & & & \cdots & 0 \;\; 0 & 0 \\ \vdots & & & & & \\ 0 & & & \cdots & 0 \;\; 0 & 0 \end{array}\right]$$

A solução do sistema será $x_1 = c_1, \ldots, x_n = c_n$, portanto o sistema admite uma única solução.

b) se $p \neq n$ então $p < n$ (pois p não pode ser maior que n, veja o Exercício 8 de 2.6)

Neste caso, devemos considerar as várias possibilidades para a matriz-linha reduzida à forma escada. Podemos analisar inicialmente quando esta matriz de posto $p < n$ tem a forma:

1.

$$\left[\begin{array}{ccccc|cccc} 1 & 0 & & \cdots & 0 & a_{1p+1} & \cdots & a_{1n} & c_1 \\ 0 & 1 & 0 & \cdots & 0 & & & & \\ \vdots & \vdots & \vdots & & & \vdots & & \vdots & \vdots \\ 0 & 0 & 0 & \cdots & 1 & a_{pp+1} & \cdots & a_{pn} & c_p \\ \hline 0 & 0 & & \cdots & 0 & 0 & \cdots & 0 & 0 \\ \vdots & \vdots & & & \vdots & & & \vdots & \vdots \\ 0 & 0 & & \cdots & 0 & 0 & \cdots & 0 & 0 \end{array}\right]$$

Teremos, neste caso: $$\begin{cases} x_1 = c_1 - a_{1p+1}x_{p+1} \quad \cdots \quad -a_{1n}x_n \\ \vdots \\ x_p = c_p - a_{pp+1}x_{p+1} \quad \cdots \quad -a_{pn}x_n \end{cases}$$

e o sistema terá portanto infinitas soluções, sendo $x_{p+1}, \ldots, x_n$ variáveis livres.

Uma segunda forma a ser considerada para a matriz reduzida é

2.
$$\left[\begin{array}{cccccc|cccc}
0 & 1 & 0 & 0 & \dots & 0 & a_{1p+2} & \dots & a_{1n} & c_1 \\
0 & 0 & 1 & & \dots & 0 & & & & \\
\vdots & & & & & & \vdots & & \vdots & \vdots \\
0 & 0 & & \dots & 0 & 1 & a_{pp+2} & \dots & a_{pn} & c_p \\
\hline
0 & 0 & & \dots & 0 & 0 & 0 & & 0 & 0 \\
\vdots & \vdots & & & \vdots & \vdots & \vdots & & \vdots & \vdots \\
0 & 0 & & \dots & 0 & 0 & 0 & & 0 & 0
\end{array}\right]$$

então
$$x_2 = c_1 - a_{1p+2}\,x_{p+2} + \dots + -a_{1n}x_n$$
$$x_3 = c_2 - a_{2p+2}\,x_{p+2} + \dots + -a_{2n}x_n$$
$$\vdots$$
$$x_{p+1} = c_p - a_p\,x_{p+2} + \dots + -a_{p,n}x_n$$

sendo $x_1, x_{p+2}, \dots, x_n$ variáveis livres.

E assim podemos prosseguir de uma maneira sistemática e ver que em todas as possibilidades para a matriz-linha reduzida à forma escada de posto $p < n$, teremos um sistema com infinitas soluções e $n - p$ variáveis livres.

Observe que na 1ª parte mostramos, usando contra-recíproca, que a igualdade de postos entre as matrizes ampliada e dos coeficientes é uma condição necessária para a existência de solução do sistema. Na 2ª parte mostramos que esta condição também é suficiente, considerando as possibilidades *a*) e *b*). Ficou assim demonstrada a afirmação (*i*) de 2.5.4. Note ainda que também as condições (*ii*) e (*iii*) foram demonstradas em *a*) e *b*) respectivamente.

Leituras Sugeridas e Referências

[1] Lipschutz, S.; *Álgebra Linear*; McGraw-Hill do Brasil Ltda., Rio de Janeiro, 1971.

[2] SMSG; *Matemática: Curso Colegial*, vol. 3; Yale University Press, New Haven, 1965.

capítulo 3

Determinante e Matriz Inversa

3.1 INTRODUÇÃO

Já em 250 A.C. havia exemplos da resolução de sistemas de equações através de matrizes, no livro chinês *Nove Capítulos sobre a Arte Matemática*, cujo autor é desconhecido. Também algumas noções ligadas a determinantes, o assunto que será objeto de estudo neste Capítulo, já eram conhecidas na China antiga.

Mas, se por um lado já se utilizava a noção de determinantes no mundo Oriental há tanto tempo, no Ocidente este assunto começou a ser tratado esporadicamente a partir do século XVII. Nesta época surgem trabalhos de G. W. Leibniz (1646-1716), de G. Cramer (1704-1752) que desenvolveu um método de resolução de sistemas através de determinantes, conhecido por "Regra de Cramer" e foi publicado em 1750 (provavelmente já conhecido por C. Maclaurin (1698-1746) em 1729, e alguns resultados simétricos de J. L. Lagrange (1736--1813).

Só no século XIX é que os determinantes passaram a ser estudados mais sistematicamente, a começar pelo longo tratado de A. L. Cauchy (1789-1857) em 1812, tendo sido realizados, em seguida, trabalhos de C. G. Jacobi (1804--1851).

A partir de então, o uso de determinantes difundiu-se muito e este conceito de um número associado a uma matriz quadrada mostrou-se extremamente útil para caracterizar muitas situações, como a de saber se uma matriz é inversível, se um sistema admite ou não solução, o que veremos nas próximas secções.

3.2 CONCEITOS PRELIMINARES

Consideremos o sistema $ax = b$ com $a \neq 0$. A solução deste sistema é $x = \frac{b}{a}$.

Observe que o denominador está associado à matriz dos coeficientes do sistema, ou seja, $[a]$.

Num sistema 2 X 2

$$\begin{cases} a_{11}x_1 + a_{12}x_2 = b_1 \\ a_{21}x_1 + a_{22}x_2 = b_2 \end{cases}$$

resolvendo (desde que sejam possíveis as operações), encontramos

$$x_1 = \frac{b_1a_{22} - b_2a_{12}}{a_{11}a_{22} - a_{12}a_{21}} \quad \text{e} \quad x_2 = \frac{b_2a_{11} - b_1a_{21}}{a_{11}a_{22} - a_{12}a_{21}}.$$

Observe que os denominadores são iguais e estão associados à matriz dos coeficientes do sistema

$$\begin{bmatrix} a_{11} & a_{12} \\ a_{21} & a_{22} \end{bmatrix}$$

Num sistema 3 X 3

$$\begin{cases} a_{11}x_1 + a_{12}x_2 + a_{13}x_3 = b_1 \\ a_{21}x_1 + a_{22}x_2 + a_{23}x_3 = b_2 \\ a_{31}x_1 + a_{32}x_2 + a_{33}x_3 = b_3 \end{cases}$$

(desde que sejam possíveis as operações), ao procurarmos os valores de x_1, x_2 e x_3, vemos que eles têm o mesmo denominador $a_{11}a_{22}a_{33} - a_{11}a_{23}a_{32} - a_{12}a_{21}a_{33} + a_{12}a_{23}a_{31} + a_{13}a_{21}a_{32} - a_{13}a_{22}a_{31}$, que também está associado à matriz dos coeficientes do sistema

$$\begin{bmatrix} a_{11} & a_{12} & a_{13} \\ a_{21} & a_{22} & a_{23} \\ a_{31} & a_{32} & a_{33} \end{bmatrix}$$

Vamos rever estes números que aparecem nos denominadores associados às matrizes (quadradas). Estes números são casos particulares do que é chamado determinante de uma matriz quadrada.

3.3 DETERMINANTE

Quando nos referirmos ao determinante, isto é, ao número associado a uma matriz quadrada $A = [a_{ij}]$ como na secção anterior, escreveremos:

$$\det A \quad \text{ou} \quad |A| \quad \text{ou} \quad \det [a_{ij}]$$

Então

$$\det [a] = a$$

$$\det \begin{bmatrix} a_{11} & a_{12} \\ a_{21} & a_{22} \end{bmatrix} = \begin{vmatrix} a_{11} & a_{12} \\ a_{21} & a_{22} \end{vmatrix} = a_{11}a_{22} - a_{12}a_{21}$$

$$\det \begin{bmatrix} a_{11} & a_{12} & a_{13} \\ a_{21} & a_{22} & a_{23} \\ a_{31} & a_{32} & a_{33} \end{bmatrix} = \begin{vmatrix} a_{11} & a_{12} & a_{13} \\ a_{21} & a_{22} & a_{23} \\ a_{31} & a_{32} & a_{33} \end{vmatrix} = \begin{matrix} a_{11}a_{22}a_{33} - a_{11}a_{23}a_{32} - a_{12}a_{21}a_{33} + \\ + a_{12}a_{23}a_{31} + a_{13}a_{21}a_{32} - a_{13}a_{23}a_{31} \end{matrix}$$

Talvez seja conveniente avisá-lo de que o conceito de determinante no caso geral envolve muitos símbolos, o que dificulta a leitura. Para tornar a discussão mais simples e organizada, vamos introduzir algumas definições necessárias. Comecemos lembrando o que significa uma *permutação*. Dados n objetos distintos $a_1, ..., a_n$, uma permutação destes objetos consiste em dispô-los em uma determinada ordem. Por exemplo, (1 2 3) é uma permutação dos números 1, 2 e 3, (2 1 3) é outra permutação etc. A quantidade de permutações de n objetos é dada por $n!$, que é lido n fatorial e $n! = n(n-1)(n-2) \cdot ... \cdot 2 \cdot 1$ (se $n > 0$). Por exemplo $3! = 3 \cdot 2 \cdot 1 = 6$. Define-se ainda $0! = 1$.

3.3.1 Definição: Dada uma permutação dos inteiros 1, 2, ..., n, existe uma *inversão* quando um inteiro precede outro menor que ele.

Consideremos as permutações de 1, 2, 3 e vejamos em cada permutação o número de inversões.

Permutação	*Número de inversões*
(1 2 3)	0
(1 3 2)	1
(2 1 3)	1
(2 3 1)	2
(3 1 2)	2
(3 2 1)	3

Como um outro exemplo, podemos tomar duas das 4! = 24 permutações de 1, 2, 3, 4. Assim, (3 2 1 4) tem 3 inversões e (4 3 2 1) possui 6 inversões.

Voltemos ao determinante:

$$\begin{vmatrix} a_{11} & a_{12} & a_{13} \\ a_{21} & a_{22} & a_{23} \\ a_{31} & a_{32} & a_{33} \end{vmatrix} =$$

$$= a_{11}a_{22}a_{33} - a_{11}a_{23}a_{32} - a_{12}a_{21}a_{33} + a_{12}a_{23}a_{31} + a_{13}a_{21}a_{32} - a_{13}a_{22}a_{31}$$

Observe que aparecem todos os produtos $a_{1j_1}a_{2j_2}a_{3j_3}$, onde $(j_1\ j_2\ j_3)$ são as permutações de 1, 2 e 3. Além disso, vemos que o sinal do termo é negativo, se a permutação tiver um número ímpar de inversões. (Veja a tabela acima para verificar os sinais.)

Como generalização, o determinante de uma matriz quadrada $[a_{ij}]_{n\times n}$ é dado pela definição a seguir.

3.3.2 Definição: $\det [a_{ij}] = \sum\limits_{\rho} (-1)^J a_{1j_1}a_{2j_2} \dots a_{nj_n}$ onde $J = J(j_1\ \dots, j_n)$

é o número de inversões da permutação $(j_1 j_2\ \dots\ j_n)$ e ρ indica que a soma é estendida a todas as n! permutações de $(1\ \ 2\ \dots\ n)$.

Em relação a esta definição podemos fazer três observações:

i) Se a permutação $(j_1\ j_2\ \dots\ j_n)$ tem um número par de inversões, o coeficiente $(-1)^J$ do termo correspondente na somatória terá sinal positivo; caso contrário, terá sinal negativo.

ii) Em cada termo da somatória, existe um e apenas um elemento de cada linha, e um e apenas um elemento de cada coluna da matriz.

iii) Através de uma reordenação conveniente dos termos, mostra-se que também é possível definir um determinante por

$$\det [a_{ij}] = \sum_{\rho} (-1)^J a_{j_1 1}\, a_{j_2 2} \dots a_{j_n n}$$

variando os primeiros e deixando fixos os segundos índices. Verifique isto no caso 3 × 3.

Propriedades

i) Se todos os elementos de uma linha (coluna) de uma matriz **A** são nulos, det **A** = 0.

A razão disto é que, pela observação (*ii*), em cada termo que aparece no cálculo do determinante há um dos elementos da linha (coluna) nula e, portanto, todos os termos se anulam, e o determinante é zero.

ii) det **A** = det **A**′

Daí inferimos que as propriedades que são válidas para linhas também o são para colunas.
A prova desta propriedade é a seguinte: se $\mathbf{A} = [a_{ij}]$, sabemos que $\mathbf{A}' = [b_{ij}]$, onde $b_{ij} = a_{ji}$. Então, pela definição de determinante, temos

$$\det [b_{ij}] = \sum_{\rho} (-1)^J b_{1j_1} b_{2j_2} \dots b_{nj_n}$$

$$= \sum_{\rho} (-1)^J a_{j_1 1} a_{j_2 2} \dots a_{j_n n}$$

$$= \det [a_{ij}] \text{ pela observação } (iii).$$

iii) Se multiplicarmos uma linha da matriz por uma constante, o determinante fica multiplicado por esta constante.

Para verificarmos isto, chamemos de **A** a matriz original e **B** a matriz obtida de **A**, multiplicando uma linha de **A** por uma constante k. Então, ao calcularmos o determinante de **B**, pela observação (*ii*), em cada termo aparece um elemento daquela linha que foi multiplicada por k. Podemos colocar k em evidência, e o que permanece é exatamente o cálculo do determinante de **A**. Portanto, det **B** = k det **A**.

iv) Uma vez trocada a posição de duas linhas, o determinante troca de sinal.

A razão disto é imediata se observarmos que ao trocar duas linhas de uma matriz, alteramos a paridade do número de inversões dos índices e, portanto trocamos o sinal dos termos.

v) O determinante de uma matriz que tem duas linhas (colunas) iguais é zero.

Isto é verdade porque se trocarmos as posições das linhas que são iguais, a matriz e, portanto, o determinante permanecerão os mesmos. Por outro lado, pela propriedade anterior, o determinante deve trocar de sinal e, portanto, a única possibilidade é que o determinante seja nulo.

vi)

$$\begin{vmatrix} a_{11} & \dots & a_{1n} \\ \vdots & & \vdots \\ b_{i1} + c_{i1} & \dots & b_{in} + c_{in} \\ \vdots & & \vdots \\ a_{n1} & \dots & a_{nn} \end{vmatrix} = \begin{vmatrix} a_{11} & \dots & a_{1n} \\ \vdots & & \vdots \\ b_{i1} & \dots & b_{in} \\ \vdots & & \vdots \\ a_{n1} & \dots & a_{nn} \end{vmatrix} + \begin{vmatrix} a_{11} & \dots & a_{1n} \\ \vdots & & \vdots \\ c_{i1} & \dots & c_{in} \\ \vdots & & \vdots \\ a_{n1} & \dots & a_{nn} \end{vmatrix}$$

Para mostrar esta propriedade, usamos a definição de determinante e a distributividade. Mas cuidado! Observe que aqui temos a soma numa linha, e não uma soma de matrizes. De um modo geral, o determinante de uma soma de duas matrizes não é igual à soma dos determinantes das matrizes. Ou seja, $\det(A + B) \neq \det A + \det B$. Veja o Exercício 4 da secção 3.10.

vii) O determinante não se altera se somarmos a uma linha outra linha multiplicada por uma constante.

Exemplo:

$$\begin{vmatrix} 3 & -2 & 1 \\ 2 & 5 & 0 \\ 2 & 4 & -2 \end{vmatrix} = \begin{vmatrix} 3 & -2 & 1 \\ 2 & 5 & 0 \\ 8 & 0 & 0 \end{vmatrix}$$

Aqui, à terceira linha, somamos a primeira linha multiplicada por 2. Para provar esta propriedade usamos as propriedades (*vi*), (*iii*) e (*v*).

viii) $\det(A \cdot B) = \det A \cdot \det B$

Mostre, inicialmente, esta propriedade para matrizes 2×2. Sinta a dificuldade que se teria para demonstrá-la já em matrizes 3×3. A demonstração deste resultado para matrizes $n \times n$ é bem mais elaborada, mas você terá condições de fazê-la usando matrizes elementares (veja a seção 3.8).

A próxima propriedade é tão importante e útil no cálculo de um determinante que destacamos sua importância apresentando-a numa seção separada.

3.4 DESENVOLVIMENTO DE LAPLACE

Na seção 3.2 vimos que:

$$|A| = \begin{vmatrix} a_{11} & a_{12} & a_{13} \\ a_{21} & a_{22} & a_{23} \\ a_{31} & a_{32} & a_{33} \end{vmatrix} =$$

$$= a_{11}a_{22}a_{33} - a_{11}a_{23}a_{32} - a_{12}a_{21}a_{33} + a_{12}a_{23}a_{31} + a_{13}a_{21}a_{32} - a_{13}a_{22}a_{31}.$$

Mas, podemos escrever esta soma como:

$$a_{11}(a_{22}a_{33} - a_{23}a_{32}) - a_{12}(a_{21}a_{33} - a_{23}a_{31}) + a_{13}(a_{21}a_{32} - a_{22}a_{31})$$

Ou ainda:

$$a_{11}\begin{vmatrix} a_{22} & a_{23} \\ a_{32} & a_{33} \end{vmatrix} - a_{12}\begin{vmatrix} a_{21} & a_{23} \\ a_{31} & a_{33} \end{vmatrix} + a_{13}\begin{vmatrix} a_{21} & a_{22} \\ a_{31} & a_{32} \end{vmatrix}$$

Observe que o determinante da matriz inicial 3×3 pode ser expresso em função dos determinantes de submatrizes 2×2, isto é,

$$\det A = a_{11}|A_{11}| - a_{12}|A_{12}| + a_{13}|A_{13}|$$

onde A_{ij} é a submatriz da inicial, de onde a i-ésima linha e a j-ésima coluna foram retiradas. Além disso, se chamarmos

$$\Delta_{ij} = (-1)^{i+j}|A_{ij}|$$

obtemos a expressão

$$\det A = a_{11}\Delta_{11} + a_{12}\Delta_{12} + a_{13}\Delta_{13}$$

Esta propriedade continua sendo válida para matrizes de ordem n[1], e assim podemos expressar:

$$\det A_{n\times n} = a_{i1}\Delta_{i1} + \ldots + a_{in}\Delta_{in}$$

$$= \sum_{j=1}^{n} a_{ij}(-1)^{i+j}\det A_{ij}$$

$$= \sum_{j=1}^{n} a_{ij}\Delta_{ij}$$

Ao número Δ_{ij} (que é o determinante afetado pelo sinal $(-1)^{i+j}$ da submatriz A_{ij}, obtida de A retirando-se a i-ésima linha e a j-ésima coluna), chamamos *cofator* ou complemento algébrico *do elemento* a_{ij}. Observe que na fórmula dada, o determinante foi "desenvolvido" pela i-ésima linha. Uma forma análoga é válida para as colunas.

3.4.1 Exemplos

Exemplo 1:

$$|A| = \begin{vmatrix} 1 & -2 & 3 \\ 2 & 1 & -1 \\ -2 & -1 & 2 \end{vmatrix} = (-2)\Delta_{12} + 1\Delta_{22} + (-1)\Delta_{32}$$

[1] Para uma demonstração, veja por exemplo Lipschutz, S.; *Álgebra Linear*, McGraw-Hill do Brasil Ltda., Rio de Janeiro, 1971.

onde

$$\Delta_{12} = (-1)^{1+2} \begin{vmatrix} 2 & -1 \\ -2 & 2 \end{vmatrix} = - \begin{vmatrix} 2 & -1 \\ -2 & 2 \end{vmatrix} = -2$$

$$\Delta_{22} = (-1)^{2+2} \begin{vmatrix} 1 & 3 \\ -2 & 2 \end{vmatrix} = 8$$

$$\Delta_{32} = (-1)^{3+2} \begin{vmatrix} 1 & 3 \\ 2 & -1 \end{vmatrix} = 7$$

Portanto

$$|A| = (-2)(-2) + 1 \cdot 8 + (-1)7 = 5$$

O desenvolvimento de Laplace é uma fórmula de recorrência que permite calcular o determinante de uma matriz de ordem n, a partir dos determinantes das submatrizes quadradas de ordem $n - 1$. Em grande parte dos casos ele simplifica muito o cálculo de determinantes, principalmente se for utilizado um conjunto com outras propriedades dos determinantes.

Exemplo 2:

$$\begin{vmatrix} 1 & -2 & 3 \\ 2 & 1 & -1 \\ -2 & -1 & 2 \end{vmatrix} \overset{(vii)}{=} \begin{vmatrix} 1 & -2 & 3 \\ 2 & 1 & -1 \\ 0 & 0 & 1 \end{vmatrix} =$$

$$= 1 \cdot (-1)^{3+3} \begin{vmatrix} 1 & -2 \\ 2 & 1 \end{vmatrix} = 1 \cdot (1 + 4) = 5$$

O índice acima da igualdade indica o número da propriedade usada. Neste caso, somamos a segunda linha à terceira.

Exemplo 3:

$$\begin{vmatrix} -1 & 2 & 3 & -4 \\ 4 & 2 & 0 & 0 \\ -1 & 2 & -3 & 0 \\ 2 & 5 & 3 & 1 \end{vmatrix} \overset{(vii)}{=} \begin{vmatrix} -5 & 2 & 3 & -4 \\ 0 & 2 & 0 & 0 \\ -5 & 2 & -3 & 0 \\ -8 & 5 & 3 & 1 \end{vmatrix} =$$

$$= 2(-1)^{2+2} \begin{vmatrix} -5 & 3 & -4 \\ -5 & -3 & 0 \\ -8 & 3 & 1 \end{vmatrix} \overset{(iii)}{=} -2 \begin{vmatrix} 5 & -3 & 4 \\ 5 & 3 & 0 \\ 8 & -3 & -1 \end{vmatrix} \overset{(vii)}{=} -2 \begin{vmatrix} 10 & 0 & 4 \\ 5 & 3 & 0 \\ 13 & 0 & -1 \end{vmatrix} =$$

$$= (-2)(3)(-1)^{2+2} \begin{vmatrix} 10 & 4 \\ 13 & -1 \end{vmatrix} = -6(-10 - 52) = 372$$

Note que na primeira passagem usamos a sétima propriedade ao somarmos a segunda coluna multiplicada por 2 à primeira coluna. Nosso intuito foi o de obter uma segunda linha com apenas um elemento não nulo, e então abaixar a ordem do determinante, usando menos cálculos. Seguindo este raciocínio, você pode também obter o determinante inicial, por exemplo, igualando o último elemento da primeira linha a zero.

3.5 MATRIZ ADJUNTA – MATRIZ INVERSA

Dada uma matriz A, lembramos que o cofator Δ_{ij} do elemento a_{ij} da matriz é $(-1)^{i+j}\det A_{ij}$, onde A_{ij} é a submatriz de A, obtida extraindo-se a i-ésima linha e j-ésima coluna. Com estes cofatores podemos formar uma nova matriz $\bar{A}$, denominada *matriz dos cofatores* de A.

$$\bar{A} = [\Delta_{ij}]$$

Exemplo:

$$A = \begin{bmatrix} 2 & 1 & 0 \\ -3 & 1 & 4 \\ 1 & 6 & 5 \end{bmatrix}$$

$$\Delta_{11} = (-1)^{1+1} \begin{vmatrix} 1 & 4 \\ 6 & 5 \end{vmatrix} = -19$$

$$\Delta_{12} = (-1)^{1+2} \begin{vmatrix} -3 & 4 \\ 1 & 5 \end{vmatrix} = 19, \ldots \text{ etc.}$$

$$\text{Então, } \bar{A} = \begin{bmatrix} -19 & 19 & -19 \\ -5 & 10 & -11 \\ 4 & -8 & 5 \end{bmatrix}$$

3.5.1 Dada uma matriz quadrada A, chamaremos de *matriz adjunta* de A à transposta da matriz dos cofatores de A.

$$\text{adj } A = \bar{A}'$$

No exemplo anterior

$$\text{adj } A = \begin{bmatrix} -19 & -5 & 4 \\ 19 & 10 & -8 \\ -19 & -11 & 5 \end{bmatrix}$$

Vamos efetuar, neste exemplo, A · $\bar{A}'$.

$$\begin{bmatrix} -19 & 0 & 0 \\ 0 & -19 & 0 \\ 0 & 0 & -19 \end{bmatrix} = -19 \begin{bmatrix} 1 & 0 & 0 \\ 0 & 1 & 0 \\ 0 & 0 & 1 \end{bmatrix} = -19\, I_3$$

Além disto, podemos verificar que det A = - 19. Então A · $\bar{A}'$ = (det A)I_3. Este resultado não foi obtido por acaso, mas é válido para toda matriz quadrada A de ordem *n*.

3.5.2 Teorema: A · $\bar{A}'$ = A · (adj A) = (det A)I_n

Para demonstrarmos esta proposição, usamos a propriedade (*v*), segundo a qual o determinante de uma matriz que tem duas linhas (colunas) iguais é zero, e o desenvolvimento de Laplace. Vamos fazê-la esquematicamente, para matrizes 3 X 3. A demonstração é a mesma para matrizes *n* X *n*.

Prova: ($n = 3$)

$$A \cdot (\text{adj } A) = \begin{bmatrix} a_{11} & a_{12} & a_{13} \\ a_{21} & a_{22} & a_{23} \\ a_{31} & a_{32} & a_{33} \end{bmatrix} \cdot \begin{bmatrix} \Delta_{11} & \Delta_{21} & \Delta_{31} \\ \Delta_{12} & \Delta_{22} & \Delta_{32} \\ \Delta_{13} & \Delta_{23} & \Delta_{33} \end{bmatrix} = [c_{ij}]$$

Calculando os elementos c_{ij}, achamos que

$$c_{11} = a_{11}\Delta_{11} + a_{12}\Delta_{12} + a_{13}\Delta_{13} = \det A.$$
$$c_{12} = a_{11}\Delta_{21} + a_{12}\Delta_{22} + a_{13}\Delta_{23}.$$

Usando o desenvolvimento de Laplace em relação à segunda linha, temos:

$$c_{12} \det \begin{bmatrix} a_{11} & a_{12} & a_{13} \\ a_{11} & a_{12} & a_{13} \\ a_{31} & a_{32} & a_{33} \end{bmatrix} = 0$$

pois duas linhas são iguais. Analogamente,

$$c_{ii} = \det A \quad \text{e} \quad c_{ij} = 0 \quad \text{se} \quad i \neq j$$

Então:

$$A \cdot (\text{adj } A) = \begin{bmatrix} \det A & 0 & 0 \\ 0 & \det A & 0 \\ 0 & 0 & \det A \end{bmatrix} = (\det A)\, I_3$$

3.5.3 Definição: Dada uma matriz quadrada A de ordem *n*, chamamos de inversa de A a uma matriz B tal que A · B = B · A = I_n, onde I_n é a matriz identidade de ordem *n*. Escrevemos A^{-1} para a inversa de A.

3.5.4 Exemplos

Exemplo 1:

$$\text{Seja } \mathbf{A} = \begin{bmatrix} 2 & 3 \\ 1 & 4 \end{bmatrix}. \text{ Então } \mathbf{A}^{-1} = \begin{bmatrix} \frac{4}{5} & \frac{-3}{5} \\ \frac{-1}{5} & \frac{2}{5} \end{bmatrix}$$

pois $\mathbf{A} \cdot \mathbf{A}^{-1} = \mathbf{I}_2$ e $\mathbf{A}^{-1} \cdot \mathbf{A} = \mathbf{I}_2$ (Verifique!)

Exemplo 2:

$$\text{Seja } \mathbf{A} = \begin{bmatrix} 6 & 2 \\ 11 & 4 \end{bmatrix}$$

Procuremos sua inversa, isto é,

$$\mathbf{B} = \begin{bmatrix} a & b \\ c & d \end{bmatrix} \text{ tal que } \mathbf{A} \cdot \mathbf{B} = \mathbf{I}_2 \text{ e } \mathbf{B} \cdot \mathbf{A} = \mathbf{I}_2$$

Impondo a primeira condição,

$$\underset{\mathbf{A}}{\begin{bmatrix} 6 & 2 \\ 11 & 4 \end{bmatrix}} \underset{\mathbf{B}}{\begin{bmatrix} a & b \\ c & d \end{bmatrix}} = \underset{\mathbf{I}_2}{\begin{bmatrix} 1 & 0 \\ 0 & 1 \end{bmatrix}}$$

$$\begin{bmatrix} 6a + 2c & 6b + 2d \\ 11a + 4c & 11b + 4d \end{bmatrix} = \begin{bmatrix} 1 & 0 \\ 0 & 1 \end{bmatrix}$$

Portanto,

$$\begin{cases} 6a + 2c = 1 \\ 11a + 4c = 0 \end{cases} \quad \text{e} \quad \begin{cases} 6b + 2d = 0 \\ 11b + 4d = 1 \end{cases}$$

Resolvendo os sistemas, temos

$$a = 2 \qquad b = -1$$

$$c = -\frac{11}{2} \qquad d = 3$$

Teremos então,

$$\begin{bmatrix} 6 & 2 \\ 11 & 4 \end{bmatrix} \begin{bmatrix} 2 & -1 \\ -\frac{11}{2} & 3 \end{bmatrix} = \begin{bmatrix} 1 & 0 \\ 0 & 1 \end{bmatrix}$$

ou seja, $\mathbf{A} \cdot \mathbf{B} = \mathbf{I}$. Também

$$\begin{bmatrix} 2 & -1 \\ -\frac{11}{2} & 3 \end{bmatrix} \begin{bmatrix} 6 & 2 \\ 11 & 4 \end{bmatrix} = \begin{bmatrix} 1 & 0 \\ 0 & 1 \end{bmatrix}$$

ou seja, $\mathbf{B} \cdot \mathbf{A} = \mathbf{I}$ e, portanto,

$$\mathbf{B} = \begin{bmatrix} 2 & -1 \\ -\frac{11}{2} & 3 \end{bmatrix}$$

é a inversa da matriz $\mathbf{A}$. ($\mathbf{B} = \mathbf{A}^{-1}$).

Observações:

i) Se $\mathbf{A}$ e $\mathbf{B}$ são matrizes quadradas de mesma ordem, ambas inversíveis (isto é, existem $\mathbf{A}^{-1}$ e $\mathbf{B}^{-1}$), então $\mathbf{A} \cdot \mathbf{B}$ é inversível e $(\mathbf{AB})^{-1} = \mathbf{B}^{-1} \cdot \mathbf{A}^{-1}$.

De fato, basta observar que $(\mathbf{AB})(\mathbf{B}^{-1}\mathbf{A}^{-1}) = \mathbf{A}(\mathbf{BB}^{-1})\mathbf{A}^{-1} = \mathbf{AIA}^{-1} = \mathbf{AA}^{-1} = \mathbf{I}$ e que, analogamente $(\mathbf{B}^{-1}\mathbf{A}^{-1})(\mathbf{AB}) = \mathbf{I}$.

ii) Se $\mathbf{A}$ é uma matriz quadrada e existe uma matriz $\mathbf{B}$ tal que $\mathbf{BA} = \mathbf{I}$, então $\mathbf{A}$ é inversível, ou seja $\mathbf{A}^{-1}$ existe e, além disso, $\mathbf{B} = \mathbf{A}^{-1}$.

Em outras palavras, basta verificar uma das condições para a inversa de uma matriz, e esta será única.

A prova da primeira parte, ou seja, de que $\mathbf{A}^{-1}$ existe, será feita em 3.8.6. Por ora, mostraremos apenas que $\mathbf{B} = \mathbf{A}^{-1}$. De fato, se $\mathbf{A}^{-1}$ existe, temos a seguinte seqüência: $\mathbf{B} = \mathbf{BI} = \mathbf{B}(\mathbf{AA}^{-1}) = (\mathbf{BA})\mathbf{A}^{-1} = \mathbf{IA}^{-1} = \mathbf{A}^{-1}$.

iii) Nem toda matriz tem inversa.

Por exemplo, para mostrar que $\begin{bmatrix} 0 & 2 \\ 0 & 1 \end{bmatrix}$ não tem inversa, é suficiente mostrar que a equação matricial $\begin{bmatrix} 0 & 2 \\ 0 & 1 \end{bmatrix} \begin{bmatrix} a & b \\ c & d \end{bmatrix} = \begin{bmatrix} 1 & 0 \\ 0 & 1 \end{bmatrix}$ não tem solução. Isto é verdade, pois

$$\begin{bmatrix} 2c & 2d \\ c & d \end{bmatrix} = \begin{bmatrix} 1 & 0 \\ 0 & 1 \end{bmatrix}$$

implica que $2c = 1$ e $c = 0$, e não podemos ter estas igualdades simultaneamente.

Suponhamos agora que $A_{n \times n}$ tenha inversa, isto é, existe A^{-1} tal que $A \cdot A^{-1} = I_n$. Usando o determinante temos

$$\det(A \cdot A^{-1}) = \det A \cdot \det A^{-1} \quad e \quad \det I_n = 1$$

Então:

$$\det A \cdot \det A^{-1} = 1$$

Desse produto concluímos que se A tem inversa,

i) $\det A \neq 0$

e *ii*) $\det A^{-1} = \dfrac{1}{\det A}$

Ou seja, $\det A \neq 0$ é uma condição necessária para que A tenha uma inversa. Vamos ver que esta condição também é suficiente. Já vimos em 3.5.2 que $A \cdot \bar{A}' = (\det A)I$. Se $\det A \neq 0$, $A \cdot \dfrac{1}{\det A} \cdot \bar{A}' = I$ e como a inversa é única, então $A^{-1} = \dfrac{1}{\det A} \cdot \bar{A}'$.

Em resumo:

3.5.5 Teorema: Uma matriz quadrada A admite uma inversa se, e somente se $\det A \neq 0$.

Neste caso:

$$A^{-1} = \frac{1}{\det A}(\text{adj } A)$$

Este resultado nos fornece um novo método de calcular a inversa de uma matriz. Consideremos a matriz do Exemplo 2 anterior:

$$A = \begin{bmatrix} 6 & 2 \\ 11 & 4 \end{bmatrix}$$

$\det A = 24 - 22 = 2 \neq 0$ e, portanto, existe a inversa de A. Calculemos sua inversa pela relação $A^{-1} = \dfrac{1}{\det A}(\text{adj } A)$.

$$\bar{A} = \begin{bmatrix} 4 & -11 \\ -2 & 6 \end{bmatrix} \quad e \quad \text{adj } A = \begin{bmatrix} 4 & -2 \\ -11 & 6 \end{bmatrix}$$

Então

$$A^{-1} = \frac{1}{\det A}(\text{adj } A) = \frac{1}{2}\begin{bmatrix} 4 & -2 \\ -11 & 6 \end{bmatrix} = \begin{bmatrix} 2 & -1 \\ -\frac{11}{2} & 3 \end{bmatrix}$$

3.6 REGRA DE CRAMER

O cálculo da inversa de uma matriz fornece um outro método de resolução de sistemas lineares de equações. Este só se aplica a sistemas lineares em que o número de equações é igual ao número de incógnitas. Suponhamos que desejássemos resolver o sistema linear de n-equações e n-incógnitas.

$$\begin{cases} a_{11}x_1 + \ldots + a_{1n}x_n = b_1 \\ \vdots \qquad\qquad \vdots \quad \vdots \\ a_{n1}x_1 + \ldots + a_{nn}x_n = b_n \end{cases}$$

Podemos escrever este sistema na forma matricial

$$\begin{bmatrix} a_{11} & \ldots & a_{1n} \\ \vdots & & \vdots \\ a_{n1} & \ldots & a_{nn} \end{bmatrix} \begin{bmatrix} x_1 \\ \vdots \\ x_n \end{bmatrix} = \begin{bmatrix} b_1 \\ \vdots \\ b_n \end{bmatrix}$$

ou

$$\mathbf{A} \cdot \mathbf{X} = \mathbf{B}$$

onde

$$\mathbf{A} = \begin{bmatrix} a_{11} & \ldots & a_{1n} \\ \vdots & & \vdots \\ a_{n1} & \ldots & a_{nn} \end{bmatrix} \text{ é a matriz dos coeficientes e}$$

$$\mathbf{B} = \begin{bmatrix} b_1 \\ \vdots \\ b_n \end{bmatrix} \text{ é a matriz dos termos independentes, e } \mathbf{X} = \begin{bmatrix} x_1 \\ \vdots \\ x_n \end{bmatrix}$$

a matriz das incógnitas. Para esta equação suponhamos que $\det \mathbf{A} \neq 0$ e portanto, que $\mathbf{A}$ tenha a inversa $\mathbf{A}^{-1}$. Então

$$\begin{aligned} \mathbf{A}^{-1}(\mathbf{AX}) &= \mathbf{A}^{-1}\mathbf{B} \\ (\mathbf{A}^{-1}\mathbf{A})\mathbf{X} &= \mathbf{A}^{-1}\mathbf{B} \\ \mathbf{I}_n\mathbf{X} &= \mathbf{A}^{-1}\mathbf{B} \\ \mathbf{X} &= \mathbf{A}^{-1}\mathbf{B} \end{aligned}$$

Na forma matricial

$$\begin{bmatrix} x_1 \\ \vdots \\ x_n \end{bmatrix} = \begin{bmatrix} a_{11} & \ldots & a_{1n} \\ \vdots & & \vdots \\ a_{n1} & \ldots & a_{nn} \end{bmatrix}^{-1} \cdot \begin{bmatrix} b_1 \\ \vdots \\ b_n \end{bmatrix}$$

Usando a relação para matriz inversa dada em 3.5.4, temos

$$\begin{bmatrix} x_1 \\ \vdots \\ x_n \end{bmatrix} = \frac{1}{\det A} \begin{bmatrix} \Delta_{11} & \dots & \Delta_{n1} \\ \vdots & & \vdots \\ \Delta_{1n} & \dots & \Delta_{nn} \end{bmatrix} \begin{bmatrix} b_1 \\ \vdots \\ b_n \end{bmatrix}$$

Então

$$x_1 = \frac{b_1\Delta_{11} + \dots + b_n\Delta_{n1}}{\det A}$$

Mas note que o numerador desta fração é igual ao determinante da matriz que obtemos de A, substituindo a primeira coluna pela matriz dos termos independentes. De fato, usando o desenvolvimento de Laplace, obtemos:

$$\begin{vmatrix} b_1 & a_{12} & \dots & a_{1n} \\ \vdots & \vdots & & \vdots \\ b_n & a_{n2} & \dots & a_{nn} \end{vmatrix} = b_1\Delta_{11} + \dots + b_n\Delta_{n1}$$

Ou seja

$$x_1 = \frac{\begin{vmatrix} b_1 & a_{12} & \dots & a_{1n} \\ \vdots & \vdots & & \vdots \\ b_n & a_{n2} & \dots & a_{nn} \end{vmatrix}}{\begin{vmatrix} a_{11} & a_{12} & \dots & a_{1n} \\ \vdots & \vdots & & \vdots \\ a_{n1} & a_{n2} & \dots & a_{nn} \end{vmatrix}}$$

Fazendo deduções análogas, obtemos

$$x_i = \frac{\begin{vmatrix} a_{11} & \dots & b_1 & \dots & a_{1n} \\ \vdots & & \vdots & & \vdots \\ a_{n1} & \dots & b_n & \dots & a_{nn} \end{vmatrix}}{\begin{vmatrix} a_{11} & \dots & a_{1n} \\ \vdots & & \vdots \\ a_{n1} & \dots & a_{nn} \end{vmatrix}}$$

para $i = 1, 2, \dots, n$.

Observe que no denominador temos o determinante da matriz dos coeficientes ($\det A \neq 0$), e no numerador aparece o determinante da matriz obtida de A, substituindo a *i*-ésima coluna pela coluna dos termos independentes. Este método de resolução de um sistema linear de n equações e n incógnitas, que só pode ser aplicado quando o determinante da matriz dos coeficientes for não nulo, é chamado *Regra de Cramer*.

3.6.1 Exemplo

Dado o sistema de 3 equações e 3 incógnitas:

$$\begin{cases} 2x - 3y + 7z = 1 \\ x \quad\quad\ + 3z = 5 \\ \quad\ 2y - \ z = 0 \end{cases}$$

temos

$$\det \begin{bmatrix} 2 & -3 & 7 \\ 1 & 0 & 3 \\ 0 & 2 & -1 \end{bmatrix} = -1 \neq 0$$

Portanto, podemos usar a Regra de Cramer.
Então:

$$x = \frac{\begin{vmatrix} 1 & -3 & 7 \\ 5 & 0 & 3 \\ 0 & 2 & -1 \end{vmatrix}}{-1} = -49$$

$$y = \frac{\begin{vmatrix} 2 & 1 & 7 \\ 1 & 5 & 3 \\ 0 & 0 & -1 \end{vmatrix}}{-1} = 9$$

$$z = \frac{\begin{vmatrix} 2 & -3 & 1 \\ 1 & 0 & 5 \\ 0 & 2 & 0 \end{vmatrix}}{-1} = 18$$

Cabe aqui um comentário sobre a Regra de Cramer. Embora seja muito útil, pois dá uma forma explícita das soluções de um sistema, ela não é muito usada para cálculos numéricos. Isto porque o número de operações que ela envolve é muito grande, quando trabalhamos com muitas equações. No cálculo do determinante de uma matriz de ordem n, temos que calcular $n!$ produtos de n fatores, e depois somá-los. (Veja a definição.) Efetuamos então $n!(n - 1) + (n! - 1) = n!n - 1$ operações. Como para resolver um sistema $n \times n$ pela

Regra de Cramer precisamos calcular $n + 1$ determinantes de ordem n, o número de operações se elevaria a $(n + 1)(n!n - 1)$, que é maior que $n^2 n!$.

Como um exemplo, para resolvermos um sistema de 10 equações e 10 incógnitas, pela Regra de Cramer teríamos um número de operações superior a $10^2\, 10! = 362.880.000$ operações, enquanto que pelo método de redução de linhas não chegaríamos a 14.000.

Muitos dos problemas que aparecem em Engenharia, Economia, Biologia etc., costumam envolver um grande número de incógnitas, de ordem 100 ou 1.000, por exemplo. Nestes casos, mesmo os métodos de eliminação e redução por linhas podem não ser adequados. Então nos meios computacionais prefere-se usar métodos numéricos iterativos (como, por exemplo, o de Gauss-Seidel). Estes processos iterativos serão nosso objeto de estudo no capítulo 13.

3.7 CÁLCULO DO POSTO DE UMA MATRIZ ATRAVÉS DE DETERMINANTES

Muitas vezes, é suficiente saber apenas se um sistema de equações lineares tem solução sem precisar resolvê-lo, isto é, sem explicitar as soluções. Por exemplo, ao estudar a posição relativa de duas retas no plano, dadas pelas equações $y - 2x = 3$ e $y - 3x = 2$, podemos estar interessados em saber apenas se elas se interceptam ou não, sem determinar seu ponto de intersecção. Ou seja, queremos saber se o sistema

$$\begin{cases} y - 2x = 3 \\ y - 3x = 2 \end{cases}$$

admite ou não solução.

Como já vimos em 2.5, a existência e o número de soluções estão relacionados com o posto da matriz dos coeficientes e o posto da matriz ampliada. Vamos ver agora uma maneira de obter o posto de uma matriz usando determinantes.

3.7.1 Teorema: O posto (característica) de uma matriz A (quadrada ou não) é dado pela maior ordem possível das submatrizes quadradas de A, com determinantes diferentes de zero.

(Para uma demonstração, deste teorema veja os exercícios 18, 19 e 20 da seção 3.10.)

3.7.2 Exemplos

Exemplo 1: Dada a matriz 4 X 5

$$\begin{bmatrix} 1 & 3 & -2 & 5 & 3 \\ 1 & 11 & -15 & 19 & 14 \\ 3 & 1 & 7 & 1 & -2 \\ 7 & -3 & 25 & -7 & 0 \end{bmatrix}$$

podemos verificar que cada submatriz de ordem 4 (há 5) tem determinante 0. Também o determinante de cada submatriz de ordem 3 (há 40) é zero. Mas

$$\det \begin{bmatrix} 1 & 3 \\ 1 & 11 \end{bmatrix} = 8 \neq 0.$$

Então, o posto é 2.

Exemplo 2: Dado o sistema linear

$$\begin{cases} x + 2y + 3z = 1 \\ -2x + y + z = 0 \\ 6x - 3y - 3z = -1 \end{cases}$$

vamos dizer se ele é possível ou não, sem resolvê-lo.
A matriz dos coeficientes

$$\mathbf{A} = \begin{bmatrix} 1 & 2 & 3 \\ -2 & 1 & 1 \\ 6 & -3 & -3 \end{bmatrix}$$

tem determinante 0, pois a terceira linha é igual à segunda multiplicada por -3. Portanto, o posto de **A** é menor que 3. (Se det A $\neq$ 0, o posto seria 3, pois A é submatriz dela mesma.) Como $\begin{bmatrix} 1 & 2 \\ -2 & 1 \end{bmatrix} = 5$, **A** tem uma submatriz quadrada de ordem 2, com determinante diferente de zero; portanto, seu posto é 2.

Tomemos agora a matriz ampliada do sistema

$$\mathbf{B} = \begin{bmatrix} 1 & 2 & 3 & 1 \\ -2 & 1 & 1 & 0 \\ 6 & -3 & -3 & -1 \end{bmatrix}$$

Como $\begin{vmatrix} 2 & 3 & 1 \\ 1 & 1 & 0 \\ -3 & -3 & -1 \end{vmatrix} = 1$, o posto de **B** é 3. Concluímos assim, que o sistema não admite solução, pois o posto da matriz dos coeficientes é diferente do posto da matriz ampliada.

Observação:
Num sistema de n equações e n incógnitas, onde o determinante da matriz dos coeficientes é diferente de 0, existe uma única solução.

* 3.8 MATRIZES ELEMENTARES
Um processo de inversão de matrizes

O cálculo da inversa de uma matriz usando determinante, envolve um número muito grande de operações. O processo prático de inversão que vamos apresentar nesta seção é baseado nas operações com as linhas de uma matriz e, em termos de cálculos, é muito vantajoso. O conceito de matrizes elementares que introduziremos aqui será utilizado para mostrar a validade deste processo e ainda para demonstrar vários resultados já enunciados em seções anteriores.

Observemos, inicialmente, que cada operação com as linhas de uma matriz corresponde a uma multiplicação dessa matriz por uma matriz especial.

3.8.1 Exemplos

Exemplo 1: Ao multiplicarmos a primeira linha da matriz

$$\mathbf{A} = \begin{bmatrix} 1 & 2 & 4 \\ 0 & 1 & 3 \\ 2 & 1 & -4 \end{bmatrix}$$

por 2, obtemos a matriz

$$\begin{bmatrix} 2 & 4 & 8 \\ 0 & 1 & 3 \\ 2 & 1 & -4 \end{bmatrix}$$

que é exatamente o produto

$$\begin{bmatrix} 2 & 0 & 0 \\ 0 & 1 & 0 \\ 0 & 0 & 1 \end{bmatrix} \begin{bmatrix} 1 & 2 & 4 \\ 0 & 1 & 3 \\ 2 & 1 & -4 \end{bmatrix}$$

Exemplo 2: Ao trocarmos a primeira e a segunda linha da matriz **A** acima, obtemos

$$\begin{bmatrix} 0 & 1 & 3 \\ 1 & 2 & 4 \\ 2 & 1 & -4 \end{bmatrix}$$

Este resultado é o mesmo que o produto

$$\begin{bmatrix} 0 & 1 & 0 \\ 1 & 0 & 0 \\ 0 & 0 & 1 \end{bmatrix} \cdot \begin{bmatrix} 1 & 2 & 4 \\ 0 & 1 & 3 \\ 2 & 1 & -4 \end{bmatrix}$$

Exemplo 3: Ao somarmos à primeira linha da matriz **A** a segunda linha multiplicada por 2, obtemos

$$\begin{bmatrix} 1 & 4 & 10 \\ 0 & 1 & 3 \\ 2 & 1 & -4 \end{bmatrix}$$

que é o mesmo que o produto

$$\begin{bmatrix} 1 & 2 & 0 \\ 0 & 1 & 0 \\ 0 & 0 & 1 \end{bmatrix} \begin{bmatrix} 1 & 2 & 4 \\ 0 & 1 & 3 \\ 2 & 1 & -4 \end{bmatrix}$$

Observando mais cuidadosamente estes exemplos, vemos que aplicar uma operação elementar nas linhas da matriz **A** é o mesmo que aplicar esta operação elementar na matriz identidade e, em seguida, multiplicar esta nova matriz por **A**. Vejamos isto em outros exemplos.

Exemplo 4: Se tomarmos a matriz identidade $\mathbf{I}_3$ e trocarmos a primeira e a terceira linha, obteremos a matriz

$$\begin{bmatrix} 0 & 0 & 1 \\ 0 & 1 & 0 \\ 1 & 0 & 0 \end{bmatrix}$$

Se multiplicarmos esta matriz pela matriz **A** do exemplo 1, teremos

$$\begin{bmatrix} 0 & 0 & 1 \\ 0 & 1 & 0 \\ 1 & 0 & 0 \end{bmatrix} \begin{bmatrix} 1 & 2 & 4 \\ 0 & 1 & 3 \\ 2 & 1 & -4 \end{bmatrix} = \begin{bmatrix} 2 & 1 & -4 \\ 0 & 1 & 3 \\ 1 & 2 & 4 \end{bmatrix}$$

cujo resultado é exatamente a troca da primeira e terceira linha da matriz **A**.

Exemplo 5: Se tomarmos I_3 e somarmos à terceira linha a segunda multiplicada por -3, obteremos

$$\begin{bmatrix} 1 & 0 & 0 \\ 0 & 1 & 0 \\ 0 & -3 & 1 \end{bmatrix}$$

Se multiplicarmos esta matriz pela matriz **A** do Exemplo 1, teremos

$$\begin{bmatrix} 1 & 0 & 0 \\ 0 & 1 & 0 \\ 0 & -3 & 1 \end{bmatrix} \begin{bmatrix} 1 & 2 & 4 \\ 0 & 1 & 3 \\ 2 & 1 & -4 \end{bmatrix} = \begin{bmatrix} 1 & 2 & 4 \\ 0 & 1 & 3 \\ 2 & -2 & -13 \end{bmatrix}$$

Este resultado é exatamente aquele que obtemos se somarmos à terceira linha de **A** a segunda multiplicada por -3.

Através desses exemplos podemos perceber que existe uma relação íntima entre as operações com linhas de uma matriz e certas matrizes especiais construídas a partir da matriz identidade. Estas matrizes serão denominadas matrizes elementares.

3.8.2 Definição: Uma *matriz elementar* é uma matriz obtida a partir da identidade, através da aplicação de uma operação elementar com linhas.

O relacionamento entre matrizes elementares e operações com linhas é dado pelo teorema abaixo.

3.8.3 Teorema: Se **A** é uma matriz, o resultado da aplicação de uma operação com as linhas de **A** é o mesmo que o resultado da multiplicação da matriz elementar **E** correspondente à operação com linhas pela matriz **A**.

A prova deste resultado poderá ser feita por você. Consiste apenas em escrever a matriz **E**, efetuar o produto $\mathbf{E} \cdot \mathbf{A}$ e verificar que o resultado obtido é o esperado. Este procedimento deve ser efetuado para cada tipo de operação com linhas. Uma conseqüência importante da proposição anterior é:

3.8.4 Corolário: Uma matriz elementar $\mathbf{E_1}$ é inversível e sua inversa é a matriz elementar $\mathbf{E_2}$, que corresponde à operação com linhas inversa da operação efetuada por $\mathbf{E_1}$.

Por exemplo, se $\mathbf{E_1}$ é a matriz elementar cuja operação consiste em multiplicar uma determinada linha por k, a matriz inversa de $\mathbf{E_1}$ será a matriz elementar $\mathbf{E_2}$ que corresponde à operação de multiplicar a mesma linha por $\frac{1}{k}$. A prova deste corolário é deixada a seu encargo.

Como consequência do resultado anterior, podemos mostrar agora o teorema 2.3.1.

3.8.5 Teorema: Sistemas associados a matrizes linha equivalentes são equivalentes.

Prova: Sejam A e A′ matrizes-linha equivalentes. Por 3.8.3
A′ = MA, onde M é um produto de matrizes elementares e, portanto, inversível (veja 3.8.4 e (*i*) de 3.5.4). Os sistemas (I) e (II) que têm A e A′ como matrizes ampliadas podem ser escritos respectivamente:

N · X = B e N′X = B′, onde N é a submatriz de A da qual se retirou a última coluna e B é esta coluna. (Idem para N′, A′ e B′.) Além disto, você pode verificar que

$$N' = M \cdot N \quad e \quad B' = M \cdot B.$$

Portanto, $NX = B \iff MNX = MB \iff N'X = B'$.

Isto significa que os sistemas (I) e (II) são equivalentes pois toda matriz

$X = \begin{bmatrix} x_1 \\ \vdots \\ x_n \end{bmatrix}$ que seja a solução do I será solução de II e vice-versa.

3.8.6 Usando os resultados 3.8.3 e 3.8.4 podemos também completar agora a demonstração da observação (*ii*) de 3.5.4. Repetindo-a da maneira como foi enunciada: Se A é uma matriz quadrada e existe uma matriz B tal que BA = I, então A é inversível, ou seja, A^{-1} existe e $B = A^{-1}$. Já havíamos mostrado que se A é inversível, então $B = A^{-1}$. Mostremos agora que A é realmente inversível.

Comecemos analisando o sistema de equações lineares que corresponde a AX = 0, onde X é um vetor coluna e 0 é o vetor-coluna cujos elementos são nulos. Observamos que a única solução possível para esse sistema é X = 0 pois, multiplicando AX = 0 por B, temos 0 = B · 0 = B(AX) = (BA)X = IX = X. Por outro lado, se resolvermos o sistema AX = 0 através de operações com linhas, obteremos um sistema equivalente RX = 0, onde R é a forma escada linha reduzida de A e, portanto, $R = E_k E_{k-1} \dots E_1 A$. Mas, como o sistema RX = 0 é equivalente a AX = 0, a sua única solução é X = 0, e como R está na forma escada linha reduzida, a única possibilidade é R = I. Então
$I = E_k E_{k-1} \dots E_1 A$, e, multiplicando sucessivamente por E_k^{-1}, E_{k-1}^{-1}, ..., E_1^{-1} (que são matrizes elementares, como vimos na seção 3.8.4), teremos
$A = E_1^{-1} E_2^{-1} \dots E_k^{-1}$, ou seja, A é um produto de matrizes elementares e, pela observação (*i*) de 3.5.4, é inversível.

* 3.9 PROCEDIMENTO PARA A INVERSÃO DE MATRIZES

Com argumentos análogos aos usados em 3.8.5 você pode provar o teorema enunciado a seguir.

3.9.1 Teorema: Se **A** é uma matriz inversível, sua matriz-linha reduzida à forma escada, **R**, é a identidade. Além disso, **A** é dada por um produto de matrizes elementares.

A recíproca deste resultado irá fornecer um novo processo para se calcular a inversa de uma matriz **A**. Suponhamos que, ao reduzir **A** à forma escada linha reduzida, a matriz identidade seja obtida como resultado. Neste caso, como a cada operação com linhas corresponde uma multiplicação por uma matriz elementar, E_i, teremos então:

$$\begin{aligned} I &= E_k \cdot E_{k-1} \cdot \ldots \cdot E_2 \cdot E_1 \cdot A \\ &= (E_k \cdot E_{k-1} \cdot \ldots \cdot E_2 \cdot E_1 \cdot I)A \end{aligned}$$

Mas isto quer dizer que

$$E_k \cdot E_{k-1} \cdot \ldots \cdot E_2 \cdot E_1 \cdot I = A^{-1}$$

que podemos colocar em palavras através do teorema abaixo.

3.9.2 Teorema: Se uma matriz **A** pode ser reduzida à matriz identidade, por uma seqüência de operações elementares com linhas, então **A** é inversível e a matriz inversa de **A** é obtida a partir da matriz identidade, aplicando-se a mesma seqüência de operações com linhas.

Na prática, operamos simultaneamente com as matrizes **A** e **I**, através de operações elementares, até chegarmos à matriz **I** na posição correspondente à matriz **A**. A matriz obtida no lugar correspondente à matriz **I** será a inversa de **A**.

$$(A \mid I) \longrightarrow (I \mid A^{-1})$$

Vejamos como este procedimento pode ser colocado em prática.

3.9.3 Exemplos

Exemplo 1: Seja

$$A = \begin{bmatrix} 2 & 1 & 0 & 0 \\ 1 & 0 & -1 & 1 \\ 0 & 1 & 1 & 1 \\ -1 & 0 & 0 & 3 \end{bmatrix}$$

Coloquemos a matriz junto com a matriz identidade e apliquemos as operações com linhas, para reduzir a parte esquerda (que corresponde a **A**) à forma escada linha reduzida, lembrando que cada operação deve ser efetuada simultaneamente na parte direita.

$$\left[\begin{array}{cccc|cccc} 2 & 1 & 0 & 0 & 1 & 0 & 0 & 0 \\ 1 & 0 & -1 & 1 & 0 & 1 & 0 & 0 \\ 0 & 1 & 1 & 1 & 0 & 0 & 1 & 0 \\ -1 & 0 & 0 & 3 & 0 & 0 & 0 & 1 \end{array}\right]$$

Trocando a primeira e segunda linhas, obtemos

$$\left[\begin{array}{cccc|cccc} 1 & 0 & -1 & 1 & 0 & 1 & 0 & 0 \\ 2 & 1 & 0 & 0 & 1 & 0 & 0 & 0 \\ 0 & 1 & 1 & 1 & 0 & 0 & 1 & 0 \\ -1 & 0 & 0 & 3 & 0 & 0 & 0 & 1 \end{array}\right]$$

Agora, somamos à quarta a primeira e à segunda, a primeira linha multiplicada por -2.

$$\left[\begin{array}{cccc|cccc} 1 & 0 & -1 & 1 & 0 & 1 & 0 & 0 \\ 0 & 1 & 2 & -2 & 1 & -2 & 0 & 0 \\ 0 & 1 & 1 & 1 & 0 & 0 & 1 & 0 \\ 0 & 0 & -1 & 4 & 0 & 1 & 0 & 1 \end{array}\right]$$

Subtraímos a segunda linha da terceira, obtendo

$$\left[\begin{array}{cccc|cccc} 1 & 0 & -1 & 1 & 0 & 1 & 0 & 0 \\ 0 & 1 & 2 & -2 & 1 & -2 & 0 & 0 \\ 0 & 0 & -1 & 3 & -1 & 2 & 1 & 0 \\ 0 & 0 & -1 & 4 & 0 & 1 & 0 & 1 \end{array}\right]$$

Trocamos o sinal da terceira linha e, subsequentemente, anulamos o resto da terceira coluna.

$$\left[\begin{array}{cccc|cccc} 1 & 0 & 0 & -2 & 1 & -1 & -1 & 0 \\ 0 & 1 & 0 & 4 & -1 & 2 & -2 & 0 \\ 0 & 0 & 1 & -3 & 1 & -2 & -1 & 0 \\ 0 & 0 & 0 & 1 & 1 & -1 & -1 & 1 \end{array}\right]$$

Finalmente, obtemos a identidade à esquerda e a inversa de **A** à direita.

$$\left[\begin{array}{cccc|cccc} 1 & 0 & 0 & 0 & 3 & -3 & -3 & 2 \\ 0 & 1 & 0 & 0 & -5 & 6 & 2 & -4 \\ 0 & 0 & 1 & 0 & 4 & -5 & -4 & 3 \\ 0 & 0 & 0 & 1 & 1 & -1 & -1 & 1 \end{array}\right]$$

Portanto

$$A^{-1} = \begin{bmatrix} 3 & -3 & -3 & 2 \\ -5 & 6 & 2 & -4 \\ 4 & -5 & -4 & 3 \\ 1 & -1 & -1 & 1 \end{bmatrix}$$

Exemplo 2: Seja

$$A = \begin{bmatrix} 1 & 0 & 1 \\ 1 & 2 & 1 \\ 0 & 2 & 0 \end{bmatrix}$$

Partimos de

$$\left[\begin{array}{ccc|ccc} 1 & 0 & 1 & 1 & 0 & 0 \\ 1 & 2 & 1 & 0 & 1 & 0 \\ 0 & 2 & 0 & 0 & 0 & 1 \end{array}\right]$$

e fazemos operações com linhas, para converter a parte esquerda (que corresponde a **A**) à forma escada linha reduzida. Obtemos então

$$\left[\begin{array}{ccc|ccc} 1 & 0 & 1 & 1 & 0 & 0 \\ 0 & 1 & 0 & -\frac{1}{2} & -\frac{1}{2} & 0 \\ 0 & 0 & 0 & 1 & -1 & 1 \end{array}\right]$$

Como a forma escada não é a identidade, a matriz **A** não tem inversa.

3.9.4 Agora, iremos demonstrar a propriedade

$$\det(AB) = \det A \cdot \det B$$

conforme nos propusemos a fazer em 3.3 (*viii*).

Para isso, queremos que você descubra qual é o determinante de uma matriz elementar **E** nos seguintes casos:

i) **E** é obtida de **I** por uma permutação de linhas.

ii) **E** é obtida de **I** pela multiplicação de uma das linhas por uma constante k ($k \neq 0$).

iii) **E** é obtida de **I** pela substituição da i-ésima linha por k vezes a j-ésima, mais a i-ésima linha.

Agora você deverá provar o seguinte resultado.

3.9.5 Teorema: Se **E** for uma matriz elementar e **A** uma matriz qualquer da mesma ordem que **E**, então $\det \mathbf{EA} = \det \mathbf{E} \cdot \det \mathbf{A}$.

Para provar este teorema, considere as três possibilidades para a matriz **E** (*i*), (*ii*) e (*iii*) dadas acima. Tudo ficará realmente simples se você tiver chegado à conclusão que, em (*i*) temos $\det \mathbf{E} = -1$, em (*ii*) $\det \mathbf{E} = k$ e em (*iii*) $\det \mathbf{E} = 1$.

Finalmente, podemos demonstrar a propriedade do determinante do produto.

3.9.6 Teorema: Se **A** e **B** são matrizes $n \times n$ quaisquer, então $\det(\mathbf{A} \cdot \mathbf{B}) = \det \mathbf{A} \cdot \det \mathbf{B}$.

Prova:

1º caso: Se **A** ou **B** são não inversíveis, temos $\mathbf{A} \cdot \mathbf{B}$ não inversível (veja o Exercício 10 da seção 3.10). Neste caso, $\det(\mathbf{AB}) = 0$, e como $\det \mathbf{A} = 0$ ou $\det \mathbf{B} = 0$, a igualdade se verifica.

2º caso: Se **A** e **B** são inversíveis, usando 3.9.1 temos:

$$\det(\mathbf{AB}) = \det(\mathbf{E}_1 \ldots \mathbf{E}_k\mathbf{B})$$

Após sucessivas aplicações do teorema 3.9.5 chegamos a:

$$\begin{aligned}
\det(\mathbf{AB}) &= \det \mathbf{E}_1 \cdot \det(\mathbf{E}_2 \ldots \mathbf{E}_k\mathbf{B}) \\
&= \ldots = \det \mathbf{E}_1 \cdot \det \mathbf{E}_2 \cdot \ldots \cdot \det \mathbf{E}_k \cdot \det \mathbf{B} \\
&= \det \mathbf{E}_1 \cdot \ldots \cdot \det(\mathbf{E}_{k-1} \cdot \mathbf{E}_k) \cdot \det \mathbf{B} \\
&= \ldots = \det(\mathbf{E}_1 \cdot \mathbf{E}_2 \cdot \ldots \cdot \mathbf{E}_k) \cdot \det \mathbf{B} \\
&= \det \mathbf{A} \cdot \det \mathbf{B}
\end{aligned}$$

3.10 EXERCÍCIOS

1. Dê o número de inversões das seguintes permutações de 1, 2, 3, 4, 5:

   a) 3 5 4 1 2
   b) 2 1 4 3 5
   c) 5 4 3 2 1
   d) No determinante de uma matriz 5 × 5, que sinal (negativo ou positivo) precederia os termos $a_{13}a_{25}a_{34}a_{41}a_{52}$ e $a_{15}a_{24}a_{33}a_{42}a_{51}$?

2. Quantas inversões tem a permutação (n $n - 1$ ... 2 1) dos números 1, 2, ..., $n - 1$, n?

3. Calcule $\det \begin{bmatrix} 2 & 0 & -1 \\ 3 & 0 & 2 \\ 4 & -3 & 7 \end{bmatrix}$

   a) pela definição
   b) em relação à segunda coluna, usando o desenvolvimento de Laplace.

4. Dadas as matrizes $\mathbf{A} = \begin{bmatrix} 1 & 2 \\ 1 & 0 \end{bmatrix}$ e $\mathbf{B} = \begin{bmatrix} 3 & -1 \\ 0 & 1 \end{bmatrix}$, calcule

   a) det **A** + det **B**
   b) det (**A** + **B**)

5. Sejam **A** e **B** matrizes do tipo $n \times n$. Verifique se as colocações abaixo são verdadeiras ou falsas.

   a) det (**AB**) = det (**BA**)
   b) det (**A**') = det **A**
   c) det (2**A**) = 2 det **A**
   d) det ($\mathbf{A}^2$) = (det **A**)^2
   e) det $\mathbf{A}_{ij}$ < det **A**
   f) Se **A** é uma matriz 3 × 3, então
   $a_{11}\Delta_{11} + a_{12}\Delta_{12} + a_{13}\Delta_{13} = a_{21}\Delta_{21} + a_{22}\Delta_{22} + a_{23}\Delta_{23}$

6. Dada $\mathbf{A} = \begin{bmatrix} 2 & 3 & 1 & -2 \\ 5 & 3 & 1 & 4 \\ 0 & 1 & 2 & 2 \\ 3 & -1 & -2 & 4 \end{bmatrix}$ calcule

   a) $\mathbf{A}_{23}$
   b) $|\mathbf{A}_{23}|$
   c) Δ_{23}
   d) det **A**

7. *Propriedade*: O determinante de uma matriz triangular $A_{n \times n}$ é igual ao produto dos elementos de sua diagonal.

   a) Prove esta propriedade no caso em que A é uma matriz triangular superior (genérica) 5 X 5. (Sugestão: Use e abuse do desenvolvimento de Laplace.)

   b) O que você pode dizer sobre o número de soluções dos sistemas abaixo?

$$(i)\begin{cases} 5x_1 + 2x_2 - 3x_3 + 9x_4 = 0 \\ \quad -3x_2 + 9x_3 - \frac{1}{3}x_4 = 0 \\ \quad\quad -2x_3 + x_4 = 0 \\ \quad\quad\quad x_4 = 1 \end{cases}$$

$$(ii)\begin{cases} 3x_5 + 2x_4 + x_1 = 0 \\ \quad - x_3 + x_2 - x_1 = 5 \\ \quad - 9x_3 - x_2 + 9x_1 = 0 \\ \quad\quad -3x_2 + x_1 = 0 \\ \quad\quad\quad x_1 = 0 \end{cases}$$

8. Calcule det A, onde

   a) $A = \begin{bmatrix} 3 & -1 & 5 & 0 \\ 0 & 2 & 0 & 1 \\ 2 & 0 & -1 & 3 \\ 1 & 1 & 2 & 0 \end{bmatrix}$

   c) $A = \begin{bmatrix} i & 3 & 2 & -i \\ 3 & -i & 1 & i \\ 2 & 1 & -1 & 0 \\ -i & i & 0 & 1 \end{bmatrix}$

   b) $A = \begin{bmatrix} 3 & 0 & 0 & 0 & 0 \\ 19 & 18 & 0 & 0 & 0 \\ -6 & \pi & -5 & 0 & 0 \\ 4 & \sqrt{2} & \sqrt{3} & 0 & 0 \\ 8 & 3 & 5 & 6 & -1 \end{bmatrix}$

9. Encontre A^{-1}, onde

   a) $A = \begin{bmatrix} 4 & -1 & 2 & -2 \\ 3 & -1 & 0 & 0 \\ 2 & 3 & 1 & 0 \\ 0 & 7 & 1 & 1 \end{bmatrix}$

   b) $A = \begin{bmatrix} 0 & -i & -2 & i \\ 1 & -1 & i & 1 \\ 0 & -1 & 1 & -i \\ 1 & 1 & 1 & 0 \end{bmatrix}$

   c) $A = \begin{bmatrix} 1 & 0 & x \\ 1 & 1 & x^2 \\ 2 & 2 & x^2 \end{bmatrix}$

10. Se **A** ou **B** é uma matriz não inversível, então **A** · **B** também não é. Prove isto, sem usar determinantes.

11. Mostre que

$$\frac{d}{dx}\begin{bmatrix} x^2 & x+1 & 3 \\ 1 & 2x-1 & x^3 \\ 0 & x & -2 \end{bmatrix} =$$

$$\begin{bmatrix} 2x & 1 & 0 \\ 1 & 2x-1 & x^3 \\ 0 & x & -2 \end{bmatrix} + \begin{bmatrix} x^2 & x+1 & 3 \\ 0 & 2 & 3x^2 \\ 0 & x & -2 \end{bmatrix} + \begin{bmatrix} x^2 & x+1 & 3 \\ 1 & 2x-1 & x^3 \\ 0 & 1 & 0 \end{bmatrix}$$

Observe atentamente a igualdade acima e enuncie a propriedade que ela ilustra.

12. Dada a matriz $\mathbf{A} = \begin{bmatrix} 2 & 1 & -3 \\ 0 & 2 & 1 \\ 5 & 1 & 3 \end{bmatrix}$ calcule

a) adj **A**
b) det **A**
c) $\mathbf{A}^{-1}$

13. Mostre que $\det \begin{bmatrix} 1 & 1 & 1 \\ a & b & c \\ a^2 & b^2 & c^2 \end{bmatrix} = (a-b)(b-c)(c-a)$

14. Dizemos que **A** e **B** são matrizes semelhantes se existe uma matriz **P** tal que $\mathbf{B} = \mathbf{P}^{-1}\mathbf{AP}$. Mostre que det **A** = det **B** se **A** e **B** são semelhantes.

15. Verdadeiro ou falso?

a) Se det **A** = 1, então $\mathbf{A}^{-1} = \mathbf{A}$.
b) Se **A** é uma matriz triangular superior e $\mathbf{A}^{-1}$ existe, então também $\mathbf{A}^{-1}$ será uma matriz triangular superior.
c) Se **A** é uma matriz escalar $n \times n$ da forma $k\mathbf{I}_n$, então $\det \mathbf{A} = k^n$.
d) Se **A** é uma matriz triangular, então $\det \mathbf{A} = a_{11} + ... + a_{nn}$.

16. Resolva o sistema, usando a Regra de Cramer:

$$\begin{cases} x - 2y + z = 1 \\ 2x + y = 3 \\ y - 5z = 4 \end{cases}$$

17. Dado o sistema

$$\begin{cases} x + y \quad\quad - w = 0 \\ x \quad\quad - z + w = 2 \\ \quad\quad y + z - w = -3 \\ x + y \quad\quad -2w = 1 \end{cases}$$

a) Calcule o posto da matriz dos coeficientes.
b) Calcule o posto da matriz ampliada.
c) Descreva a solução deste sistema.
d) Considere um sistema homogêneo $\mathbf{AX} = \mathbf{0}$, onde $\mathbf{A}$ é uma matriz $n \times n$. Que condição você deve impor sobre $\mathbf{A}$, para que o sistema admita soluções diferentes da solução trivial ($\mathbf{X} = \mathbf{0}$)? Compare com 3.6 e o Exercício 18 do Capítulo 2.

18. Prove que: Uma matriz **A**, com ordem n, tem posto n se, e somente se **A** é inversível.

19. A partir do exercício acima, você pode concluir que uma matriz **A**, de ordem n, possui determinante diferente de zero se, e somente se **A** tem n linhas linearmente independentes. Por quê? (Veja o final da secção 2.4.)

20. Agora prove a propriedade 3.7.1, usando o exercício anterior.

21. Mostre que a área do triângulo na figura é dada pelo determinante

$$\frac{1}{2}\begin{vmatrix} x_1 & y_1 & 1 \\ x_2 & y_2 & 1 \\ x_3 & y_3 & 1 \end{vmatrix}$$

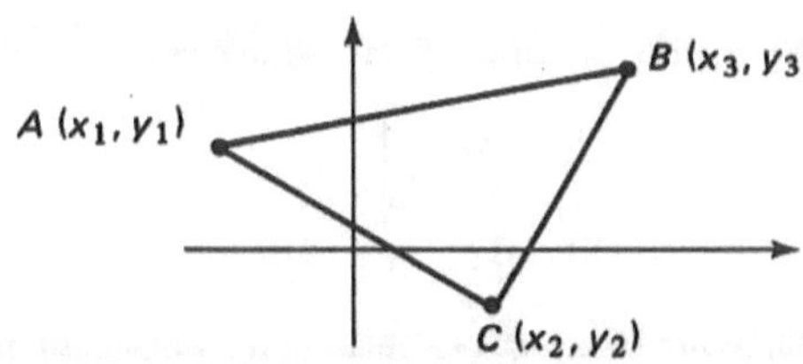

22. *a*) Mostre que $\begin{vmatrix} 1 & a_1 & a_1^2 \\ 1 & a_2 & a_2^2 \\ 1 & a_3 & a_3^2 \end{vmatrix} = (a_2 - a_1)(a_3 - a_1)(a_3 - a_2)$

b) Se $a_1, a_2, ..., a_n$ são números, mostre por indução finita que

$$V_n = \begin{vmatrix} 1 & a_1 & \dots & a_1^{n-1} \\ 1 & a_2 & \dots & a_2^{n-1} \\ \vdots & & & \vdots \\ 1 & a_n & \dots & a_n^{n-1} \end{vmatrix} = \prod_{i<j} (x_j - x_i)$$

O símbolo à direita significa o produto de todos os termos $x_j - x_i$ com $i < j$ e i, j inteiros variando de 1 a n.

Sugestão: Para efetuar facilmente a indução, multiplique cada coluna por x_1 e subtraia o mesmo da coluna imediatamente à direita, partindo do lado esquerdo, obtendo, então: $V_n = (x_n - x_1) \dots (x_2 - x_1) V_{n-1}$. Tal determinante é chamado determinante de Vandermonde.

23. Uma maneira de codificar uma mensagem é através de multiplicação por matrizes. Vamos associar as letras do alfabeto aos números, segundo a correspondência abaixo:

A	B	C	D	E	F	G	H	I	J	L	M	N	O	P	Q	R	S	T	U	V	W	X	Y	Z
1	2	3	4	5	6	7	8	9	10	11	12	13	14	15	16	17	18	19	20	21	22	23	24	25

Suponhamos que a nossa mensagem seja "PUXA VIDA". Podemos formar uma matriz 3 × 3 assim:

$$\begin{bmatrix} P & U & X \\ A & - & V \\ I & D & A \end{bmatrix}, \text{ que usando a}$$

correspondência numérica fica:

$$\begin{bmatrix} 15 & 20 & 23 \\ 1 & 0 & 21 \\ 9 & 4 & 1 \end{bmatrix} = \mathbf{M}$$

Agora seja **C** uma matriz qualquer 3 × 3 *inversível*, por exemplo:

$$\mathbf{C} = \begin{bmatrix} 1 & 0 & 1 \\ -1 & 3 & 1 \\ 0 & 1 & 1 \end{bmatrix}$$

Multiplicamos nossa matriz da mensagem por **C**, obtendo **M** · **C**.

$$\begin{bmatrix} 15 & 20 & 23 \\ 1 & 0 & 21 \\ 9 & 4 & 1 \end{bmatrix} \cdot \begin{bmatrix} 1 & 0 & 1 \\ -1 & 3 & 1 \\ 0 & 1 & 1 \end{bmatrix} = \begin{bmatrix} -5 & 83 & 58 \\ 1 & 21 & 22 \\ 5 & 13 & 14 \end{bmatrix}$$

Transmitimos esta nova matriz (na prática, envia-se a cadeia de números -5 83 58 1 21 22 5 13 14). Quem recebe a mensagem decodifica-a através da multiplicação pela inversa $((\mathbf{M} \cdot \mathbf{C}) \cdot \mathbf{C}^{-1} = \mathbf{M})$ e posterior transcrição dos números para letras. **C** é chamada *matriz chave* para o código.

a) Você recebeu a mensagem:
-12 48 23 -2 42 26 1 42 29
Utilizando a mesma chave traduza a mensagem.

b) Aconteceu que o inimigo descobriu sua chave. O seu comandante manda você substituir a matriz chave por $\begin{bmatrix} 1 & 1 & -1 \\ 1 & 1 & 0 \\ 0 & 0 & 2 \end{bmatrix}$. Você transmite a mensagem "CRETINO..." a ele (codificada, naturalmente!). Por que não será possível a ele decodificar sua mensagem?

c) Escolha uma matriz-chave que dê para codificar palavras até 16 letras. Codifique e descodifique à vontade!

3.10.1 Respostas

1. *a*) 5 *b*) 2 *c*) 10 *d*) - e +

3. *a*) 21 *b*) 21

5. *a*) V *b*) V *c*) F *d*) V *e*) F *f*) V

7. *a*) Seja A uma matriz triangular superior e desenvolva-se o determinante através da primeira coluna.
$|\mathbf{A}| = a_{11}|\mathbf{A}_{11}|$ mas $\mathbf{A}_{11}$ é triangular superior também $|\mathbf{A}_{11}| = a_{22}|\mathbf{A}_{11_{11}}|$ etc.
Então $|\mathbf{A}| = a_{11} \cdot a_{22} \ldots a_{nn}$.

b) (*i*) única, (*ii*) nenhuma.

9. *a*) $\begin{bmatrix} -1 & -1 & 4 & -2 \\ -3 & -4 & 12 & -6 \\ 11 & 14 & -43 & 22 \\ 10 & 14 & -41 & 21 \end{bmatrix}$

b) $\dfrac{-1}{2+i}\begin{bmatrix} -1-i & -1 & -1 & -1-i \\ -i & i & 1-i & -i \\ 1+2i & 1-i & i & -1+i \\ 3-i & -2-i & 3-i & 2+i \end{bmatrix}$

c) $\begin{bmatrix} 1 & \dfrac{-2}{x} & \dfrac{1}{x} \\ -1 & \dfrac{-1+2}{x} & \dfrac{1-1}{x} \\ 1 & \dfrac{2}{x^2} & \dfrac{-1}{x^2} \end{bmatrix}$

11. A derivada do determinante é a soma dos determinantes das matrizes obtidas da original, diferenciando as linhas, uma por uma.

15. *a*) F *b*) V *c*) V *d*) F

17. *a*) 3 *c*) Possível e indeterminado.
b) 3 *d*) As linhas de A como vetores são LD.

21. Considere as áreas do trapézio *AXYC* e dos triângulos *AXB* e *CYB*.

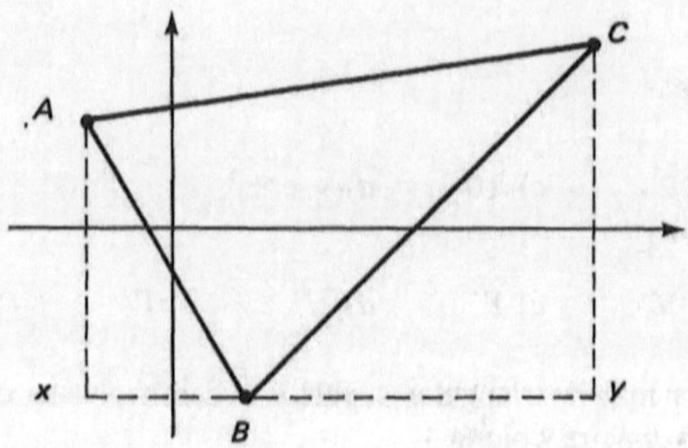

23. *b*) A matriz-chave não tem inversa.

Leituras Sugeridas e Referências

[1]Herstein, T.N.; *Tópicos de Álgebra*, Editora Polígono, São Paulo, 1970.
[2]Hoffman, K. e Kunze, R.; *Álgebra Linear*, Editora Polígono, São Paulo, 1971.
[3]Lipschutz, S.; *Álgebra Linear*; McGraw-Hill do Brasil Ltda., Rio de Janeiro, 1971.

capítulo 4

Espaço Vetorial

4.1 VETORES NO PLANO E NO ESPAÇO

Imagine uma força atuando sobre um corpo. Você conseguirá precisá-la determinando sua intensidade e direção. Força é um exemplo típico de grandeza que será representada por um vetor. Outros exemplos são velocidade e deslocamento. Neste capítulo desenvolveremos o conceito de vetor de uma forma bem ampla, de modo que, por exemplo, soluções de sistemas de equações lineares ou de equações diferenciais também possam ser representadas por vetores.

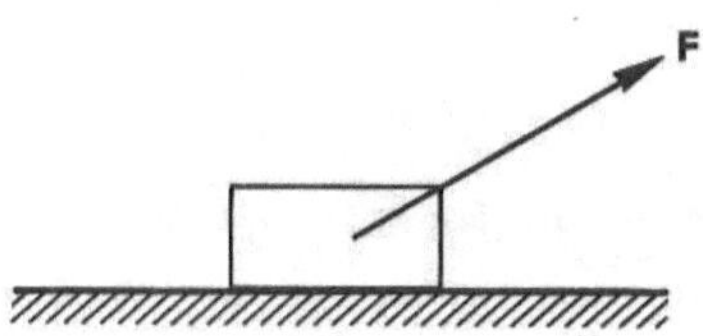

Figura 4.1.1

4.1.1 Vetores no Plano

Inicialmente, introduziremos a idéia de vetor, restringindo-nos ao plano. Para isto, consideremos o plano cartesiano que consiste de um sistema de coordenadas dado por um par de retas ortogonais, com orientação. Fixada uma unidade de comprimento, um ponto P do plano pode ser identificado com o par (a, b) de números reais, que são suas coordenadas.

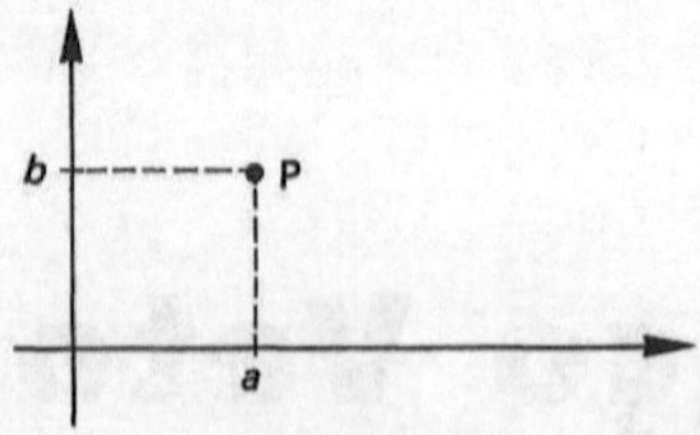

Figura 4.1.2

Dados dois pontos P e Q do plano, podemos considerar o segmento de reta orientado $\vec{PQ}$, com ponto inicial P e ponto final Q. Note que embora como conjunto de pontos os segmentos $\vec{PQ}$ e $\vec{QP}$ sejam iguais, como segmentos orientados eles são distintos. Diremos que eles são segmentos opostos.

Vamos estabelecer que dois segmentos orientados são equivalentes se tiverem o mesmo comprimento e direção. Por exemplo, na figura

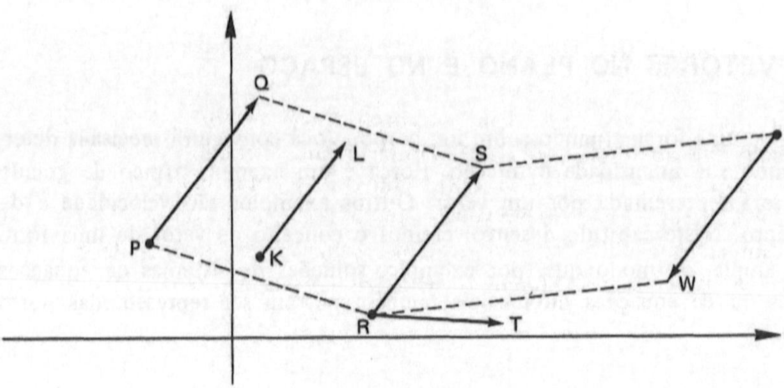

Figura 4.1.3

$\vec{PQ}$, $\vec{KL}$ e $\vec{RS}$ têm a mesma direção; $\vec{RT}$ e $\vec{KL}$ têm o mesmo comprimento; $\vec{PQ}$, $\vec{RS}$ e $\vec{ZW}$ têm o mesmo comprimento, mas os únicos segmentos com orientações equivalentes são $\vec{PQ}$ e $\vec{RS}$. Para qualquer segmento orientado no plano existe outro equivalente a este cujo ponto inicial é a origem. Por exemplo,

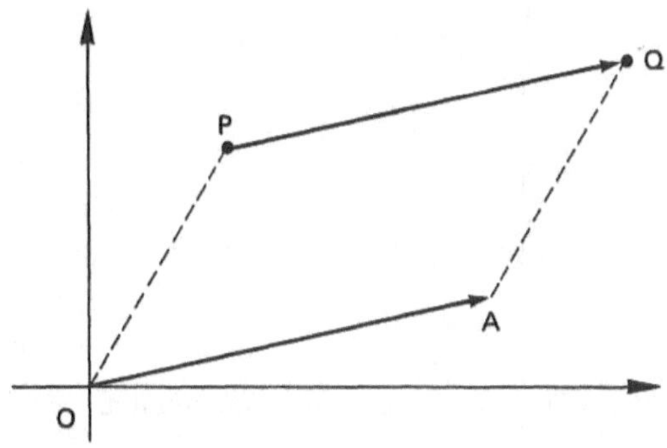

Figura 4.1.4

Vamos passar a considerar agora, apenas os segmentos orientados com ponto inicial na origem, denominados *vetores no plano*. É importante notar que vetores no plano são determinados exclusivamente pelo seu ponto final, pois o ponto inicial é fixo na origem. Assim, para cada ponto do plano $P(a, b)$, está associado um único vetor $v = \vec{OP}$ e, reciprocamente, dado um vetor, associamos um único ponto do plano, que é o seu ponto final. Isto é, a correspondência entre pontos do plano e vetores é biunívoca.

Usando esta correspondência entre vetores e pontos do plano, costumamos representar um vetor $v = \vec{OP}$ pelas coordenadas do seu ponto final $P(a, b)$. Usamos a notação da matriz-coluna $v = \begin{bmatrix} a \\ b \end{bmatrix}$, ou mesmo a identificação $v = (a, b)$. Por exemplo, $v = \begin{bmatrix} 1 \\ 3 \end{bmatrix}$ ou $v = (1, 3)$. Observe que, deste modo, à origem do plano ficará associado um vetor que tem os pontos inicial e final coincidentes com esta. Denominaremos tal vetor (que é só um ponto) de *vetor nulo*, e este será representado por $(0, 0)$.

O oposto de um vetor $v = \vec{OP}$ é o vetor $w = \vec{OQ}$, que tem o mesmo comprimento e direção oposta. Em termos de coordenadas, se $v = (a, b)$, então $w = (-a, -b)$ e, por essa razão, denotamos $w = -v$.

4.1.2 Operações com Vetores no Plano

a) Multiplicação de um vetor por um número.

Multiplicar um vetor v por um número $k > 0$ é considerar um novo vetor $w = kv$, que possui a mesma direção de v e tem como comprimento k vezes o comprimento de v. Se $k < 0$, o vetor $w = kv$ será igual ao oposto do vetor $|k| \cdot v$. Se $k = 0$, $w = kv$ será o vetor nulo.

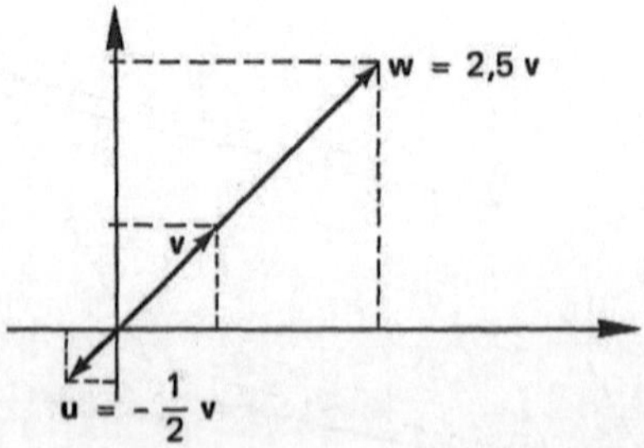

Figura 4.1.5

Observe que a multiplicação de vetor por um número corresponde à multiplicação da matriz-linha (ou coluna) por esse número. Assim, se $v = (a, b)$ e $w = kv$, então $w = (ka, kb)$. Por exemplo, para $v = (2, -5)$, $w = 3v = (6, -15)$.

b) Adição de dois vetores.

Para introduzir a soma de vetores, vamos voltar ao exemplo de forças atuando num corpo. Uma força que atua num ponto pode ser representada por um vetor, de comprimento igual à intensidade da força, com a mesma direção em que a força atua. (Estamos supondo que a origem do sistema de coordenadas está no ponto onde a força atua.)

Suponhamos agora que temos duas forças $\mathbf{F}_1$ e $\mathbf{F}_2$ atuando no mesmo objeto. Podemos representar o resultado destas duas forças por uma única força **R**? Em outras palavras, o que é a "soma" de duas forças?

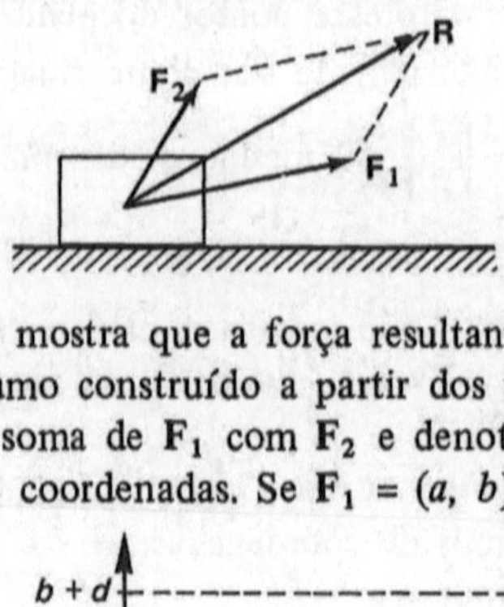

Figura 4.1.6

A experiência mostra que a força resultante é representada pelo vetor diagonal do paralelogramo construído a partir dos vetores $\mathbf{F}_1$ e $\mathbf{F}_2$. Chamamos a força resultante de soma de $\mathbf{F}_1$ com $\mathbf{F}_2$ e denotamos $\mathbf{R} = \mathbf{F}_1 + \mathbf{F}_2$. Agora, pensemos em termos de coordenadas. Se $\mathbf{F}_1 = (a, b)$ e $\mathbf{F}_2 = (c, d)$, quais são as coordenadas de **R**?

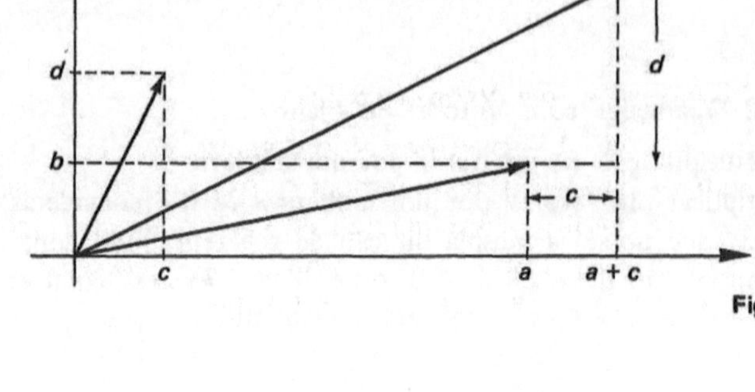

Figura 4.1.7

Usando congruência de triângulos, você pode notar que as coordenadas de R são $(a + c, b + d)$.

Foram resultados como este que motivaram a definição formal de soma de dois vetores no plano. Se $\mathbf{v} = (a, b)$ e $\mathbf{w} = (c, d)$, então o vetor-soma será $\mathbf{v} + \mathbf{w} = (a + c, b + d)$. Observe que somar vetores corresponde simplesmente a somar as matrizes que os representam. As operações entre vetores herdam, portanto, todas as propriedades das operações correspondentes para matrizes.

Podemos ainda observar que a soma de um vetor $\mathbf{v} = (a, b)$ com seu oposto $\mathbf{w} = -\mathbf{v} = (-a, -b)$ é o valor nulo. Isto é, $\mathbf{v} + \mathbf{w} = \mathbf{v} + (-\mathbf{v}) = (a - a, b - b) = (0, 0)$.

Por diferença entre dois vetores v e w, entendemos a soma do primeiro com o oposto do segundo vetor, $\mathbf{v} - \mathbf{w} = \mathbf{v} + (-\mathbf{w})$. Isto é mostrado geometricamente, pela Figura 4.1.1.

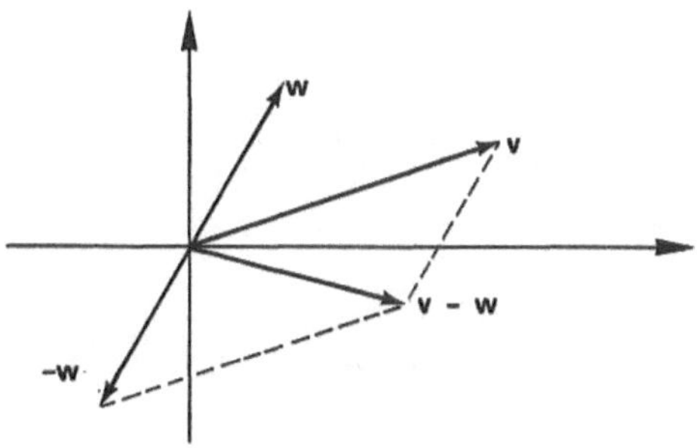

Figura 4.1.8

4.1.3 Vetores no Espaço

Da mesma forma que fizemos no plano, podemos considerar vetores no espaço. Teremos então um sistema de coordenadas dado por três retas orientadas, perpendiculares duas a duas, e, uma vez fixada uma unidade de comprimento, cada ponto P do espaço estará identificado com a terna de número reais (x, y, z), que dá suas coordenadas.

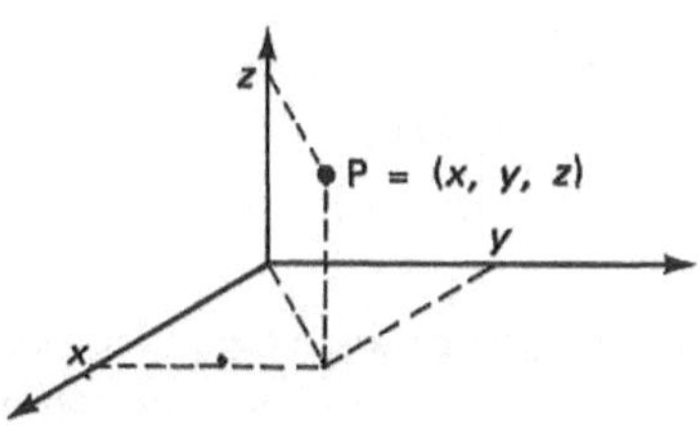

Figura 4.1.9

Também aqui os vetores são dados por segmentos orientados, com ponto inicial na origem, e existe uma correspondência biunívoca entre vetores e pontos do espaço que a cada vetor $\vec{OP}$ associa seu ponto final $P = (a, b, c)$. Deste modo, o vetor $\mathbf{v} = \vec{OP}$ costuma ser denotado pelas coordenadas de P.

$$\mathbf{v} = \begin{bmatrix} a \\ b \\ c \end{bmatrix} \quad \text{ou} \quad \mathbf{v} = (a, b, c)$$

Exemplo

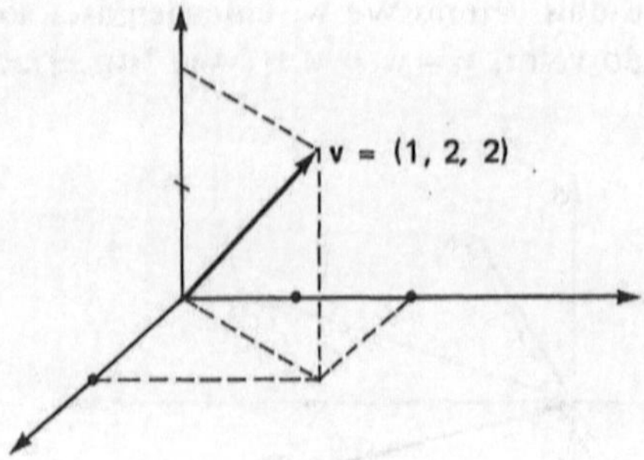

Figura 4.1.10

A origem fixada para o espaço representará o vetor nulo (0, 0, 0).

Assim, se chamarmos de V o conjunto de vetores no espaço, podemos identificar

$$\begin{aligned} V &= \{(x_1, x_2, x_3);\ x_i \in \mathbf{R}\} \\ &= \mathbf{R} \times \mathbf{R} \times \mathbf{R} = \mathbf{R}^3 \end{aligned}$$

4.1.4 Operações com Vetores no Espaço

A soma de dois vetores e o produto de um vetor por um número (escalar) também são definidos da mesma forma que no plano

Se $\mathbf{u} = (x_1, x_2, x_3)$ e $\mathbf{v} = (y_1, y_2, y_3)$,

$$\mathbf{u} + \mathbf{v} = (x_1 + y_1, x_2 + y_2, x_3 + y_3)$$
$$\text{e} \quad k\mathbf{u} = (kx_1, kx_2, kx_3)$$

Por exemplo, se $\mathbf{u} = (2, -3, 5)$ e $\mathbf{v} = (1, 2, 0)$, $\mathbf{u} + \mathbf{v} = (3, -1, 5)$ e $2\mathbf{u} = (4, -6, 10)$.

Como já observamos no caso do plano, estas operações correspondem exatamente às respectivas operações das matrizes-linha que representam os vetores e gozam de uma série de propriedades decorrentes daquelas relativas às operações com números reais.

Propriedades:

i) (u + v) + w = u + (v + w)

ii) u + v = v + u

iii) Existe **0** $\in V$ tal que u + **0** = u. (**0** é chamado vetor nulo.)

iv) Existe -u $\in V$ tal que u + (-u) = **0**.

v) a(u + v) = au + av

vi) (a + b)v = av + bv

vii) (ab)v = a(bv)

viii) 1u = u

Estas propriedades servirão para caracterizar certos conjuntos que, apesar de terem natureza diferente dos vetores no espaço, "comportam-se" como eles. Estes conjuntos receberão o nome de *espaços vetoriais*.

4.2 ESPAÇOS VETORIAIS

4.2.1 Definição: Um *espaço vetorial real* é um conjunto V, não vazio, com duas operações: soma, $V \times V \xrightarrow{+} V$, e multiplicação por escalar, $\mathbf{R} \times V \xrightarrow{\cdot} V$, tais que, para quaisquer u, v, w $\in V$ e a, $b \in \mathbf{R}$, as propriedades de *i*) a *viii*) sejam satisfeitas.

Se na definição acima, ao invés de termos como escalares, números reais, tivermos números complexos, V será um *espaço vetorial complexo*.

Usaremos doravante a palavra *vetor* para designar um elemento de um espaço vetorial. Assim, por exemplo, se considerarmos o espaço vetorial $V = M(2, 2)$, os vetores serão matrizes. (Mostre que $M(2, 2)$ realmente é um espaço vetorial, verificando as condições indicadas na definição 4.2.1. Lembre que os vetores u, v e w deste espaço vetorial são matrizes 2 $\times$ 2 e os escalares ainda números reais.) Agora, convém introduzir alguns exemplos de espaços vetoriais.

4.2.2 Exemplos

Exemplo 1: O conjunto dos vetores do espaço

$$V = \mathbf{R}^3 = \{(x_1, x_2, x_3);\ \ x_i \in \mathbf{R}\}$$

é evidentemente um espaço vetorial real (veja 4.1.3).

Exemplo 2: No lugar de ternas de números reais consideremos como vetores n-uplas de números reais.

$$V = \mathbf{R}^n = \{(x_1, x_2, ..., x_n);\ \ x_i \in \mathbf{R}\}$$

e se $\mathbf{u} = (x_1, x_2, ..., x_n)$, $\mathbf{v} = (y_1, y_2, ..., y_n)$ e $a \in \mathbf{R}$,

$$\mathbf{u} + \mathbf{v} = (x_1 + y_1, x_2 + y_2, ..., x_n + y_n) \quad \text{e} \quad a\mathbf{u} = (ax_1, ax_2, ..., ax_n)$$

Neste caso perdemos, é claro, a visão geométrica de "vetores", pois saímos de um espaço de "dimensão" 3 da geometria e passamos a um espaço de "dimensão" n. Apesar disto, podemos trabalhar com estes espaços da mesma maneira que em $\mathbf{R}^3$.

Subexemplo: $n = 5$; $V = \mathbf{R}^5$

$$V = \{x_1, x_2, x_3, x_4, x_5): \ x_i \in \mathbf{R}\}$$

$$\begin{aligned} \text{Se} \quad \mathbf{u} &= (1, 0, 2, -3, 4) \\ \text{e} \quad \mathbf{v} &= (0, 1, 1, -2, 5), \\ \text{então } \mathbf{u} - 2\mathbf{v} &= (1, 0, 2, -3, 4) - 2(0, 1, 1, -2, 5) \\ &= (1, 0, 2, -3, 4) - (0, 2, 2, -4, 10) \\ &= (1, -2, 0, 1, -6) \end{aligned}$$

Observe que, neste caso, o vetor nulo é (0, 0, 0, 0, 0).

As n-uplas de números reais ou, equivalentemente, matrizes-linha $1 \times n$ (ou matrizes-coluna $n \times 1$) aparecem naturalmente na descrição de muitos problemas que envolvem várias variáveis. Como um exemplo para determinar a posição de uma barra no espaço precisamos dar as coordenadas de suas duas extremidades $\mathbf{A} = (a_1, a_2, a_3)$ e $\mathbf{B} = (b_1, b_2, b_3)$. Assim, sua coordenada será dada por $(a_1, a_2, a_3, b_1, b_2, b_3)$, e estaremos trabalhando com o espaço vetorial $\mathbf{R}^6$.

Exemplo 3: $V = M(m, n)$, o conjunto das matrizes reais $m \times n$ com a soma e produto por escalar usuais.

Subexemplos:

i) $V = M(2, 2) = \left\{ \begin{bmatrix} a & b \\ c & d \end{bmatrix} : a, b, c, d \in \mathbf{R} \right\}$

Qual é o vetor nulo deste espaço vetorial? (Veja o Exercício 1 da secção 4.8.)

ii) $V = M(1, n) = \{[a_{11}\ a_{12}\ ...\ a_{1n}]: a_{1i} \in \mathbf{R}\}$.

Observe que este espaço vetorial pode ser identificado com $V = \mathbf{R}^n$ (veja o Exemplo 2 desta seção).

Exemplo 4: $V = P_n$, o conjunto dos polinômios com coeficientes reais, de grau menor ou igual a n (incluindo o zero). As operações são soma de polinômios e multiplicação destes por números reais.

Subexemplo: $n = 2$
$P_2 = \{a_0 + a_1x + a_2x^2 \colon \; a_i \in \mathbf{R}\}$.

Todos os exemplos anteriores foram de espaços vetoriais reais. O próximo exemplo é de um espaço vetorial complexo.

Exemplo 5: V é o conjunto das matrizes 2×2, cujos elementos são números complexos. As operações são adição de matrizes e multiplicação destas por números complexos.
Exemplificando:

$$\begin{bmatrix} 7+i & 0 \\ 2 & -i \end{bmatrix} + \begin{bmatrix} 2 & 0 \\ 2+i & i \end{bmatrix} = \begin{bmatrix} 9+i & 0 \\ 4+i & 0 \end{bmatrix}$$

$$(1+i)\begin{bmatrix} i & 2 \\ 1-i & 0 \end{bmatrix} = \begin{bmatrix} i-1 & 2+2i \\ 2 & 0 \end{bmatrix}$$

Os espaços complexos aparecem, por exemplo, no estudo de sistemas de equações diferenciais. (Veja o Capítulo 12.) Salvo menção em contrário, todos os espaços vetoriais que abordaremos a seguir serão espaços vetoriais reais.

4.3 SUBESPAÇOS VETORIAIS

Às vezes, é necessário detectar, dentro de um espaço vetorial V, subconjuntos W que sejam eles próprios espaços vetoriais "menores". Tais conjuntos serão chamados *subespaços de V*. Isto acontece, por exemplo, em: $V = \mathbf{R}^2$, o plano, onde W é uma reta deste plano, que passa pela origem.

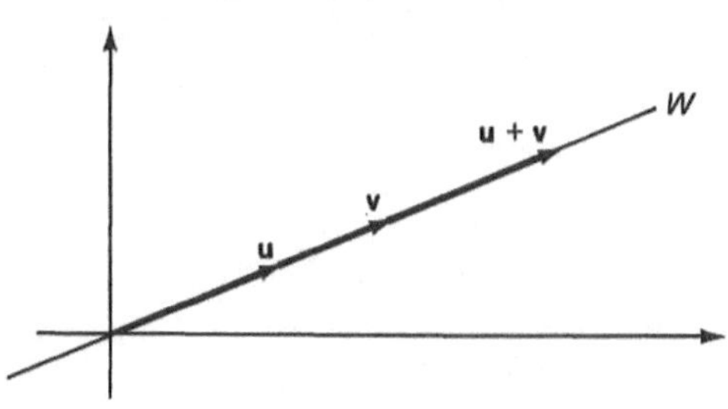

Figura 4.3.1

Veja que a reta W funciona sozinha como espaço vetorial pois, ao somarmos dois vetores de W, obtemos um outro vetor em W. Da mesma forma, se multiplicarmos um vetor de W por um número, o vetor resultante ainda estará em W. Isto é, o subconjunto W é "fechado" em relação à soma de vetores e à multiplicação destes por escalar. Estas são as condições exigidas para que um subconjunto W de um espaço vetorial V seja um subespaço.

4.3.1 Definição: Dado um espaço vetorial V, um subconjunto W, não vazio, será um *subespaço vetorial* de V se:

i) Para quaisquer $\mathbf{u}, \mathbf{v} \in W$ tivermos $\mathbf{u} + \mathbf{v} \in W$.
ii) Para quaisquer $a \in \mathbf{R}$, $\mathbf{u} \in W$ tivermos $a\mathbf{u} \in W$.

Podemos fazer três observações:

a) As condições da definição acima garantem que ao operarmos em W (soma e multiplicação por escalar), não obteremos um vetor fora de W. Isto é suficiente para afimar que W é ele próprio um espaço vetorial, pois assim as operações ficam bem definidas e, além disso, não precisamos verificar as propriedades de (*i*) a (*viii*) de espaço vetorial, porque elas são válidas em V, que contém W.
b) Qualquer subespaço W de V precisa necessariamente conter o vetor nulo (por causa da condição (*ii*) quando $a = 0$).
c) Todo espaço vetorial admite pelo menos dois subespaços (que são chamados subespaços triviais), o conjunto formado somente pelo vetor nulo (verifique (*i*) e (*ii*)) e o próprio espaço vetorial.

4.3.2 Exemplos

Exemplo 1: $V = \mathbf{R}^3$ e $W \subset V$, um plano passando pela origem.

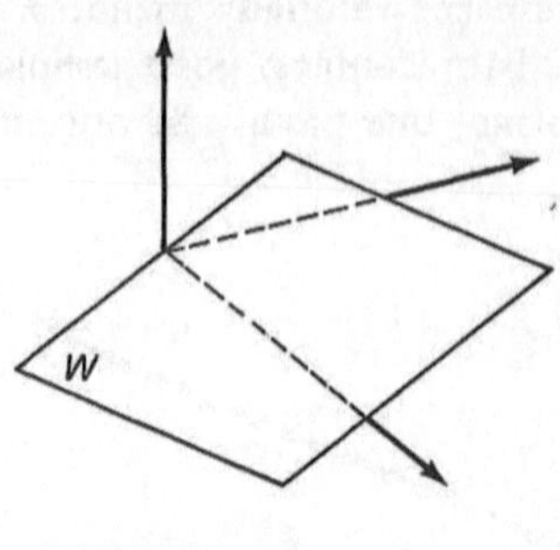

Figura 4.3.2

Veja geometricamente a validade de (*i*) e (*ii*).. Observe que se W não passasse pela origem, não seria um subespaço. Note que na verdade os únicos subespaços de $\mathbf{R}^3$ são a origem, as retas e planos que passam pela origem, e o próprio $\mathbf{R}^3$.

Exemplo 2: $V = \mathbf{R}^5$ e $W = \{(0, x_2, x_3, x_4, x_5); x_i \in \mathbf{R}\}$
Isto é, W é o conjunto dos vetores de $\mathbf{R}^5$, cuja primeira coordenada é nula. Verifiquemos as condições (*i*) e (*ii*).

i) $\mathbf{u} = (0, x_2, x_3, x_4, x_5)$, $\mathbf{v} = (0, y_2, y_3, y_4, y_5) \in W$
Então $\mathbf{u} + \mathbf{v} = (0, x_2 + y_2, x_3 + y_3, x_4 + y_4, x_5 + y_5)$ que ainda pertence a W, pois tem a primeira coordenada nula.

ii) $k\mathbf{u} = (0, kx_2, kx_3, kx_4, kx_5) \in W$, pois a primeira coordenada é nula para todo $k \in \mathbf{R}$.

Portanto, W é um subespaço vetorial de $\mathbf{R}^5$.

Exemplo 3: $V = M(n, n)$ e W é o subconjunto das matrizes triangulares superiores. W é subespaço, pois a soma de matrizes triangulares superiores ainda é uma matriz triangular superior, assim como o produto de uma matriz triangular superior por um escalar.

Exemplo 4: Uma situação importante em que aparece um subespaço é obtida ao resolvermos um sistema linear homogêneo. Por exemplo

$$\begin{cases} 2x + 4y + z = 0 \\ x + y + 2z = 0 \\ x + 3y - z = 0 \end{cases}$$

Observe que, se colocarmos este sistema na forma matricial, teremos

$$(*) \begin{bmatrix} 2 & 4 & 1 \\ 1 & 1 & 2 \\ 1 & 3 & -1 \end{bmatrix} \begin{bmatrix} x \\ y \\ z \end{bmatrix} = \begin{bmatrix} 0 \\ 0 \\ 0 \end{bmatrix}$$

Desta forma, estamos procurando, dentro do espaço vetorial $M(3, 1)$ das matrizes-coluna de 3 linhas, aqueles vetores que satisfazem a relação (*), isto é, aqueles vetores-solução do sistema. Queremos saber se o conjunto dos vetores-solução é um subespaço de $M(3, 1)$. Para isto, teremos que tomar dois vetores-solução.

$\begin{bmatrix} x_1 \\ y_1 \\ z_1 \end{bmatrix}$ e $\begin{bmatrix} x_2 \\ y_2 \\ z_2 \end{bmatrix}$, e verificar se sua soma $\begin{bmatrix} x_1 \\ y_1 \\ z_1 \end{bmatrix} + \begin{bmatrix} x_2 \\ y_2 \\ z_2 \end{bmatrix}$

ainda é um vetor-solução. Então

$$\begin{bmatrix} 2 & 4 & 1 \\ 1 & 1 & 2 \\ 1 & 3 & -1 \end{bmatrix} \cdot \left(\begin{bmatrix} x_1 \\ y_1 \\ z_1 \end{bmatrix} + \begin{bmatrix} x_2 \\ y_2 \\ z_2 \end{bmatrix} \right) = \begin{bmatrix} 2 & 4 & 1 \\ 1 & 1 & 2 \\ 1 & 3 & -1 \end{bmatrix} \begin{bmatrix} x_1 \\ y_1 \\ z_1 \end{bmatrix} + \begin{bmatrix} 2 & 4 & 1 \\ 1 & 1 & 2 \\ 1 & 3 & -1 \end{bmatrix} \begin{bmatrix} x_2 \\ y_2 \\ z_2 \end{bmatrix}$$

$$= \begin{bmatrix} 0 \\ 0 \\ 0 \end{bmatrix} + \begin{bmatrix} 0 \\ 0 \\ 0 \end{bmatrix} = \begin{bmatrix} 0 \\ 0 \\ 0 \end{bmatrix}.$$

Isto é, a soma é solução. Além disso, se multiplicarmos $\begin{bmatrix} x_1 \\ y_1 \\ z_1 \end{bmatrix}$ por uma constante k, teremos

$$\begin{bmatrix} 2 & 4 & 1 \\ 1 & 1 & 2 \\ 1 & 3 & -1 \end{bmatrix} \cdot \left(k \begin{bmatrix} x_1 \\ y_1 \\ z_1 \end{bmatrix} \right) = k \left(\begin{bmatrix} 2 & 4 & 1 \\ 1 & 1 & 2 \\ 1 & 3 & -1 \end{bmatrix} \begin{bmatrix} x_1 \\ y_1 \\ z_1 \end{bmatrix} \right) = k \begin{bmatrix} 0 \\ 0 \\ 0 \end{bmatrix} = \begin{bmatrix} 0 \\ 0 \\ 0 \end{bmatrix}$$

Isto é, o produto de uma constante por uma solução ainda é uma solução. Portanto, o conjunto W dos vetores-solução de (*) é um subespaço de $M(3, 1)$. (Considerando a identificação $M = (3, 1)$, como $\mathbf{R}^3$, W pode ser dado geometricamente pela intersecção dos três planos no espaço descritos por cada uma das equações de (*).)

Exemplo 5: O conjunto-solução de um sistema linear homogêneo de n incógnitas é um subespaço vetorial de $M(n, 1)$. Tente provar isto.

Alguns exemplos em que W *não* é subespaço de V são os seguintes:

Exemplo 6: $V = \mathbf{R}^2$, onde W é uma reta deste plano que não passa pela origem.

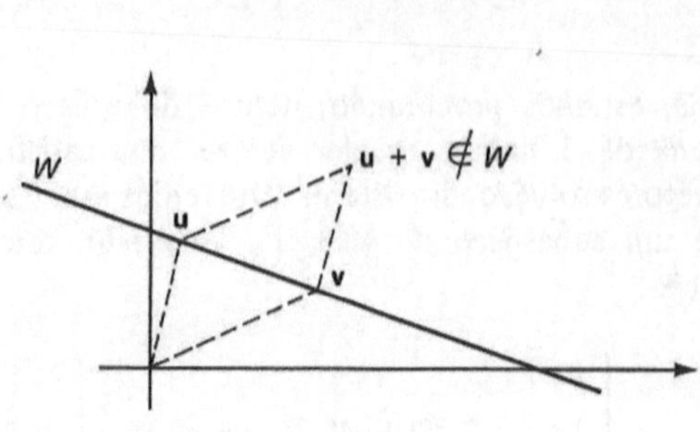

Figura 4.3.3

W não é subespaço de V, pois existem **u** e **v** em *W*, tal que **u** + **v** $\notin$ *W*. Outra maneira de ver que *W* não é subespaço de *V* é notar que o vetor nulo não pertence a *W*. (Veja a observação *b* em 4.3.1.)

Este último fato é usado freqüentemente para determinarmos que $U \subset V$ não é subespaço de *V*, isto é, sempre que $\mathbf{0} \notin U$, podemos afirmar que *U não é subespaço de V*. Mas, cuidado: Não vale a recíproca, pois podemos ter $\mathbf{0} \in U$ sem que *U* seja subespaço, como mostra o exemplo seguinte.

Exemplo 7: $V = \mathbf{R}^2$ e $W = \{(x, x^2); x \in \mathbf{R}\}$. Se escolhermos $\mathbf{u} = (1, 1)$ e $\mathbf{v} = (2, 4)$, temos $\mathbf{u} + \mathbf{v} = (3, 5) \notin W$. Assim, *W* não é subespaço vetorial de *V* pois, caso contrário, a condição (*i*) deveria ser satisfeita para quaisquer **u** e $\mathbf{v} \in W$, e isto não ocorre neste exemplo.

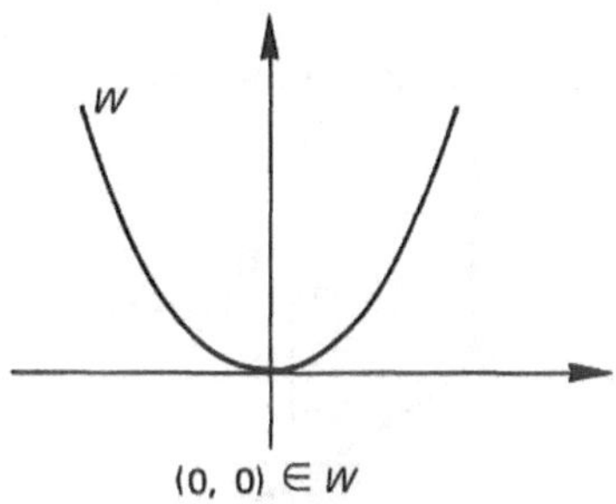

Figura 4.3.4

Exemplo 8: $V = M(n, n)$ e *W* é o subconjunto de todas as matrizes em que $a_{11} \leqslant 0$. Mostre que a condição (*i*) é satisfeita, mas (*ii*) não é; portanto, *W* não é um subespaço.

Exemplo 9: Se um sistema linear não for homogêneo, o que acontece com seu conjunto-solução? Considere o exemplo:

$$(*) \begin{cases} 2x + 4y + z = 1 \\ x + y + 2z = 1 \\ x + 3y - z = 0 \end{cases}$$

Prove que a soma de dois vetores-solução nem sempre é um vetor-solução, e assim o conjunto-solução *não é um subespaço* de $M(3, 1)$. (Veja o Exercício 17 da secção 4.8.)

Embora nos Exemplos 6 e 9, *W* não seja subespaço, ainda assim ele é um subconjunto especial que recebe o nome de *variedade linear*. Estudaremos melhor este tipo de subconjunto em 4.9. O Exemplo 7 não é uma variedade linear. Agora veremos as principais propriedades dos subespaços.

4.3.3 Teorema: (Intersecção de subespaços): Dados W_1 e W_2 subespaços de um espaço vetorial V, a intersecção $W_1 \cap W_2$ ainda é um subespaço de V.
Prova: Observamos inicialmente que $W_1 \cap W_2$ nunca é vazio pois ambos os subespaços contêm o vetor nulo de V. É necessário verificar então as condições *i*) e *ii*) para mostrar que $W_1 \cap W_2$ também é subespaço vetorial de V.

i) Dados $\mathbf{x}, \mathbf{y} \in W_1 \cap W_2$, $\mathbf{x}$ e $\mathbf{y}$ pertencem a W_1, e também a W_2. Então, $\mathbf{x} + \mathbf{y} \in W_1$ e $\mathbf{x} + \mathbf{y} \in W_2$, sendo W_1 e W_2 subespaços de V. Portanto, $\mathbf{x} + \mathbf{y} \in W_1 \cap W_2$.

ii) Agora, você deverá provar a segunda condição como um exercício.

4.3.4 Exemplos

Exemplo 1: $V = \mathbf{R}^3$

$W_1 \cap W_2$ é a reta de interseção dos planos W_1 e W_2.

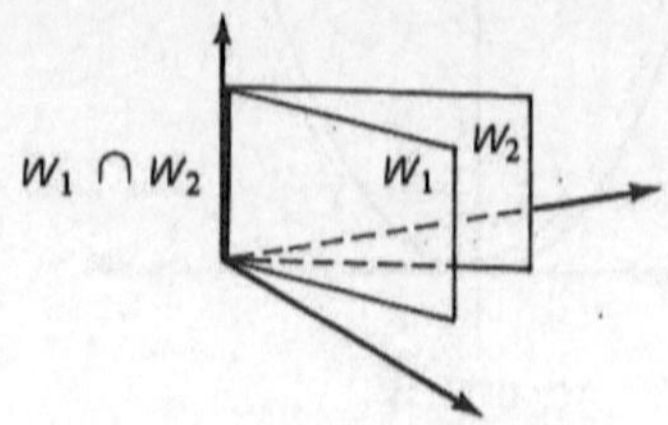

Figura 4.3.5

Exemplo 2: $V = M(n, n)$
W_1 = {matrizes triangulares superiores}
W_2 = {matrizes triangulares inferiores}
Então $W_1 \cap W_2$ = {matrizes diagonais}.

Uma vez que a interseção de dois subespaços ainda é um subespaço vetorial, poderíamos esperar o mesmo da reunião. Mas isto não acontece, como podemos ver no próximo exemplo.

Exemplo 3: $V = \mathbf{R}^3$

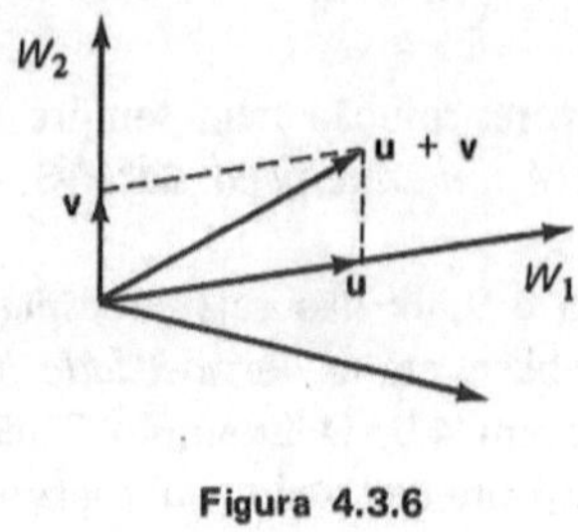

Figura 4.3.6

W_1 e W_2 são retas que passam pela origem. Então, $W_1 \cap W_2 = \{\mathbf{0}\}$ e $W_1 \cup W_2$ é o "feixe" formado pelas duas retas, que não é subespaço vetorial de $\mathbf{R}^3$. De fato, se somarmos os dois vetores $\mathbf{u}$ e $\mathbf{v}$, pertencentes a $W_1 \cup W_2$, vemos que $\mathbf{u} + \mathbf{v}$ está no plano que contém W_1 e W_2 mas $\mathbf{u} + \mathbf{v} \notin W_1 \cup W_2$.

Assim, $W_1 \cup W_2$ não é subespaço de V. Entretanto, podemos construir um conjunto W, que contém W_1 e W_2 e é subespaço de V. W será formado por todos os vetores de V que forem a soma de vetores de W_1 com vetores de W_2. $W = W_1 + W_2$ será chamado "soma de W_1 e W_2". Será conveniente colocarmos esta afirmação de forma mais precisa.

4.3.5 Teorema: (Soma de subespaços): Sejam W_1 e W_2 subespaços de um espaço vetorial V. Então, o conjunto

$W_1 + W_2 = \{\mathbf{v} \in V; \mathbf{v} = \mathbf{w}_1 + \mathbf{w}_2, \mathbf{w}_1 \in W_1 \text{ e } \mathbf{w}_2 \in W_2\}$ é subespaço de V.
Prova: (Veja o Exercício 23 da secção 4.8.)

4.3.6 Exemplos

Exemplo 4: No exemplo anterior, $W = W_1 + W_2$ é o plano que contém as duas retas.

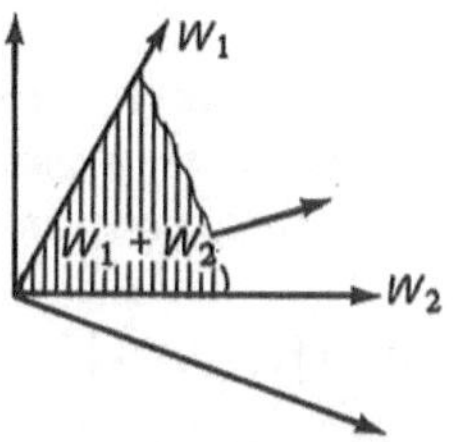

Figura 4.3.7

Exemplo 5: Se $W_1 \subset \mathbf{R}^3$ é um plano e W_2 é uma reta contida neste plano, ambos passando pela origem, $W_1 + W_2 = W_1$.

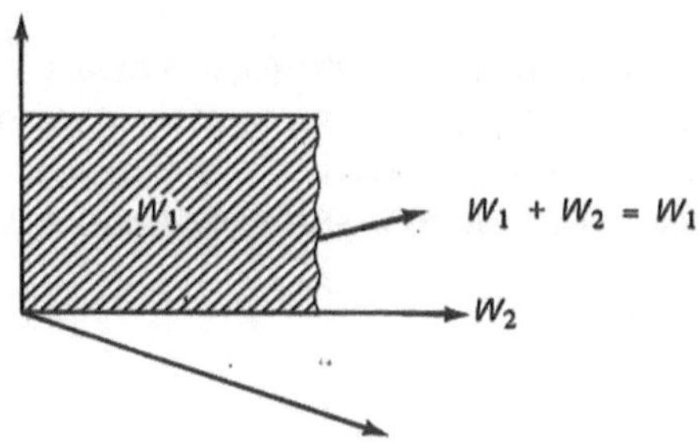

Figura 4.3.8

Exemplo 6: $W_1 = \left\{\begin{bmatrix} a & b \\ 0 & 0 \end{bmatrix}\right\}$ e $W_2 = \left\{\begin{bmatrix} 0 & 0 \\ c & d \end{bmatrix}\right\}$, onde $a, b, c, d \in \mathbf{R}$.

Então $W_1 + W_2 = \left\{\begin{bmatrix} a & b \\ c & d \end{bmatrix}\right\} = M(2, 2)$.

Quando $W_1 \cap W_2 = \{\mathbf{0}\}$, então $W_1 + W_2$ é chamado *soma direta* de W_1 com W_2, denotado por $W_1 \oplus W_2$. Os Exemplos 4 e 6 são exemplos de soma direta, e um contra-exemplo é dado no Exemplo 5. Observe que tanto no Exemplo 1, como no 2, temos que o espaço todo $V = W_1 + W_2$, mas a soma não é direta.

4.4 COMBINAÇÃO LINEAR

Vamos comentar, agora, uma das características mais importantes de um espaço vetorial, que é a obtenção de novos vetores a partir de vetores dados.

4.4.1 Definição: Sejam V um espaço vetorial real (ou complexo), $\mathbf{v}_1, \mathbf{v}_2, ..., \mathbf{v}_n \in V$ e $a_1, ..., a_n$ números reais (ou complexos). Então, o vetor

$$\mathbf{v} = a_1\mathbf{v}_1 + a_2\mathbf{v}_2 + ... + a_n\mathbf{v}_n$$

é um elemento de V ao que chamamos *combinação linear* de $\mathbf{v}_1, ..., \mathbf{v}_n$.

Uma vez fixados vetores $\mathbf{v}_1, ..., \mathbf{v}_n$ em V, o conjunto W de todos os vetores de V que são combinação linear destes, é um subespaço vetorial. (Mostre isto como exercício.) W é chamado *subespaço gerado por* $\mathbf{v}_1, ..., \mathbf{v}_n$ e usamos a notação

$$W = [\mathbf{v}_1, ..., \mathbf{v}_n]$$

Note que, formalmente, podemos escrever

$$W = [\mathbf{v}_1, ..., \mathbf{v}_n] = \{\mathbf{v} \in V;\ \mathbf{v} = a_1\mathbf{v}_1 + ... + a_n\mathbf{v}_n,\ a_i \in \mathbf{R},\ 1 \leqslant i \leqslant n\}$$

Uma outra caracterização de subespaço gerado é a seguinte: $W = [\mathbf{v}_1, ..., \mathbf{v}_n]$ é o menor subespaço de V que contém o conjunto de vetores $\{\mathbf{v}_1, ..., \mathbf{v}_n\}$, no sentido de que qualquer outro subespaço W' de V que contenha $\{\mathbf{v}_1, ..., \mathbf{v}_n\}$ satisfará $W' \supset W$. (Mostre também esta afirmação como exercício.)

4.4.2 Exemplos

Exemplo 1: $V = \mathbf{R}^3$, $\mathbf{v} \in V$, $\mathbf{v} \neq \mathbf{0}$.
Então $[\mathbf{v}] = \{a\mathbf{v}: a \in \mathbf{R}\}$, isto é, $[\mathbf{v}]$ é a reta que contém o vetor $\mathbf{v}$.

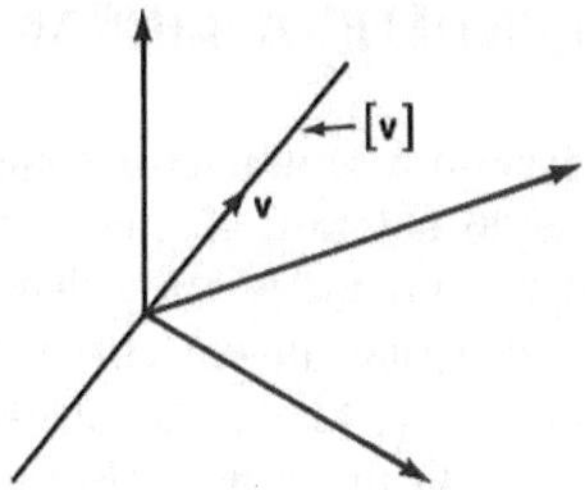

Figura 4.4.1

Exemplo 2: Se $\mathbf{v}_1, \mathbf{v}_2 \in \mathbf{R}^3$ são tais que $\alpha\mathbf{v}_1 \neq \mathbf{v}_2$ para todo $\alpha \in \mathbf{R}$, então $[\mathbf{v}_1, \mathbf{v}_2]$ será o plano que passa pela origem e contém $\mathbf{v}_1$ e $\mathbf{v}_2$.

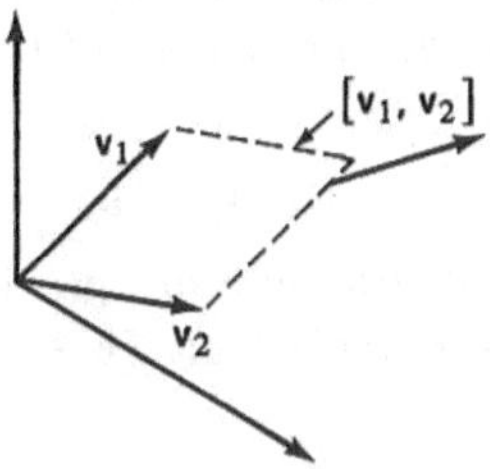

Figura 4.4.2

Observe que se $\mathbf{v}_3 \in [\mathbf{v}_1, \mathbf{v}_2]$, então $[\mathbf{v}_1, \mathbf{v}_2, \mathbf{v}_3] = [\mathbf{v}_1, \mathbf{v}_2]$, pois todo vetor que

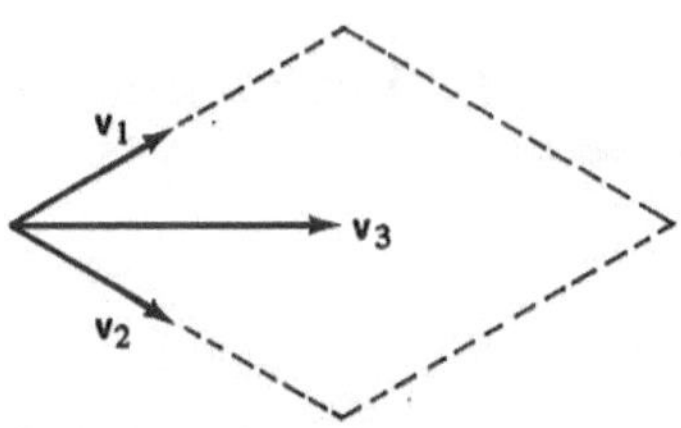

Figura 4.4.3

pode ser escrito como combinação linear de $\mathbf{v}_1, \mathbf{v}_2, \mathbf{v}_3$ é uma combinação linear apenas de $\mathbf{v}_1$ e $\mathbf{v}_2$ (pois $\mathbf{v}_3$ é combinação linear de $\mathbf{v}_1$ e $\mathbf{v}_2$).

Exemplo 3: $V = \mathbf{R}^2$, $\mathbf{v}_1 = (1, 0)$, $\mathbf{v}_2 = (0, 1)$. Logo $V = [\mathbf{v}_1, \mathbf{v}_2]$ pois, dado $\mathbf{v} = (x, y) \in V$, temos $(x, y) = x(1, 0) + y(0, 1)$, ou seja, $\mathbf{v} = x\mathbf{v}_1 + y\mathbf{v}_2$.

Exemplo 4:

$$\mathbf{v}_1 = \begin{bmatrix} 1 & 0 \\ 0 & 0 \end{bmatrix}, \quad \mathbf{v}_2 = \begin{bmatrix} 0 & 1 \\ 0 & 0 \end{bmatrix}$$

Então $[\mathbf{v}_1, \mathbf{v}_2] = \left\{ \begin{bmatrix} a & b \\ 0 & 0 \end{bmatrix} : a, b \in \mathbf{R} \right\}$.

4.5 DEPENDÊNCIA E INDEPENDÊNCIA LINEAR

Em Álgebra Linear, é fundamental sabermos se um vetor é uma combinação linear de outros. No Exemplo 2 da seção anterior, o espaço gerado por v_1, v_2, v_3 é o mesmo que o espaço gerado por v_1, v_2. A razão disso é que v_3 é um vetor "supérfluo" para descrever o subespaço, pois é uma combinação linear de v_1 e v_2. No caso geral, dados os vetores $v_1, v_2, ..., v_n$, queremos saber se não existem vetores "supérfluos", isto é, se algum desses vetores não é uma combinação linear dos outros. Para chegarmos a uma conclusão, precisamos começar definindo dependência e independência linear.

4.5.1 Definição: Sejam V um espaço vetorial e $v_1, ..., v_n \in V$. Dizemos que o conjunto $\{v_1, ..., v_n\}$ é *linearmente independente* (LI), ou que os vetores $v_1, ..., v_n$ são LI, se a equação

$$a_1v_1 + ... + a_nv_n = \mathbf{0}$$

implica que $a_1 = a_2 = ... = a_n = 0$. No caso em que exista algum $a_i \neq 0$ dizemos que $\{v_1, ..., v_n\}$ é *linearmente dependente* (LD), ou que os vetores $v_1, ..., v_n$ são LD.

Vetores linearmente dependentes podem ser caracterizados de uma outra maneira.

4.5.2 Teorema: $\{v_1, ..., v_n\}$ é LD se, e somente se um destes vetores for uma combinação linear dos outros.

Prova:
Sejam $v_1, ..., v_n$ LD e

$$a_1v_1 + ... + a_jv_j + ... + a_nv_n = \mathbf{0}$$

Segundo a definição dada, um dos coeficientes deve ser diferente de zero. Suponhamos que $a_j \neq 0$. Então

$$v_j = -\frac{1}{a_j}(a_1v_1 + ... + a_{j-1}v_{j-1} + a_{j+1}v_{j+1} + ... + a_nv_n)$$

e portanto

$$v_j = -\frac{a_1}{a_j}v_1 + ... - \frac{a_n}{a_j}v_n$$

Logo, v_j é uma combinação linear dos outros vetores.
Por outro lado, se tivermos $\{v_1, ..., v_j, ..., v_n\}$ tal que para algum j,

$$v_j = b_1v_1 + ... + b_{j-1}v_{j-1} + b_{j+1}v_{j+1} + ... - b_nv_n$$

temos

$$b_1\mathbf{v}_1 + \ldots - 1\mathbf{v}_j + \ldots + b_n v_n = \mathbf{0} \quad \text{com} \quad b_j = -1 \quad \text{e},$$

portanto, $\{\mathbf{v}_1, \ldots, \mathbf{v}_n\}$ é LD.

Esta proposição também é equivalente a: Um conjunto de vetores é LI se, e somente se nenhum deles for uma combinação linear dos outros.

4.5.3 Exemplos

Exemplo 1: $V = \mathbf{R}^3$. Sejam $\mathbf{v}_1, \mathbf{v}_2 \in V$.
$\{\mathbf{v}_1, \mathbf{v}_2\}$ é LD se e somente se $\mathbf{v}_1$ e $\mathbf{v}_2$ estiverem na mesma reta, que passa pela origem. ($\mathbf{v}_1 = \lambda\mathbf{v}_2$). Veja a Figura 4.5.1.

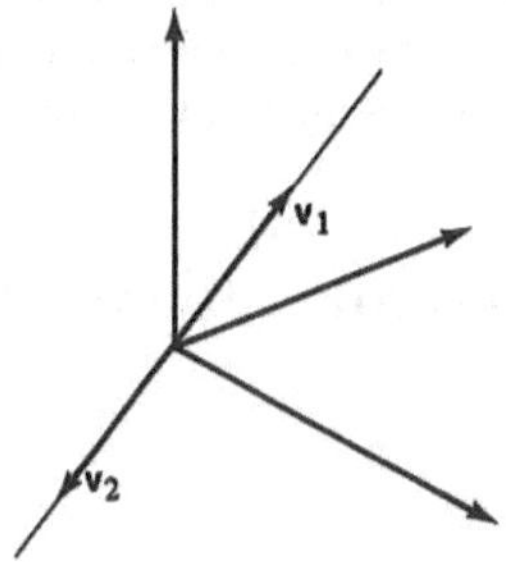

Figura 4.5.1

Exemplo 2: $V = \mathbf{R}^3$. Sejam $\mathbf{v}_1, \mathbf{v}_2, \mathbf{v}_3 \in V$.
$\{\mathbf{v}_1, \mathbf{v}_2, \mathbf{v}_3\}$ é LD se estes três vetores estiverem no mesmo plano, que passa pela origem. Veja a Figura 4.5.2.

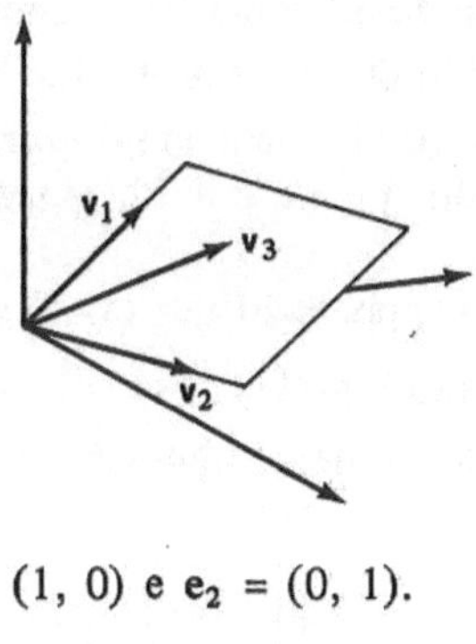

Figura 4.5.2

Exemplo 3: $V = \mathbf{R}^2$, $\mathbf{e}_1 = (1, 0)$ e $\mathbf{e}_2 = (0, 1)$.
$\mathbf{e}_1$ e $\mathbf{e}_2$ são LI, pois

$$a_1\mathbf{e}_1 + a_2\mathbf{e}_2 = \mathbf{0}$$
$$a_1(1, 0) + a_2(0, 1) = (0, 0)$$
$$(a_1, a_2) = (0, 0)$$
$$a_1 = 0 \quad \text{e} \quad a_2 = 0$$

Exemplo 4: De modo análogo, vemos que para $V = \mathbf{R}^3$, $\mathbf{e}_1 = (1, 0, 0)$, $\mathbf{e}_2 = (0, 1, 0)$ e $\mathbf{e}_3 = (0, 0, 1)$. Então $\mathbf{e}_1$, $\mathbf{e}_2$ e $\mathbf{e}_3$ são LI.

Exemplo 5: $V = \mathbf{R}^2$
$\{(1, -1), (1, 0), (1, 1)\}$ é LD, pois $\frac{1}{2}(1, -1) - 1(1, 0) + \frac{1}{2}(1, 1) = (0, 0)$.

4.6 BASE DE UM ESPAÇO VETORIAL

Agora, estamos interessados em encontrar, dentro de um espaço vetorial V, um conjunto finito de vetores, tais que qualquer outro vetor de V seja uma combinação linear deles. Em outras palavras, queremos determinar um conjunto de vetores que gere V e tal que todos os elementos sejam realmente necessários para gerar V. Se pudermos encontrar tais vetores, teremos os alicerces de nosso espaço, com estes vetores fazendo o mesmo papel que **i**, **j**, **k** na Geometria Analítica no espaço. Denominaremos um conjunto de vetores desse tipo de base.

4.6.1 Definição: Um conjunto $\{\mathbf{v}_1, ..., \mathbf{v}_n\}$ de vetores de V será uma *base* de V se:

i) $\{\mathbf{v}_1, ..., \mathbf{v}_n\}$ é LI
ii) $[\mathbf{v}_1, ..., \mathbf{v}_n] = V$

4.6.2 Exemplos

Exemplo 1: $V = \mathbf{R}^2$, $\mathbf{e}_1 = (1, 0)$ e $\mathbf{e}_2 = (0, 1)$
$\{\mathbf{e}_1, \mathbf{e}_2\}$ *é base* de V, conhecida como base canônica de $\mathbf{R}^2$. (Veja o Exemplo 3 da seção 4.4.2 e o Exemplo 3 da seção 4.5.3.)

O conjunto $\{(1, 1), (0, 1)\}$ também *é uma base* de $V = \mathbf{R}^2$. De fato:
Se $(0, 0) = a(1, 1) + b(0, 1) = (a, a + b)$, então $a = b = 0$. Isto é, $\{(1, 1), (0, 1)\}$ é LI.
Ainda $[(1, 1), (0, 1)] = V$ pois dado $\mathbf{v} = (x, y) \in V$, temos

$$(x, y) = x(1, 1) + (y - x)(0, 1)$$

ou seja, todo vetor de $\mathbf{R}^2$ é uma combinação linear dos vetores (1, 1) e (0, 1). Veja a Figura 4.6.1.

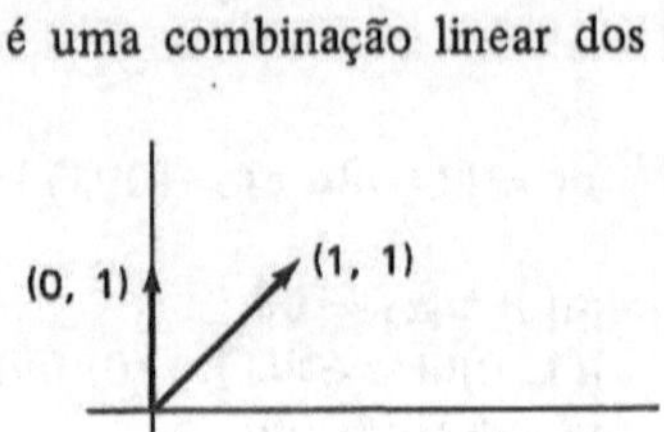

Figura 4.6.1

Exemplo 2:
$\{(0, 1), (0, 2)\}$ *não é base* de $\mathbf{R}^2$, pois é um conjunto LD.
Se $(0, 0) = a(0, 1) + b(0, 2)$, temos $a = -2b$ e a e b não são necessariamente zero. Veja a Figura 4.6.2.

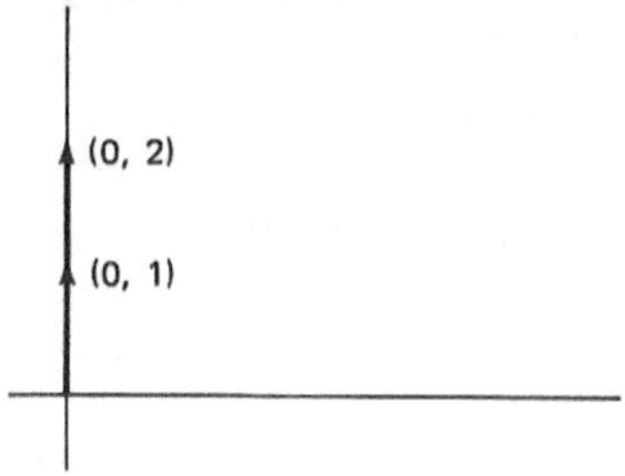

Figura 4.6.2

Exemplo 3: $V = \mathbf{R}^3$
$\{(1, 0, 0), (0, 1, 0), (0, 0, 1)\}$ *é uma base* de $\mathbf{R}^3$. Esta é a base canônica de $\mathbf{R}^3$. Podemos mostrar que

i) $\{e_1, e_2, e_3\}$ é LI e
ii) $(x, y, z) = xe_1 + ye_2 + ze_3$

Exemplo 4:
$\{(1, 0, 0), (0, 1, 0)\}$ *não é base* de $\mathbf{R}^3$. É LI, mas não gera todo $\mathbf{R}^3$, isto é, $[(1, 0, 0), (0, 1, 0)] \neq \mathbf{R}^3$.

Exemplo 5: $V = M(2, 2)$

$$\begin{bmatrix} 1 & 0 \\ 0 & 0 \end{bmatrix}, \begin{bmatrix} 0 & 1 \\ 0 & 0 \end{bmatrix}, \begin{bmatrix} 0 & 0 \\ 1 & 0 \end{bmatrix}, \begin{bmatrix} 0 & 0 \\ 0 & 1 \end{bmatrix}$$ *é uma base* de V.

(Veja o Exercício 9 da secção 4.8.)

Existem espaços que não têm base finita. Isto acontece principalmente quando trabalhamos com espaços de funções. Nestes casos, precisaremos de um conjunto infinito de vetores para gerar o espaço. Isto não quer dizer que estamos trabalhando com combinações lineares infinitas, mas sim, que cada vetor do espaço é uma combinação linear finita daquela "base infinita". Ou seja, para cada vetor, podemos escolher uma quantidade finita de vetores da "base" para, com eles, escrever o vetor dado (veja o Exercício 16 da secção 4.8.). Neste texto, consideraremos sempre espaços vetoriais que tenham uma base finita.

Para obter propriedades acerca das bases de um espaço, consideremos as proposições seguintes.

4.6.3 Teorema: Sejam $v_1, v_2, ..., v_n$ vetores não nulos que geram um espaço vetorial V. Então, dentre estes vetores podemos extrair uma base de V.

Prova: Se $v_1, v_2, ..., v_n$ são linearmente independentes, então eles cumprem as condições para uma base, e não temos mais nada a fazer. Se $v_1, v_2, ..., v_n$ são linearmente dependentes, então existe uma combinação linear deles, com algum coeficiente não zero, dando o vetor nulo

$$x_1v_1 + x_2v_2 + ... + x_nv_n = 0$$

Seja, por exemplo, $x_n \neq 0$. Então podemos escrever

$$v_n = \frac{-x_1}{x_n}v_1 + \frac{-x_2}{x_n}v_2 + ... + \frac{-x_{n-1}}{x_n}v_{n-1}$$

ou seja, v_n é uma combinação linear de $v_1, ..., v_{n-1}$ e, portanto, $v_1, v_2, ..., v_{n-1}$ ainda geram V. Se $v_1, ..., v_{n-1}$ for LD, então existe uma combinação linear deles dando o vetor nulo e com algum coeficiente diferente de zero; portanto, poderemos extrair aquele vetor que corresponde a este coeficiente. Seguindo desta forma, após uma quantidade finita de estágios, chegaremos a um subconjunto de $\{v_1, ..., v_n\}$, formado por $r (r \leqslant n)$ vetores LI $v_{i1}, v_{i2}, ..., v_{ir}$, que ainda geram V, ou seja, formaremos uma base.

4.6.4 Teorema: Seja um espaço vetorial V gerado por um conjunto finito de vetores $v_1, v_2, ..., v_n$. Então, qualquer conjunto com mais de n vetores é necessariamente LD (e, portanto, qualquer conjunto LI tem no máximo n vetores).

Prova: Como $[v_1, ..., v_n] = V$, pela proposição anterior, podemos extrair uma base para V de $v_1, ..., v_n$. Seja $v_1, ..., v_r$, $r \leqslant n$, esta base (para não complicar a notação). Consideremos agora $w_1, w_2, ..., w_m$, m vetores de V, com $m > n$. Existem, então, constantes a_{ij}, tais que

$$(1) \quad \begin{aligned} w_1 &= a_{11}v_1 + a_{12}v_2 + ... + a_{1r}v_r \\ w_2 &= a_{21}v_1 + a_{22}v_2 + ... + a_{2r}v_r \\ &\vdots \qquad \ddots \\ w_m &= a_{m1}v_1 + a_{m2}v_2 + ... + a_{mr}v_r \end{aligned}$$

Consideremos agora uma combinação linear de $w_1, ..., w_m$, dando zero.

$$(2) \quad 0 = x_1w_1 + x_2w_2 + ... + x_mw_m$$

Substituindo as relações (1) em (2) e coletando os termos, obtemos

$$\begin{aligned} \mathbf{0} = & (a_{11}x_1 + a_{21}x_2 + ... + a_{m1}x_m)\mathbf{v}_1 + \\ & + (a_{12}x_1 + a_{22}x_2 + ... + a_{m2}x_m)\mathbf{v}_2 + ... \\ & + (a_{1r}x_1 + a_{2r}x_2 + ... + a_{mr}x_m)\mathbf{v}_r. \end{aligned}$$

Como $\mathbf{v}_1, \mathbf{v}_2, ..., \mathbf{v}_r$ são LI, então

$$\begin{cases} a_{11}x_1 + a_{21}x_2 + ... + a_{m1}x_m = 0 \\ \vdots \\ a_{1r}x_1 + a_{2r}x_2 + ... + a_{mr}x_r = 0 \end{cases}$$

Temos então um sistema linear homogêneo com r equações e m incógnitas $x_1, ..., x_m$ e, como $r \leqslant n < m$, ele admite uma solução não trivial, ou seja, existe uma solução com algum x_i não nulo. Portanto $\mathbf{w}_1, ..., \mathbf{w}_m$ são LD.

4.6.5 Corolário: Qualquer base de um espaço vetorial tem sempre o mesmo número de elementos. Este número é chamado *dimensão de V*, e denotado *dim V*.

Prova: Sejam $\{\mathbf{v}_1, ..., \mathbf{v}_n\}$ e $\{\mathbf{w}_1, ..., \mathbf{w}_m\}$ duas base de V. Como $\mathbf{v}_1, ..., \mathbf{v}_n$ geram V e $\mathbf{w}_1, ..., \mathbf{w}_m$ são LI, pela proposição anterior, $m \leqslant n$.

Por outro lado, como $\mathbf{w}_1, ..., \mathbf{w}_m$ geram V e $\mathbf{v}_1, ..., \mathbf{v}_n$ são LI, ainda pelo teorema anterior, $n \leqslant m$. Portanto, $n = m$.

4.6.6 Exemplos

Exemplo 1: $V = \mathbf{R}^2$

$\{(1, 0), (0, 1)\}$ e $\{(1, 1), (0, 1)\}$ são bases de V. Então dim $V = 2$.

Exemplo 2: dim $\mathbf{R}^3 = 3$.

Exemplo 3: $V = M(2, 2)$.

Como vimos no Exemplo 5 da seção 4.6.2, uma base tem 4 elementos. Então dim $V = 4$.

Quando um espaço vetorial V admite uma base finita, dizemos que V é um espaço vetorial de dimensão finita.

4.6.7 Teorema: Qualquer conjunto de vetores LI de um espaço vetorial V de dimensão finita pode ser completado de modo a formar uma base de V.

Prova: Seja dim $V = n$ e $\mathbf{v}_1, ..., \mathbf{v}_r$ vetores LI. (Observe que, pelo teorema 4.6.4, $r \leqslant n$.) Se $[\mathbf{v}_1, ..., \mathbf{v}_r] = V$, então $\{\mathbf{v}_1, ..., \mathbf{v}_r\}$ forma uma base, e não temos mais nada a fazer (neste caso, $n = r$).

Se existe $v_{r+1} \in V$ tal que $v_{r+1} \notin [v_1, ..., v_r]$, isto é, v_{r+1} não é uma combinação linear de $v_1, ..., v_r$, então $\{v_1, v_2, ..., v_r, v_{r+1}\}$ é LI (prove isto!). Se $[v_1, v_2, ..., v_r, v_{r+1}] = V$, então $\{v_1, ..., v_{r+1}\}$ é a base procurada. Caso contrário, existe $v_{r+2} \notin [v_1, ..., v_{r+1}]$ e, então, $\{v_1, ..., v_{r+1}, v_{r+2}\}$ é LI (prove isto!). Se $[v_1, ..., v_{r+1}, v_{r+2}]$ nossa prova está concluída. Se não, prosseguimos usando o mesmo argumento. Como não podemos ter mais do que n vetores LI em V (veja o teorema 4.6.4), após um número finito de passos teremos obtido uma base de V que contém os vetores dados.

Um corolário muito aplicado desta proposição é

4.6.8 Corolário: Se $\dim V = n$, qualquer conjunto de n vetores LI formará uma base de V.

Prova: Se não formasse uma base, poderíamos completar o conjunto até formá-la e dessa forma teríamos uma base com mais do que n vetores em V, o que é absurdo (veja 4.6.5).

Por exemplo, se você souber que a $\dim V = 2$, e encontrar um conjunto de dois vetores LI, você pode afirmar que ele é uma base e portanto gera V.

Uma proposição que relaciona as dimensões de subespaços de um espaço vetorial é dada a seguir.

4.6.9 Teorema: Se U e W são subespaços de um espaço vetorial V que tem dimensão finita, então $\dim U \leq \dim V$ e $\dim W \leq \dim V$. Além disso,

$$\dim(U + W) = \dim U + \dim W - \dim(U \cap W)$$

A demonstração desta proposição é feita tomando-se bases para U e W, juntando-as, obtendo um conjunto de vetores que gera $U + W$ e depois estudando quantos são necessários extrair para se obter uma base para $U + W$. Deixamos **você fazer esta prova, recomendando que resolva primeiro os problemas 27 e 28 da secção 4.8. É um bom exercício !**

O resultado a seguir nos permitirá falar em coordenadas de um vetor.

4.6.10 Teorema: Dada uma base $\beta = \{v_1, v_2, ..., v_n\}$ de V, cada vetor de V é escrito de maneira única como combinação linear de $v_1, v_2, ..., v_n$.

Prova: De fato $v \in V$, $v = a_1v_1 + ... + a_nv_n$ pois $[v_1, ..., v_n] = V$, e como, $\{v_1, ..., v_n\}$ é LI, os $a_1, ..., a_n$ são univocamente determinados. (Verifique!) Estamos supondo aqui que foi fixada uma ordem para os elementos da base.

4.6.11 Definição: Sejam $\beta = \{v_1, ..., v_n\}$ base de V e $v \in V$ onde $v = a_1v_1 + ... + a_nv_n$. Chamamos estes números $a_1, ..., a_n$ de *coordenadas* de v em relação à base β e denotamos por

$$[v]_\beta = \begin{bmatrix} a_1 \\ \vdots \\ a_n \end{bmatrix}$$

Exemplo: $V = \mathbf{R}^2$
$\beta = \{(1, 0), (0, 1)\}$
$(4, 3) = 4(1, 0) + 3(0, 1)$.

Portanto $[(4, 3)]_\beta = \begin{bmatrix} 4 \\ 3 \end{bmatrix}$

Se $\beta' = \{(1, 1), (0, 1)\}$, então $(4, 3) = x(1, 1) + y(0, 1)$, resultando $x = 4$ e $y = -1$.

Então $(4, 3) = 4(1, 1) - 1(0, 1)$, donde $[(4, 3)]_{\beta'} = \begin{bmatrix} 4 \\ -1 \end{bmatrix}$

Observação: É importante notar que a ordem dos elementos de uma base também influi na matriz das coordenadas de um vetor em relação a esta base. Por exemplo, se tivermos:

$$\beta_1 = \{(1, 0), (0, 1)\} \quad \text{e} \quad \beta_2 = \{(0, 1), (1, 0)\},$$

então

$$[(4, 3)]_{\beta_1} = \begin{bmatrix} 4 \\ 3 \end{bmatrix} \quad \text{mas} \quad [(4, 3)]_{\beta_2} = \begin{bmatrix} 3 \\ 4 \end{bmatrix}$$

Em virtude disto, doravante, ao considerarmos uma base $\beta = \{v_1, v_2, ..., v_n\}$, estaremos sempre subentendendo que a base seja ordenada, isto é, que os vetores estão ordenados na ordem em que aparecem. Outras situações onde a ordem dos vetores é de suma importância são apresentados em 4.7 e nos Capítulos 5 e 10.

4.6.12 Exemplo

Considere:

$V = \{(x, y, z) \, ; x + y - z = 0\}$
$W = \{(x, y, z) \, ; x = y\}$.

Determine $V + W$.

Observe que

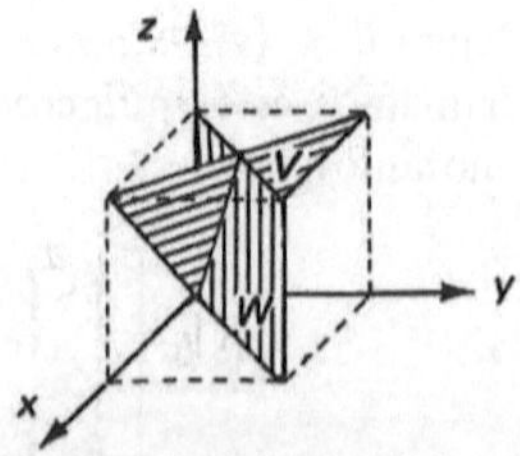

$V = [(1, 0, 1), (0, 1, 1)]$
$W = [(1, 1, 0), (0, 0, 1)]$

Então

$$V + W = [(1, 0, 1), (0, 1, 1), (1, 1, 0), (0, 0, 1)]$$

(Veja 4.6.9.)

Como, dado $(x, y, z) \in \mathbf{R}^3$ podemos escrever

$$(x, y, z) = \alpha(1, 0, 1) + \beta(0, 1, 1) + \gamma(1, 1, 0) + \delta(0, 0, 1)$$

Com

$$\alpha = x \quad \beta = y \quad \gamma = 0 \quad \delta = z - x - y$$

Observe que a solução deste sistema não é única uma vez que 4 vetores no $\mathbf{R}^3$ é necessariamente LD.

Portanto $V + W = \mathbf{R}^3$.

Usando 4.6.9,

$$\dim \mathbf{R}^3 = \dim V + \dim W - \dim (V \cap W)$$

temos que $\dim (V \cap W) = 1$

Vamos determinar $V \cap W$.

$$\begin{aligned} V \cap W &= \{(x, y, z) \; ; x + y - z = 0 \text{ e } x = y\} \\ &= \{(x, y, z) \; ; x = y = z/2\} \\ &= [(1, 1, 1/2)] \end{aligned}$$

(Confira com o Exercício 25.)

Para concluir ésta secção gostaríamos de recomendar mais fortemente alguns exercícios. Os espaços vetoriais mais usados na prática são os $\mathbf{R}^n$ e seus subespaços e, por isso, é bom saber obter suas bases de modo rápido: Um processo para tal fim é delineado nos Exercícios 17 e 18 da secção 4.8.

Volte ao Exemplo 4 da seção 4.3.2. Se quisermos explicitar o espaço-solução, teremos que resolver o sistema. Fazendo isto, verificamos que o espaço-solução é o espaço gerado por

$$\begin{bmatrix} \frac{-7}{2} \\ \frac{3}{2} \\ 1 \end{bmatrix}$$

e, portanto, é um subespaço de dimensão 1. Observe ainda que o grau de liberdade do sistema é 1. Faça o Exercício 21*b* e *c* da secção 4.8.

4.7 MUDANÇA DE BASE

Você já deve ter visto uma situação em que a resolução de um problema de Física (de cinemática ou estática, por exemplo) torna-se muito mais simples se for escolhido um referencial conveniente para descrever o movimento. Por exemplo, num problema em que um corpo se move no plano xy, cuja trajetória é uma elipse de equação $x^2 + xy + y^2 - 3 = 0$ (veja a Figura 4.7.1), a descrição do movimento torna-se muito simplificada se ao invés de trabalharmos com os eixos x e y (isto é, o referencial determinado pela base formada por $\vec{i}$ e $\vec{j}$), utilizamos um referencial que se apóia nos eixos principais da elipse.

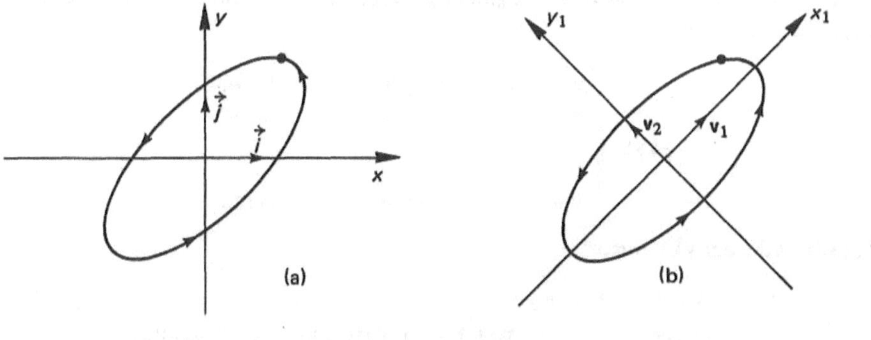

Figura 4.7.1

Neste novo referencial, a equação da trajetória será mais simples:

$$3x_1^2 + 2y_1^2 = 6$$

(Depois você verá, no Capítulo 11, como foi encontrada esta equação.)

Numa situação desse tipo, temos duas questões a resolver:

1) Como escolher o novo referencial?

2) Uma vez escolhido, qual a relação entre as coordenadas de um ponto no antigo referencial e suas coordenadas no novo?

A primeira questão é mais delicada e será estudada no Capítulo 11. Agora, veremos como solucionar a segunda. Passando a um contexto mais amplo, estamos interessados na seguinte situação.

4.7.1 Sejam $\beta = \{\mathbf{u}_1, ..., \mathbf{u}_n\}$ e $\beta' = \{\mathbf{w}_1, ..., \mathbf{w}_n\}$ duas bases ordenadas de um mesmo espaço vetorial V. Dado um vetor $\mathbf{v} \in V$, podemos escrevê-lo como:

$$(\S) \quad \begin{array}{l} \mathbf{v} = x_1\mathbf{u}_1 + ... + x_n\mathbf{u}_n \\ \text{e} \\ \mathbf{v} = y_1\mathbf{w}_1 + ... + y_n\mathbf{w}_n \end{array}$$

Como podemos relacionar as coordenadas de $\mathbf{v}$ em relação à base β,

$$[\mathbf{v}]_\beta = \begin{bmatrix} x_1 \\ \vdots \\ x_n \end{bmatrix}$$

com as coordenadas do mesmo vetor $\mathbf{v}$ em relação à base β',

$$[\mathbf{v}]_{\beta'} = \begin{bmatrix} y_1 \\ \vdots \\ y_n \end{bmatrix}$$

Já que $\{\mathbf{u}_1, ..., \mathbf{u}_n\}$ é base de V, podemos escrever os vetores $\mathbf{w}_i$ como combinação linear dos $\mathbf{u}_j$, isto é,

$$(\S\S) \begin{cases} \mathbf{w}_1 = a_{11}\mathbf{u}_1 + a_{21}\mathbf{u}_2 + ... + a_{n1}\mathbf{u}_n \\ \mathbf{w}_2 = a_{12}\mathbf{u}_1 + a_{22}\mathbf{u}_2 + ... + a_{n2}\mathbf{u}_n \\ \vdots \qquad \vdots \qquad \vdots \qquad \vdots \\ \mathbf{w}_n = a_{1n}\mathbf{u}_1 + a_{2n}\mathbf{u}_2 + ... + a_{nn}\mathbf{u}_n \end{cases}$$

Substituindo em (§) temos:

$$\begin{aligned} \mathbf{v} &= y_1\mathbf{w}_1 + ... + y_n\mathbf{w}_n \\ &= y_1(a_{11}\mathbf{u}_1 + ... + a_{n1}\mathbf{u}_n) + ... + y_n(a_{1n}\mathbf{u}_1 + ... + a_{nn}\mathbf{u}_n) \\ &= (a_{11}y_1 + ... + a_{1n}y_n)\mathbf{u}_1 + ... + (a_{n1}y_1 + ... + a_{nn}y_n)\mathbf{u}_n \end{aligned}$$

Mas $\mathbf{v} = x_1\mathbf{u}_1 + ... + x_n\mathbf{u}_n$, e como as coordenadas em relação a uma base são únicas, temos:

$$\begin{aligned} x_1 &= a_{11}y_1 + a_{12}y_2 + ... + a_{1n}y_n \\ &\vdots \\ x_n &= a_{n1}y_1 + a_{n2}y_2 + ... + a_{nn}y_n \end{aligned}$$

Em forma matricial

$$\begin{bmatrix} x_1 \\ \vdots \\ x_n \end{bmatrix} = \begin{bmatrix} a_{11} & \dots & a_{1n} \\ \vdots & & \vdots \\ a_{n1} & \dots & a_{nn} \end{bmatrix} \begin{bmatrix} y_1 \\ \vdots \\ y_n \end{bmatrix}$$

Isto é, denotando

$$[I]_{\beta}^{\beta'} = \begin{bmatrix} a_{11} & a_{12} & \dots & a_{1n} \\ a_{21} & a_{22} & \dots & a_{2n} \\ \vdots & \vdots & & \vdots \\ a_{n1} & a_{n2} & \dots & a_{nn} \end{bmatrix}$$

temos

$$[\mathbf{v}]_{\beta} = [I]_{\beta}^{\beta'} [\mathbf{v}]_{\beta'}$$

A matriz $[I]_{\beta}^{\beta'}$ é chamada *matriz de mudança da base* β' *para a base* β.

Compare $[I]_{\beta}^{\beta'}$ com (§§) e observe que esta matriz é obtida, colocando as coordenadas em relação a β de $\mathbf{w}_i$ na i-ésima coluna. Note que uma vez obtida $[I]_{\beta}^{\beta'}$ podemos encontrar as coordenadas de qualquer vetor $\mathbf{v}$ em relação à base β, multiplicando a matriz pelas coordenadas de $\mathbf{v}$ na base β' (supostamente conhecidas).

O exemplo a seguir esclarece melhor o papel da matriz de mudança de base.

Exemplo: Sejam $\beta = \{(2, -1), (3, 4)\}$ e $\beta' = \{(1, 0), (0, 1)\}$ bases de $\mathbf{R}^2$. Procuremos, inicialmente, $[I]_{\beta}^{\beta'}$.

$$\mathbf{w}_1 = (1, 0) = a_{11}(2, 1) + a_{21}(3, 4)$$

donde $(1, 0) = (2a_{11} + 3a_{21}, -a_{11} + 4a_{21})$.

Isto implica que $a_{11} = \dfrac{4}{11}$ e $a_{21} = \dfrac{1}{11}$.

$$\mathbf{w}_2 = (0, 1) = a_{12}(2, -1) + a_{22}(3, 4)$$

Resolvendo, $a_{12} = \dfrac{-3}{11}$ e $a_{22} = \dfrac{2}{11}$.

Portanto,

$$[I]_{\beta}^{\beta'} = \begin{bmatrix} a_{11} & a_{12} \\ a_{21} & a_{22} \end{bmatrix} = \begin{bmatrix} \frac{4}{11} & \frac{-3}{11} \\ \frac{1}{11} & \frac{2}{11} \end{bmatrix}$$

Podemos usar esta matriz para encontrar, por exemplo, $[\mathbf{v}]_{\beta}$ para $\mathbf{v} = (5, -8)$.

$$[(5, -8)]_{\beta} = [I]_{\beta}^{\beta'} [(5, -8)]_{\beta'}$$

$$= \begin{bmatrix} \frac{4}{11} & \frac{-3}{11} \\ \frac{1}{11} & \frac{2}{11} \end{bmatrix} \begin{bmatrix} 5 \\ -8 \end{bmatrix}$$

$$= \begin{bmatrix} 4 \\ -1 \end{bmatrix}$$

Isto é,

$$(5, -8) = 4(2, -1) - 1(3, 4)$$

É claro que se o nosso problema fosse só encontrar as coordenadas de (5, −8), em relação à base β, poderíamos simplesmente resolver o sistema

$$(5, -8) = a(2, -1) + b(3, 4).$$

O cálculo feito através da matriz de mudança de base é operacionalmente vantajoso quando trabalharmos com mais vetores, pois neste caso não teremos que resolver um sistema de equações para cada vetor.

4.7.2 A Inversa da Matriz de Mudança de Base: Se em 4.7.1 começarmos escrevendo os $\mathbf{u}_i$ em função dos $\mathbf{w}_j$, chegaremos à relação:

$$[\mathbf{v}]_{\beta'} = [I]_{\beta'}^{\beta} [\mathbf{v}]_{\beta}$$

Um fato importante é que as matrizes $[I]_{\beta'}^{\beta}$ e $[I]_{\beta}^{\beta'}$ são inversíveis e

$$([I]_{\beta}^{\beta'})^{-1} = [I]_{\beta'}^{\beta}$$

Veja o Exercício 34 da secção 4.8.

4.7.3 Exemplos

Exemplo 1: No exemplo anterior podemos obter $[I]_{\beta}^{\beta'}$ a partir de $[I]_{\beta'}^{\beta}$.

Note que $[I]^{\beta}_{\beta'}$ é fácil de ser calculada, pois β' é a base canônica.

$$(2, -1) = 2(1, 0) - 1(0, 1)$$
$$(3, 4) = 3(1, 0) + 4(0, 1)$$

donde

$$[I]^{\beta}_{\beta'} = \begin{bmatrix} 2 & 3 \\ -1 & 4 \end{bmatrix}.$$

Então $[I]^{\beta'}_{\beta} = \begin{bmatrix} 2 & 3 \\ -1 & 4 \end{bmatrix}^{-1} = \begin{bmatrix} \frac{4}{11} & \frac{-3}{11} \\ \frac{1}{11} & \frac{2}{11} \end{bmatrix}.$

Exemplo 2: Consideremos em $\mathbf{R}^2$ a base $\beta = \{\mathbf{e}_1, \mathbf{e}_2\}$ e a base $\beta' = \{\mathbf{f}_1, \mathbf{f}_2\}$, obtida da base canônica β pela rotação de um ângulo θ. Dado um vetor $\mathbf{v} \in \mathbf{R}^2$ de coordenadas

$$[\mathbf{v}]_{\beta} = \begin{bmatrix} x_1 \\ x_2 \end{bmatrix}$$

em relação à base β, quais são as coordenadas

$$[\mathbf{v}]_{\beta'} = \begin{bmatrix} y_1 \\ y_2 \end{bmatrix}$$

em relação à base β'? Temos então

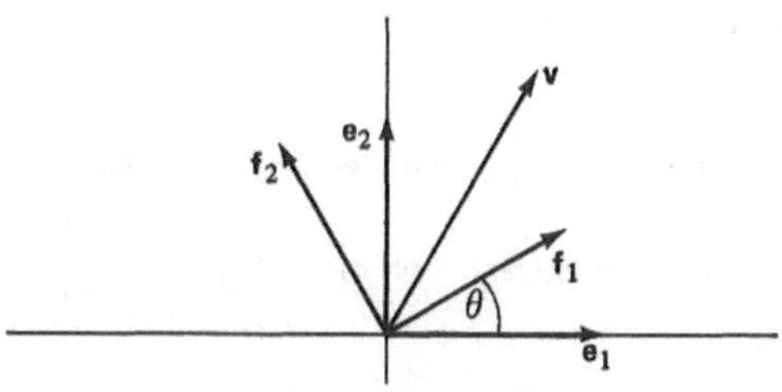

Figura 4.7.2

$$\mathbf{v} = x_1\mathbf{e}_1 + x_2\mathbf{e}_2$$
$$= y_1\mathbf{f}_1 + y_2\mathbf{f}_2$$

e queremos calcular

$$[\mathbf{v}]_{\beta'} = [I]^{\beta}_{\beta'}\, [\mathbf{v}]_{\beta}$$

ou seja, temos que achar a matriz $[I]^{\beta}_{\beta'}$. Para isto, devemos escrever $\mathbf{e}_1$ e $\mathbf{e}_2$ em função de $\mathbf{f}_1$ e $\mathbf{f}_2$. Veja as Figuras 4.7.3 e 4.7.4.

$$e_1 = \cos\theta f_1 - \operatorname{sen}\theta f_2$$

$$e_2 = \operatorname{sen}\theta f_1 + \cos\theta f_2$$

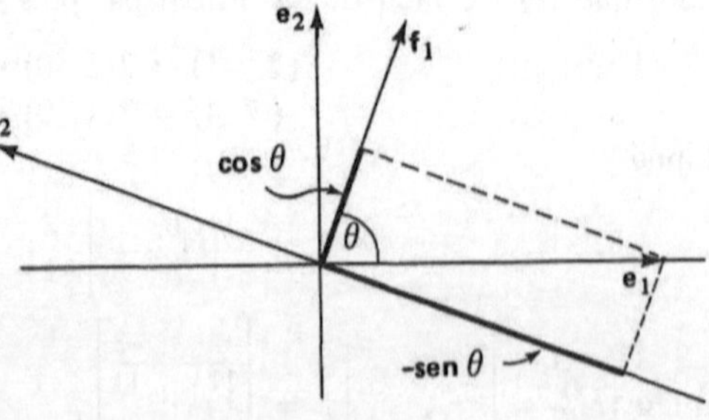

Figura 4.7.3

Portanto, $[I]^{\beta}_{\beta'} = \begin{bmatrix} \cos\theta & \operatorname{sen}\theta \\ -\operatorname{sen}\theta & \cos\theta \end{bmatrix}$

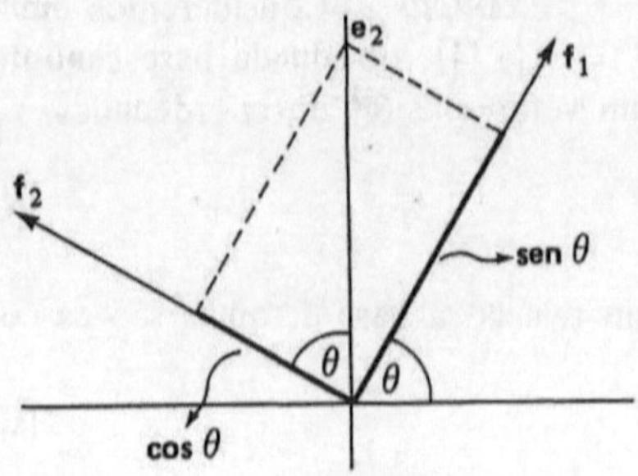

Figura 4.7.4

donde $\begin{bmatrix} y_1 \\ y_2 \end{bmatrix} = \begin{bmatrix} \cos\theta & \operatorname{sen}\theta \\ -\operatorname{sen}\theta & \cos\theta \end{bmatrix} \begin{bmatrix} x_1 \\ x_2 \end{bmatrix}$

ou seja, $y_1 = x_1 \cos\theta + x_2 \operatorname{sen}\theta$
$y_2 = -x_1 \operatorname{sen}\theta + x_2 \cos\theta$

Como subexemplo, quando $\theta = \frac{\pi}{3}$, para $v = (-2, 3)$, isto é

$$v = -2e_1 + 3e_2, \quad \text{temos} \quad [v]_{\beta'} = \begin{bmatrix} -2 \\ 3 \end{bmatrix}$$

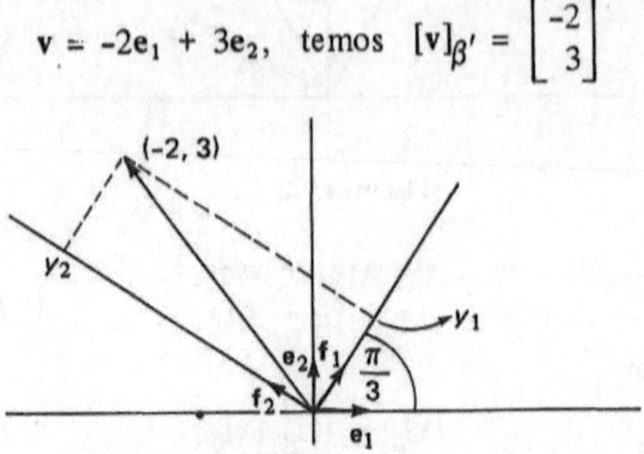

Figura 4.7.5

e queremos determinar as coordenadas de v na base $\beta' = \{f_1, f_2\}$.

Como vimos, $[\mathbf{v}]_{\beta'} = \begin{bmatrix} y_1 \\ y_2 \end{bmatrix}$

onde $y_1 = x_1 \cos\theta + x_2 \operatorname{sen}\theta = -2\cos\frac{\pi}{3} + 3\operatorname{sen}\frac{\pi}{3}$

$y_2 = -x_1 \operatorname{sen}\theta + x_2\cos\theta = 2\operatorname{sen}\frac{\pi}{3} + 3\cos\frac{\pi}{3}$

donde $[\mathbf{v}]_{\beta'} = \begin{bmatrix} \dfrac{-2+3\sqrt{3}}{2} \\ \dfrac{3+2\sqrt{3}}{2} \end{bmatrix}$

ou seja, $\mathbf{v} = \left(\dfrac{-2+3\sqrt{3}}{2}\right)\mathbf{f}_1 + \left(\dfrac{3+2\sqrt{3}}{2}\right)\mathbf{f}_2$

4.8 EXERCÍCIOS

1. *a*) Seja V o espaço vetorial $\mathbf{R}^n$, definido no Exemplo 2 de 4.2.2. Qual é o vetor nulo de V e o que é $-(x_1, x_2, ..., x_n)$? *b*) Seja $W = M(2, 2)$ (veja 4.2.2 Exemplo 3 *i*)) descreva o vetor nulo e vetor oposto.

2. Mostre que os seguintes subconjuntos de $\mathbf{R}^4$ são subespaços

   a) $W = \{(x, y, z, t) \in \mathbf{R}^4 \mid x + y = 0 \text{ e } z - t = 0\}$

   b) $U = \{(x, y, z, t) \in \mathbf{R}^4 \mid 2x + y - t = 0 \text{ e } z = 0\}$

3. Responda se os subconjuntos abaixo são subespaços de $M(2, 2)$. Em caso afirmativo exiba geradores

   a) $V = \left\{\begin{bmatrix} a & b \\ c & d \end{bmatrix} \text{ com } a, b, c, d \in \mathbf{R} \text{ e } b = c\right\}$

   b) $W = \left\{\begin{bmatrix} a & b \\ c & d \end{bmatrix} \text{ com } a, b, c, d \in \mathbf{R} \text{ e } b = c + 1\right\}$

4. Considere dois vetores (a, b) e (c, d) no plano. Se $ad - bc = 0$, mostre que eles são LD. Se $ad - bc \neq 0$, mostre que eles são LI.

5. Verifique se os conjuntos abaixo são espaço vetoriais reais, com as operações usuais. No caso afirmativo, exiba uma base e dê a dimensão.

   a) Matrizes diagonais $n \times n$

   b) Matrizes escalares $n \times n$

c) $\left\{\begin{bmatrix} a & a+b \\ a & b \end{bmatrix} : a,\ b \in \mathbf{R}\right\}$

d) $V = \{(a, a, ..., a) \in \mathbf{R}^n;\ a \in \mathbf{R}\}$

e) $\{(1, a, b): a, b \in \mathbf{R}\}$

f) A reta $\{(x, x + 3): x \in \mathbf{R}\}$

g) $\{(a, 2a, 3a): a \in \mathbf{R}\}$

6. Considere o subespaço de $\mathbf{R}^4$

$S = [(1, 1, -2, 4), (1, 1, -1, 2), (1, 4, -4, 8)]$

a) O vetor $(\frac{2}{3}, 1, -1, 2)$ pertence a S?

b) O vetor $(0, 0, 1, 1)$ pertence a S?

7. Seja W o subespaço de $M(2, 2)$ definido por

$$W = \left\{\begin{bmatrix} 2a & a+2b \\ 0 & a-b \end{bmatrix} : a,\ b \in \mathbf{R}\right\}$$

a) $\begin{bmatrix} 0 & -2 \\ 0 & 1 \end{bmatrix} \in W$?   b) $\begin{bmatrix} 0 & 2 \\ 3 & 1 \end{bmatrix} \in W$?

8. Seja W o subespaço de $M(3, 2)$ gerado por

$\begin{bmatrix} 0 & 0 \\ 1 & 1 \\ 0 & 0 \end{bmatrix}, \begin{bmatrix} 0 & 1 \\ 0 & -1 \\ 1 & 0 \end{bmatrix}$ e $\begin{bmatrix} 0 & 1 \\ 0 & 0 \\ 0 & 0 \end{bmatrix}$. O vetor $\begin{bmatrix} 0 & 2 \\ 3 & 4 \\ 5 & 0 \end{bmatrix}$ pertence a W?

9. Mostre que

$$\left\{\begin{bmatrix} 1 & 0 \\ 0 & 0 \end{bmatrix}, \begin{bmatrix} 0 & 1 \\ 0 & 0 \end{bmatrix}, \begin{bmatrix} 0 & 0 \\ 1 & 0 \end{bmatrix}, \begin{bmatrix} 0 & 0 \\ 0 & 1 \end{bmatrix}\right\}$$

é base de $M(2, 2)$.

10. Escreva uma base para o espaço vetorial das matrizes $n \times n$. Qual a dimensão deste espaço?

11. Quais são as coordenadas de $x = (1, 0, 0)$ em relação à base $\beta = \{(1, 1, 1), (-1, 1, 0), (1, 0, -1)\}$?

12. Qual seria uma base "natural" para P_n? (Veja o Exemplo 4 de 4.2.2). Dê a dimensão deste espaço vetorial.

13. Mostre que os polinômios $1 - t^3$, $(1 - t)^2$, $1 - t$ e 1 geram o espaço dos polinômios de grau $\leqslant 3$.

14. Considere $[-a, a]$ um intervalo simétrico e $C^1[-a, a]$ o conjunto das funções reais definidas no intervalo $[-a, a]$ que possuem derivadas contínuas no intervalo. Sejam ainda os subconjuntos $V_1 = \{f(x) \in C^1[-a, a] \mid f(-x) = f(x), \forall x \in [-a, a]\}$ e $V_2 = \{f(x) \in C^1[-a, a] \mid f(-x) = -f(x), \forall x \in [-a, a]\}$.

a) Mostre que $C^1[-a, a]$ é um espaço vetorial real.
b) Mostre que V_1 e V_2 são subespaços de $C^1[-a, a]$.
c) Mostre que $V_1 \oplus V_2 = C^1[-a, a]$.

15. Seja V o espaço das matrizes 2×2 sobre **R**, e seja W o subespaço gerado por

$$\begin{bmatrix} 1 & -5 \\ -4 & 2 \end{bmatrix}, \begin{bmatrix} 1 & 1 \\ -1 & 5 \end{bmatrix}, \begin{bmatrix} 2 & -4 \\ -5 & 7 \end{bmatrix}, \begin{bmatrix} 1 & -7 \\ -5 & 1 \end{bmatrix}$$

Encontre uma base, e a dimensão de W.

16. Seja P o conjunto de todos os polinômios (de qualquer grau) com coeficientes reais. Existe uma base finita para este espaço? Encontre uma "base" para P e justifique então por que P é conhecido como um espaço de dimensão infinita.

17. a) Dada uma matriz **A** de ordem $m \times n$, você pode considerar as m linhas como vetores do $\mathbf{R}^n$ e o subespaço V, de $\mathbf{R}^n$, gerado por estes m vetores. Da mesma forma para a matriz **B**, linha reduzida à forma escada de **A**, podemos considerar o subespaço W gerado pelos m vetores, dados por suas linhas. Observando que cada linha de **B** é obtida por combinação linear das linhas de **A** e vice-versa (basta reverter as operações com as linhas), justifique que $V = W$.
b) Mostre, ainda, que os vetores dados pelas linhas não nulas de uma matriz-linha reduzida à forma escada são LI.

18. Considere o subespaço de $\mathbf{R}^4$ gerado pelos vetores $v_1 = (1, -1, 0, 0)$, $v_2 = (0, 0, 1, 1)$, $v_3 = (-2, 2, 1, 1)$ e $v_4 = (1, 0, 0, 0)$.

a) O vetor $(2, -3, 2, 2) \in [v_1, v_2, v_3, v_4]$? Justifique.
b) Exiba uma base para $[v_1, v_2, v_3, v_4]$. Qual é a dimensão?
c) $[v_1, v_2, v_3, v_4] = \mathbf{R}^4$? Por quê?

19. Considere o subespaço de $\mathbf{R}^3$ gerado pelos vetores $v_1 = (1, 1, 0)$, $v_2 = (0, -1, 1)$ e $v_3 = (1, 1, 1)$. $[v_1, v_2, v_3] = \mathbf{R}^3$? Por quê?

20. Use o exercício 17 para exibir uma base para o subespaço S, definido no Exercício 6. Qual é a dimensão de S?

21. Considere o sistema linear

$$(\S) \begin{cases} 2x_1 + 4x_2 - 6x_3 = a \\ x_1 - x_2 + 4x_3 = b \\ \quad\; 6x_2 - 14x_3 = c \end{cases}$$

Seja $W = \{(x_1, x_2, x_3) \in \mathbf{R}^3 \colon (x_1, x_2, x_3)$ é solução de $(\S)\}$. Isto é, W é o conjunto-solução do sistema.

a) Que condições devemos impor a a, b e c para que W seja subespaço vetorial de $\mathbf{R}^3$?
b) Nas condições determinadas em *a*) encontre uma base para W.
c) Que relação existe entre a dimensão de W e o grau de liberdade do sistema? Seria este resultado válido para quaisquer sistemas homogêneos?

22. Seja U o subespaço de $\mathbf{R}^3$, gerado por $(1, 0, 0)$ e W o subespaço de $\mathbf{R}^3$, gerado por $(1, 1, 0)$ e $(0, 1, 1)$. Mostre que $\mathbf{R}^3 = U \oplus W$.

23 Demonstre o teorema 4.3.5, isto é, mostre que, dados $\mathbf{u} = \mathbf{w}_1 + \mathbf{w}_2 \in W_1 + W_2$ e $\mathbf{v} = \mathbf{w}'_1 + \mathbf{w}'_2 \in W_1 + W_2$ (onde $\mathbf{w}_1, \mathbf{w}'_1 \in W_1$ e $\mathbf{w}_2, \mathbf{w}'_2 \in W_2$), então $\mathbf{u} + \mathbf{v} \in W_1 + W_2$ e $k\mathbf{u} \in W_1 + W_2$ para todo $k \in \mathbf{R}$.

24. Mostre que, se $V = W_1 \oplus W_2$ e $\alpha = \{\mathbf{v}_1, ..., \mathbf{v}_k\}$ é a base de W_1, $\beta = \{\mathbf{w}_1, ..., \mathbf{w}_r\}$ é a base de W_2 então $\gamma = \{\mathbf{v}_1, ..., \mathbf{v}_k, \mathbf{w}_1, ..., \mathbf{w}_r\}$ é base de V.
Mostre com um exemplo que o resultado não continua verdadeiro se a soma de subespaços não for uma soma direta.

25. Sejam $W_1 = \{(x, y, z, t) | \in \mathbf{R}^4 \mid x + y = 0 \text{ e } z - t = 0\}$ e
$W_2 = \{(x, y, z, t) \in \mathbf{R}^4 \mid x - y - z + t = 0\}$

subespaços de $\mathbf{R}^4$.

a) Determine $W_1 \cap W_2$.
b) Exiba uma base para $W_1 \cap W_2$.
c) Determine $W_1 + W_2$.
d) $W_1 + W_2$ é soma direta? Justifique.
e) $W_1 + W_2 = \mathbf{R}^4$?

26. Sejam $W_1 = \left\{ \begin{bmatrix} a & b \\ c & d \end{bmatrix} \text{ tais que } a = d \text{ e } b = c \right\}$

e $W_2 = \left\{ \begin{bmatrix} a & b \\ c & d \end{bmatrix} \text{ tais que } a = c \text{ e } b = d \right\}$

subespaços de $M(2, 2)$

a) Determine $W_1 \cap W_2$ e exiba uma base.
b) Determine $W_1 + W_2$. É soma direta? $W_1 + W_2 = M(2, 2)$?

27. *a*) Dado o subespaço $V_1 = \{(x, y, z) \in \mathbf{R}^3 \mid x + 2y + z = 0\}$ ache um subespaço V_2 tal que $\mathbf{R}^3 = V_1 \oplus V_2$.
b) Dê exemplos de dois subespaços de dimensão dois de $\mathbf{R}^3$ tais que $V_1 + V_2 = \mathbf{R}^3$. A soma é direta?

28. Ilustre com um exemplo a proposição: "Se U e W são subespaços de um espaço vetorial V que tem dimensão finita, então:
$\dim(U + W) = \dim U + \dim W - \dim(U \cap W)$."

29. Sejam $\beta = \{(1, 0), (0, 1)\}$, $\beta_1 = \{(-1, 1), (1, 1)\}$, $\beta_2 = \{(\sqrt{3}, 1), (\sqrt{3}, -1)\}$ e $\beta_3 = \{(2, 0), (0, 2)\}$ bases ordenadas de $\mathbf{R}^2$.

a) Ache as matrizes de mudaça de base:

i) $[I]^{\beta_1}_{\beta}$ *ii*) $[I]^{\beta}_{\beta_1}$ *iii*) $[I]^{\beta}_{\beta_2}$ *iv*) $[I]^{\beta}_{\beta_3}$

b) Quais são as coordenadas do vetor $\mathbf{v} = (3, -2)$ em relação à base:
i) β *ii*) β_1 *iii*) β_2 *iv*) β_3

c) As coordenadas de um vetor $\mathbf{v}$ em relação à base β_1 são dadas por

$$[\mathbf{v}]_{\beta_1} = \begin{bmatrix} 4 \\ 0 \end{bmatrix}$$

Quais são as coordenadas de $\mathbf{v}$ em relação à base:
i) β *ii*) β_2 *iii*) β_3

30. Se

$$[I]^{\alpha'}_{\alpha} = \begin{bmatrix} 1 & 1 & 0 \\ 0 & -1 & 1 \\ 1 & 0 & -1 \end{bmatrix}$$

ache

a) $[\mathbf{v}]_{\alpha}$ onde $[\mathbf{v}]_{\alpha'} = \begin{bmatrix} -1 \\ 2 \\ 3 \end{bmatrix}$ *b*) $[\mathbf{v}]_{\alpha'}$ onde $[\mathbf{v}]_{\alpha} = \begin{bmatrix} -1 \\ 2 \\ 3 \end{bmatrix}$

31. Se β' é obtida de β, a base canônica de $\mathbf{R}^2$, pela rotação por um ângulo $-\frac{\pi}{3}$, ache

a) $[I]_{\beta}^{\beta'}$ *b*) $[I]_{\beta'}^{\beta}$

32. Sejam $\beta_1 = \{(1, 0), (0, 2)\}$, $\beta_2 = \{(-1, 0), (1, 1)\}$ e $\beta_3 = \{(-1, -1), (0, -1)\}$ três bases ordenadas de $\mathbf{R}^2$.

a) Ache

i) $[I]_{\beta_1}^{\beta_2}$ *ii*) $[I]_{\beta_2}^{\beta_3}$ *iii*) $[I]_{\beta_1}^{\beta_3}$ *iv*) $[I]_{\beta_1}^{\beta_2} \cdot [I]_{\beta_2}^{\beta_3}$

b) Se for possível, dê uma relação entre estas matrizes de mudança de base.

33. Seja V o espaço vetorial de matrizes 2×2 triangulares superiores. Sejam

$$\beta = \left\{\begin{bmatrix} 1 & 0 \\ 0 & 0 \end{bmatrix}, \begin{bmatrix} 0 & 1 \\ 0 & 0 \end{bmatrix}, \begin{bmatrix} 0 & 0 \\ 0 & 1 \end{bmatrix}\right\}$$

$$\text{e } \beta_1 = \left\{\begin{bmatrix} 1 & 0 \\ 0 & 0 \end{bmatrix}, \begin{bmatrix} 1 & 1 \\ 0 & 0 \end{bmatrix}, \begin{bmatrix} 1 & 1 \\ 0 & 1 \end{bmatrix}\right\}$$

duas bases de V. Ache $[I]_{\beta}^{\beta_1}$

34. Volte a 4.7.2 e mostre efetivamente que $([I]_{\beta}^{\beta'})^{-1} = [I]_{\beta'}^{\beta}$

35. Se α é base de um espaço vetorial, qual é a matriz de mudança de base $[I]_{\alpha}^{\alpha}$?

4.9 RESPOSTAS

4.9.1 Respostas de 4.8

1. $0 = (0, 0, ..., 0)$ e $-(x_1, ..., x_n) = (-x_1, ..., -x_n)$

2. *a*) Façamos os testes, lembrando-nos que o que define W são as condições dentro dos parênteses

   i) Sejam $v_1 = (x_1, y_1, z_1, t_1) \in W$ e $v_2 = (x_2, y_2, z_2, t_2) \in W$. Então $v_1 + v_2$ está ainda em W? Vejamos:

   $v_1 + v_2 = (x_1 + x_2, y_1 + y_2, z_1 + z_2, t_1 + t_2)$.

   Testemos se este novo vetor satisfaz as condições que definem W:

   $(x_1 + x_2) + (y_1 + y_2) = (x_1 + y_1) + (x_2 + y_2) = 0 + 0 = 0$
   $(z_1 + z_2) - (t_1 + t_2) = (z_1 - t_1) + (z_2 - t_2) = 0 + 0 = 0$

   pois v_1 e v_2 estão em W e satisfazem as condições implicando que $v_1 + v_2$ também o faça. Portanto $v_1 + v_2 \in W$.

   ii) Seja $v = (x, y, z, t) \in W$ e $\lambda \in \mathbf{R}$. Então $\lambda \cdot v = (\lambda x, \lambda y, \lambda z, \lambda t)$. Testemos as condições:

   $\lambda x + \lambda y = \lambda (x + y) = \lambda \cdot 0 = 0$
   $\lambda z - \lambda t = \lambda (z - t) = \lambda \cdot 0 = 0$

   Assim $\lambda v \in W$. Portanto W é subespaço.

   b) O mecanismo é análogo.

3. *a*) Façamos os testes para V.

   Sejam $\begin{bmatrix} a_1 & b_1 \\ c_1 & d_1 \end{bmatrix}$ e $\begin{bmatrix} a_2 & b_2 \\ c_2 & d_2 \end{bmatrix}$ vetores em V e $\lambda \in \mathbf{R}$. Então

   $$\begin{bmatrix} a_1 & b_1 \\ c_1 & d_1 \end{bmatrix} + \begin{bmatrix} a_2 & b_2 \\ c_2 & d_2 \end{bmatrix} = \begin{bmatrix} a_1 + a_2 & b_1 + b_2 \\ c_1 + c_2 & d_1 + d_2 \end{bmatrix} \text{ e}$$

   vale que $b_1 + b_2 = c_1 + c_2$ pois $b_1 = c_1$ e $b_2 = c_2$

   $$\lambda \begin{bmatrix} a_1 & b_1 \\ c_1 & d_1 \end{bmatrix} = \begin{bmatrix} \lambda a_1 & \lambda b_1 \\ \lambda c_1 & \lambda d_1 \end{bmatrix} \text{ e vale } \lambda b_1 = \lambda c_1 \text{ pois } b_1 = c_1.$$

   Portanto W é subespaço de $M(2, 2)$.

   b) Façamos os testes para W. Supondo os vetores acima em W ao fazermos a soma teremos que testar *se* $b_1 + b_2 = c_1 + c_2 + 1$, que é a propriedade que caracteriza W. Porém $b_1 = c_1 + 1$ e $b_2 = c_2 + 1$ e, portanto, $b_1 + b_2 = c_1 + 1 + c_2 + 1 = c_1 + c_2 + 2$. Assim W não é subespaço.

Poderíamos ter a resposta mais rapidamente se observássemos que $\begin{bmatrix} 0 & 0 \\ 0 & 0 \end{bmatrix}$

não está em W pois não satisfaz a propriedade que o caracteriza.

Vamos exibir geradores apenas para V já que não existe este conceito em W(não é subespaço). Observe que a forma mais geral de um vetor de V é $\begin{bmatrix} a & b \\ b & d \end{bmatrix}$ que pode ser escrita como $\begin{bmatrix} a & b \\ b & d \end{bmatrix} = a \begin{bmatrix} 1 & 0 \\ 0 & 0 \end{bmatrix} + b \begin{bmatrix} 0 & 1 \\ 1 & 0 \end{bmatrix}$ e $d \begin{bmatrix} 0 & 0 \\ 0 & 1 \end{bmatrix}$. Além disso $v_1 = \begin{bmatrix} 1 & 0 \\ 0 & 0 \end{bmatrix}$, $v_2 = \begin{bmatrix} 0 & 1 \\ 1 & 0 \end{bmatrix}$ e $v_3 = \begin{bmatrix} 0 & 0 \\ 0 & 1 \end{bmatrix}$ estão em V. Portanto, todo vetor de V é combinação linear de v_1, v_2 e v_3, ou seja, v_1, v_2, v_3 são os geradores procurados $V = [v_1, v_2, v_3]$.

5. *a*) Sim; $\left\{ \begin{bmatrix} 1 & & 0 \\ & \ddots & \\ 0 & & 0 \end{bmatrix}, \begin{bmatrix} 0 & & & 0 \\ & 1 & & \\ & & \ddots & \\ 0 & & & 0 \end{bmatrix}, \ldots, \begin{bmatrix} 0 & & 0 \\ & \ddots & \\ 0 & & 1 \end{bmatrix} \right\}$; n

b) Sim; $\left\{ \begin{bmatrix} 1 & & 0 \\ & 1 & \\ 0 & & 1 \end{bmatrix} \right\}$ 1

c) Sim; $\left\{ \begin{bmatrix} 1 & 1 \\ 1 & 0 \end{bmatrix}, \begin{bmatrix} 0 & 1 \\ 0 & 1 \end{bmatrix} \right\}$, 2

d) Sim; {(1, ..., 1)}; 1

e) Não.

f) Não.

g) Sim. {(1, 2, 3)}; 1.

7. *a*) Pertence

b) Não pertence

9. $\begin{bmatrix} a & b \\ c & d \end{bmatrix} = a \begin{bmatrix} 1 & 0 \\ 0 & 0 \end{bmatrix} + b \begin{bmatrix} 0 & 1 \\ 0 & 0 \end{bmatrix} + c \begin{bmatrix} 0 & 0 \\ 1 & 0 \end{bmatrix} + d \begin{bmatrix} 0 & 0 \\ 0 & 1 \end{bmatrix}$

e os vetores são LI.

11. $[x]_\beta = \begin{bmatrix} \frac{1}{3} \\ \frac{-1}{3} \\ \frac{1}{3} \end{bmatrix}$

13. Seja $at^3 + bt^2 + ct + d = \alpha(1 - t^3) + \beta(1 - t)^2 + \gamma(1 - t) + \delta$
Então $-\alpha = a$, $\beta = b$, $-2\beta - \gamma = c$, $\alpha + \beta + \gamma + \delta = d$
Portanto $\alpha = -a$, $\beta = b$, $\gamma = -2b - c$, $\delta = a + b + c + d$.

14. *c*) Note que toda função $f(x) \in C^1\,[-a, a]$ pode ser escrita como
$f(x) = F_1(x) + F_2(x)$ com $F_1(x) = \dfrac{f(x) + f(-x)}{2}$ e $F_2(x) = \dfrac{f(x) - f(-x)}{2}$.
Além disso $F_1(-x) = F_1(x)$ e $F_2(-x) = -F_2(x)$ e portanto $F_1(x) \in V_1$ e $F_2(x) \in V_2$. Assim $V_1 + V_2 = C^1\,[-a, a]$. Ainda que $g(x) \in V_1 \cap V_2$ devemos ter ao mesmo tempo $g(-x) = g(x) = -g(x)$ donde $g(x) = 0$ para todo x. Portanto $V_1 \cap V_2 = \{0\}$ e $C^1\,[-a, a] = V_1 \oplus V_2$.

16. Não; $\{(1, t, t^2, ..., t^n, ...\}$

18. *a*) Temos que saber se existem x, y, z e $t \in \mathbf{R}$ tais que $(2, -3, 2, 2) = x(1, -1, 0, 0) + y(0, 0, 1, 1) + z(-2, 2, 1, 1) + t(1, 0, 0, 0)$, ou seja, temos que saber se o sistema

$$\begin{cases} x \quad -2z + t = 2 \\ -x \quad +2z \quad = -3 \\ \quad y + z \quad = 2 \\ \quad y + z \quad = 2 \end{cases}$$

é possível ou impossível. Utilizando as técnicas (operações com linhas) do Capítulo 2 obtemos que o sistema não somente é possível como admite infinitas soluções. Portanto $(2, -3, 2, 2)$ pertence a $[v_1, v_2, v_3, v_4]$.

b) Já pelo item (*a*) poderíamos afirmar que $\{v_1, v_2, v_3, v_4\}$ não formam uma base pois uma das propriedades de uma base é o fato de qualquer vetor poder ser escrito de *modo único* como combinação linear dos vetores da base e, pelo item (*a*), como o sistema é indeterminado, existem infinitas maneiras de se fazer isto. Não utilizaremos isto, entretanto, no raciocínio que se segue. Coloquemos os vetores um sob o outro obtendo a matriz

$$\begin{bmatrix} 1 & -1 & 0 & 0 \\ 0 & 0 & 1 & 1 \\ -2 & 2 & 1 & 1 \\ 1 & 0 & 0 & 0 \end{bmatrix}$$

Operações com as linhas desta matriz são equivalentes no espaço vetorial a fazer combinações lineares e portanto as novas linhas serão ainda vetores do subespaço. Além disso, sendo as operações com as linhas reversíveis, as novas linhas gerarão os mesmos vetores que as linhas originais. Assim, ao operarmos com as linhas da matriz para consegui-la na forma escada não estaremos alterando o subespaço e, na forma escada, as novas linhas não nulas representarão vetores linearmente independentes e que geram o subespaço, ou seja, uma base (veja o exercício 17). No nosso caso obtemos

$$\begin{bmatrix} 1 & -1 & 0 & 0 \\ 0 & 0 & 1 & 1 \\ -2 & 2 & 1 & 1 \\ 1 & 0 & 0 & 0 \end{bmatrix} \sim \begin{bmatrix} 1 & 0 & 0 & 0 \\ 0 & 1 & 0 & 0 \\ 0 & 0 & 1 & 1 \\ 0 & 0 & 0 & 0 \end{bmatrix}$$

Pelo raciocínio anterior, sendo $w_1 = (1, 0, 0, 0)$, $w_2 = (0, 1, 0, 0)$ e $w_3 = (0, 0, 1, 1)$, $[v_1, v_2, v_3, v_4] = [w_1, w_2, w_3]$ e $\{w_1, w_2, w_3\}$ é a base procurada. A dimensão, sendo o número de vetores da base, é 3.

c) $[v_1, v_2, v_3, v_4]$ não é igual a $\mathbf{R}^4$ pois $\dim [v_1, v_2, v_3, v_4] = 3$ e $\dim \mathbf{R}^4 = 4$.

20. $\{(1, 0, 0, 0), (0, 1, -1, 2)\}$; 2

21. *a*) $a = b = c = 0$.

b) Resolva o sistema operando com as linhas como no Capítulo 2. Verifique o grau de liberdade e quais são as variáveis livres. Atribua valor 1 para uma delas e zero para as outras e vá repetindo o processo para obter as soluções básicas (veja 2.5.7). Cada solução básica fornecerá um vetor da base de W (por quê?).

c) A dimensão de W é exatamente o grau de liberdade pois cada grau determina uma solução básica do sistema. O resultado é válido para qualquer sistema homogêneo.

22. $\dim[(1, 0, 0)] = 1$, e $\dim[(1, 1, 0), (0, 1, 1)] = 2$. Os três vetores são LI e portanto geram o $\mathbf{R}^3$. Como $\dim \mathbf{R}^3 = 3$, pela proposição 4.6.9 $\dim \{(1, 0, 0) \cap [(1, 1, 0), (0, 1, 1)]\} = 0$. Então a soma é direta.

24. Sugestão: Suponha que γ não seja base de V. Então ou $\mathbf{v}_1, ..., \mathbf{v}_k, \mathbf{w}_1, ..., \mathbf{w}_2$ não geram V ou não são LI. As duas situações resultam numa contradição. Exemplo: Sejam W_1 o plano xy e W_2 o plano xz em $\mathbf{R}^3$. A soma não é direta. Uma base de W_1 e $\{(1, 0, 0), (1, 1, 0)\}$ e uma de W_2 é $\{(1, 0, 1), (0, 0, 1)\}$. Mas $\{(1, 0, 0), (1, 1, 0), (1, 0, 1), (0, 0, 1)\}$ não é base de $\mathbf{R}^3$.

25. Inicie achando os geradores de W_1 e W_2, observando que eles são dados por sistemas lineares e portanto devemos procurar as soluções fundamentais para tais sistemas (veja o exercício 21 e sua resposta). Para W_1 teremos

$$\begin{cases} x + y = 0 \\ z - t = 0 \end{cases}$$

Portanto $x = -y$ e $z = t$ e teremos dois graus de liberdade fazendo $y = 1$ e $t = 0$ e depois $y = 0$ e $t = 1$, teremos os vetores $w_1 = (-1, 1, 0, 0)$ e $w_2 = (0, 0, 1, 1)$ que são LI (verifique). Assim $W_1 = [w_1, w_2]$. Para W_2 teremos: $x - y - z + t = 0$ que fornece $x = y + z - t$ com três graus de liberdade. Fazendo $y = 1$, $z = 0$ e $t = 0$, depois $y = 0$, $z = 1$ e $t = 0$ e depois $y = 0$, $z = 0$ e $t = 1$ teremos $w_3 = (1, 1, 0, 0)$, $w_4 = (1, 0, 1, 0)$ e $w_5 = (-1, 0, 0, 1)$ que são LI (verifique). Portanto $W_2 = [w_3, w_4, w_5]$. Por outro lado $W_1 \cap W_2 = \{(x, y, z, t) \mid x + y = 0, z - t = 0$ e $x - y - z + t = 0\}$. Para achar $W_1 \cap W_2$ resolvemos o sistema

$$\begin{cases} x + y = 0 \\ z - t = 0 \\ x - y - z + t = 0 \end{cases}$$

Operando com as linhas (como no Capítulo 2), obtemos

$$\begin{cases} x = 0 \\ y = 0 \\ z - t = 0 \end{cases}$$

Portanto um grau de liberdade (na variável t). Fazendo $t = 1$, teremos a solução $x = 0$, $y = 0$, $z = 1$ e $t = 1$, ou seja, o vetor $v = (0, 0, 1, 1)$.
Portanto

a) $W_1 \cap W_2 = [(0, 0, 1, 1)]$.

b) Uma base para $W_1 \cap W_2$ é $\{(0, 0, 1, 1)\}$ (unidimensional).

c) $W_1 + W_2 = [(-1, 1, 0, 0), (0, 0, 1, 1), (1, 1, 0, 0), (1, 0, 1, 0), (-1, 0, 0, 1)]$

d) $W_1 + W_2$ não é soma direta pois $W_1 \cap W_2 \neq \{0\}$

e) Para responder se $W_1 + W_2 = \mathbf{R}^4$ vamos exibir uma base de $W_1 + W_2$. Para isto, considere seus geradores e opere com eles como no exercício 18 para obter novos geradores linearmente independentes

$$\begin{bmatrix} -1 & 1 & 0 & 0 \\ 0 & 0 & 1 & 1 \\ 1 & 1 & 0 & 0 \\ 1 & 0 & -1 & 0 \\ -1 & 0 & 0 & 1 \end{bmatrix} \sim \begin{bmatrix} 1 & 0 & 0 & 0 \\ 0 & 1 & 0 & 0 \\ 0 & 0 & 1 & 0 \\ 0 & 0 & 0 & 1 \\ 0 & 0 & 0 & 0 \end{bmatrix}$$

Portanto, $W_1 + W_2 = [(1, 0, 0, 0), (0, 1, 0, 0), (0, 0, 1, 0), (0, 0, 0, 1)]$ e $\dim(W_1 + W_2) = 4$ e portanto $W_1 + W_4 = \mathbf{R}^4$.

27. *a*) Vamos calcular, inicialmente, os geradores de V_1. Observe que o sistema linear $x + 2y + z = 0$ tem dois graus de liberdade. Então $x = -2y - z$. Fazendo $y = 1$ e $z = 0$, obtemos a solução $x = -2$, $y = 1$, $z = 0$, ou seja,

o vetor $v_1 = (-2, 1, 0)$. Por outro lado, fazendo $y = 0$ e $z = 1$, obtemos o vetor $v_2 = (-1, 0, 1)$. Como toda solução do sistema é combinação linear dessas soluções fundamentais, todo vetor de V_1 é combinação linear de v_1 e v_2. Portanto $V_1 = [v_1, v_2]$ (veja exercícios 21 e 25). Observe ainda que como v_1 e v_2 são LI, V_1 é de dimensão dois. Lembre agora que se temos subespaços $W_1 = [w_1, w_2, ..., w_k]$ e $W_2 = [w_{k+1}, ..., w_e]$ então $W_1 + W_2$, sendo formado pelos vetores que são obtidos por somas de vetores de W_1 e vetores de W_2, pode ser escrito $W_1 + W_2 = [w_1, w_2, ..., w_k, w_{k+1}, ... w_e]$. Portanto para obter V_2 tal que $V_1 \oplus V_2 = \mathbf{R}^3$, V_2 deve ser gerado por apenas um terceiro vetor v_3 LI com v_1 e v_2 (para completar a dimensão de $\mathbf{R}^3$) e tal que $V_1 \cap V_2 = \{0\}$. Podemos tomar, por exemplo, $v_3 = (0, 0, 1)$ e $V_2 = [(0, 0, 1)] = \{(x, y, z) \mid x = 0, y = 0 \text{ e } z \in \mathbf{R}\}$. A disposição geométrica deste exercício é

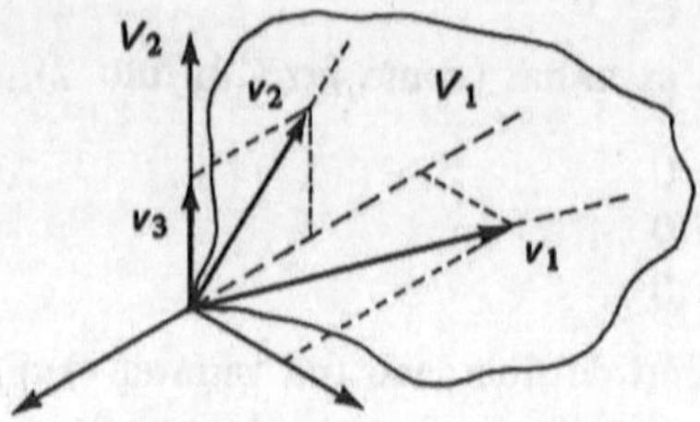

29. *a*) *i*) $\begin{bmatrix} -1 & 1 \\ 1 & 1 \end{bmatrix}$ *ii*) $\begin{bmatrix} \frac{-1}{2} & \frac{1}{2} \\ \frac{1}{2} & \frac{1}{2} \end{bmatrix}$ *iii*) $\begin{bmatrix} \frac{1}{6} & \frac{1}{2} \\ \frac{1}{6} & \frac{-1}{2} \end{bmatrix}$ *iv*) $\begin{bmatrix} \frac{1}{2} & 0 \\ 0 & \frac{1}{2} \end{bmatrix}$

b) *i*) $\begin{bmatrix} 3 \\ -2 \end{bmatrix}$ *ii*) $\begin{bmatrix} \frac{-5}{2} \\ \frac{1}{2} \end{bmatrix}$ *iii*) $\begin{bmatrix} \frac{-1}{2} \\ \frac{3}{2} \end{bmatrix}$ *iv*) $\begin{bmatrix} \frac{3}{2} \\ -1 \end{bmatrix}$

c) *i*) $\begin{bmatrix} -4 \\ 4 \end{bmatrix}$ *ii*) $\begin{bmatrix} \frac{4}{3} \\ \frac{-8}{3} \end{bmatrix}$ *iii*) $\begin{bmatrix} -2 \\ 2 \end{bmatrix}$

30. *a*) $\begin{bmatrix} \frac{1}{2} & \frac{\sqrt{3}}{2} \\ \frac{-\sqrt{3}}{2} & \frac{1}{2} \end{bmatrix}$ *b*) $\begin{bmatrix} \frac{1}{2} & \frac{-\sqrt{3}}{2} \\ \frac{\sqrt{3}}{2} & \frac{1}{2} \end{bmatrix}$

33. $\begin{bmatrix} 1 & 1 & 1 \\ 0 & 1 & 1 \\ 0 & 0 & 1 \end{bmatrix}$

Procure outras soluções.

b) Um exemplo seria $V_1 = [(1, 0, 0), (0, 1, 0)]$ e $V_2 = [(0, 1, 0), (0, 0, 1)]$. Neste caso a soma não seria direta pois $V_1 \cap V_2 = [(0, 1, 0)]$. Note ainda que V_1 e V_2 poderiam ser escritos como $V_1 = \{(x, y, z) \mid z = 0$, x e y reais quaisquer$\}$ e $V_2 = \{(x, y, z) \mid x = 0$ e y e z reais quaisquer$\}$. Procure outros exemplos mas note que em nenhum exemplo a soma pode ser direta porque senão a dimensão de $\mathbf{R}^3$ seria 4 (veja o exercício 29)

35. A matriz identidade.

Leituras Sugeridas e Referências

[1]Herstein, I. N.; *Tópicos de Álgebra*, Editora Polígono, São Paulo, 1970.

[2]Hoffman, K. e Kunze, R.; *Álgebra Linear*, Editora Polígono, São Paulo, 1971.

[3]Kemeny, J., Snell, J. e Thompson, G.; *Introduction to Finite Mathematics*; Prentice Hall, Englewood Cliffs, 1957.

[4]Leithold, L.; *O Cálculo com Geometria Analítica*; HARBRA, São Paulo, 1977.

capítulo 5

Transformações Lineares

5.1 INTRODUÇÃO

Funções lineares descrevem o tipo mais simples de dependência entre variáveis. Muitos problemas podem ser representados por tais funções. Por exemplo: Se de um quilograma de soja, são extraídos 0,2 litros de óleo, de uma produção de x kg de soja, seriam extraídos $0{,}2x$ litros de óleo. Escrevendo na forma de função, teremos

$$Q(s) = 0{,}2s,$$

onde Q = quantidade em litros de óleo de soja e s = quantidade em kg de soja. Estes dados podem ser colocados graficamente:

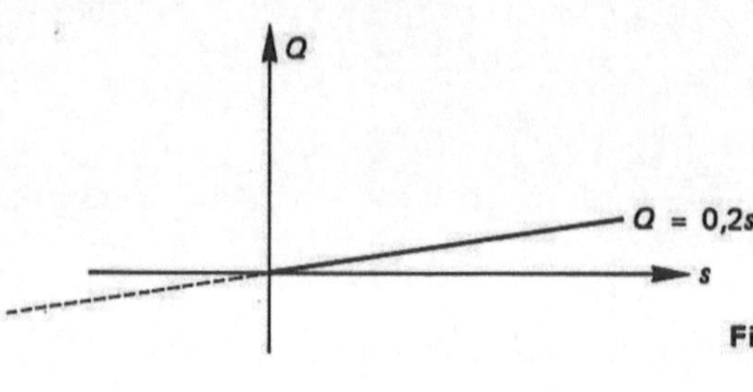

Figura 5.1.1

Vamos analisar neste exemplo simples duas características importantes:

1) Para calcular a produção de óleo fornecida por $(s_1 + s_2)$ kg de soja, podemos tanto multiplicar $(s_1 + s_2)$ pelo fator de rendimento 0,2, como calcular as produções de óleo de cada uma das quantidades s_1 e s_2 e somá-las, isto é, $Q(s_1 + s_2) = 0{,}2(s_1 + s_2) = 0{,}2s_1 + 0{,}2s_2 = Q(s_1) + Q(s_2)$.

2) Se a quantidade de soja for multiplicada por um fator k, a produção de óleo será multiplicada por este mesmo fator, isto é, $Q(ks) = 0{,}2(ks) = $ $= k(0{,}2s) = k \cdot Q(s)$.

Estas duas propriedades, que neste caso são óbvias, servirão para caracterizar o que denominaremos "transformação linear". Vejamos ainda um segundo exemplo de uma situação envolvendo mais fatores e que apresenta o mesmo comportamento.

A quantidade em litros de óleo extraída por quilograma de cereal segundo um determinado processo pode ser descrita pela tabela.

	Soja	*Milho*	*Algodão*	*Amendoim*
Óleo (ℓ)	0,2	0,06	0,13	0,32

A quantidade total de óleo produzido por x kg de soja, y kg de milho, z kg de algodão e w kg de amendoim é dada por $Q = 0{,}2x + 0{,}06y + 0{,}13z + 0{,}32w$. Observe que a quantidade de óleo pode ser dada pela multiplicação da "matriz rendimento" pelo vetor quantidade.

$$Q = [0{,}2 \quad 0{,}06 \quad 0{,}13 \quad 0{,}32] \begin{bmatrix} x \\ y \\ z \\ w \end{bmatrix} = 0{,}2x + 0{,}06y + 0{,}13z + 0{,}32w$$

Formalmente, estamos trabalhando com a função $Q: A \subset \mathbf{R}^4 \to \mathbf{R}$

$$\begin{bmatrix} x \\ y \\ z \\ w \end{bmatrix} \longrightarrow [0{,}2 \quad 0{,}06 \quad 0{,}13 \quad 0{,}32] \begin{bmatrix} x \\ y \\ z \\ w \end{bmatrix}$$

que, como no exemplo anterior, goza das propriedades:

1)
$$Q\left(\begin{bmatrix} x_1 \\ y_1 \\ z_1 \\ w_1 \end{bmatrix} + \begin{bmatrix} x_2 \\ y_2 \\ z_2 \\ w_2 \end{bmatrix}\right) = Q\begin{bmatrix} x_1 \\ y_1 \\ z_1 \\ w_1 \end{bmatrix} + Q\begin{bmatrix} x_2 \\ y_2 \\ z_2 \\ w_2 \end{bmatrix}$$

2)
$$Q\left(k\begin{bmatrix} x \\ y \\ z \\ w \end{bmatrix}\right) = k \cdot Q\begin{bmatrix} x \\ y \\ z \\ w \end{bmatrix}$$

Você deve verificar e interpretar estas propriedades.

Pensemos agora em termos de espaços vetoriais. Uma função entre espaços vetoriais, satisfazendo as condições 1 e 2, é a "mais natural possível", pois respeita toda a "estrutura" de espaço vetorial.

5.1.1 Definição: Sejam V e W dois espaços vetoriais. Uma *transformação linear* (aplicação linear) é uma função de V em W, $F: V \to W$, que satisfaz as seguintes condições:

i) Quaisquer que sejam **u** e **v** em V,
$$F(\mathbf{u} + \mathbf{v}) = F(\mathbf{u}) + F(\mathbf{v})$$

ii) Quaisquer que sejam $k \in \mathbf{R}$ e $\mathbf{v} \in V$,
$$F(k\mathbf{v}) = kF(\mathbf{v})$$

5.1.2 Exemplos

Exemplo 1: As funções apresentadas ao introduzirmos este capítulo, uma vez que as variáveis são positivas, são restrições das seguintes aplicações lineares:

i) $V = W = \mathbf{R}$ e $Q: \mathbf{R} \to \mathbf{R}$
$$x \mapsto 0{,}2x$$

ii) $V = \mathbf{R}^4$, $W = \mathbf{R}$ e $Q: \mathbf{R}^4 \to \mathbf{R}$

$$\begin{bmatrix} x \\ y \\ z \\ w \end{bmatrix} \mapsto [0{,}2 \quad 0{,}06 \quad 0{,}13 \quad 0{,}32] \begin{bmatrix} x \\ y \\ z \\ w \end{bmatrix}$$

Exemplo 2:

$V = \mathbf{R}$ e $W = \mathbf{R}$

$F: \mathbf{R} \to \mathbf{R}$ definida por $\mathbf{u} \mapsto \alpha\mathbf{u}$ ou $F(\mathbf{u}) = \alpha\mathbf{u}$

Como $F(\mathbf{u} + \mathbf{v}) = \alpha(\mathbf{u} + \mathbf{v}) = \alpha\mathbf{u} + \alpha\mathbf{v} = F(\mathbf{u}) + F(\mathbf{v})$, F satisfaz a primeira condição, e como $F(k\mathbf{u}) = \alpha(k\mathbf{u}) = k(\alpha\mathbf{u}) = kF(\mathbf{u})$, F satisfaz a segunda condição. Logo F é uma transformação linear.

Mais ainda, toda transformação linear de $\mathbf{R}$ em $\mathbf{R}$ só pode ser deste tipo. De fato, $F(x) = F(x \cdot 1)$ e como F é uma transformação linear e x um escalar, $F(x \cdot 1) = x \cdot F(1)$. Chamando $F(1) = \alpha$, temos $F(x) = \alpha x$.

O nome transformação linear certamente foi inspirado neste caso, $V = W = \mathbf{R}$, pois o gráfico de $F(x) = \alpha x$ é uma reta que passa pela origem.

Exemplo 3:

$F: \mathbf{R} \to \mathbf{R}$

$\mathbf{u} \to \mathbf{u}^2$ ou $F(\mathbf{u}) = \mathbf{u}^2$.

Você já pode concluir que F não é linear pelo que foi mostrado no exemplo anterior. Se você desconhecesse o resultado dado, teria que mostrar a não linearidade de F diretamente:

$$F(\mathbf{u} + \mathbf{v}) = (\mathbf{u} + \mathbf{v})^2 = \mathbf{u}^2 + 2\mathbf{u}\mathbf{v} + \mathbf{v}^2$$

$$\text{e} \quad F(\mathbf{u}) + F(\mathbf{v}) = \mathbf{u}^2 + \mathbf{v}^2$$

Portanto,

$$F(\mathbf{u} + \mathbf{v}) \neq F(\mathbf{u}) + F(\mathbf{v})$$

Exemplo 4:

$V = \mathbf{R}^2$ e $W = \mathbf{R}^3$

$F: \mathbf{R}^2 \to \mathbf{R}^3$

$(x, y) \mapsto (2x, 0, x + y)$ ou $F(x, y) = (2x, 0, x + y)$.

Por exemplo, $F(1, 2) = (2, 0, 3) \in \mathbf{R}^3$.

Dados $\mathbf{u}, \mathbf{v} \in \mathbf{R}^2$, sejam $\mathbf{u} = (x_1, y_1)$ e $\mathbf{v} = (x_2, y_2)$ onde $x_i, y_i \in \mathbf{R}$. Temos:

$$\begin{aligned} F(\mathbf{u} + \mathbf{v}) &= F((x_1, y_1) + (x_2, y_2)) = F(x_1 + x_2, y_1 + y_2) \\ &= (2(x_1 + x_2), 0, (x_1 + x_2) + (y_1 + y_2)) \\ &= (2x_1, 0, x_1 + y_1) + (2x_2, 0, x_2 + y_2) \\ &= F(\mathbf{u}) + F(\mathbf{v}) \end{aligned}$$

Logo, a primeira condição é satisfeita. Mais ainda,

$$\begin{aligned} F(k\mathbf{u}) &= F(k(x, y)) = F(kx, ky) \\ &= (2kx, 0, kx + ky) \\ &= k(2x, 0, x + y) = kF(\mathbf{u}) \end{aligned}$$

e a segunda condição é satisfeita. Então F é uma transformação linear.

Observação: Decorre da definição que uma transformação linear $T:V \to W$ leva o vetor nulo de V no vetor nulo de W, isto é, se $\mathbf{0} \in V$, $T(\mathbf{0}) = \mathbf{0} \in W$. Isto nos ajuda a detectar transformações não lineares. Se $T(\mathbf{0}) \neq \mathbf{0}$, T não é linear (veja o Exercício 1 da secção 5.6). **Mas cuidado $T(\mathbf{0}) = \mathbf{0}$ não é suficiente para que** T seja linear (veja o Exemplo 3 acima). Assim, por exemplo, $T:\mathbf{R}^3 \to \mathbf{R}^2$ onde $T(x, y, z) = (x + 1, y, z)$ não é linear.

Exemplo 5:

Sejam $V = W = P_n$ (polinômios de grau $\leqslant n$) e $D:P_n \to P_n$, a aplicação derivada $f \mapsto f'$

que a cada polinômio f associa sua derivada, a qual também é um polinômio (com 1 grau a menos). Como para quaisquer funções deriváveis,

$$D(f + g) = D(f) + D(g)$$

$$\text{e} \quad D(kf) = kD(f),$$

D é uma aplicação linear.

Exemplo 6: A aplicação nula

$F:V \to V$

$\mathbf{u} \mapsto \mathbf{0}$ é linear. Seria conveniente que você demonstrasse esta afirmação, pois assim você poderia compreender melhor a definição 5.1.1.

O próximo exemplo é muito importante. O que mostra este exemplo é que a toda matriz $m \times n$ está associada uma transformação linear de $\mathbf{R}^n$ em $\mathbf{R}^m$. Em outras palavras, podemos dizer que uma matriz produz uma transformação linear. A implicação inversa também é verdadeira, isto é, uma transformação linear de $\mathbf{R}^n$ em $\mathbf{R}^m$ pode ser representada por uma matriz $m \times n$. Isto será mostrado posteriormente.

Exemplo 7:

$V = \mathbf{R}^n$ e $W = \mathbf{R}^m$

Seja A uma matriz $m \times n$. Definimos

$L_\mathbf{A}:\mathbf{R}^n \to \mathbf{R}^m$ por

$\mathbf{v} \mapsto A \cdot \mathbf{v}$

onde $\mathbf{v}$ é tomado como vetor coluna, $\mathbf{v} = \begin{bmatrix} x_1 \\ \vdots \\ x_n \end{bmatrix}$

$$L_\mathbf{A}(\mathbf{v}) = \mathbf{A} \cdot \begin{bmatrix} x_1 \\ \vdots \\ x_n \end{bmatrix} = \begin{bmatrix} y_1 \\ \vdots \\ y_m \end{bmatrix}$$

Das propriedades de operações de matrizes:

$L_A(u + v) = A(u + v) = Au + Av = L_A(u) + L_A(v)$ e $L_A(ku) = A(ku) =$
$= k(Au) = kL_A(u)$, e portanto L_A é uma transformação linear.

Como caso particular suponhamos que $A = \begin{bmatrix} 2 & 0 \\ 0 & 0 \\ 1 & 1 \end{bmatrix}$.

$L_A: R^2 \to R^3$

$$\begin{bmatrix} x_1 \\ x_2 \end{bmatrix} \longmapsto \begin{bmatrix} 2 & 0 \\ 0 & 0 \\ 1 & 1 \end{bmatrix} \cdot \begin{bmatrix} x_1 \\ x_2 \end{bmatrix} = \begin{bmatrix} 2x_1 \\ 0 \\ x_1 + x_2 \end{bmatrix}$$

Então $L_A(x_1, x_2) = (2x_1, 0, x_1 + x_2)$.
Surpresa! Esta é a aplicação linear do Exemplo 4.

Seria interessante que você também notasse o relacionamento que existe entre o Exemplo 1, e o Exemplo 7.

5.2 TRANSFORMAÇÕES DO PLANO NO PLANO

Agora iremos apresentar uma visão geométrica das transformações lineares, dando alguns exemplos de transformações do plano (R^2) no plano. Você verá assim, que, por exemplo uma expansão, uma rotação e certas deformações podem ser descritas por transformações lineares.

5.2.1 Expansão (ou Contração) Uniforme:

$T: R^2 \to R^2$, $\alpha \in R$

$v \mapsto \alpha \cdot v$

Por exemplo: $T: R^2 \to R^2$

$v \mapsto 2v$, ou $T(x, y) = 2(x, y)$

Esta função leva cada vetor do plano num vetor de mesma direção e sentido de v, mas de módulo maior.

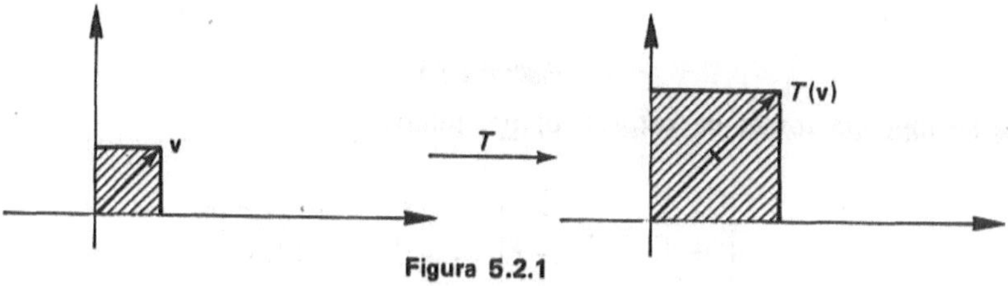

Figura 5.2.1

Observe que, escrevendo na forma de vetores-coluna,

$$\begin{bmatrix} x \\ y \end{bmatrix} \longrightarrow 2\begin{bmatrix} x \\ y \end{bmatrix} \text{ ou } \begin{bmatrix} x \\ y \end{bmatrix} \longrightarrow \begin{bmatrix} 2 & 0 \\ 0 & 2 \end{bmatrix}\begin{bmatrix} x \\ y \end{bmatrix}$$

Se tomássemos $F:\mathbf{R}^2 \to \mathbf{R}^2$ tal que $F(x, y) = \frac{1}{2}(x, y)$, F seria uma contração.

5.2.2 Reflexão em Torno do Eixo-x:

$F:\mathbf{R}^2 \to \mathbf{R}^2$
$(x, y) \mapsto (x, -y)$

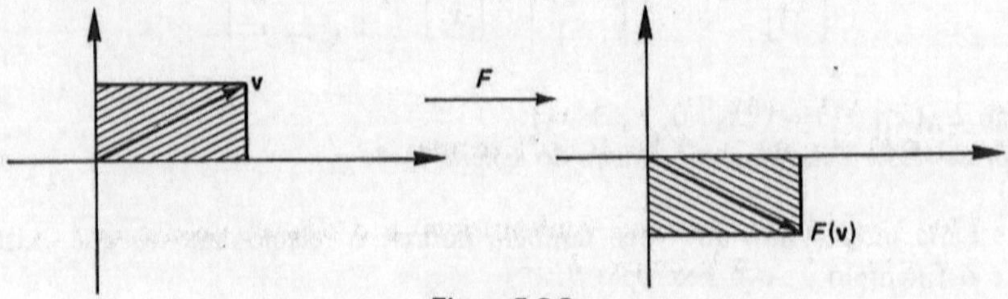

Figura 5.2.2

$$\begin{bmatrix} x \\ y \end{bmatrix} \longmapsto \begin{bmatrix} x \\ -y \end{bmatrix} \text{ ou } \begin{bmatrix} x \\ y \end{bmatrix} \longmapsto \begin{bmatrix} 1 & 0 \\ 0 & -1 \end{bmatrix}\begin{bmatrix} x \\ y \end{bmatrix}$$

5.2.3 Reflexão na Origem:

$T:\mathbf{R}^2 \to \mathbf{R}^2$
$\mathbf{v} \mapsto -\mathbf{v}$, ou seja, $T(x, y) = (-x, -y)$

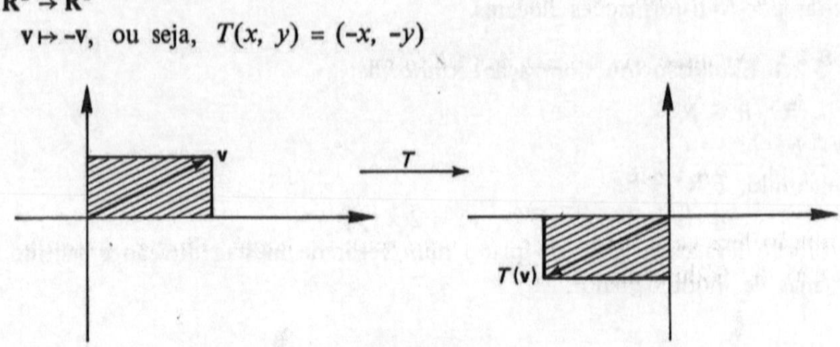

Figura 5.2.3

Escrevendo na forma de vetores-coluna, temos

$$\begin{bmatrix} x \\ y \end{bmatrix} \longmapsto \begin{bmatrix} -x \\ -y \end{bmatrix} = \begin{bmatrix} -1 & 0 \\ 0 & -1 \end{bmatrix}\begin{bmatrix} x \\ y \end{bmatrix}$$

5.2.4 Rotação de um Ângulo θ: (no sentido anti-horário)

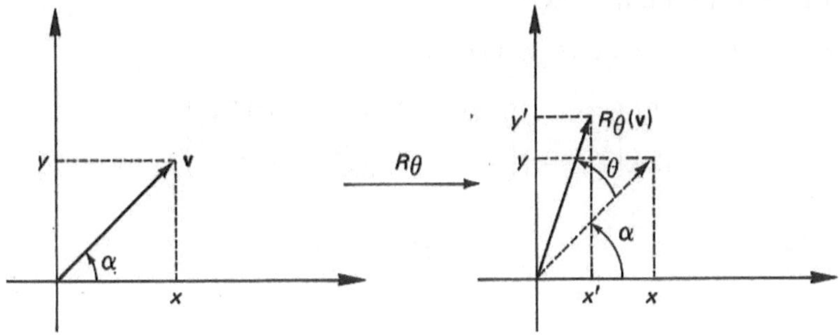

Figura 5.2.4

$x' = r\cos(\alpha + \theta) = r\cos\alpha\,\cos\theta - r\,\text{sen}\,\alpha\;\text{sen}\,\theta$
Mas $r\cos\theta = x$ e $r\,\text{sen}\,\theta = y$.
Então $x' = x\cos\theta - y\,\text{sen}\,\theta$.
Analogamente, $y' = r\,\text{sen}(\alpha + \theta) = r(\text{sen}\,\alpha\,\cos\theta + \cos\alpha\;\text{sen}\,\theta) = y\cos\theta +$
$+\, x\,\text{sen}\,\theta$.
Assim $\mathbf{R}_\theta(x, y) = (x\cos\theta - y\,\text{sen}\,\theta,\ y\cos\theta + x\,\text{sen}\,\theta)$ ou na forma coluna,

$$\begin{bmatrix} x \\ y \end{bmatrix} \longmapsto \begin{bmatrix} x\cos\theta - y\,\text{sen}\,\theta \\ y\cos\theta + x\,\text{sen}\,\theta \end{bmatrix} = \begin{bmatrix} \cos\theta & -\text{sen}\,\theta \\ \text{sen}\,\theta & \cos\theta \end{bmatrix} \begin{bmatrix} x \\ y \end{bmatrix}$$

Consideremos o caso particular onde $\theta = \frac{\pi}{2}$. Neste caso, $\cos\theta = 0$ e $\text{sen}\,\theta = 1$.

Então, $$\begin{bmatrix} x \\ y \end{bmatrix} \longmapsto \begin{bmatrix} -y \\ x \end{bmatrix} = \begin{bmatrix} 0 & -1 \\ 1 & 0 \end{bmatrix} \begin{bmatrix} x \\ y \end{bmatrix}$$

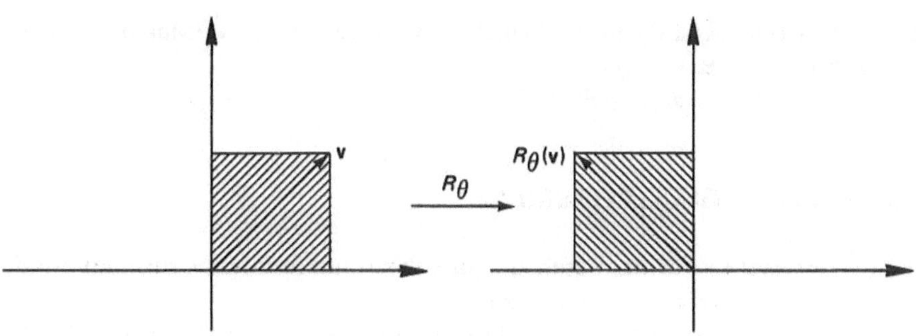

Figura 5.2.5

5.2.5 Cisalhamento horizontal:

$T(x, y) = (x + \alpha y, y), \alpha \in \mathbf{R}$

Por exemplo: $T(x, y) = (x + 2y, y)$

$$\begin{bmatrix} x \\ y \end{bmatrix} \longmapsto \begin{bmatrix} x + 2y \\ y \end{bmatrix} = \begin{bmatrix} 1 & 2 \\ 0 & 1 \end{bmatrix} \begin{bmatrix} x \\ y \end{bmatrix}$$

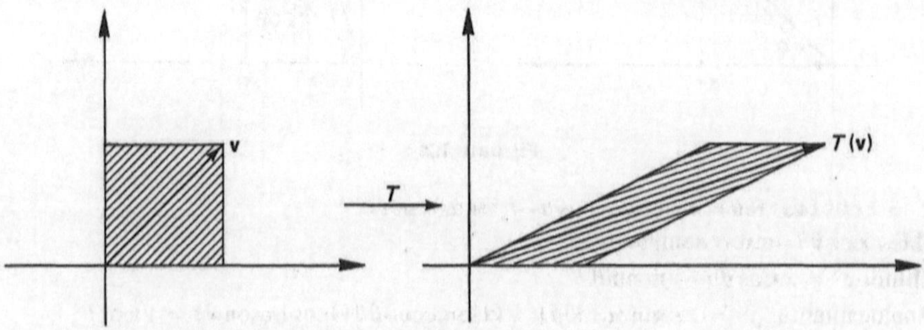

Figura 5.2.6

Como já ressaltamos, as transformações do plano no plano apresentadas através dos exemplos anteriores são lineares, pois são dadas por $\mathbf{v} \mapsto \mathbf{A} \cdot \mathbf{v}$ onde $\mathbf{A}$ é uma matriz 2×2. A aplicação a seguir não é linear.

5.2.6 Translação:

$T(x, y) = (x + a, y + b)$

ou $\begin{bmatrix} x \\ y \end{bmatrix} \longmapsto \begin{bmatrix} 1 & 0 \\ 0 & 1 \end{bmatrix} \begin{bmatrix} x \\ y \end{bmatrix} + \begin{bmatrix} a \\ b \end{bmatrix}$

Esta é uma translação do plano segundo o vetor (a, b) e, a menos que $a = b = 0$, T *não é linear*. Por quê?

(Veja a observação depois do Exemplo 4.)

5.3 CONCEITOS E TEOREMAS

Separamos nesta secção os resultados que darão uma estrutura para um estudo mais fecundo das transformações lineares.

Um fato importante sobre aplicações lineares é que elas são perfeitamente determinadas conhecendo-se apenas seu valor nos elementos de uma base.

5.3.1 Teorema: Dados dois espaços vetoriais reais V e W e uma base de V, $\{v_1, ..., v_n\}$, sejam w_1 ..., w_n elementos arbitrários de W. Então existe uma única aplicação linear $T: V \to W$ tal que $T(v_1) = w_1$, ..., $T(v_n) = w_n$.
Esta aplicação é dada por:
se $v = a_1v_1 + ... + a_nv_n$,

$$\begin{aligned} T(v) &= a_1T(v_1) + ... + a_nT(v_n) \\ &= a_1w_1 + ... + a_nw_n \end{aligned}$$

Verifique que T assim definida é linear e que é a única que satisfaz as condições exigidas.

5.3.2 Problemas

Problema 1: Qual é a transformação linear $T: \mathbf{R}^2 \to \mathbf{R}^3$ tal que $T(1, 0) = (2, -1, 0)$ e $T(0, 1) = (0, 0, 1)$?

Solução: Temos neste caso $e_1 = (1, 0)$ e $e_2 = (0, 1)$ base de $\mathbf{R}^2$ e $w_1 = (2, -1, 0)$ e $w_2 = (0, 0, 1)$.
Dado $v = (x_1, x_2)$ arbitrário,

$$\begin{aligned} v &= x_1e_1 + x_2e_2 \\ \text{e} \quad T(v) &= x_1T(e_1) + x_2T(e_2) \\ &= x_1(2, -1, 0) + x_2(0, 0, 1) \\ &= (2x_1, -x_1, x_2) \end{aligned}$$

Problema 2: Qual é a transformação linear $T: \mathbf{R}^2 \to \mathbf{R}^3$ tal que $T(1, 1) = (3, 2, 1)$ e $T(0, -2) = (0, 1, 0)$?
Resolva o problema como exercício, mas, cuidado! Aqui não temos base canônica. Veja o Exercício 4*a* da secção 5.6.

Vamos analisar mais profundamente as transformações lineares, obtendo alguns resultados úteis e ao mesmo tempo interessantes. Para começar necessitamos definir imagem e núcleo, que são dois subconjuntos especiais dos espaços vetoriais envolvidos na definição da transformação linear.

5.3.3 Definição: Seja $T: V \to W$ uma aplicação linear. A *imagem* de T é o conjunto dos vetores $w \in W$ tais que existe um vetor $v \in V$, que satisfaz $T(v) = w$. Ou seja

$$Im(T) = \{w \in W; \; T(v) = w \;\; \text{para algum} \;\; v \in V\}$$

Observe que $Im(T)$ é um subconjunto de W e, além disso, é um subespaço vetorial de W. (Veja o Exercício 16 da secção 5.6.) Às vezes $Im(T)$ é escrito como $T(V)$.

5.3.4 Definição: Seja $T: V \to W$ uma transformação linear. O conjunto de todos os vetores $\mathrm{v} \in V$ tais que $T(\mathrm{v}) = \mathbf{0}$ é chamado *núcleo* de T, sendo denotado por $ker(T)$. Isto é

$$ker(T) = \{\mathrm{v} \in V;\ \ T(\mathrm{v}) = \mathbf{0}\}.$$

Observe que $ker(T) \subset V$ é um subconjunto de V e, ainda mais, é um subespaço vetorial de V. (Veja o Exercício 16 da secção 5.6.)

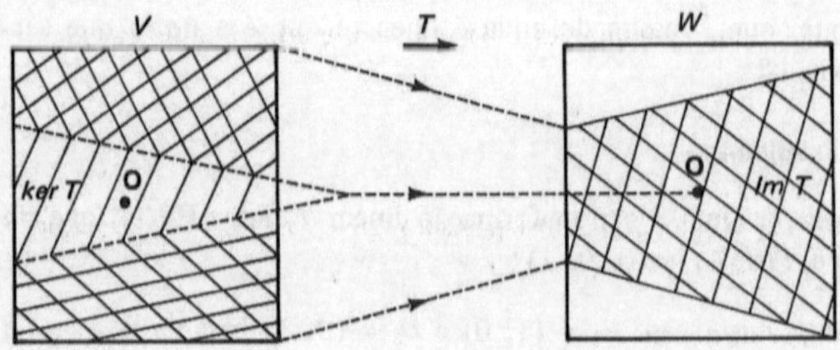

Figura 5.3.1

5.3.5 Exemplos

Exemplo 1:

$T: \mathbf{R}^2 \to \mathbf{R}$
$(x, y) \to x + y$
Neste caso temos $ker\,T = \{(x, y) \in \mathbf{R}^2;\ \ x + y = 0\}$, isto é, $ker\,T$ é a reta $y = -x$. Podemos dizer ainda que $ker\,T = \{(x, -x);\ x \in \mathbf{R}\} = \{x(1, -1);\ x \in \mathbf{R}\} = [(1, -1)]$. $Im\,T = \mathbf{R}$, pois dado $\mathrm{w} \in \mathbf{R}$, $\mathrm{w} = T(\mathrm{w}, 0)$.

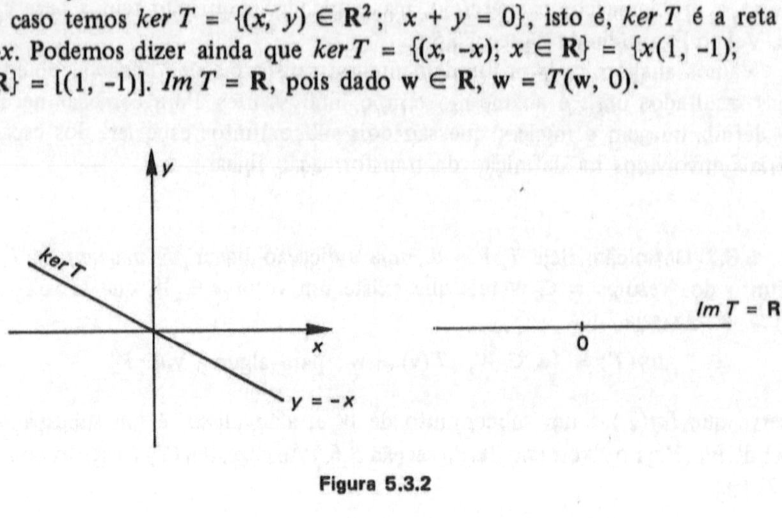

Figura 5.3.2

Exemplo 2: Seja a transformação linear

$T: \mathbf{R}^3 \to \mathbf{R}^3$ dada por $T(x, y, z) = (x, 2y, 0)$.
Então a imagem de T

$$\begin{aligned} Im(T) &= \{(x, 2y, 0): x, y \in \mathbf{R}\} \\ &= \{x(1, 0, 0) + y(0, 2, 0): x, y \in \mathbf{R}\} \\ &= \langle(1, 0, 0), (0, 2, 0)\rangle \end{aligned}$$

Observe que $\dim Im(T) = 2$.
O núcleo de T é dado por:

$$\begin{aligned} ker(T) &= \{(x, y, z): T(x, y, z) = (0, 0, 0)\} \\ &= \{(x, y, z): (x, 2y, 0) = (0, 0, 0)\} \\ &= \{(0, 0, z): z \in \mathbf{R}\} \\ &= \{z(0, 0, 1): z \in \mathbf{R}\} \\ &= [(0, 0, 1)] \end{aligned}$$

Observe que $\dim ker(T) = 1$.

Vamos recordar agora as noções de função injetora e sobrejetora e posteriormente estabelecer o relacionamento entre estes conceitos e os de núcleo e imagem quando a função é uma transformação linear.

5.3.6 Definição: Dada uma aplicação (ou função) $T: V \to W$, diremos que T é *injetora* se dados $\mathbf{u} \in V$, $\mathbf{v} \in V$ com $T(\mathbf{u}) = T(\mathbf{v})$ tivermos $\mathbf{u} = \mathbf{v}$. Ou equivalentemente, T é injetora se dados $\mathbf{u}, \mathbf{v} \in V$ com $\mathbf{u} \neq \mathbf{v}$, então $T(\mathbf{u}) \neq T(\mathbf{v})$.

Em outras palavras, T é injetora se as imagens de vetores distintos são distintas.

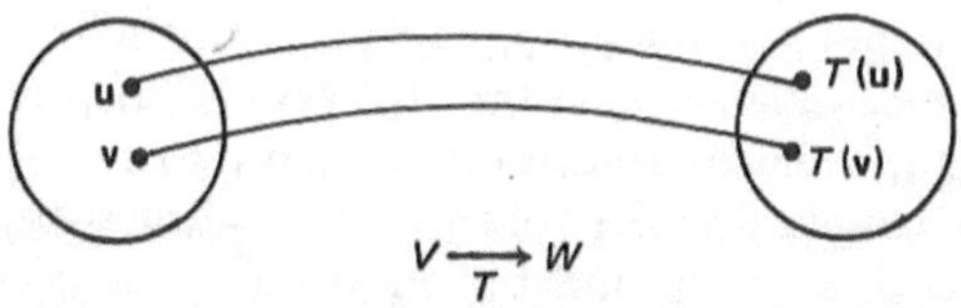

Figura 5.3.3

5.3.7 Definição: A aplicação $T: V \to W$ será *sobrejetora* se a imagem de T coincidir com W, ou seja $T(V) = W$.

Em outras palavras, T será sobrejetora se dado $\mathbf{w} \in W$, existir $\mathbf{v} \in V$ tal que $T(\mathbf{v}) = \mathbf{w}$.

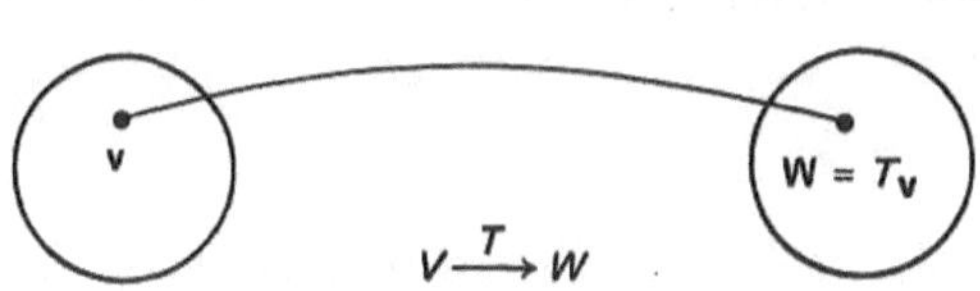

Figura 5.3.4

Exemplo

$T: \mathbf{R} \to \mathbf{R}^2$
$x \mapsto (x, 0)$

Mostremos agora que se T é injetora, então $ker\, T = \{\mathbf{0}\}$. Seja $v \in ker(T)$, isto. Então $(x, 0) = (y, 0)$ implicando que $x = y$. Logo T é injetora. Mas T não é sobrejetora uma vez que $Im(T) \neq \mathbf{R}^2$.

A transformação do Exemplo 1 de 5.3.5 é sobrejetora mas não é injetora, e a do Exemplo 2 de 5.3.5 não é nem injetora nem sobrejetora. Um bom exercício seria você examinar os exemplos de transformações lineares dados até aqui e decidir se são injetoras ou sobrejetoras.

O próximo teorema afirma que uma transformação linear injetora só tem o vetor nulo no seu núcleo. E, por outro lado, se uma transformação linear tiver somente $\mathbf{0}$ no núcleo, então quaisquer dois vetores distintos devem ter imagens distintas também.

5.3.8 Teorema: Seja $T: V \to W$, uma aplicação linear. Então $ker(T) = \{\mathbf{0}\}$, se e somente se T é injetora.

Prova: Mostremos primeiro que se $ker\, T = \{\mathbf{0}\}$, então T é injetora. Suponhamos que $\mathbf{u}, \mathbf{v} \in V$ tais que $T(\mathbf{u}) = T(\mathbf{v})$. Então $T(\mathbf{u}) - T(\mathbf{v}) = T(\mathbf{u} - \mathbf{v}) = 0$, isto é, $\mathbf{u} - \mathbf{v} \in ker(T)$. Mas por hipótese o único elemento do núcleo é $\mathbf{0}$. Então $\mathbf{u} - \mathbf{v} = \mathbf{0}$, isto é, $\mathbf{u} = \mathbf{v}$. Em resumo: como $T(\mathbf{u}) = T(\mathbf{v})$ implica que $\mathbf{u} = \mathbf{v}$, T é injetora.

Mostremos agora que se T é injetora, então $ker\, I = \{\mathbf{0}\}$. Seja $\mathbf{v} \in ker(T)$, isto é, $T(\mathbf{v}) = \mathbf{0}$. Como necessariamente $T(\mathbf{0}) = \mathbf{0}$, $T(\mathbf{v}) = T(\mathbf{0})$. Logo $\mathbf{v} = \mathbf{0}$, pois T é injetora. Portanto, o único elemento do núcleo é $\mathbf{0}$, ou seja, $ker(T) = \{\mathbf{0}\}$.

Voltando ao Exemplo de 5.3.7, observe que podemos dizer se T é injetora simplesmente calculando o seu núcleo. Para que $(x, 0)$ seja o vetor nulo, devemos ter $x = 0$ e portanto $ker\, T = \{\mathbf{0}\}$, donde concluímos que T é injetora.

Uma conseqüência da proposição 5.3.8 é que *uma aplicação linear injetora leva vetores LI em vetores LI.* (Veja o Exercício 9 da secção 5.6.)

Um resultado importante, que relaciona as dimensões do núcleo e imagem de uma transformação linear $T: V \to W$, com a dimensão de V é dado pela seguinte proposição.

5.3.9 Teorema: Seja $T: V \to W$ uma aplicação linear.

Então $\dim ker\, T + \dim Im\, T = \dim V$.

Prova: Considere $v_1, ..., v_n$ uma base de $ker\, T$. Como $ker\, T \subset V$ é subespaço. de V, podemos completar este conjunto de modo a obter uma base de V.

Seja então $\{v_1, ..., v_n, w_1, ..., w_m\}$ a base de V. Queremos mostrar que $T(w_1), ..., T(w_m)$ é uma base de $Im\, T$, isto é,

i) $[T(w_1), ..., T(w_m)] = Im\, T$

ii) $\{T(w_1), ..., T(w_m)\}$ é linearmente independente.

Provemos *i*)

Dado $w \in Im\, T$, existe $u \in V$ tal que $T(u) = w$. Se $u \in V$, então $u = a_1v_1 + ... + a_nv_n + b_1w_1 + ... + b_mw_m$. Mas,

$$\begin{aligned} w = T(u) &= T(a_1v_1 + ... + a_nv_n + b_1w_1 + ... + b_mw_m) \\ &= a_1T(v_1) + ... + a_nT(v_n) + b_1T(w_1) + ... + b_mT(w_m). \end{aligned}$$

Como os vetores $v_1, ..., v_n$ pertencem ao $ker\, T$, $T(v_i) = \mathbf{0}$ para $i = 1, ..., n$. *Assim,*

$$w = b_1T(w_1) + ... + b_mT(w_m)$$

e a imagem de T é gerada pelos vetores $T(w_1), ..., T(w_m)$.

ii) Consideremos agora, a combinação linear

$$a_1T(w_1) + a_2T(w_2) + ... + a_mT(w_m) = \mathbf{0}$$

e mostremos que os a_i são nulos.

Como T é linear, $T(a_1w_1 + a_2w_2 + ... + a_mw_m) = \mathbf{0}$.

Logo $a_1w_1 + ... + a_mw_m \in ker\, T$.

Então $a_1w_1 + ... + a_mw_m$ pode ser escrito como combinação linear da base $\{v_1, ..., v_n\}$ de $ker(T)$, isto é, existem $b_1, ..., b_n$ tais que

$$a_1w_1 + ... + a_mw_m = b_1v_1 + ... + b_nv_n, \quad \text{ou ainda,}$$
$$a_1w_1 + ... + a_mw_m - b_1v_1 - ... - b_nv_n = \mathbf{0}.$$

Mas $\{v_1, ..., v_n, w_1, ..., w_m\}$ é uma base de V, e temos então $a_1 = a_2 = ... = = a_m = b_1 = ... = b_n = 0$.

Decorrem desta proposição dois resultados:

5.3.10 Corolário: Se $\dim V = \dim W$, então T linear é injetora se e somente se T é sobrejetora.

Faça a demonstração como exercício.

5.3.11 Corolário: Seja $T: V \to W$ uma aplicação linear injetora. Se $\dim V = \dim W$, então T leva base em base.

Prova: Considere $\{v_1, ..., v_n\}$ base de V. O conjunto $\{T(v_1), ..., T(v_n)\} \subset W$ é LI pois dados escalares $k_1, ..., k_n$ tais que $k_1T(v_1) + ... + k_nT(v_n) = 0$, temos $T(k_1v_1 + ... + k_nv_n) = 0$. Logo $k_1v_1 + ... + k_nv_n = 0$. Mas $\{v_1, ..., v_n\}$ é LI. Logo $k_1 = ... = k_n = 0$. Desde que $\dim V = \dim W = n$, $\{T(v_1), ..., T(v_n)\}$ é base de W. (Veja 4.6.8.)

5.3.12 Quando uma transformação linear $T: V \to W$ for injetora e sobrejetora, ao mesmo tempo, dá-se o nome de *isomorfismo*. Quando há uma tal transformação entre dois espaços vetoriais dizemos que estes são *isomorfos*. Sob o ponto de vista de Álgebra Linear, espaços vetoriais isomorfos são, por assim dizer, idênticos. Observe que devido à proposição 5.3.9 espaços isomorfos devem ter a mesma dimensão. Portanto, pelo corolário 5.3.11, um isomorfismo leva base em base. Além disso, um isomorfismo $T: V \to W$ tem uma aplicação inversa $T^{-1}: W \to V$ que é linear, como você poderia provar, e também é um isomorfismo.

Exemplo: Seja $T: \mathbf{R}^3 \to \mathbf{R}^3$ dada por $T(x, y, z) = (x - 2y, z, x + y)$. Vamos mostrar que T é um isomorfismo, e calcular sua inversa T^{-1}.

Se pudermos mostrar que T é injetora, teremos que T é um isomorfismo pelo corolário 5.3.10. Isto equivale a mostrar que $\ker T = \{(0, 0, 0)\}$. Mas $\ker T = \{(x, y, z);\ T(x, y, z) = (0, 0, 0)\}$ e $T(x, y, z) = (0, 0, 0)$ se e somente se $(x - 2y, z, x + y) = (0, 0, 0)$. Resolvendo o sistema de equações lineares

$$\begin{aligned} x - 2y &= 0 \\ z &= 0 \\ x + y &= 0 \end{aligned}$$

achamos que $x = y = z = 0$ é a única solução e portanto T é um isomorfismo.

Tomando a base canônica de $\mathbf{R}^3$, sua imagem pela T é $\{T(1, 0, 0), T(0, 1, 0)$ $T(0, 0, 1)\} = \{(1, 0, 1), (-2, 0, 1), (0, 1, 0)\}$ que é ainda uma base de $\mathbf{R}^3$. É conveniente que você verifique isto. Calculemos agora a aplicação inversa de T. Como $T(1, 0, 0) = (1, 0, 1)$, $T(0, 1, 0) = (-2, 0, 1)$ e $T(0, 0, 1) = (0, 1, 0)$, temos que $T^{-1}(1, 0, 1) = (1, 0, 0)$, $T^{-1}(-2, 0, 1) = (0, 1, 0)$ e $T^{-1}(0, 1, 0) = (0, 0, 1)$. Queremos calcular $T^{-1}(x, y, z)$. Para isto escrevemos (x, y, z) em relação à base $\{(1, 0, 1), (-2, 0, 1), (0, 1, 0)\}$, obtendo:

$$(x, y, z) = \frac{x + 2z}{3}(1, 0, 1) + \frac{z - x}{3}(-2, 0, 1) + y(0, 1, 0).$$

Então $T^{-1}(x, y, z) = \dfrac{x + 2z}{3} T^{-1}(1, 0, 1) + \dfrac{z - x}{3} T^{-1}(-2, 0, 1) + yT^{-1}(0, 1, 0).$

Ou seja,

$$T^{-1}(x, y, z) = \left(\frac{x + 2z}{3}, \frac{z - x}{3}, y\right).$$

5.4 APLICAÇÕES LINEARES E MATRIZES

Nesta seção veremos que num certo sentido o estudo das transformações lineares pode ser reduzido ao estudo das matrizes. Você já viu no Exemplo 7 de 5.1 que a toda matriz $m \times n$ está associada uma transformação linear: $T:\mathbf{R}^n \to \mathbf{R}^m$. Vamos formalizar, a seguir, este resultado para espaços vetoriais V e W e também estabelecer o seu recíproco, isto é, veremos que uma vez fixadas as bases, a toda transformação linear $T: V \to W$ estará associada uma única matriz.

Inicialmente veremos como, dados dois espaços vetoriais V e W com bases β e β' e uma matriz $\mathbf{A}$, podemos obter uma transformação linear.

5.4.1 Consideremos $\mathbf{R}^2$ e as bases

$$\beta = \{(1, 0), (0, 1)\} \quad \text{e} \quad \beta' = \{(1, 1), (-1, 1)\}$$

e a matriz $\mathbf{A} = \begin{bmatrix} 2 & 0 \\ 0 & 1 \end{bmatrix}$.

Queremos associar a esta matriz $\mathbf{A}$ uma aplicação linear que depende de $\mathbf{A}$ e das bases dadas β e β', isto é,

$$T_{\mathbf{A}}:\mathbf{R}^2 \to \mathbf{R}^2$$
$$\mathbf{v} \mapsto T_{\mathbf{A}}(\mathbf{v})$$

Considere $\mathbf{v} = (x, y)$. Seja $\mathbf{X} = [\mathbf{v}]_\beta = \begin{bmatrix} x \\ y \end{bmatrix}$,

$$\mathbf{AX} = \begin{bmatrix} 2 & 0 \\ 0 & 1 \end{bmatrix} \cdot \begin{bmatrix} x \\ y \end{bmatrix} = \begin{bmatrix} 2x \\ y \end{bmatrix} = [T_{\mathbf{A}}(\mathbf{v})]_{\beta'}.$$

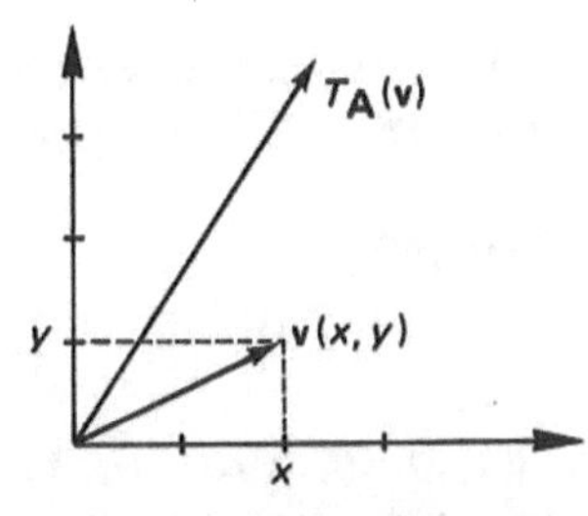

Figura 5.4.1

Então, $T_{\mathbf{A}}(\mathbf{v}) = 2x(1, 1) + y(-1, 1) = (2x - y, 2x + y)$.
Por exemplo, se $\mathbf{v} = (2, 1)$, então $T_{\mathbf{A}}(2, 1) = (3, 5)$. Note que se tivéssemos partido de $\beta = \beta' = \{(1, 0), (0, 1)\}$, teríamos obtido $T_{\mathbf{A}}(\mathbf{v}) = (2x, y) = \mathbf{Av}$.

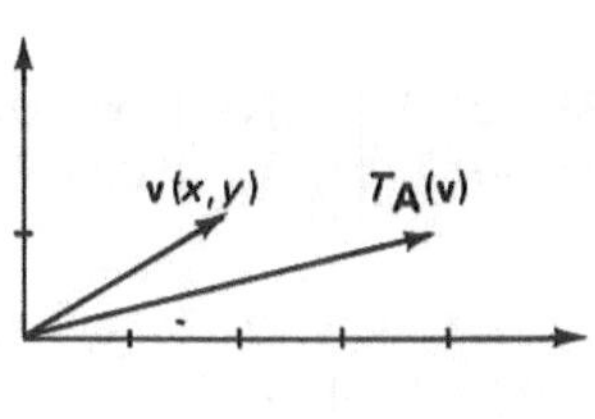

Figura 5.4.2

De um modo geral, fixadas as bases $\beta = \{v_1, ..., v_n\}$ e $\beta' = \{w_1, ..., w_m\}$, à matriz

$$A = \begin{bmatrix} a_{11} & \dots & a_{1n} \\ \vdots & & \vdots \\ a_{m1} & \dots & a_{mn} \end{bmatrix}_{m \times n}$$

podemos associar

$$T_A : R^n \to R^m.$$
$$v \mapsto T_A(v) \quad \text{como:}$$

Seja $X = [v]_\beta = \begin{bmatrix} x_1 \\ \vdots \\ x_n \end{bmatrix}$

$$A \cdot X = \begin{bmatrix} a_{11} & \dots & a_{1n} \\ \vdots & & \vdots \\ a_{m1} & \dots & a_{mn} \end{bmatrix} \cdot \begin{bmatrix} x_1 \\ \vdots \\ x_n \end{bmatrix} = \begin{bmatrix} y_1 \\ \vdots \\ y_m \end{bmatrix}$$

Então, $T_A(v) = y_1 w_1 + ... + y_m w_m$ onde $y_i = A_i \cdot X$ e A_i é a i-ésima linha de A.

Em geral, dada uma matriz $A_{m \times n}$, ela é encarada como uma aplicação linear $T_A : R^n \to R^m$ em relação às bases canônicas de R^n e R^m.

Exemplo:

$$A = \begin{bmatrix} 1 & -3 & 5 \\ 2 & 4 & -1 \end{bmatrix}, \beta = \{(1, 0), (0, 1)\} \text{ e}$$

$\beta' = \{(1, 0, 0), (0, 1, 0), (0, 0, 1)\}$.
$T_A : R^3 \to R^2$. Encontremos esta transformação linear.

Seja $X = \begin{bmatrix} x \\ y \\ z \end{bmatrix}$

$$A \cdot X = \begin{bmatrix} 1 & -3 & 5 \\ 2 & 4 & -1 \end{bmatrix} \cdot \begin{bmatrix} x \\ y \\ z \end{bmatrix} = \begin{bmatrix} x - 3y + 5z \\ 2x + 4y - z \end{bmatrix}$$

Então $T_A(x, y, z) = (x - 3y + 5z)(1, 0) + (2x + 4y - z)(0, 1) =$
$= (x - 3y + 5z, 2x + 4y - z)$

5.4.2 Agora iremos encontrar a matriz associada a uma transformação linear. Seja $T: V \to W$ linear, $\beta = \{v_1, ..., v_n\}$ base de V e $\beta' = \{w_1, ..., w_m\}$ base de W. Então $T(v_1), ..., T(v_n)$ são vetores de W e portanto

$$\begin{aligned} T(v_1) &= a_{11}w_1 + ... + a_{m1}w_m \\ &\vdots \\ T(v_n) &= a_{1n}w_1 + ... + a_{mn}w_m \end{aligned}$$

A transposta da matriz de coeficientes deste sistema, anotada por $[T]^{\beta}_{\beta'}$ é chamada matriz de T em relação às bases β e β'.

$$[T]^{\beta}_{\beta'} = \begin{bmatrix} a_{11} & \dots & a_{1n} \\ \vdots & & \vdots \\ a_{m1} & \dots & a_{mn} \end{bmatrix} = \mathbf{A}$$

Observe que T passa a ser a aplicação linear associada à matriz $\mathbf{A}$ e bases β e β', isto é $T = T_{\mathbf{A}}$.

5.4.3 Exemplos

Exemplo 1:

Seja $T: \mathbf{R}^3 \to \mathbf{R}^2$ tal que $T(x, y, z) = (2x + y - z, 3x - 2y + 4z)$.
Sejam $\beta = \{(1, 1, 1), (1, 1, 0), (1, 0, 0)\}$ e $\beta' = \{(1, 3), (1, 4)\}$.

Procuremos $[T]^{\beta}_{\beta'}$.

Calculando T nos elementos da base β, temos:

$$\begin{aligned} T(1, 1, 1) &= (2, 5) = 3(1, 3) - 1(1, 4) \\ T(1, 1, 0) &= (3, 1) = 11(1, 3) - 8(1, 4) \\ T(1, 0, 0) &= (2, 3) = 5(1, 3) - 3(1, 4) \end{aligned}$$

Então

$$[T]^{\beta}_{\beta'} = \begin{bmatrix} 3 & 11 & 5 \\ -1 & -8 & -3 \end{bmatrix}$$

Observe que se fixarmos outras bases β e β', teremos uma outra matriz para a transformação T.

Exemplo 2:

Seja T a transformação linear do Exemplo 1 e sejam $\beta = \{(1, 0, 0), (0, 1, 0), (0, 0, 1)\}$ e $\beta' = \{(1, 0), (0, 1)\}$.

Calculemos $[T]^{\beta}_{\beta'}$.

$$T(1, 0, 0) = (2, 3) = 2(1, 0) + 3(0, 1)$$
$$T(0, 1, 0) = (1, -2) = 1(1, 0) - 2(0, 1)$$
$$T(0, 0, 1) = (-1, 4) = -1(1, 0) + 4(0, 1)$$

Então

$$[T]^{\beta}_{\beta'} = \begin{bmatrix} 2 & 1 & -1 \\ 3 & -2 & 4 \end{bmatrix}$$

Observação: Usa-se denotar simplesmente por $[T]$ à matriz de uma transformação linear $T: \mathbf{R}^m \to \mathbf{R}^n$ em relação às bases canônicas. Assim, no Exemplo 2 $[T]^{\beta}_{\beta'} = [T]$. Também é comum usar-se a notação simplificada: $T\mathbf{v} = T(\mathbf{v})$.

Exemplo 3: Seja $T: V \to V$
$\mathbf{v} \mapsto \mathbf{v}$

Isto é, T é a identidade.
Sejam $\beta = \{\mathbf{v}_1, ..., \mathbf{v}_n\}$ e $\beta' = \{\mathbf{v}'_1, ..., \mathbf{v}'_n\}$ bases de V. Calculemos $[T]^{\beta}_{\beta'}$.

Como

$$T\mathbf{v}_1 = \mathbf{v}_1 = a_{11}\mathbf{v}'_1 + ... + a_{n1}\mathbf{v}'_n$$
$$\vdots \qquad \vdots \qquad \vdots \qquad \vdots$$
$$T\mathbf{v}_n = \mathbf{v}_n = a_{1n}\mathbf{v}'_1 + ... + a_{nn}\mathbf{v}'_n,$$

$$[T]^{\beta}_{\beta'} = \begin{bmatrix} a_{11} & \dots & a_{1n} \\ \vdots & & \vdots \\ a_{n1} & \dots & a_{nn} \end{bmatrix} = [I]^{\beta}_{\beta'}$$

a matriz mudança de base. Veja 4.7.1.

Exemplo 4: Dadas as bases $\beta = \{(1, 1), (0, 1)\}$ de $\mathbf{R}^2$ e $\beta' = \{(0, 3, 0), (-1, 0, 0), (0, 1, 1)\}$ de $\mathbf{R}^3$, encontremos a transformação linear $T: \mathbf{R}^2 \to \mathbf{R}^3$ cuja matriz é

$$[T]^{\beta}_{\beta'} = \begin{bmatrix} 0 & 2 \\ -1 & 0 \\ -1 & 3 \end{bmatrix}$$

Interpretando a matriz, temos:

$$T(1, 1) = 0(0, 3, 0) - 1(-1, 0, 0) - 1(0, 1, 1) = (1, -1, -1)$$
$$T(0, 1) = 2(0, 3, 0) + 0(-1, 0, 0) + 3(0, 1, 1) = (0, 9, 3).$$

Devemos encontrar agora $T(x, y)$. Para isto escrevemos (x, y) em relação à base β:

$$(x, y) = x(1, 1) + (y - x)(0, 1)$$

Aplicando T e usando a linearidade, temos:

$$\begin{aligned} T(x, y) &= xT(1, 1) + (y - x)T(0, 1) \\ &= x(1, -1, -1) + (y - x)(0, 9, 3) \\ &= (x, 9y - 10x, 3y - 4x) \end{aligned}$$

O resultado a seguir dá o significado da matriz de uma transformação linear.

5.4.4 Teorema: Sejam V e W espaços vetoriais, α base de V, β base de W e $T: V \to W$ uma aplicação linear.
Então, para todo $\mathbf{v} \in V$ vale:

$$[T(\mathbf{v})]_\beta = [T]^\alpha_\beta \cdot [\mathbf{v}]_\alpha,$$

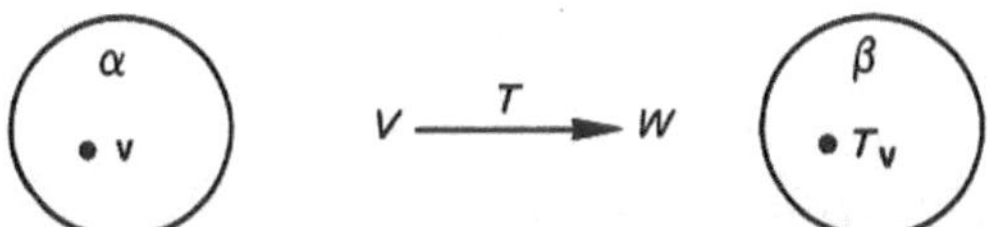

Figura 5.4.3

Para ficar mais fácil a compreensão faremos a demonstração no caso $\dim V = 2$ e $\dim W = 3$. O caso geral é totalmente análogo e pode ser feito como exercício.

Prova: Sejam $\alpha = \{\mathbf{v}_1, \mathbf{v}_2\}$ base de V e $\beta = \{\mathbf{w}_1, \mathbf{w}_2, \mathbf{w}_3\}$ base de W e

$[T]^\alpha_\beta = \begin{bmatrix} a_{11} & a_{12} \\ a_{21} & a_{22} \\ a_{31} & a_{32} \end{bmatrix}$. Sejam ainda $\mathbf{v} \in V$ e $[\mathbf{v}]_\alpha = \begin{bmatrix} x_1 \\ x_2 \end{bmatrix}$ e $[T\mathbf{v}]_\beta = \begin{bmatrix} y_1 \\ y_2 \\ y_3 \end{bmatrix}$

Da matriz $[T]^\alpha_\beta$ sabemos que

$$\begin{aligned} T\mathbf{v}_1 &= a_{11}\mathbf{w}_1 + a_{21}\mathbf{w}_2 + a_{31}\mathbf{w}_3 \\ T\mathbf{v}_2 &= a_{12}\mathbf{w}_1 + a_{22}\mathbf{w}_2 + a_{32}\mathbf{w}_3. \end{aligned}$$

Além disso, $\mathbf{v} = x_1\mathbf{v}_1 + x_2\mathbf{v}_2$ e como T é linear,

$$\begin{aligned} T\mathbf{v} &= x_1 T\mathbf{v}_1 + x_2 T\mathbf{v}_2 \\ &= x_1(a_{11}\mathbf{w}_1 + a_{21}\mathbf{w}_2 + a_{31}\mathbf{w}_3) + x_2(a_{12}\mathbf{w}_1 + a_{22}\mathbf{w}_2 + a_{32}\mathbf{w}_3) \\ &= (a_{11}x_1 + a_{12}x_2)\mathbf{w}_1 + (a_{21}x_1 + a_{22}x_2)\mathbf{w}_2 + (a_{31}x_1 + a_{32}x_2)\mathbf{w}_3. \end{aligned}$$

Mas $T\mathbf{v} = y_1\mathbf{w}_1 + y_2\mathbf{w}_2 + y_3\mathbf{w}_3$ e como as coordenadas em relação à base β são únicas, temos

$$\begin{aligned} y_1 &= a_{11}x_1 + a_{12}x_2 \\ y_2 &= a_{21}x_1 + a_{22}x_2 \\ y_3 &= a_{31}x_1 + a_{32}x_2 \end{aligned}$$

ou seja,

$$\begin{bmatrix} y_1 \\ y_2 \\ y_3 \end{bmatrix} = \begin{bmatrix} a_{11} & a_{12} \\ a_{21} & a_{22} \\ a_{31} & a_{32} \end{bmatrix} \cdot \begin{bmatrix} x_1 \\ x_2 \end{bmatrix}$$

Isto é, $[Tv]_\beta = [T]^\alpha_\beta [v]_\alpha$.

Através deste teorema, o estudo de transformações lineares entre espaços de dimensão finita é reduzido ao estudo de matrizes. Quando $V = W$ e $T = I$, observe que o resultado é o mesmo da matriz de mudança de base dado em 4.7.1.

Exemplo: Seja a transformação linear $T: \mathbf{R}^2 \to \mathbf{R}^3$ dada por

$$[T]^\alpha_\beta = \begin{bmatrix} 1 & -1 \\ 0 & 1 \\ -2 & 3 \end{bmatrix}$$

onde $\alpha = \{(1, 0), (0, 1)\}$ é base de $\mathbf{R}^2$, $\beta = \{(1, 0, 1), (-2, 0, 1), (0, 1, 0)\}$ é base de $\mathbf{R}^3$. Queremos saber qual é a imagem do vetor $v = (2, -3)$ pela aplicação T. Para isto, achamos as coordenadas do vetor v em relação à base α, obtendo $[v]_\alpha = \begin{bmatrix} 2 \\ -3 \end{bmatrix}$; a seguir, usando o teorema, temos

$$[Tv]_\beta = [T]^\alpha_\beta [v]_\alpha = \begin{bmatrix} 1 & -1 \\ 0 & 1 \\ -2 & 3 \end{bmatrix} \begin{bmatrix} 2 \\ -3 \end{bmatrix} = \begin{bmatrix} 5 \\ -3 \\ -13 \end{bmatrix}$$

ou seja,

$$\begin{aligned} Tv &= 5(1, 0, 1) - 3(-2, 0, 1) - 13(0, 1, 0) \\ &= (11, -13, 2) \end{aligned}$$

O relacionamento entre as dimensões do núcleo e da imagem de uma transformação linear e o posto de uma matriz a ela associada é dado no teorema a seguir, cuja demonstração deixamos ao seu encargo.

5.4.5 Teorema: Seja $T: V \to W$ uma aplicação linear e α e β bases de V e W respectivamente. Então

$$\begin{aligned} \dim Im(T) &= \text{posto de } [T]^\alpha_\beta \\ \dim ker(T) &= \text{nulidade de } [T]^\alpha_\beta \\ &= \text{número de colunas - posto de } [T]^\alpha_\beta. \end{aligned}$$

5.4.6 Teorema: Sejam $T_1: V \to W$ e $T_2: W \to U$ transformações lineares e α, β, γ bases de V, W e U respectivamente. Então a composta de T_1 com T_2, $T_2 \circ T_1: V \to U$, é linear e

$$[T_2 \circ T_1]^{\alpha}_{\gamma} = [T_2]^{\beta}_{\gamma} \cdot [T_1]^{\alpha}_{\beta}$$

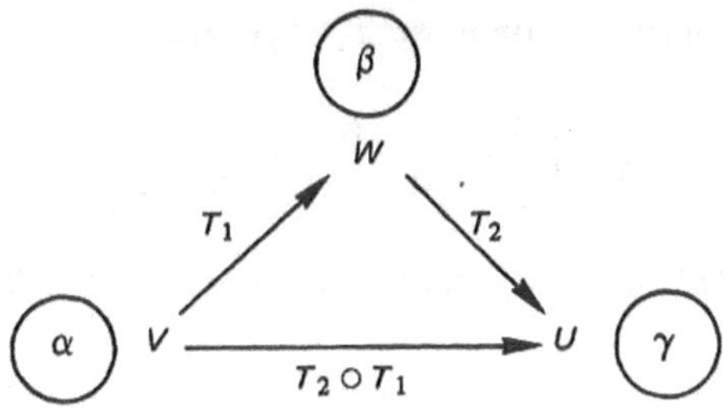

Figura 5.4.4

A demonstração desse teorema é direta mas bastante trabalhosa. Por esta razão não a faremos aqui, indicando apenas suas etapas. Podemos efetuá-la simplesmente lembrando a construção das matrizes das transformações T_1 e T_2, obtendo desta forma suas atuações sobre as bases respectivas. A seguir, por composição achamos o que $T_2 \circ T_1$ faz na base de V, e chegamos então à matriz $[T_2 \circ T_1]^{\alpha}_{\gamma}$, observando que esta é exatamente o produto das matrizes anteriores.

5.4.7 Exemplos

Exemplo 1: Consideremos uma expansão do plano $\mathbf{R}^2$ dada por $T_1(x, y) = 2(x, y)$, e um cisalhamento dado por $T_2(x, y) = (x + 2y, y)$. Ao efetuarmos primeiro a expansão e depois o cisalhamento, teremos a seqüência

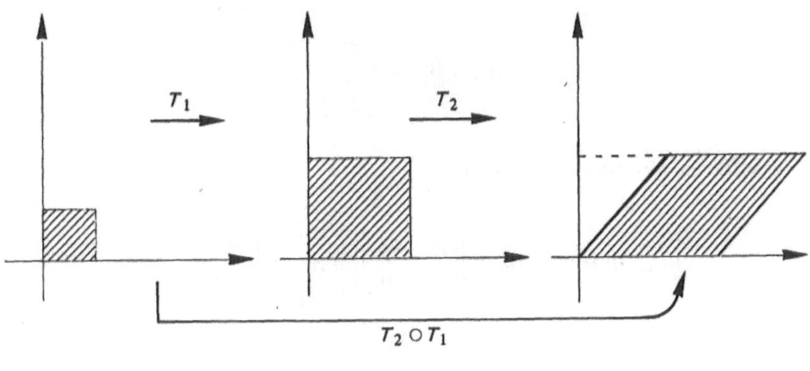

Figura 5.4.5

As matrizes (em relação à base canônica de $\mathbf{R}^2$, ξ) das transformações são

$$[T_1]_\xi^\xi = \begin{bmatrix} 2 & 0 \\ 0 & 2 \end{bmatrix} \quad \text{e} \quad [T_2]_\xi^\xi = \begin{bmatrix} 1 & 2 \\ 0 & 1 \end{bmatrix}.$$

Então, a matriz (em relação à base canônica de $\mathbf{R}^2$) da aplicação que expande e cisalha (que é justamente a composta $T_2 \circ T_1$) será

$$\begin{bmatrix} 1 & 2 \\ 0 & 1 \end{bmatrix} \cdot \begin{bmatrix} 2 & 0 \\ 0 & 2 \end{bmatrix} = \begin{bmatrix} 2 & 4 \\ 0 & 2 \end{bmatrix}$$

Exemplo 2: Sejam as transformações lineares $T_1 : \mathbf{R}^2 \to \mathbf{R}^3$ e $T_2 : \mathbf{R}^3 \to \mathbf{R}^2$ cujas matrizes são

$$[T_1]_\beta^\alpha = \begin{bmatrix} 1 & 0 \\ 1 & -1 \\ 0 & 1 \end{bmatrix} \quad \text{e} \quad [T_2]_\gamma^\beta = \begin{bmatrix} 0 & 1 & -1 \\ 0 & 0 & 0 \end{bmatrix}$$

em relação às bases $\alpha = \{(1, 0), (0, 2)\}$, $\beta = \{(\frac{1}{3}, 0, -3), (1, 1, 15), (2, 0, 5)\}$ e $\gamma = \{(2, 0), (1, 1)\}$. Queremos encontrar a transformação linear composta $T_2 \circ T_1 : \mathbf{R}^2 \to \mathbf{R}^2$, ou seja, precisamos achar $(T_2 \circ T_1)(x, y)$.
Para isto, usamos o teorema anterior para achar a matriz da composta.

$$[T_2 \circ T_1]_\gamma^\alpha = \begin{bmatrix} 0 & 1 & -1 \\ 0 & 0 & 0 \end{bmatrix} \begin{bmatrix} 1 & 0 \\ 1 & -1 \\ 0 & 1 \end{bmatrix} = \begin{bmatrix} 1 & -2 \\ 0 & 0 \end{bmatrix}$$

Escrevemos agora as coordenadas do vetor (x, y) em relação à base α.

$$[(x, y)]_\alpha = \begin{bmatrix} x \\ \frac{y}{2} \end{bmatrix}$$

Então, usando o teorema 5.4.6, temos

$$[(T_2 \circ T_1)(x, y)]_\gamma = \begin{bmatrix} 1 & -2 \\ 0 & 0 \end{bmatrix} \begin{bmatrix} x \\ \frac{y}{2} \end{bmatrix} = \begin{bmatrix} x - y \\ 0 \end{bmatrix}$$

Portanto, $(T_2 \circ T_1)(x, y) = (x - y)(2, 0) + 0(1, 1) = (2x - 2y, 0)$.

5.4.8 Corolário: Se $T: V \to W$ é uma transformação linear inversível (T é um isomorfismo) e α e β são as bases de V e W, então $T^{-1}: W \to V$ é um operador linear e

$$[T^{-1}]^{\beta}_{\alpha} = ([T]^{\alpha}_{\beta})^{-1}$$

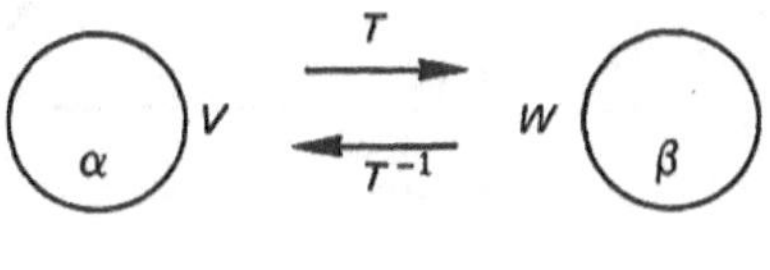

Figura 5.4.6

Prova: A matriz identidade, $[I]^{\alpha}_{\alpha} = [T^{-1} \circ T]^{\alpha}_{\alpha} = [T^{-1}]^{\beta}_{\alpha} [T]^{\alpha}_{\beta}$.

5.4.9 Corolário: Seja $T: V \to W$ uma transformação linear e α e β bases de V e W. Então T é inversível se e somente se $\det [T]^{\alpha}_{\beta} \neq 0$.

Exemplo: Seja $T: \mathbf{R}^2 \to \mathbf{R}^2$ uma transformação linear dada por

$$[T]^{\xi}_{\xi} = \begin{bmatrix} 3 & 4 \\ 2 & 3 \end{bmatrix}$$

onde ξ é a base canônica de $\mathbf{R}^2$. Como $\det [T]^{\xi}_{\xi} = 1$, o corolário 5.4.9 afirma que T é inversível. Pelo corolário 5.4.8 sabemos que

$$[T^{-1}]^{\xi}_{\xi} = ([T]^{\xi}_{\xi})^{-1} = \begin{bmatrix} 3 & 4 \\ 2 & 3 \end{bmatrix}^{-1} = \begin{bmatrix} 3 & -4 \\ -2 & 3 \end{bmatrix}$$

Então $[T^{-1}(x, y)]_{\xi} = [T^{-1}]^{\xi}_{\xi} \begin{bmatrix} x \\ y \end{bmatrix}_{\xi} = \begin{bmatrix} 3 & -4 \\ -2 & 3 \end{bmatrix} \cdot \begin{bmatrix} x \\ y \end{bmatrix} = \begin{bmatrix} 3x - 4y \\ -2x + 3y \end{bmatrix}$,

ou seja, $T^{-1}(x, y) = (3x - 4y, -2x + 3y)$.

Se $T: V \to W$ é uma aplicação linear, α, α' bases de V e β, β' bases de W, podemos relacionar as matrizes $[T]^{\alpha}_{\beta}$ e $[T]^{\alpha'}_{\beta'}$ do seguinte modo:

5.4.10 Corolário:

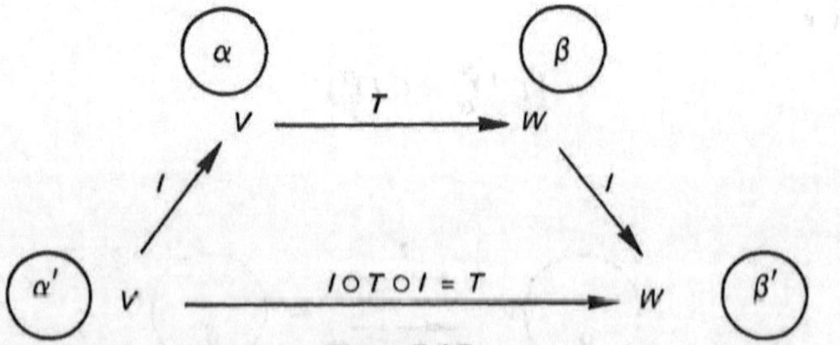

Figura 5.4.7

$$[T]_{\beta'}^{\alpha'} = [I \circ T \circ I]_{\beta'}^{\alpha'} = [I]_{\beta'}^{\beta}\ [T]_{\beta}^{\alpha}\ [I]_{\alpha}^{\alpha'}$$

Em palavras, conhecendo a matriz de uma transformação linear em relação a certas bases α e β e as matrizes de mudança de base para novas bases α' e β', podemos achar a matriz da mesma transformação linear, desta vez em relação às novas bases α' e β'.

Como caso particular da situação anterior temos:
Se $T: V \to V$ é uma transformação linear e α e β são bases de V, então

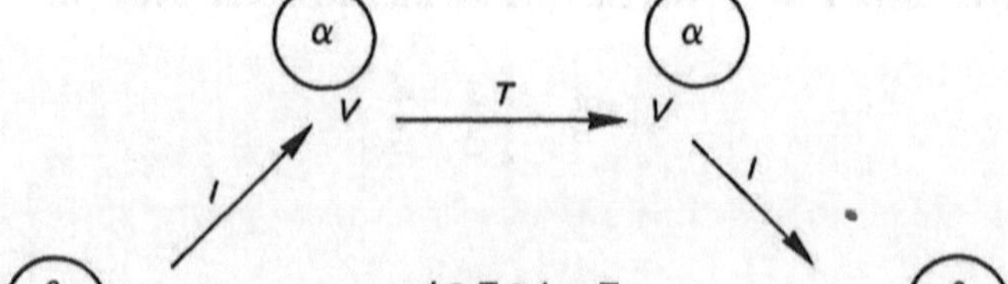

Figura 5.4.8

$$[T]_{\beta}^{\beta} = [I \circ T \circ I]_{\beta}^{\beta} = [I]_{\beta}^{\alpha}\ [T]_{\alpha}^{\alpha}\ [I]_{\alpha}^{\beta}.$$

Lembrando que $[I]_{\alpha}^{\beta} = ([I]_{\beta}^{\alpha})^{-1}$ e chamando $[I]_{\beta}^{\alpha} = \mathbf{A}$, vem que

$$[T]_{\beta}^{\beta} = \mathbf{A} \cdot [T]_{\alpha}^{\alpha} \cdot \mathbf{A}^{-1}$$

Dizemos neste caso que as matrizes $[T]_{\alpha}^{\alpha}$ e $[T]_{\beta}^{\beta}$ são *semelhantes*.

Pelo corolário anterior, observamos através de mudanças convenientes de bases qual a modificação que a matriz de uma transformação linear sofre.

Exemplo: Seja a transformação linear $T: \mathbf{R}^3 \to \mathbf{R}^3$ cuja matriz em relação à base canônica ξ é

$$[T]_\xi^\xi = \begin{bmatrix} -2 & 4 & -4 \\ 1 & -2 & 1 \\ 3 & -6 & 5 \end{bmatrix}$$

Calculemos a matriz desta transformação em relação à base $\beta = \{(0, 1, 1), (-1, 0, 1), (1, 1, 1)\}$. Para isto, usamos a relação $[T]_\beta^\beta = [I]_\beta^\xi \, [T]_\xi^\xi \, [I]_\xi^\beta$ onde

$$[I]_\xi^\beta = \begin{bmatrix} 0 & -1 & 1 \\ 1 & 0 & 0 \\ 1 & 1 & 1 \end{bmatrix} \quad \text{e} \quad ([I]_\beta^\xi) = [I]_\beta^\xi)^{-1} = \begin{bmatrix} -1 & 2 & -1 \\ 0 & -1 & 1 \\ 1 & -1 & 1 \end{bmatrix}$$

Então

$$[T]_\beta^\beta = \begin{bmatrix} -1 & 0 & 0 \\ 0 & 2 & 2 \\ 0 & 0 & 0 \end{bmatrix}$$

Isto nos sugere a pergunta: Dada uma transformação linear, há um procedimento prático para se calcular uma base em que a matriz desta transformação seja a "mais simples possível"? A resposta a esta pergunta será um dos nossos objetivos nos próximos dois capítulos.

*5.5 APLICAÇÕES À ÓPTICA

Consideraremos nesta secção o caso de um feixe de luz de raios paralelos (cuja direção pode, portanto, ser dada por um vetor) que se reflete em espelhos planos.

Iniciamos observando a situação mais simples possível: a propagação se dá no $\mathbf{R}^2$ (isto é, estamos observando o fenômeno de perfil) e o espelho está colocado no eixo horizontal (veja a Figura 5.5.1)

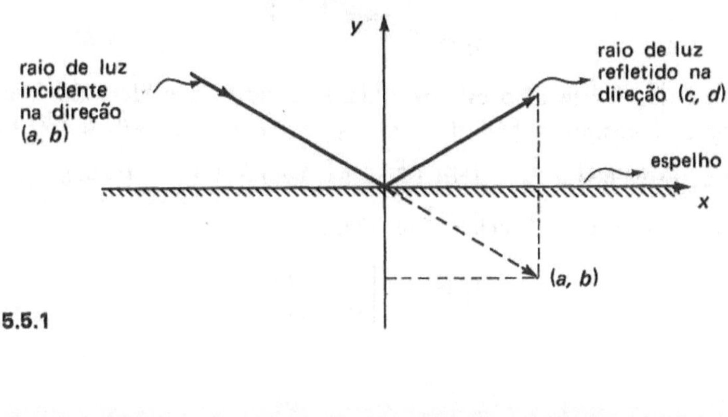

Figura 5.5.1

Dado um raio de luz incidente na direção do vetor (a, b), perguntamos em que direção (c, d) estará o raio refletido?

Para responder a esta pergunta devemos recordar um pouco sobre as leis que regem a reflexão da luz em um espelho. São elas:

i) O raio de luz incidente, a normal ao espelho no ponto de incidência e o raio refletido estão no mesmo plano.

ii) O ângulo entre o raio incidente e a normal ao espelho é o mesmo que o ângulo entre a normal e o raio refletido.

iii) Supondo que o espelho é perfeito, isto é, não há absorção da luz, a luz se reflete com a mesma intensidade que tinha na incidência.

No caso simples que temos, não precisamos nos preocupar com (*i*) pois as propagações se dão no mesmo plano. Se o comprimento do vetor indicar a intensidade da luz, (*iii*) indica que o vetor refletido terá o mesmo tamanho que o incidente. Estes resultados, juntamente com (*ii*), implicam que $c = a$ e $d = -b$, ou, em forma de matriz

$$\begin{bmatrix} c \\ d \end{bmatrix} = \begin{bmatrix} 1 & 0 \\ 0 & -1 \end{bmatrix} \begin{bmatrix} a \\ b \end{bmatrix}$$

Podemos concluir, portanto, que um espelho plano atua sobre os raios luminosos como uma transformação linear E (compare com 5.2.2).

Passemos agora a estudar qual é a matriz associada a um espelho numa posição um pouco mais geral (veja a Figura 5.5.2), isto é, formando um ângulo θ com a horizontal.

Figura 5.5.2

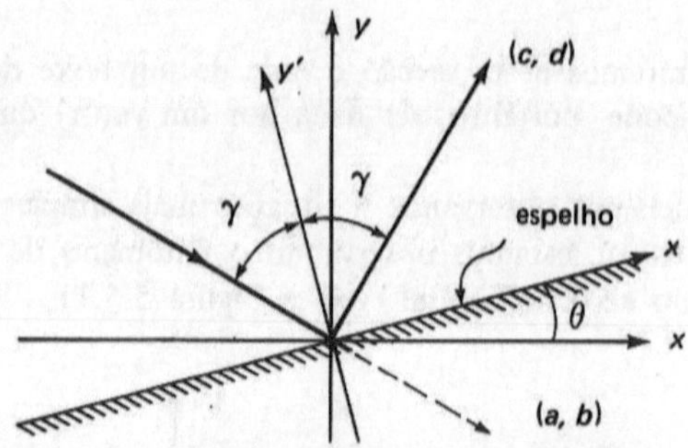

Podemos fazer este caso cair na situação anterior considerando uma mudança de base. Tomamos a base $\beta = \{e_1, e_2\}$ onde $e_1 = (\cos\theta, \operatorname{sen}\theta)$ está na direção de x' (espelho) e $e_2 = (\cos(\frac{\pi}{2} + \theta), \operatorname{sen}(\frac{\pi}{2} + \theta)) = (-\operatorname{sen}\theta, \cos\theta)$ está na direção normal ao espelho. Em relação a esta base

$$[E]^{\beta}_{\beta} = \begin{bmatrix} 1 & 0 \\ 0 & -1 \end{bmatrix}$$

Portanto, em relação à base canônica temos (verifique, calculando $[I]^{\beta}_{\text{can}}$, $[I]^{\text{can}}_{\beta}$)

$$[E]^{\text{can}}_{\text{can}} = [I]^{\beta}_{\text{can}}\,[E]^{\beta}_{\beta}\,[I]^{\text{can}}_{\beta} = \begin{bmatrix} \cos 2\theta & \text{sen } 2\theta \\ \text{sen } 2\theta & -\cos 2\theta \end{bmatrix}$$

e, portanto:

5.5.1 $$\begin{bmatrix} c \\ d \end{bmatrix} = \begin{bmatrix} \cos 2\theta & \text{sen } 2\theta \\ \text{sen } 2\theta & -\cos 2\theta \end{bmatrix} \begin{bmatrix} a \\ b \end{bmatrix}$$

A matriz $[E]^{\text{can}}_{\text{can}}$ poderia ser obtida diretamente simplesmente observando o que a transformação linear (o espelho) faz nos vetores da base canônica (raios luminosos na direção do eixo dos x e dos y). (Veja a Figura 5.5.3.)

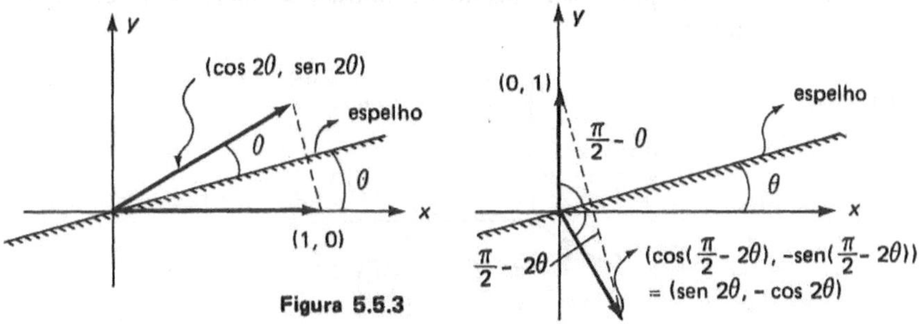

Figura 5.5.3

Note que ao colocarmos as componentes dos vetores refletidos em coluna obteremos a mesma matriz que antes.

Como podemos tratar o problema em que hajam vários espelhos e, conseqüentemente, reflexões sucessivas? Simplesmente pela composição das transformações lineares associadas a cada espelho na ordem em que ocorrem as reflexões ou, em termos de matriz, pelo produto das matrizes na ordem correta (veja 5.4.6).

Vamos exemplificar analisando a situação seguinte: um feixe de luz se propagando na direção do vetor (1, -1) e refletindo nos espelhos da figura:

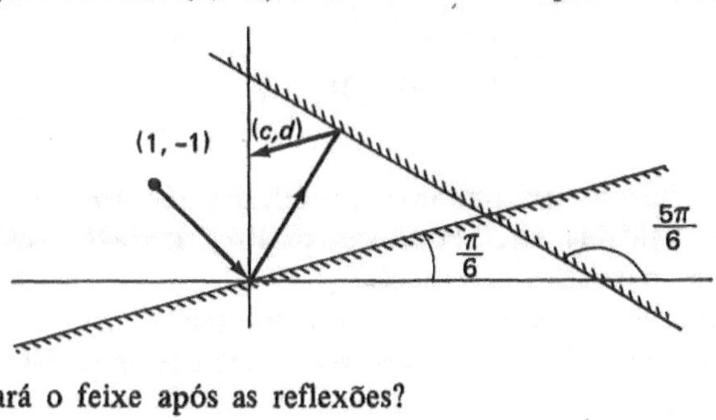

Em que direção estará o feixe após as reflexões?

Para responder a isto basta utilizar a matriz de 5.5.1 com $\theta = \frac{\pi}{6}$ para a primeira reflexão e $\theta = \frac{5\pi}{6}$ para a segunda. Temos então (verifique):

$$\begin{bmatrix} c \\ d \end{bmatrix} = \begin{bmatrix} \frac{1}{2} & \frac{-\sqrt{3}}{2} \\ \frac{-\sqrt{3}}{2} & \frac{-1}{2} \end{bmatrix} \begin{bmatrix} \frac{1}{2} & \frac{\sqrt{3}}{2} \\ \frac{\sqrt{3}}{2} & \frac{-1}{2} \end{bmatrix} \cdot \begin{bmatrix} 1 \\ -1 \end{bmatrix} = \begin{bmatrix} -(\frac{1+\sqrt{3}}{2}) \\ \frac{1-\sqrt{3}}{2} \end{bmatrix}$$

Concluímos, então, que o feixe estará na direção de $(\frac{-1+\sqrt{3}}{2}, \frac{1-\sqrt{3}}{2})$

O mesmo raciocínio poderá ser feito quando estamos com espelhos planos no espaço. Façamos um exemplo. Vamos mostrar que se tivermos 3 espelhos colocados dois a dois perpendiculares, qualquer feixe de luz de raios paralelos que incide sobre o conjunto sairá paralelo à direção de incidência após as reflexões (veja a Figura 5.5.4).

Figura 5.5.4

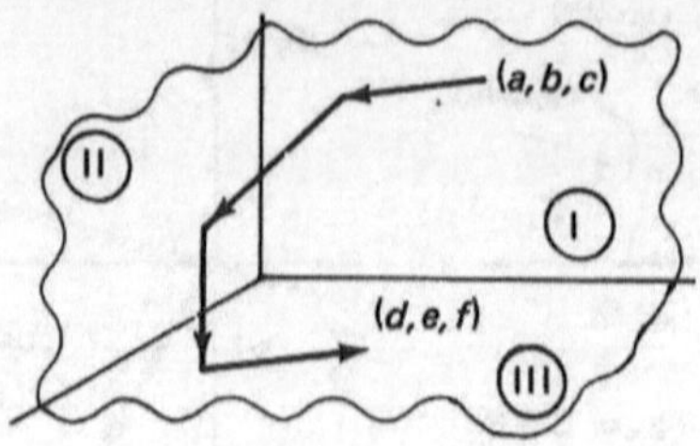

As matrizes associadas a cada espelho podem ser obtidas observando o que ele faz com cada um dos vetores da base canônica. Obtemos então:

$$M_1 = \begin{bmatrix} -1 & 0 & 0 \\ 0 & 1 & 0 \\ 0 & 0 & 1 \end{bmatrix}, \quad M_2 = \begin{bmatrix} 1 & 0 & 0 \\ 0 & -1 & 0 \\ 0 & 0 & 1 \end{bmatrix}, \quad M_3 = \begin{bmatrix} 1 & 0 & 0 \\ 0 & 1 & 0 \\ 0 & 0 & -1 \end{bmatrix}$$

para os espelhos I, II e III respectivamente (verifique). Se o feixe de luz incidente está na direção (a, b, c) a direção do feixe refletido pelo conjunto será

$$\begin{bmatrix} d \\ e \\ f \end{bmatrix} = M_3 \cdot M_2 \cdot M_1 \cdot \begin{bmatrix} a \\ b \\ c \end{bmatrix} = \begin{bmatrix} -a \\ -b \\ -c \end{bmatrix}$$

O mesmo resultado será obtido se as reflexões se derem em outra ordem ($M_2M_3M_1$, $M_1M_2M_3$ etc.). Podemos concluir, portanto, que a direção de saída é paralela e contrária à de entrada.

A reflexão da luz (ou som) feita em espelhos não planos não é descrita por transformações lineares. Você verá alguns exemplos de espelhos não planos em 11.7. Aguarde!

5.6 EXERCÍCIOS

1. Seja $T: V \to W$ uma função. Mostre que:

   a) Se T é uma transformação linear, então $T(\mathbf{0}) = \mathbf{0}$.
   b) Se $T(\mathbf{0}) \neq \mathbf{0}$, então T não é uma transformação linear.

2. Determine quais das seguintes funções são aplicações lineares:

   a) $f: \mathbf{R}^2 \to \mathbf{R}^2$
   $(x, y) \mapsto (x + y, x - y)$
   b) $g: \mathbf{R}^2 \to \mathbf{R}$
   $(x, y) \mapsto xy$
   c) $h: M_2 \to \mathbf{R}$
   $$\begin{bmatrix} a & b \\ c & d \end{bmatrix} \longmapsto \det\begin{bmatrix} a & b \\ c & d \end{bmatrix}$$
   d) $k: P_2 \to P_3$
   $ax^2 + bx + c \longmapsto ax^3 + bx^2 + cx$
   e) $M: \mathbf{R}^3 \to \mathbf{R}^2$
   $$(x, y, z) \longmapsto (x, y, z)\begin{bmatrix} 1 & 2 \\ 0 & -1 \\ 1 & 1 \end{bmatrix}$$
   f) $N: \mathbf{R} \to \mathbf{R}$
   $x \mapsto |x|$

3. *a*) Ache a transformação linear $T: \mathbf{R}^3 \to \mathbf{R}^2$ tal que $T(1, 0, 0) = (2, 0)$, $T(0, 1, 0) = (1, 1)$ e $T(0, 0, 1) = (0, -1)$.
   b) Encontre $\mathbf{v}$ de $\mathbf{R}^3$ tal que $T(\mathbf{v}) = (3, 2)$.

4. *a*) Qual é a transformação linear $T: \mathbf{R}^2 \to \mathbf{R}^3$ tal que $T(1, 1) = (3, 2, 1)$ e $T(0, -2) = (0, 1, 0)$?
   b) Ache $T(1, 0)$ e $T(0, 1)$.
   c) Qual é a transformação linear $S: \mathbf{R}^3 \to \mathbf{R}^2$ tal que $S(3, 2, 1) = (1, 1)$, $S(0, 1, 0) = (0, -2)$ e $S(0, 0, 1) = (0, 0)$?
   d) Ache a transformação linear $P: \mathbf{R}^2 \to \mathbf{R}^2$ tal que $P = S \circ T$.

5. *a*) Ache a transformação T do plano no plano que é uma reflexão em torno da reta $x = y$.
   b) Escreva-a em forma matricial.

6. No plano, uma rotação anti-horária de 45° é seguida por uma dilatação de $\sqrt{2}$. Ache a aplicação A que representa esta transformação do plano.

7. Qual é a aplicação A que representa uma contração de $\frac{1}{\sqrt{2}}$ seguida por uma rotação horária de 45°?

8. Verifique qual o núcleo è imagem e suas respectivas dimensões das transformações dadas nos exemplos do parágrafo 5.1.

9. Dados $T: U \to V$ linear e injetora e $\mathbf{u}_1, \mathbf{u}_2, ..., \mathbf{u}_k$, vetores LI em U, mostre que $\{T(\mathbf{u}_1), ..., T(\mathbf{u}_k)\}$ é LI.

10. Sejam R, S e T três transformações lineares de $\mathbf{R}^3$ em $\mathbf{R}^3$.

Se $[R] = \begin{bmatrix} 1 & 0 & 1 \\ 2 & 1 & 1 \\ 0 & -1 & 1 \end{bmatrix}$ e

$[S] = \begin{bmatrix} -2 & 1 & -1 \\ 3 & 1 & 2 \\ 1 & -2 & 0 \end{bmatrix}$, ache

T tal que $R = S \circ T$.

11. Sejam $\alpha = \{(1, -1), (0, 2)\}$ e $\beta = \{(1, 0, -1), (0, 1, 2), (1, 2, 0)\}$ bases de $\mathbf{R}^2$ e $\mathbf{R}^3$ respectivamente e

$[T]^\alpha_\beta = \begin{bmatrix} 1 & 0 \\ 1 & 1 \\ 0 & -1 \end{bmatrix}$

a) Ache T.
b) Se $S(x, y) = (2y, x - y, x)$, ache $[S]^\alpha_\beta$.
c) Ache uma base γ de $\mathbf{R}^3$ tal que $[T]^\alpha_\gamma = \begin{bmatrix} 1 & 0 \\ 0 & 0 \\ 0 & 1 \end{bmatrix}$.

12. Se $[R] = \begin{bmatrix} 1 & 2 \\ -1 & 3 \end{bmatrix}$ e $[S] = \begin{bmatrix} 1 & 0 & -1 \\ 2 & 1 & 1 \end{bmatrix}$, ache $R \circ S$.

13. Se $R(x, y) = (2x, x - y, y)$ e $S(x, y, z) = (y - z, z - x)$,
a) Ache $[R \circ S]$.
b) Ache $[S \circ R]$.

14. Seja V o espaço vetorial de matrizes 2 X 2 com base

$$\beta = \left\{\begin{bmatrix} 1 & 0 \\ 0 & 0 \end{bmatrix}, \begin{bmatrix} 0 & 1 \\ 0 & 0 \end{bmatrix}, \begin{bmatrix} 0 & 0 \\ 1 & 0 \end{bmatrix}, \begin{bmatrix} 0 & 0 \\ 0 & 1 \end{bmatrix}\right\}$$

Se $T: V \to \mathbf{R}^2$ é dada por $T\left(\begin{bmatrix} a & b \\ c & d \end{bmatrix}\right) = (a + d, b + c)$,

a) Ache $[T]^{\beta}_{\alpha}$ onde α é a base canônica de $\mathbf{R}^2$.

Se $S: \mathbf{R}^2 \to V$ e $[S]^{\alpha}_{\beta} = \begin{bmatrix} 2 & 1 \\ 1 & -1 \\ -1 & 0 \\ 0 & 1 \end{bmatrix}$

b) Ache S e, se for possível, (a, b) tal que $S(a, b) = \begin{bmatrix} 1 & 0 \\ 0 & 1 \end{bmatrix}$.

15. Seja $T: \mathbf{R}^2 \to \mathbf{R}^2$ tal que $[T] = \begin{bmatrix} -1 & -2 \\ 0 & 1 \end{bmatrix}$. Ache os vetores **u**, **v** tal que

a) $T(\mathbf{u}) = \mathbf{u}$
b) $T(\mathbf{v}) = -\mathbf{v}$

16. Mostre que se $T: V \to W$ é uma transformação linear,

a) $Im(T)$ é um subespaço de W.
b) $ker(T)$ é um subespaço de V.

17. Sejam S e T aplicações lineares de V em W. Definimos $S + T$ como $(S + T)\mathbf{v} = S(\mathbf{v}) + T(\mathbf{v})$ para todo $\mathbf{v} \in V$ e definimos αS como $(\alpha S)\mathbf{v} = \alpha \cdot S(\mathbf{v})$ para todo $\alpha \in \mathbf{R}$ e $\mathbf{v} \in V$.

a) Mostre que $S + T$ é uma transformação linear de V em W.
b) Mostre que αS é uma transformação linear de V em W.
c) Mostre que $X = \{T \mid T: V \to W\}$ é um espaço vetorial sobre $\mathbf{R}$.
d) Suponha que $\dim V = 2$ e $\dim W = 3$. Tente procurar $\dim X$.

18. No Exercício 11 determine $ker\ T$, $Im\ T$, $Im\ S$, $ker\ S$ e comprove a validade dos teoremas 5.3.9 e 5.4.5 para estas transformações.

19. Considere a transformação linear

$T: \mathbf{R}^3 \to \mathbf{R}^3$ dada por $T(x, y, z) = (z, x - y, -z)$.

a) Determine uma base do núcleo de T.
b) Dê a dimensão da imagem de T.
c) T é sobrejetora? Justifique.
d) Faça um esboço de $ker\ T$ e $Im\ T$.

20. Dê, quando possível, exemplos de transformações lineares T, S, L, M e H satisfazendo:

a) $T : \mathbf{R}^3 \to \mathbf{R}^2$ sobrejetora
b) $S : \mathbf{R}^3 \to \mathbf{R}^2$, com $ker\, S = \{(0, 0, 0)\}$
c) $L : \mathbf{R}^3 \to \mathbf{R}^2$, com $Im\, L = \{(0, 0)\}$
d) $M : \mathbf{R}^2 \to \mathbf{R}^2$, com $ker\, M = \{(x, y) \in \mathbf{R}^2;\ x = y\}$
e) $H : \mathbf{R}^3 \to \mathbf{R}^3$, com $ker\, H = \{(x, y, z) \in \mathbf{R}^3;\ z = -x\}$

21. Seja P_3 = conjunto dos polinômios com grau menor ou igual a 3, e

$$T: P_3 \to P_3$$
$$f \to f' \text{ (derivada)}$$

a) Mostre que P_3 é um espaço vetorial de dimensão 4.
b) Mostre que T é uma transformação linear.
c) Determine $ker\, T$ e $Im\, T$ e encontre uma base para cada um destes subespaços vetoriais.

22. Seja $D: P_3 \to P_3$
$f \mapsto f''$ (derivada segunda)
Mostre que D é linear e determine uma base para $ker\, D$.

23. Sejam $\alpha = \{(0, 2), (2, -1)\}$ e $\beta = \{(1, 1, 0), (0, 0, -1), (1, 0, 1)\}$ bases de $\mathbf{R}^2$ e $\mathbf{R}^3$.

$$[S]^{\alpha}_{\beta} = \begin{bmatrix} 2 & 0 \\ 4 & 0 \\ 0 & -4 \end{bmatrix}$$

Dê a expressão para $S(x, y)$.

24. Seja

$$\mathbf{A} = \begin{bmatrix} 0 & 1 \\ 0 & 2 \\ 0 & 1 \end{bmatrix} \qquad \mathbf{B} = \begin{bmatrix} 0 & 0 & 0 \\ 1 & 2 & 1 \\ -1 & 0 & 0 \end{bmatrix}$$

Encontre $ker\, T_A$, $Im\, T_A$, $ker\, T_B$, $Im\, T_B$, $ker\, (T_B \circ T_A)$ $Im (T_B \circ T_A)$. Determine bases para estes seis subespaços.

25. Seja $T : \mathbf{R}^2 \to \mathbf{R}^2$ uma reflexão, através da reta $y = 3x$.

a) Encontre $T(x, y)$.

b) Encontre a base α de $\mathbf{R}^2$, tal que $[T]^{\alpha}_{\alpha} = \begin{bmatrix} 1 & 0 \\ 0 & -1 \end{bmatrix}$

26. Seja $T : \mathbf{R}^3 \to \mathbf{R}^3$ onde $T(\mathrm{v})$ é a projeção do vetor v no plano $3x + 2y + z = 0$.

a) Encontre $T(x, y, z)$.

b) Encontre uma base ordenada β de $\mathbf{R}^3$, tal que

$$[T]^{\beta}_{\beta} = \begin{bmatrix} 1 & 0 & 0 \\ 0 & 0 & 0 \\ 0 & 0 & 1 \end{bmatrix}$$

27. Seja $L : \mathbf{R}^3 \to \mathbf{R}^3$ onde L é a reflexão através do plano $3x + 2y + z = 0$.

a) Encontre $L(x, y, z)$.

b) Encontre uma base ordenada γ de $\mathbf{R}^3$, tal que

$$[T]^{\gamma}_{\gamma} = \begin{bmatrix} 1 & 0 & 0 \\ 0 & 1 & 0 \\ 0 & 0 & -1 \end{bmatrix}$$

28. Encontre a expressão da transformação linear $T : \mathbf{R}^3 \to \mathbf{R}^3$ que é uma rotação de $\pi/3$ em torno da reta que passa pela origem e tem a direção do vetor $(1, 1, 0)$.

*29. Um espelho plano está apoiado em uma parede vertical formando um ângulo de $30°$ com ela. Se um feixe de luz de raios paralelos for emitido verticalmente (do teto para o chão) determine a direção dos raios refletidos.

*30. Um espelho plano triangular é apoiado no canto de uma sala da forma descrita na figura abaixo.

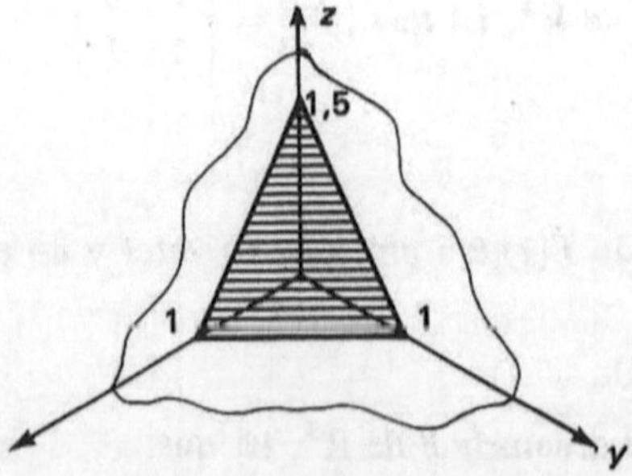

Em que direção será refletido um feixe de luz de raios paralelos emitidos verticalmente de cima para baixo?

5.6.1 Respostas

3. *a*) $T(x, y, z) = (2x + y, y - z)$
b) $\mathbf{v} = (x, 3 - 2x, 1 - 2x)$

5. *a*) $T(x, y) = (y, x)$ *b*) $\begin{bmatrix} x \\ y \end{bmatrix} \longmapsto \begin{bmatrix} 0 & 1 \\ 1 & 0 \end{bmatrix} \begin{bmatrix} x \\ y \end{bmatrix}$

7. $A(x, y) = \left(\dfrac{x + y}{2}, \dfrac{x - y}{2}\right)$

11. $T(x, y) = \left(\dfrac{x - y}{2}, \dfrac{x - y}{2}, 2x + y\right)$

13. *a*) $[R \circ S] = \begin{bmatrix} 0 & 2 & -2 \\ 1 & 1 & -2 \\ -1 & 0 & 1 \end{bmatrix}$ *b*) $[S \circ R] = \begin{bmatrix} 1 & -2 \\ -2 & 1 \end{bmatrix}$

15. *a*) $\mathbf{v} = (x, -x)$ *b*) $\mathbf{v} = (x, 0)$

17. *d*) $\dim X = 3 \times 2 = 6$

19. *a*) $\ker T = [(1, 1, 0)]$ base $= \{(1, 1, 0)\}$
b) $\dim Im\, T = 3 - \dim \ker T = 2$ Veja (5.3.9).
c) Não. $\dim Im\, T = 2$.

d)

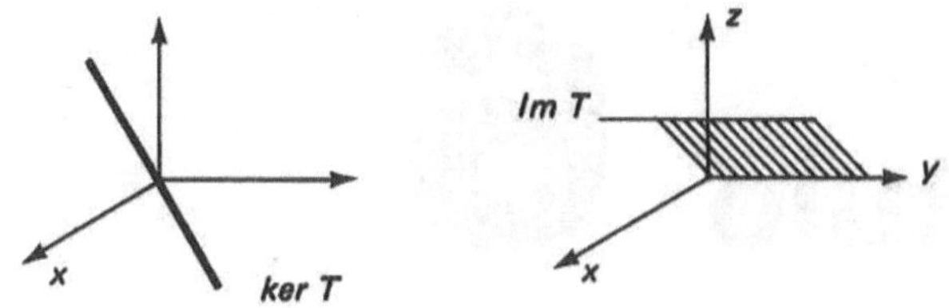

21. *a*) (Veja Exemplo 4 de 4.2.2) base deste espaço: $\{1, x, x^2, x^3\}$
b) (Veja Exemplo 5 de 5.1.2)
c) $ker\ T = \{P(x) = k$ (constante)$\}$ base: $\{1\}$
$Im\ T = \{P(x) = ax^2 + bx + c,\ a, b, c \in \mathbf{R}\}$ base: $\{1, x, x^2\}$

23. $S(x, y) = \left(y - \frac{3}{2}x,\ y + \frac{x}{2},\ -3x - 2y\right)$.

24. $ker\ T_B = \{x, y, z) \in \mathbf{R}^3;\ x = 0$ e $z = 2y\}$ base: $\{0, 1, -2)\}$
$Im\ T_B = [(0, 1, 0), (0, 1, -1)]$ base: $\{(0, 1, 0), (0, 1, -1)\}$
$ker\ T_A = [(1, 0)]$ $Im\ T_A = [(1, 2, 1)]$
$ker\ T_B \circ T_A = [(1, 0)]$ $Im\ T_B \circ T_A = [(0, 0, 1)]$

25. *a*) $T(x, y) = \frac{1}{5}(-4x + 3y, 3x - 4y)$

b) α pode ser qualquer base $\{v_1, v_2\}$ tal que v_1 pertença à reta e v_1 e v_2 sejam perpendiculares, por exemplo, $\alpha = \{(1, 3), (-3, 1)\}$

27. *a*) $T(x, y, z) = \frac{1}{7}(-2x - 6y - 3z, -6x + 3y - 2z, -3x - 2y + 6z)$

b) γ pode ser qualquer base $\{v_1, v_2, v_3\}$do $\mathbf{R}^3$ tal que v_1 e v_2 pertençam ao plano e v_3 seja normal ao plano dado. Por exemplo, $\gamma = \{(1, 0, -3), (0, 1, -2), (3, 2, 1)\}$.

Leituras Sugeridas e Referências

[1]Gelfand, I. M.; *Lectures in Linear Algebra*; Interscience Publishers, New York, 1961.
[2]Hoffman, K. e Kunze, R.; *Álgebra Linear*; Editora Polígono, São Paulo, 1971.

capítulo 6

Autovalores e Autovetores

6.1 INTRODUÇÃO

Dada uma transformação linear de um espaço vetorial nele mesmo, $T: V \to V$ gostaríamos de saber que vetores seriam levados neles mesmos por esta transformação. Isto é, dada $T: V \to V$, quais são os vetores $v \in V$ tais que $T(v) = v$? (v é chamado *vetor fixo*). Tentaremos elucidar esta questão, considerando algumas transformações que já foram estudadas no capítulo anterior.

6.1.1 Exemplos

Exemplo 1:

$I: \mathbf{R}^2 \to \mathbf{R}^2$ (Aplicação identidade)
$(x, y) \mapsto (x, y)$
Neste caso, todo $\mathbf{R}^2$ é fixo uma vez que $I(x, y) = (x, y)$, para todo $(x, y) \in \mathbf{R}^2$.

Exemplo 2:

$r_x: \mathbf{R}^2 \to \mathbf{R}^2$ (Reflexão no eixo-x)
$(x, y) \mapsto (x, -y)$ ou

$$\begin{bmatrix} x \\ y \end{bmatrix} \longmapsto \begin{bmatrix} 1 & 0 \\ 0 & -1 \end{bmatrix} \begin{bmatrix} x \\ y \end{bmatrix}$$

Geometricamente

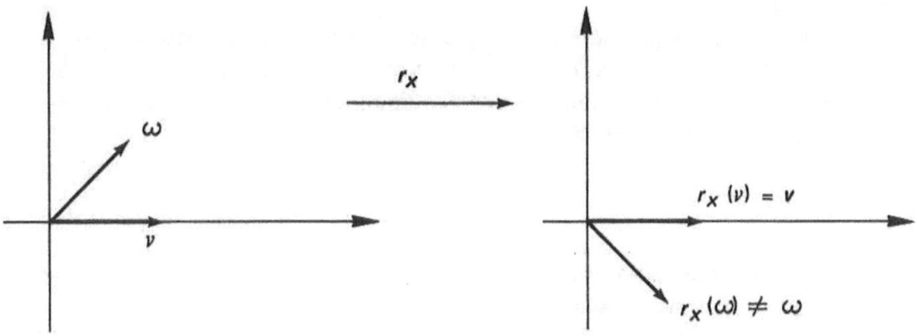

Figura 6.1.1

Intuitivamente podemos notar que todo vetor pertencente ao eixo-x é mantido fixo pela transformação r_x. De fato:

$$\begin{bmatrix} 1 & 0 \\ 0 & -1 \end{bmatrix} \begin{bmatrix} x \\ 0 \end{bmatrix} = \begin{bmatrix} x \\ 0 \end{bmatrix},$$

ou seja, $r_x(x, 0) = (x, 0)$.

Ainda mais, estes vetores são os únicos com esta propriedade, visto que, procurando vetores $\begin{bmatrix} x \\ y \end{bmatrix}$ tais que

$$\begin{bmatrix} 1 & 0 \\ 0 & -1 \end{bmatrix} \begin{bmatrix} x \\ y \end{bmatrix} = \begin{bmatrix} x \\ y \end{bmatrix}$$

caímos no seguinte sistema:

$$\begin{cases} x + 0y = x \\ 0x - y = y \end{cases}$$

ou

$$\begin{cases} x = x \\ -y = y \end{cases}$$

As únicas soluções deste sistema são vetores do tipo $(x, 0)$, ou seja, são os vetores pertencentes ao eixo-x.

Exemplo 3:

$N: \mathbf{R}^2 \to \mathbf{R}^2$ (Aplicação nula)
$(x, y) \mapsto (0, 0)$

Neste caso, o único vetor que é fixo pela aplicação dada é o vetor nulo, $N(0, 0) = (0, 0)$.

Passaremos agora para o seguinte problema: Dada uma transformação linear de um espaço vetorial $T: V \to V$, estamos interessados em saber quais vetores são levados em um múltiplo de si mesmo; isto é, procuramos um vetor $\mathbf{v} \in V$ e um escalar $\lambda \in \mathbf{R}$ tais que

$$T(\mathbf{v}) = \lambda \mathbf{v}$$

Neste caso $T(\mathbf{v})$ será um vetor de mesma "direção" que $\mathbf{v}$. Por vetores de mesma "direção" estaremos entendendo vetores sobre a mesma reta suporte.

Como $\mathbf{v} = 0$ satisfaz a equação para todo λ, estaremos interessados em determinar vetores $\mathbf{v} \neq 0$ satisfazendo a condição acima. O escalar λ será chamado *autovalor* ou *valor característico de T* e o vetor $\mathbf{v}$ um *autovetor* ou *vetor característico de T*. Vamos formalizar este conceito.

Passaremos doravante a dar a designação usual de *operador* linear para uma transformação linear $T: V \to V$ (de um espaço vetorial nele mesmo).

6.1.2 Definição: Seja $T: V \to V$ um operador linear. Se existirem $\mathbf{v} \in V$, $\mathbf{v} \neq 0$, e $\lambda \in \mathbf{R}$ tais que $T\mathbf{v} = \lambda \mathbf{v}$, λ é um *autovalor* de T e $\mathbf{v}$ um *autovetor* de T associado a λ.

Observe que λ pode ser o número 0, embora $\mathbf{v}$ não possa ser o vetor nulo. Daremos a seguir exemplos de como calcular autovalores e autovetores, usando a definição.

6.1.3 Exemplos

Exemplo 1:

$T: \mathbf{R}^2 \to \mathbf{R}^2$
$\mathbf{v} \mapsto 2\mathbf{v}$

$$\begin{bmatrix} x \\ y \end{bmatrix} \longmapsto \begin{bmatrix} 2 & 0 \\ 0 & 2 \end{bmatrix} \begin{bmatrix} x \\ y \end{bmatrix} = \begin{bmatrix} 2x \\ 2y \end{bmatrix} = 2\begin{bmatrix} x \\ y \end{bmatrix}$$

Neste caso, 2 é um autovalor de T e qualquer $(x, y) \neq (0, 0)$ é um autovetor de T associado ao autovalor 2. Observe geometricamente:

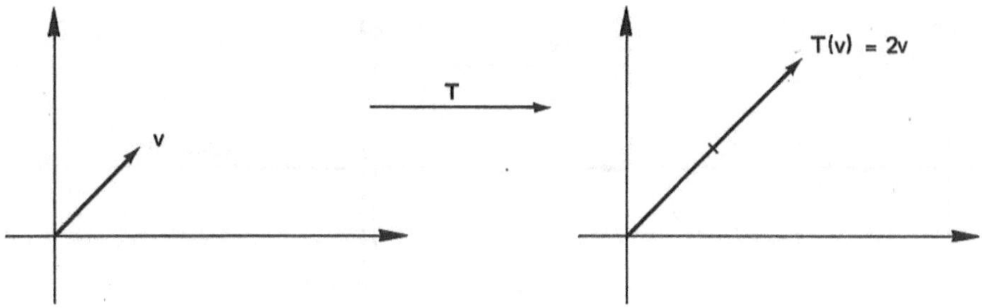

Figura 6.1.2

De um modo geral toda transformação

$T: \mathbf{R}^2 \to \mathbf{R}^2$
$v \mapsto \alpha v, \ \alpha \neq 0$

tem α como autovalor e qualquer $(x, y) \neq (0, 0)$ como autovetor correspondente. Observe que $T(v)$ é sempre um vetor de mesma direção que v. Ainda mais, se:

i) $\alpha < 0$, T inverte o sentido do vetor.
ii) $|\alpha| > 1$, T dilata o vetor.
iii) $|\alpha| < 1$, T contrai o vetor.
iv) $\alpha = 1$, T é a identidade.

Exemplo 2:

$r_x: \mathbf{R}^2 \to \mathbf{R}^2$ (Reflexão no eixo-x)
$(x, y) \mapsto (x, -y)$

$$\begin{bmatrix} x \\ y \end{bmatrix} \longmapsto \begin{bmatrix} 1 & 0 \\ 0 & -1 \end{bmatrix} \begin{bmatrix} x \\ y \end{bmatrix}.$$

Os vetores da forma $\begin{bmatrix} 0 \\ y \end{bmatrix}$ são tais que

$$\begin{bmatrix} 1 & 0 \\ 0 & -1 \end{bmatrix} \begin{bmatrix} 0 \\ y \end{bmatrix} = \begin{bmatrix} 0 \\ -y \end{bmatrix} = -1 \begin{bmatrix} 0 \\ y \end{bmatrix}.$$

Assim, todo vetor $(0, y)$, $y \neq 0$, é autovetor de r_x com autovalor $\lambda = -1$. Como já vimos no Exemplo 2 da seção 6.1.1 os vetores $(x, 0)$ são fixos por esta transformação, $r_x(x, 0) = 1(x, 0)$, ou seja, $(x, 0)$ são autovetores correspondentes ao autovalor 1.

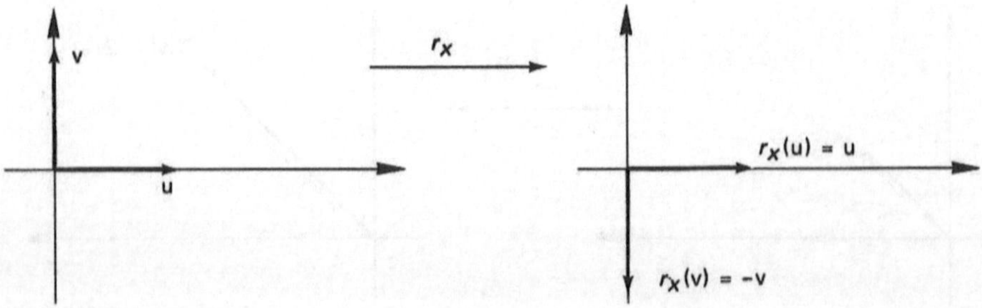

Figura 6.1.3

Exemplo 3:

$T: \mathbf{R}^2 \to \mathbf{R}^2$ (Rotação de 90° em torno da origem)
$(x, y) \mapsto (-y, x)$

$$\begin{bmatrix} x \\ y \end{bmatrix} \to \begin{bmatrix} 0 & -1 \\ 1 & 0 \end{bmatrix} \begin{bmatrix} x \\ y \end{bmatrix} = \begin{bmatrix} -y \\ x \end{bmatrix}$$

Note que nenhum vetor diferente de zero é levado por T num múltiplo de si mesmo. Logo, T não tem nem autovalores nem autovetores.

Este é um exemplo de que nem todo operador linear possui autovalores e autovetores. Este fato será comentado melhor posteriormente (veja o Exemplo 2 de 6.2.2)

Exemplo 4:

Seja $\mathbf{A} = \begin{bmatrix} 2 & 2 \\ 0 & 1 \end{bmatrix}$.

Então $\mathbf{A} \cdot \begin{bmatrix} x \\ y \end{bmatrix} = \begin{bmatrix} 2 & 2 \\ 0 & 1 \end{bmatrix} \begin{bmatrix} x \\ y \end{bmatrix} = \begin{bmatrix} 2x + 2y \\ y \end{bmatrix}$

e $T_{\mathbf{A}}(x, y) = (2x + 2y, y)$.

Para procurar os autovetores e autovalores de $T_{\mathbf{A}}$ resolvemos a equação $T_{\mathbf{A}}(\mathbf{v}) = \lambda \mathbf{v}$ ou

$$\begin{bmatrix} 2x + 2y \\ y \end{bmatrix} = \lambda \begin{bmatrix} x \\ y \end{bmatrix} = \begin{bmatrix} \lambda x \\ \lambda y \end{bmatrix}$$

Assim, temos o sistema de equações

$$\begin{cases} 2x + 2y = \lambda x \\ \quad\quad y = \lambda y \end{cases}$$

Consideremos os casos quando *i*) $y \neq 0$ e *ii*) $y = 0$.

i) Se $y \neq 0$, então da segunda equação $\lambda = 1$.

Logo $2x + 2y = x$ e $y = -\frac{1}{2}x$. Obtemos assim, para o autovalor $\lambda = 1$, os autovetores do tipo $(x, -\frac{1}{2}x)$, $x \neq 0$. Em outras palavras, como $T(x, -\frac{1}{2}x) = 1(x, -\frac{1}{2}x)$, os vetores sobre a reta $x = -2y$ são mantidos fixos pela transformação T.

ii) Se $y = 0$, x deve ser diferente de 0, pois senão o autovalor (x, y) seria nulo, o que não pode acontecer pela definição de autovetor. Da primeira equação, $2x + 0 = \lambda x$ ou $\lambda = 2$. Portanto, outro autovalor é 2 e qualquer vetor não nulo $(x, 0)$ é um autovetor correspondente. Então, todos os vetores sobre o eixo-x são levados em vetores de mesma direção: $T(x, 0) = (2x, 0)$ ou $T(\mathrm{v}) = 2\mathrm{v}$.

Temos assim, para esta transformação T, autovetores $(x, -\frac{1}{2}x)$, $x \neq 0$, associados ao autovalor 1 e autovetores $(x, 0)$, $x \neq 0$, associados ao autovalor 2. Todos os outros vetores do plano são levados por T em vetores de direções diferentes.

6.1.4 Teorema: Dada uma transformação $T: V \to V$ e um autovetor v associado a um autovalor λ, qualquer vetor $w = \alpha\mathrm{v}$ $(\alpha \neq 0)$ também é autovetor de T associado a λ.

Observe isto nos exemplos e mostre que em geral isto é válido. Mais ainda, mostre que o conjunto formado pelos autovetores associados a um autovalor λ e o vetor nulo é um subespaço vetorial de V, isto é, $V_\lambda = \{\mathrm{v} \in V: T(\mathrm{v}) = \lambda\mathrm{v}\}$ é subespaço de V. (Veja o Exercício 20 da secção 6.3). Vamos dar um nome a este subespaço.

6.1.5 Definição: O subespaço $V_\lambda = \{\mathrm{v} \in V: T(\mathrm{v}) = \lambda\mathrm{v}\}$ é chamado o *subespaço associado ao autovalor* λ.

As noções de autovetor e autovalor de uma transformação linear (ou matriz) são fundamentais por exemplo em Física Atômica porque os níveis de energia dos átomos e moléculas são dados por autovalores de determinadas matrizes. Também o estudo dos fenômenos de vibração, análise de estabilidade de um avião e muitos outros problemas de Física levam à procura de autovalores e autovetores de matrizes.

No Capítulo 12 você terá uma idéia de como as noções de espaço vetorial, autovalores e autovetores são utilizadas na resolução de sistemas de equações diferenciais, e muitas situações físicas são descritas por um sistema de equações diferenciais. (Veja o Exemplo 3 de 12.2.1 e os Exercícios de 12.4.)

Outra aplicação importante que estamos visando é a classificação de cônicas e quádricas que será vista no Capítulo 11. Nela, autovalores e autovetores serão usados para "normalizar" formas quadráticas. Mais especificamente, eles serão usados para encontrar mudanças de referencial que permitam identificar quais as figuras geométricas que representam certas equações no plano e no espaço.

6.1.6 Autovalores e Autovetores de uma Matriz

Dada uma matriz quadrada, **A**, de ordem n, estaremos entendendo por *autovalor e autovetor de* **A** autovalor e autovetor da transformação linear $T_{\mathbf{A}}: \mathbf{R}^n \to \mathbf{R}^n$, associada à matriz **A** em relação à base canônica, isto é, $T_{\mathbf{A}}(\mathbf{v}) = \mathbf{A} \cdot \mathbf{v}$ (na forma coluna). Assim, um autovalor $\lambda \in \mathbf{R}$ de **A**, e um autovetor $\mathbf{v} \in \mathbf{R}^n$, são soluções da equação $\mathbf{A} \cdot \mathbf{v} = \lambda \mathbf{v}$, $\mathbf{v} \neq 0$.

Exemplo: Dada a matriz diagonal

$$\mathbf{A} = \begin{bmatrix} a_{11} & 0 & \dots & 0 \\ 0 & a_{22} & \dots & 0 \\ \vdots & \vdots & & \vdots \\ 0 & 0 & \dots & a_{nn} \end{bmatrix}$$

e dados os vetores $\mathbf{e}_1 = (1, 0, ..., 0)$, $\mathbf{e}_2 = (0, 1, 0, ..., 0)$, ..., $\mathbf{e}_n = (0, 0, ..., 0, 1)$, temos

$$\mathbf{A} \cdot \mathbf{e}_1 = \begin{bmatrix} a_{11} \\ 0 \\ \vdots \\ 0 \end{bmatrix} = a_{11}\mathbf{e}_1 \quad \text{e em geral,}$$

$\mathbf{A} \cdot \mathbf{e}_i = a_{ii}\mathbf{e}_i$. Então, estes vetores da base canônica de R^n são autovetores para **A**, e o autovetor $\mathbf{e}_i$ é associado ao autovalor a_{ii}.

Veremos na próxima secção que dada uma transformação linear $T: V \to V$ e fixada uma base β podemos reduzir o problema de encontrar autovalores e autovetores para T à determinação de autovalores para a matriz $[T]^{\beta}_{\beta}$.

6.2 POLINÔMIO CARACTERÍSTICO

Observamos nos exemplos da seção anterior que se nos basearmos nas definições de autovalor e autovetor, para efetuar os cálculos que determinam seus valores, estaremos adotando um procedimento muito complicado. Por isto vamos procurar um método prático para encontrar autovalores e autovetores de uma matriz real **A** de ordem n. Faremos um exemplo para o caso em que $n = 3$, e em seguida generalizaremos para n qualquer.

Exemplo:

$$\mathbf{A} = \begin{bmatrix} 4 & +2 & 0 \\ -1 & 1 & 0 \\ 0 & 1 & 2 \end{bmatrix}$$

Procuramos vetores $\mathbf{v} \in \mathbf{R}^3$ e escalares $\lambda \in \mathbf{R}$ tais que $\mathbf{A} \cdot \mathbf{v} = \lambda \mathbf{v}$. Observe que se **I** for a matriz identidade de ordem 3, então a equação acima pode ser escrita na forma $\mathbf{Av} = (\lambda \mathbf{I})\mathbf{v}$, ou ainda, $(\mathbf{A} - \lambda \mathbf{I})\mathbf{v} = 0$.
Escrevendo explicitamente

$$\left(\begin{bmatrix} 4 & 2 & 0 \\ -1 & 1 & 0 \\ 0 & 1 & 2 \end{bmatrix} - \begin{bmatrix} \lambda & 0 & 0 \\ 0 & \lambda & 0 \\ 0 & 0 & \lambda \end{bmatrix} \right) \begin{bmatrix} x \\ y \\ z \end{bmatrix} = \begin{bmatrix} 0 \\ 0 \\ 0 \end{bmatrix}$$

Temos então a seguinte equação matricial:

$$\begin{bmatrix} 4-\lambda & 2 & 0 \\ -1 & 1-\lambda & 0 \\ 0 & 1 & 2-\lambda \end{bmatrix} \begin{bmatrix} x \\ y \\ z \end{bmatrix} = \begin{bmatrix} 0 \\ 0 \\ 0 \end{bmatrix}$$

Se escrevermos explicitamente o sistema de equações lineares equivalente a esta equação matricial, iremos obter um sistema de três equações e três incógnitas. Se o determinante da matriz dos coeficientes for diferente de zero, saberemos que este sistema tem uma única solução, que é a solução nula, ou seja $x = y = z = 0$. (Veja a observação final de 3.7.2.) Mas estamos interessados em calcular os autovetores de **A**, isto é, vetores $\mathbf{v} \neq 0$, tais que $(\mathbf{A} - \lambda \mathbf{I})\mathbf{v} = 0$. Neste caso $\det(\mathbf{A} - \lambda \mathbf{I})$ deve ser zero, ou seja

$$\begin{bmatrix} 4-\lambda & 2 & 0 \\ -1 & 1-\lambda & 0 \\ 0 & 1 & 2-\lambda \end{bmatrix} = 0$$

E portanto $-\lambda^3 + 7\lambda^2 - 16\lambda + 12 = 0$.

Vemos que $\det(\mathbf{A} - \lambda\mathbf{I})$ é um polinômio em λ. Este polinômio é chamado o polinômio característico de **A**. Continuando a resolução, temos
$(\lambda - 2)^2 (\lambda - 3) = 0$.

Logo $\lambda = 2$ e $\lambda = 3$ são as raízes do polinômio característico de **A**, e portanto os autovalores da matriz **A** são 2 e 3. Conhecendo os autovalores podemos encontrar os autovetores correspondentes. Resolvendo a equação $\mathbf{A}\mathbf{v} = \lambda\mathbf{v}$, para os casos:

i) $\lambda = 2$

$$\begin{bmatrix} 4 & 2 & 0 \\ -1 & 1 & 0 \\ 0 & 1 & 2 \end{bmatrix}\begin{bmatrix} x \\ y \\ z \end{bmatrix} = 2\begin{bmatrix} x \\ y \\ z \end{bmatrix} \Rightarrow \begin{cases} 4x + 2y = 2x \\ -x + y = 2y \\ y + 2z = 2z \end{cases}$$

A terceira equação implica que $y = 0$ e por isso vemos na segunda que $x = 0$. Como nenhuma equação impõe uma restrição em z, os autovetores associados a $\lambda = 2$ são do tipo $(0, 0, z)$, ou seja, pertencem ao subespaço $[(0, 0, 1)]$.

ii) $\lambda = 3$

Resolvendo a equação $\mathbf{A}\mathbf{v} = 3\mathbf{v}$, temos

$$\begin{cases} 4x + 2y = 3x \\ -x + y = 3y \\ y + 2z = 3z \end{cases}$$

Tanto da primeira equação quanto da segunda vemos que $x = -2y$ e da terceira vem $z = y$. Os autovetores associados ao autovalor $\lambda = 3$ são do tipo $(-2y, y, y)$, ou seja, pertencem ao subespaço $[(-2, 1, 1)]$.

6.2.1. O que fizemos neste exemplo com uma matriz **A** de ordem 3, pode ser generalizado. Seja **A** uma matriz de ordem n. Quais são os autovalores e autovetores correspondentes de **A**? São exatamente aqueles que satisfazem a equação $\mathbf{A}\mathbf{v} = \lambda\mathbf{v}$ ou $\mathbf{A}\mathbf{v} = (\lambda\mathbf{I})\mathbf{v}$ ou ainda $(\mathbf{A} - \lambda\mathbf{I})\mathbf{v} = 0$. Escrevendo esta equação explicitamente, temos

Escrevendo esta equação explicitamente, temos

$$\begin{bmatrix} a_{11} - \lambda & a_{12} & \dots & a_{1n} \\ a_{21} & a_{22} - \lambda & \dots & a_{2n} \\ \vdots & \vdots & & \vdots \\ a_{n1} & a_{n2} & \dots & a_{nn} - \lambda \end{bmatrix}\begin{bmatrix} x_1 \\ x_2 \\ \vdots \\ x_n \end{bmatrix} = \begin{bmatrix} 0 \\ 0 \\ \vdots \\ 0 \end{bmatrix}$$

Chamemos de **B** a primeira matriz acima. Então $\mathbf{B} \cdot \mathbf{v} = 0$. Se $\det \mathbf{B} \neq 0$, sabemos que o posto da matriz **B** é n e portanto o sistema de equações lineares homogêneo indicado acima tem uma única solução. Ora, como $x_1 = x_2 = \ldots = x_n = 0$ (ou $\mathbf{v} = 0$) sempre é solução de um sistema homogêneo, então esta única solução seria a nula. Assim, a única maneira de encontrarmos autovetores $\mathbf{v}$ (soluções não nulas da equação acima) é termos $\det \mathbf{B} = 0$, ou seja,

$$\det(\mathbf{A} - \lambda \mathbf{I}) = 0.$$

Impondo esta condição determinamos primeiramente os autovalores λ que satisfazem a equação e depois os autovetores a eles associados. Observamos que

$$P(\lambda) = \det(\mathbf{A} - \lambda \mathbf{I}) = \det \begin{bmatrix} a_{11} - \lambda & \ldots & a_{1n} \\ \vdots & & \vdots \\ a_{n1} & \ldots & a_{nn} - \lambda \end{bmatrix}$$

é um polinômio em λ de grau n.

$P(\lambda) = (a_{11} - \lambda) \ldots (a_{nn} - \lambda) +$ termos de grau $< n$, e os autovalores procurados são as raízes deste polinômio. $P(\lambda)$ é chamado *polinômio característico* da matriz **A**.

Consideremos mais alguns exemplos para fixar melhor o processo envolvido no cálculo de autovalores e autovetores através do polinômio característico.

6.2.2 Exemplos

Exemplo 1:

$$\mathbf{A} = \begin{bmatrix} -3 & 4 \\ -1 & 2 \end{bmatrix}$$

$$\det(\mathbf{A} - \lambda \mathbf{I}) = \det \begin{bmatrix} -3 - \lambda & 4 \\ -1 & 2 - \lambda \end{bmatrix}$$

$$= (-3 - \lambda)(2 - \lambda) + 4$$
$$= \lambda^2 + \lambda - 2 = P(\lambda).$$

$$P(\lambda) = 0 \quad \Rightarrow (\lambda - 1)(\lambda + 2) = 0 \quad \text{ou} \quad \lambda = 1 \quad \text{ou} \quad \lambda = -2.$$

Então os autovalores de **A** são 1 e -2. Procuramos agora os autovetores associados.

i) $\lambda = 1$

Temos

$$\begin{bmatrix} -3 & 4 \\ -1 & 2 \end{bmatrix} \begin{bmatrix} x \\ y \end{bmatrix} = 1 \begin{bmatrix} x \\ y \end{bmatrix}$$

Logo

$$\begin{bmatrix} -3x + 4y \\ -x + 2y \end{bmatrix} = \begin{bmatrix} x \\ y \end{bmatrix} \Longrightarrow \begin{cases} -4x + 4y = 0 \\ -x + y = 0 \end{cases}$$

Então, temos que $x = y$.

Portanto os autovetores associados a $\lambda = 1$ são os vetores $v = (x, x)$, $x \neq 0$.

ii) $\lambda = -2$.

$$\begin{bmatrix} -3 & 4 \\ -1 & 2 \end{bmatrix} \begin{bmatrix} x \\ y \end{bmatrix} = -2 \begin{bmatrix} x \\ y \end{bmatrix} \quad \text{ou} \quad \begin{bmatrix} -3x + 4y \\ -x + 2y \end{bmatrix} = \begin{bmatrix} -2x \\ -2y \end{bmatrix}$$

Então

$$\begin{cases} -x + 4y = 0 \\ -x + 4y = 0 \end{cases} \quad \text{ou} \quad x = 4y.$$

Os autovetores correspondentes ao autovalor $\lambda = -2$ são da forma

$v = (4y, y)$, $y \neq 0$ (ou $v = (x, \frac{1}{4}x)$).

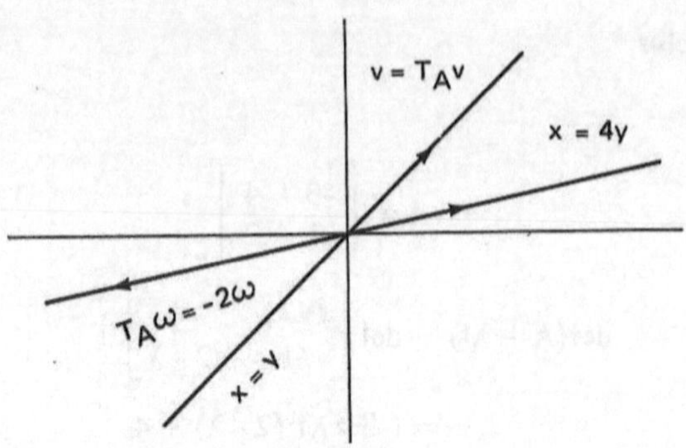

Figura 6.2.1

As retas acima são "invariantes" em relação a esta aplicação.

Exemplo 2:

$$\mathbf{A} = \begin{bmatrix} \sqrt{3} & -1 \\ 1 & \sqrt{3} \end{bmatrix}$$

$$P(\lambda) = \det(\mathbf{A} - \lambda \mathbf{I}) = \det \begin{bmatrix} \sqrt{3} - \lambda & -1 \\ 1 & \sqrt{3} - \lambda \end{bmatrix}$$

$$= (\sqrt{3} - \lambda)^2 + 1$$

$$= \lambda^2 - 2\sqrt{3}\,\lambda + 4.$$

$P(\lambda) = 0$ não admite raiz real ($\Delta = -4$), logo a matriz **A** não admite autovalores (nem autovetores). Isto significa que a transformação dada pela matriz **A** não preserva a direção de nenhum vetor. $T_\mathbf{A}(\mathrm{v}) \neq \lambda \mathrm{v}$, $\mathrm{v} \neq 0$.
Geometricamente, como

$$\mathbf{A} = \begin{bmatrix} \sqrt{3} & -1 \\ 1 & \sqrt{3} \end{bmatrix} = \begin{bmatrix} 2 & 0 \\ 0 & 2 \end{bmatrix} \begin{bmatrix} \frac{\sqrt{3}}{2} & \frac{-1}{2} \\ \frac{1}{2} & \frac{\sqrt{3}}{2} \end{bmatrix}$$

$$= \begin{bmatrix} 2 & 0 \\ 0 & 2 \end{bmatrix} \begin{bmatrix} \cos 30^\circ & -\text{sen}\, 30^\circ \\ \text{sen}\, 30^\circ & \cos 30^\circ \end{bmatrix},$$

a transformação $T_\mathbf{A}$ dada pela matriz **A** é uma rotação de 30° composta com uma dilatação.

$$T_\mathbf{A}(x, y) = (\sqrt{3}\, x - y,\ x + \sqrt{3}\, y)$$
$$T_\mathbf{A}(1, 0) = (\sqrt{3}, 1) \quad \text{e} \quad T_\mathbf{A}(0, 1) = (-1, \sqrt{3}).$$

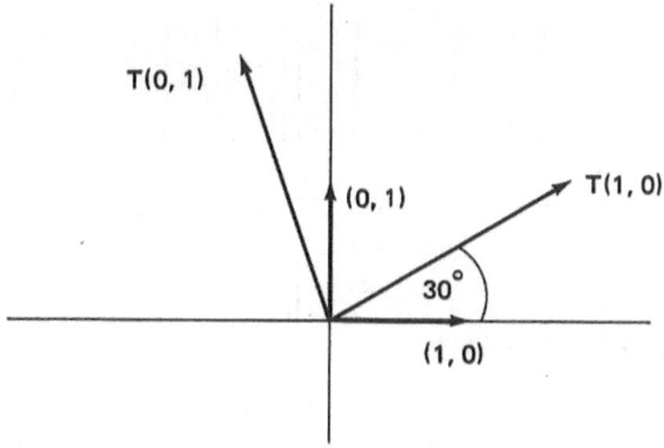

Figura 6.2.2

6.2.3 Observação

Observe que se estivéssemos trabalhando com um espaço vetorial complexo (isto é, os escalares são números complexos), o polinômio característico $P(\lambda) = \lambda^2 - 2\sqrt{3}\,\lambda + 4$ do exemplo anterior teria as raízes $\lambda = \sqrt{3} + i$ e $\lambda = \sqrt{3} - i$. Os autovetores encontrados, da mesma maneira que no caso real, são do tipo $(x, -ix)$ e (x, ix) respectivamente. Assim, toda aplicação linear sobre espaços vetoriais complexos sempre admite autovalores, uma vez que seu polinômio característico sempre admite raiz. Neste caso não se tem a visão geométrica de autovetor como vetor que tem sua direção preservada pelo operador. Veremos no Capítulo 12 que autovalores e autovetores complexos aparecem na resolução de um sistema de equações diferenciais, provindo de uma situação real.

6.2.4 Vamos apresentar agora duas matrizes que têm o mesmo polinômio característico e, portanto, os mesmos autovalores, porém, com autovetores diferentes. Além disso, vamos resolver os sistemas de equações lineares que nos dão os autovetores usando matrizes escalonadas.

6.2.5 Exemplos

Exemplo 1:

$$\mathbf{A} = \begin{bmatrix} 3 & 0 & -4 \\ 0 & 3 & 5 \\ 0 & 0 & -1 \end{bmatrix} \quad \text{e} \quad \mathbf{A} - \lambda\mathbf{I} = \begin{bmatrix} 3-\lambda & 0 & -4 \\ 0 & 3-\lambda & 5 \\ 0 & 0 & -1-\lambda \end{bmatrix}$$

Então, $P(\lambda) = \det(\mathbf{A} - \lambda\mathbf{I}) = (3 - \lambda)^2\,(-1 - \lambda)$.

Os autovalores de $\mathbf{A}$ são $\lambda_1 = 3$ e $\lambda_2 = -1$.

i) Autovetores associados a $\lambda_1 = 3$

$$\begin{bmatrix} 3 & 0 & -4 \\ 0 & 3 & 5 \\ 0 & 0 & -1 \end{bmatrix} \begin{bmatrix} x \\ y \\ z \end{bmatrix} = 3 \begin{bmatrix} x \\ y \\ z \end{bmatrix}$$

$$\begin{cases} 3x - 4z = 3x \\ 3y + 5z = 3y \\ -z = 3z \end{cases} \Rightarrow \begin{cases} -4z = 0 \\ 5z = 0 \\ -4z = 0 \end{cases}$$

Matriz ampliada do sistema:

$$\begin{bmatrix} 0 & 0 & -4 & 0 \\ 0 & 0 & 5 & 0 \\ 0 & 0 & -4 & 0 \end{bmatrix} \sim \begin{bmatrix} 0 & 0 & 1 & 0 \\ 0 & 0 & 5 & 0 \\ 0 & 0 & -4 & 0 \end{bmatrix} \sim \begin{bmatrix} 0 & 0 & 1 & 0 \\ 0 & 0 & 0 & 0 \\ 0 & 0 & 0 & 0 \end{bmatrix}$$

A solução é: $z = 0$ e x, y quaisquer.
Portanto os autovetores são do tipo $\mathbf{v} = (x, y, 0)$.

ii) Autovetores associados a $\lambda_2 = -1$.

$$\begin{bmatrix} 3 & 0 & -4 \\ 0 & 3 & 5 \\ 0 & 0 & -1 \end{bmatrix} \begin{bmatrix} x \\ y \\ z \end{bmatrix} = -1 \begin{bmatrix} x \\ y \\ z \end{bmatrix} \Longrightarrow \begin{cases} 3x \quad\quad - 4z = -x \\ \quad\quad 3y - 5z = -y \\ \quad\quad\quad\quad -z = -z \end{cases}$$

$$\Longrightarrow \begin{cases} 4x \quad\quad - 4z = 0 \\ \quad\quad 4y - 5z = 0 \\ \quad\quad\quad\quad 0 = 0 \end{cases}$$

Matriz ampliada do sistema:

$$\begin{bmatrix} 4 & 0 & -4 & 0 \\ 0 & 4 & -5 & 0 \\ 0 & 0 & 0 & 0 \end{bmatrix} \sim \begin{bmatrix} 1 & 0 & -1 & 0 \\ 0 & 4 & -5 & 0 \\ 0 & 0 & 0 & 0 \end{bmatrix} \sim \begin{bmatrix} 1 & 0 & -1 & 0 \\ 0 & 1 & \frac{-5}{4} & 0 \\ 0 & 0 & 0 & 0 \end{bmatrix} \Longrightarrow$$

$$\Longrightarrow \begin{cases} x \quad - \quad z = 0 \\ \quad y - \frac{5}{4} z = 0 \\ \quad\quad 0z = 0 \end{cases}$$

Solução: $x = z$, $y = \frac{5}{4} z$, z qualquer.

Os autovetores são do tipo $\mathbf{v} = (z, \frac{5}{4} z, z)$, $z \neq 0$.

Exemplo 2:

$$\mathbf{A} = \begin{bmatrix} 3 & -3 & -4 \\ 0 & 3 & 5 \\ 0 & 0 & -1 \end{bmatrix}$$

$$P(\lambda) = \begin{bmatrix} 3-\lambda & -3 & -4 \\ 0 & 3-\lambda & 5 \\ 0 & 0 & -1-\lambda \end{bmatrix} = (3-\lambda)^2 \, (-1-\lambda).$$

Observe que este polinômio é o mesmo que o do exemplo anterior. Então os autovalores são $\lambda_1 = 3$ e $\lambda_2 = -1$.

i) Para $\lambda_1 = 3$

$$\begin{bmatrix} 3 & -3 & -4 \\ 0 & 3 & 5 \\ 0 & 0 & -1 \end{bmatrix}\begin{bmatrix} x \\ y \\ z \end{bmatrix} = 3\begin{bmatrix} x \\ y \\ z \end{bmatrix} \Longrightarrow \begin{cases} 3x - 3y - 4z = 3x \\ 3y + 5z = 3y \\ -z = 3z \end{cases} \Longrightarrow$$

$$\Longrightarrow \begin{cases} -3y - 4z = 0 \\ 5z = 0 \\ -4z = 0 \end{cases}$$

$$\begin{bmatrix} 0 & -3 & -4 & 0 \\ 0 & 0 & 5 & 0 \\ 0 & 0 & -4 & 0 \end{bmatrix} \sim \begin{bmatrix} 0 & 1 & \frac{4}{3} & 0 \\ 0 & 0 & 5 & 0 \\ 0 & 0 & -4 & 0 \end{bmatrix} \sim \begin{bmatrix} 0 & 1 & \frac{4}{3} & 0 \\ 0 & 0 & 1 & 0 \\ 0 & 0 & -4 & 0 \end{bmatrix} \sim$$

$$\sim \begin{bmatrix} 0 & 1 & 0 & 0 \\ 0 & 0 & 1 & 0 \\ 0 & 0 & 0 & 0 \end{bmatrix}$$

$y = 0$, $z = 0$, x qualquer.

Os autovetores são do tipo $v = (x, 0, 0)$, $x \neq 0$.

ii) Para $\lambda_2 = -1$

$$\begin{cases} 3x - 3y - 4z = -x \\ 3y + 5z = -y \\ -z = -z \end{cases} \Longrightarrow \begin{cases} 4x - 3y - 4z = 0 \\ 4y + 5z = 0 \\ 0 = 0 \end{cases}$$

$$\begin{bmatrix} 4 & -3 & 4 & 0 \\ 0 & 4 & 5 & 0 \\ 0 & 0 & 0 & 0 \end{bmatrix} \sim \begin{bmatrix} 1 & -\frac{3}{4} & 1 & 0 \\ 0 & 4 & 5 & 0 \\ 0 & 0 & 0 & 0 \end{bmatrix} \sim \begin{bmatrix} 1 & -\frac{3}{4} & 1 & 0 \\ 0 & 1 & \frac{5}{4} & 0 \\ 0 & 0 & 0 & 0 \end{bmatrix} \sim$$

$$\sim \begin{bmatrix} 1 & 0 & \frac{31}{16} & 0 \\ 0 & 1 & \frac{5}{4} & 0 \\ 0 & 0 & 0 & 0 \end{bmatrix}$$ e vemos que

$x = -\frac{31}{16} z$, $y = -\frac{5}{4} z$, z qualquer.

Os autovetores são do tipo $v = (-\frac{31}{16} z, -\frac{5}{4} z, z)$, $z \neq 0$.

6.2.6 Nesta secção definimos polinômio característico de uma matriz, ou seja, da transformação linear $T: \mathbf{R}^n \to \mathbf{R}^n$ a ela associada como em 6.1.6.

Podemos estender este conceito para qualquer transformação linear $T: V \to V$, partindo do seguinte argumento.

Seja β uma base de V, então temos as equivalências:

$$Tv = \lambda v \iff$$
$$[T]^\beta_\beta [v]_\beta = \lambda [v]_\beta \iff$$
$$\left[[T]^\beta_\beta - \lambda I\right][v]_\beta = 0 \iff$$
$$\det([T]^\beta_\beta - \lambda I) = 0$$

Observamos que a última condição é dada por $P(\lambda) = 0$ onde $P(\lambda)$ é o polinômio característico da matriz $[T]^\beta_\beta$ conforme o conceito dado em 6.2.1. Neste caso $P(\lambda)$ também será chamado *polinômio característico da transformação T* e suas raízes serão os autovalores de T. O fator fundamental nesta definição é sua independência da base β escolhida.

De fato, seja α uma outra base de V e $A = [T]^\alpha_\alpha$. Então (veja 5.4.10),

$$\det([T]^\alpha_\alpha - \lambda I) = \det(A[T]^\beta_\beta A^{-1} - \lambda AIA^{-1}) = \det[A([T]^\beta_\beta - \lambda I) \cdot A^{-1}]$$

$$= \det(A) \cdot \det([T]^\beta_\beta - \lambda I) \cdot \det(A^{-1}) = \det([T]^\beta_\beta - \lambda I) = P(\lambda).$$

6.2.7 Exemplos

Exemplo 1: Seja $T: \mathbf{R}^2 \to \mathbf{R}^2$ dada por $T(x, y) = (-3x + 4y, -x + 2y)$. Procuremos seus autovalores e autovetores. Notemos que se α é a base canônica de $\mathbf{R}^2$

$$[T]^\alpha_\alpha = \begin{bmatrix} -3 & 4 \\ -1 & 2 \end{bmatrix} \text{ e, portanto,}$$

podemos dar o polinômio característico de T como $P(\lambda) = \det([T]^\alpha_\alpha - \lambda I)$. Você pode agora concluir o exemplo copiando de 6.2.2 – Exemplo 1.

Exemplo 2: Seja P_1 o espaço vetorial dos polinômios reais de grau menor ou igual a um e seja $T: P_1 \to P_1$ a transformação linear que leva o polinômio $1 + x$ em $5 + 2x$ e o polinômio $4 + x$ em $-2 \cdot (4 + x)$. Note que $w_1 = 1 + x$ e $w_2 = 4 + x$ são vetores LI, e portanto formam uma base α de P_1 e portanto T está bem definida. Observe ainda que $T(w_1) = w_1 + w_2$ e $T(w_2) = -2w_2$.

Portanto $[T]^{\alpha}_{\alpha} = \begin{bmatrix} 1 & 0 \\ 1 & -2 \end{bmatrix}$.

O polinômio característico é $P(\lambda) = (1 - \lambda)(-2 - \lambda)$ e os autovalores serão, portanto, $\lambda_1 = 1$ e $\lambda_2 = -2$. Calculemos os autovetores associados:

i) $[T]^{\alpha}_{\alpha} \cdot [\mathrm{v}]_{\alpha} = 1[\mathrm{v}]_{\alpha}$ o que implica $[\mathrm{v}]_{\alpha} = \begin{bmatrix} 3a \\ a \end{bmatrix}$, $a \in \mathbf{R}$

ii) $[T]^{\alpha}_{\alpha} [\mathrm{v}]_{\alpha} = -2[\mathrm{v}]_{\alpha}$ o que implica $[\mathrm{v}]_{\alpha} = \begin{bmatrix} 0 \\ b \end{bmatrix}$, $b \in \mathbf{R}$

Assim, os autovetores associados a $\lambda_1 = 1$ são da forma

$$\mathrm{v} = a\mathrm{w}_1 + 3a\mathrm{w}_2 = 13a + 4ax, \quad \forall a$$

Ainda, os autovetores associados a $\lambda_2 = -2$ são da forma

$$\mathrm{v} = 0 \cdot \mathrm{w}_1 + b\mathrm{w}_2 = 4b + bx$$

6.2.8 Vamos aproveitar os exemplos de 6.2.5 para introduzir o conceito de multiplicidade de um autovalor. Chamamos de *multiplicidade algébrica de um autovalor* a quantidade de vezes que ele aparece como raiz do polinômio característico. No Exemplo 1 de 6.2.5 o autovalor $\lambda_1 = 3$ tem multiplicidade algébrica igual a 2. (Ou ainda, 3 é uma raiz dupla do polinômio característico.) No Exemplo 2 o autovalor $\lambda_1 = 3$ tem multiplicidade algébrica 2.

Observe que no Exemplo 1 encontramos para o autovalor $\lambda_1 = 3$ autovetores do tipo $\mathrm{v} = (x, y, 0)$. Note que $\{(x, y, 0) \in \mathbf{R}^3; x, y \in \mathbf{R}\} = \{x(1, 0, 0) + y(0, 1, 0) : x, y \in \mathbf{R}\} = [(1, 0, 0), (0, 1, 0)]$ e portanto a dimensão deste subespaço associado ao autovalor $\lambda_1 = 3$ é 2 (dois vetores LI). Neste caso dizemos que a multiplicidade geométrica de $\lambda_1 = 3$ é 2. Mais precisamente, a *multiplicidade geométrica de um autovalor* λ é a dimensão do subespaço V_{λ} de autovetores associados a λ. No Exemplo 2, o autovalor $\lambda_1 = 3$ tem multiplicidade geométrica 1, visto que a dimensão de $\{(x, 0, 0); x \in \mathbf{R}\} = \{x(1, 0, 0); x \in \mathbf{R}\} = [(1, 0, 0)]$ é 1. Observe ainda que se a multiplicidade algébrica de um autovalor for 1, a multiplicidade geométrica será necessariamente igual a 1.

6.3 EXERCÍCIOS

1. Seja $T : \mathbf{R}^2 \to \mathbf{R}^2$

   $(x, y) \mapsto (y, 2y)$.

   Mostre que $\lambda = 2$ é um autovalor de T e vetores da forma $(x, 2x)$ são os autovetores correspondentes.

Ache os autovalores e autovetores correspondentes das transformações lineares dadas:

2. $T: \mathbf{R}^2 \to \mathbf{R}^2$ tal que $T(x, y) = (2y, x)$

3. $T: \mathbf{R}^2 \to \mathbf{R}^2$ tal que $T(x, y) = (x + y, 2x + y)$

4. $T: \mathbf{R}^3 \to \mathbf{R}^3$ tal que $(x, y, z) \mapsto (x + y, x - y + 2z, 2x + y - z)$

5. $T: P_2 \to P_2$ tal que $T(ax^2 + bx + c) = ax^2 + cx + b$

6. $T: M_2 \to M_2$ tal que $\mathbf{A} \mapsto \mathbf{A}'$ (Isto é, T é a transformação que leva uma matriz na sua transposta.)

7. $T: \mathbf{R}^4 \to \mathbf{R}^4$ tal que $T(x, y, z, w) = (x, x + y, x + y + z, x + y + z + w)$

8. Encontre a transformação linear $T: \mathbf{R}^2 \to \mathbf{R}^2$, tal que T tenha autovalores -2 e 3 associados aos autovetores $(3y, y)$ e $(-2y, y)$ respectivamente.

Ache os autovalores e autovetores correspondentes das matrizes:

9. $\mathbf{A} = \begin{bmatrix} 1 & 2 \\ 0 & -1 \end{bmatrix}$

10. $\mathbf{A} = \begin{bmatrix} 1 & 1 \\ 1 & 1 \end{bmatrix}$

11. $\mathbf{A} = \begin{bmatrix} 1 & 2 & 3 \\ 0 & 1 & 2 \\ 0 & 0 & 1 \end{bmatrix}$

12. $\mathbf{A} = \begin{bmatrix} 3 & -3 & -4 \\ 0 & 3 & 5 \\ 0 & 0 & -1 \end{bmatrix}$

13. $\mathbf{A} = \begin{bmatrix} 1 & 0 & 2 \\ -1 & 0 & 1 \\ 1 & 1 & 2 \end{bmatrix}$

14. $\mathbf{A} = \begin{bmatrix} 1 & 1 & 2 \\ 1 & 2 & 1 \\ 2 & 1 & 1 \end{bmatrix}$

15. $\mathbf{A} = \begin{bmatrix} 0 & 1 & 0 \\ 0 & 0 & 1 \\ -1 & 0 & 0 \end{bmatrix}$

16. $\mathbf{A} = \begin{bmatrix} 1 & 3 & -3 \\ 0 & 4 & 0 \\ -3 & 3 & 1 \end{bmatrix}$

17. $\mathbf{A} = \begin{bmatrix} -1 & -4 & 14 \\ 2 & -7 & 14 \\ 2 & -4 & 11 \end{bmatrix}$

18. $\mathbf{A} = \begin{bmatrix} 2 & 0 & 1 & 0 \\ 0 & 2 & 0 & 1 \\ 12 & 0 & 3 & 0 \\ 0 & -1 & 0 & 0 \end{bmatrix}$

19. Seja $\mathbf{A} = \begin{bmatrix} -1 & -2 & 0 \\ 0 & -1 & 1 \\ 1 & 0 & 0 \end{bmatrix}$. Quais são os autovalores e autovetores de **A** de um espaço vetorial:
a) Real *b*) Complexo

20. Se λ é autovalor da transformação linear $T: V \to V$ e $\mathbf{v}$ é um autovetor associado a ele, mostre que
a) $k\mathbf{v}$ é outro autovetor associado a λ se $k \neq 0$.
b) O conjunto formado pelos autovetores associados a λ e o vetor nulo é subespaço de V.

21. Suponha que λ_1 e λ_2 sejam autovalores distintos e diferentes de zero de $T: \mathbf{R}^2 \to \mathbf{R}^2$. Mostre que
a) Os autovetores $\mathbf{v}_1$ e $\mathbf{v}_2$ correspondentes são LI.
b) $T(\mathbf{v}_1)$ e $T(\mathbf{v}_2)$ são LI.

22. Seja $\mathbf{A} = \begin{bmatrix} 0 & 2 \\ 1 & 1 \end{bmatrix}$.
a) Ache os autovalores de **A** e de $\mathbf{A}^{-1}$.
b) Quais são os autovetores correspondentes?

23. Suponha que λ seja autovalor de $T: V \to V$ com autovetor $\mathbf{v}$ e α um número não nulo. Ache os autovalores e autovetores de αT.

24. Suponha que $\mathbf{v} \in V$ seja autovetor de $T: V \to V$ e $S: V \to V$, ao mesmo tempo com autovalores λ_1 e λ_2 respectivamente. Ache autovetores e autovalores de
a) $S + T$. *b*) $S \circ T$.

25. Seja $T: V \to V$ linear
a) Se $\lambda = 0$ é autovalor de T, mostre que T não é injetora.
b) A recíproca é verdadeira? Ou seja, se T não é injetora, $\lambda = 0$ é autovalor de T?

26. Sejam $\mathbf{A} = \begin{bmatrix} 1 & 2 & 1 \\ 0 & -1 & 1 \\ 0 & 0 & -1 \end{bmatrix}$ e $\mathbf{B} = \begin{bmatrix} 1 & 3 & 1 \\ 0 & 2 & 0 \\ 0 & 0 & 3 \end{bmatrix}$
matrizes inversíveis.
a) Calcule **AB** e **BA** e observe que estes produtos são distintos.
b) Encontre os autovalores de **AB** e os de **BA**. O que você observa?

c) Encontre os autovetores de **AB** e os de **BA**. O que você nota?

d) Motivado pelos itens anteriores, mostre que: se **A** e **B** são matrizes inversíveis de mesma ordem, os autovalores de **AB** e **BA** são os mesmos. Mostre mais ainda: se λ_1 é um autovalor de **AB** com autovetor **v**, então λ_1 é autovalor de **BA** com autovetor **Bv**. Da mesma forma, se λ_2 é um autovalor de **BA** com autovetor **w**, então λ_2 é autovalor de **AB** com autovetor **Aw**.

6.3.1 Respostas

3. $\lambda_1 = 1 + \sqrt{2}, \mathbf{v}_1 = (x, \sqrt{2}x); \lambda_2 = 1 - \sqrt{2}, \mathbf{v}_2 = (x, -\sqrt{2}x)$

5. $\lambda = 1, \mathbf{v} = ax^2 + bx + b$

7. $\lambda = 1, \mathbf{v} = (0, 0, 0, w)$

8. $T(x, y) = (-6y, -x + y)$

9. $\lambda_1 = 1, \mathbf{v}_1 = (x, 0); \lambda_2 = -1, \mathbf{v}_2 = (-y, y)$

11. $\lambda = 1, \mathbf{v} = (x, 0, 0)$

13. $\lambda_1 = 1, \mathbf{v}_1 = (-y, y, 0); \lambda_2 = -1, \mathbf{v}_2 = (x, 2x, -x); \lambda_3 = 3, \mathbf{v}_3 = (x, 0, x)$

16. $\lambda_1 = 4, \mathbf{v}_1 = (y - z, y, z); \lambda_2 = -2, \mathbf{v}_2 = (x, 0, x)$ ou $\lambda_1 = 4,$
$\mathbf{v}_1 = (y, y, 0); \lambda_2 = 4, \mathbf{v}_2 = (-z, 0, z); \lambda_3 = -2, \mathbf{v}_3 = (x, 0, x)$

17. $\lambda_1 = -3, \mathbf{v}_1 = (2y - 7z, y, z); \lambda_2 = 9, \mathbf{v}_2 = (x, x, x)$

18. $\lambda_1 = 1, \mathbf{v}_1 = (0, y, 0, -y); \lambda_2 = -1, \mathbf{v}_2 = (x, 0, -2x, 0); \lambda_3 = 6,$
$\mathbf{v}_3 = (x, 0, 4x, 0)$

19. *a*) $\lambda = -2, \mathbf{v} = (2x, x, -x)$
b) $\lambda_1 = -2, \mathbf{v}_1 = (2x, x, -x); \lambda_2 = i, \mathbf{v}_2 = [(-1 + i)y, y, (1 + i)y];$
$\lambda_3 = -i, \mathbf{v}_3 = [(-1 - i)y, y, (1 - i)y]$

22. *a*) Os de **A** são -1 e 2; os de $\mathbf{A}^{-1}$, -1 e $\frac{1}{2}$.
b) Os de **B** são $(-2y, y)$ e $(x, 2x)$; os de $\mathbf{A}^{-1}$, $(-2y, y)$ e (x, x)

23. Autovalor $\alpha\lambda$ com autovetor **v**.

25. *a*) Como $\lambda = 0$ é autovalor, existe $\mathbf{v} \neq \mathbf{0}$ tal que $T\mathbf{v} = 0 \cdot \mathbf{v} = \mathbf{0}$.
Então $T\mathbf{0} = \mathbf{0}$ e $T\mathbf{v} = \mathbf{0}$. Portanto, T não é injetora.
b) Como T não é injetora, existe $\mathbf{v} \neq w$ tal que $T\mathbf{v} = Tw$.
Então $T\mathbf{v} - Tw = T(\mathbf{v} - w) = \mathbf{0} = 0 \cdot (\mathbf{v} - w)$. Portanto, 0 é autovalor de T com autovetor $\mathbf{v} - w$.

26. *b*) São iguais. $\lambda_1 = 1$, $\lambda_2 = -2$, $\lambda_3 = -3$
c) São diferentes. $\mathbf{v}_1 = (x, 0, 0)$, $\mathbf{v}_2 = (\frac{1}{3} y, y, 0)$, $\mathbf{v}_3 = (\frac{5}{4} z, -2z, z)$

Leituras Sugeridas e Referências

[1] Herstein, I. N.; *Tópicos de Álgebra*, Editora Polígono, São Paulo, 1970.
[2] Hoffman, K. e Kunze, R.; *Álgebra Linear*; Editora Polígono, São Paulo, 1971.

capítulo 7

Diagonalização de Operadores

No Capítulo 5 foram introduzidas as aplicações lineares e as matrizes a elas associadas. Nosso objetivo neste capítulo será encontrar uma base do espaço vetorial na qual a matriz de um determinado operador linear seja a mais simples possível. É fácil deduzir as conveniências práticas de se trabalhar com os operadores, usando tais matrizes. Por muitos motivos, como você verá, a melhor situação possível é aquela em que conseguimos uma matriz diagonal associada a um operador.

7.1 BASE DE AUTOVETORES

Dado um operador linear $T: V \to V$, nosso objetivo é conseguir uma base β de V na qual a matriz do operador nesta base ($[T]_{\beta}^{\beta}$) seja uma matriz diagonal, que é a forma mais simples possível de se representar um operador. Observemos inicialmente a seguinte propriedade dos autovetores.

7.1.1 Teorema: Autovetores associados a autovalores distintos são linearmente independentes.

Prova: (Este teorema será provado para o caso de dois autovalores distintos.)

Sejam λ_1, λ_2 autovalores, $\lambda_1 \neq \lambda_2$, e $\mathbf{v}_1$, $\mathbf{v}_2$ autovetores associados aos autovalores λ_1 e λ_2 respectivamente. Provaremos que $\mathbf{v}_1$ e $\mathbf{v}_2$ são LI.
Seja $a_1\mathbf{v}_1 + a_2\mathbf{v}_2 = \mathbf{0}$. Apliquemos a esta equação a transformação $T - \lambda_2 I$. Usando a linearidade de T e lembrando que $T(\mathbf{v}_i) = \lambda_i\mathbf{v}_i$ e $I\mathbf{v}_i = \mathbf{v}_i$ para $i =$ $= 1, 2$, resulta

$$a_1(\lambda_1 - \lambda_2)\mathbf{v}_1 + a_2(\lambda_2 - \lambda_2)\mathbf{v}_2 = \mathbf{0}$$

ou

$$a_1(\lambda_1 - \lambda_2)\mathbf{v}_1 = \mathbf{0}$$

Como $\mathbf{v}_1 \neq \mathbf{0}$ e $\lambda_1 \neq \lambda_2$, determinamos que $a_1 = 0$.

Voltando à equação original e aplicando $T - \lambda_1 I$, temos

$$a_1(\lambda_1 - \lambda_1)\mathbf{v}_1 + a_2(\lambda_2 - \lambda_1)\mathbf{v}_2 = \mathbf{0}$$

ou

$$a_2(\lambda_2 - \lambda_1)\mathbf{v}_2 = \mathbf{0}.$$

Isto é, $a_2 = 0$. Portanto $\mathbf{v}_1$ e $\mathbf{v}_2$ são LI.

A demonstração deste teorema para o caso geral em que temos $\lambda_1, \lambda_2, ..., \lambda_r$ autovalores distintos é feita de maneira análoga. Partimos da igualdade

$$a_1\mathbf{v}_1 + a_2\mathbf{v}_2 + ... + a_r\mathbf{v}_r = \mathbf{0}$$

e aplicamos os operadores $T - \lambda_i I$ para mostrar que $a_1 = a_2 = ... = a_r = 0$. Por exemplo, para mostrarmos que $a_2 = 0$, aplicamos sucessivamente à equação original os operadores:

$$T - \lambda_1 I,\ T - \lambda_2 I,\ T - \lambda_3 I,\ T - \lambda_4 I,\ ...,\ T - \lambda_r I$$

Uma conseqüência deste teorema que nos interessará particularmente é dada a seguir.

7.1.2 Corolário: Se V é um espaço vetorial de dimensão n e $T: V \to V$ é um operador linear que possui n autovalores distintos, então V possui uma base cujos vetores são todos autovetores de T.

Em outras palavras, se conseguirmos encontrar tantos autovalores distintos quanto for a dimensão do espaço, podemos garantir a existência de uma base de autovetores.

7.1.3 Exemplos

Exemplo 1: Seja $T: \mathbf{R}^2 \to \mathbf{R}^2$ a transformação linear definida por $T(x, y) = (-3x + 4y, -x + 2y)$ cuja matriz em relação à base canônica α é

$$[T]_{\alpha}^{\alpha} = \begin{bmatrix} -3 & 4 \\ -1 & 2 \end{bmatrix}$$

(Veja o Exemplo 1 de 6.2.2.)

Queremos encontrar uma base β de autovetores, se possível, e ainda observar de que tipo é a matriz $[T]_{\beta}^{\beta}$. Desde que $\lambda_1 = 1$ e $\lambda_2 = -2$, e portanto $\lambda_1 \neq \lambda_2$, podemos garantir, pelo corolário anterior, a existência de uma base de autovetores.

De fato, dois autovetores associados a λ_1 e λ_2 são $\mathbf{v}_1 = (1, 1)$ e $\mathbf{v}_2 = (4, 1)$ respectivamente, os quais formam uma base de $\mathbf{R}^2$. Isto é, o espaço admite uma base $\beta = \{\mathbf{v}_1, \mathbf{v}_2\}$ formada por autovetores de T.

Calculemos agora $[T]_{\beta}^{\beta}$. Como $T(\mathbf{v}_1) = 1\mathbf{v}_1 = 1\mathbf{v}_1 + 0\mathbf{v}_2$ e $T(\mathbf{v}_2) = -2\mathbf{v}_2 = 0\mathbf{v}_1 - 2\mathbf{v}_2$,

$$[T]_{\beta}^{\beta} = \begin{bmatrix} 1 & 0 \\ 0 & -2 \end{bmatrix}$$

Observe que a matriz de T em relação à base de autovetores é uma matriz diagonal.

Exemplo 2: Seja $T: \mathbf{R}^3 \to \mathbf{R}^3$ uma transformação linear cuja matriz em relação à base canônica α é

$$[T]_{\alpha}^{\alpha} = \begin{bmatrix} 3 & 0 & -4 \\ 0 & 3 & 5 \\ 0 & 0 & -1 \end{bmatrix}$$

$P(\lambda) = \det([T]_{\alpha}^{\alpha} - \lambda I) = (3 - \lambda)^2 \, (-1 - \lambda)$.

Os autovalores são $\lambda_1 = 3$ e $\lambda_2 = -1$. Associado a $\lambda_1 = 3$ temos autovetores do tipo $(x, y, 0)$.

Portanto obtemos dois autovetores LI.

$$\mathbf{v}_1 = (1, 0, 0)$$

e

$$\mathbf{v}_2 = (0, 1, 0)$$

Associado a $\lambda_2 = -1$ temos um autovetor LI, $\mathbf{u} = (4, -5, 4)$.
Então $\beta = \{\mathbf{v}_1, \mathbf{v}_2, \mathbf{u}\}$ é uma base de $\mathbf{R}^3$ constituída de autovetores de T e

$$[T]_{\beta}^{\beta} = \begin{bmatrix} 3 & 0 & 0 \\ 0 & 3 & 0 \\ 0 & 0 & -1 \end{bmatrix}$$

Observe que em relação a esta base de autovetores, a matriz de T é uma matriz diagonal.

É claro que as matrizes diagonais $[T]^{\beta}_{\beta}$ que foram obtidas nos Exemplos 1 e 2 não o foram por acaso. Dada uma transformação linear qualquer $T: V \to V$, se conseguirmos uma base $\beta = \{\mathbf{v}_1, ..., \mathbf{v}_n\}$ formada por autovetores de T, então, como

$$\begin{aligned} T(\mathbf{v}_1) &= \lambda_1\mathbf{v}_1 + 0\mathbf{v}_2 + ... + 0\mathbf{v}_n \\ T(\mathbf{v}_2) &= 0\mathbf{v}_1 + \lambda_2\mathbf{v}_2 + ... + 0\mathbf{v}_n \\ &\vdots \\ T(\mathbf{v}_n) &= 0\mathbf{v}_1 + 0\mathbf{v}_2 + ... + \lambda_n\mathbf{v}_n, \end{aligned}$$

a matriz $[T]^{\beta}_{\beta}$ será uma matriz diagonal onde os elementos da diagonal principal são os autovalores λ_i, isto é,

$$[T]^{\beta}_{\beta} = \begin{bmatrix} \lambda_1 & 0 & ... & 0 \\ 0 & \lambda_2 & ... & 0 \\ \vdots & \vdots & & \vdots \\ 0 & 0 & ... & \lambda_n \end{bmatrix}$$

Não precisamos ter necessariamente os λ_i distintos (veja o Exemplo 2). Na verdade, um autovalor aparecerá na diagonal tantas vezes quantas forem os autovetores LI a ele associados.

Por outro lado, se $\gamma = \{\mathbf{u}_1, ..., \mathbf{u}_n\}$ é uma base de V tal que

$$[T]^{\gamma}_{\gamma} = \begin{bmatrix} a_1 & 0 & ... & 0 \\ 0 & a_2 & ... & 0 \\ \vdots & \vdots & & \vdots \\ 0 & 0 & ... & a_n \end{bmatrix}$$

note que $\mathbf{u}_1, ..., \mathbf{u}_n$ são necessariamente autovetores de T com autovalores $a_1, ..., a_n$ respectivamente. De fato, da definição de $[T]^{\gamma}_{\gamma}$ temos:

$$\begin{aligned} T(\mathbf{u}_1) &= a_1\mathbf{u}_1 + 0\mathbf{u}_2 + ... + 0\mathbf{u}_n = a_1\mathbf{u}_1 \\ &\vdots \\ T(\mathbf{u}_n) &= 0\mathbf{u}_1 + 0\mathbf{u}_2 + ... + a_n\mathbf{u}_n = a_n\mathbf{u}_n \end{aligned}$$

Concluímos então que *um operador $T: V \to V$ admite uma base β em relação à qual sua matriz $[T]_\beta^\beta$ é diagonal se, e somente se essa base β for formada por autovetores de T.* É este o motivo da definição que se segue.

7.1.4 Definição: Seja $T: V \to V$ um operador linear. Dizemos que T é um *operador diagonalizável* se existe uma base de V cujos elementos são autovetores de T.

Os operadores dos Exemplos 1 e 2 são, portanto, diagonalizáveis. Vamos dar a seguir um exemplo de um operador não diagonalizável.

Exemplo: Seja $T: \mathbf{R}^3 \to \mathbf{R}^3$ a transformação linear cuja matriz em relação à base canônica α é

$$[T]_\alpha^\alpha = \begin{bmatrix} 3 & -3 & -4 \\ 0 & 3 & 5 \\ 0 & 0 & -1 \end{bmatrix}$$

Como $P(\lambda) = (3 - \lambda)^2 (-1 - \lambda)$, os autovalores são $\lambda_1 = 3$ e $\lambda_2 = -1$. Associado a $\lambda_1 = 3$ conseguimos apenas um autovetor LI, por exemplo, $\mathbf{v} = (1, 0, 0)$. Associado a $\lambda_2 = -1$ temos o autovetor LI, $\mathbf{u} = (-1, -20, 16)$. Neste caso, temos apenas dois autovetores LI para T, e portanto não existe uma base de $\mathbf{R}^3$ constituída só de autovetores. Isto significa que em nenhuma base a matriz de T é uma matriz diagonal, ou seja, *T não é diagonalizável.*

7.1.5 Aplicação ao Estudo de Vibrações

Consideremos dois corpos de dimensões desprezíveis e massas m_1 e m_2, respectivamente, presos a 3 molas de constantes elásticas k_1, k_2 e k_3 conforme mostra a Figura 7.1.1. Supondo que o movimento só ocorra na horizontal, como podemos estudar a posição dos dois corpos em função do tempo a partir de uma posição diferente da de equilíbrio?

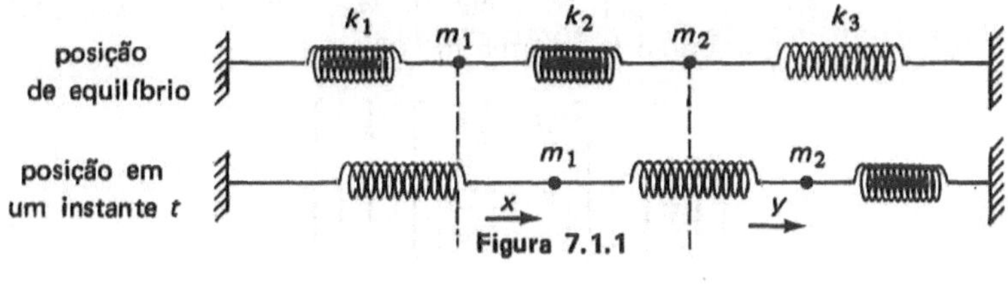

Figura 7.1.1

Chamando de x e y os deslocamentos (horizontais) em relação à posição de equilíbrio de m_1 e m_2, e lembrando que o produto da massa pela aceleração é igual à força aplicada e que a força que uma mola exerce (em primeira aproximação) é igual menos o produto da sua constante de elasticidade pelo deslocamento em relação à posição de equilíbrio, podemos escrever (onde $\ddot{x}$ e $\ddot{y}$ indicam a derivada segunda em relação ao tempo):

$$m_1\ddot{x} = -k_1 x + k_2(y - x)$$
$$m_2\ddot{y} = -k_2(y - x) + k_3 y$$

ou, em termos de matriz:

$$\begin{bmatrix} \ddot{x} \\ \ddot{y} \end{bmatrix} = \begin{bmatrix} -\dfrac{k_1 + k_2}{m_1} & \dfrac{k_2}{m_1} \\ \dfrac{k_2}{m_2} & -\dfrac{k_2 + k_3}{m_2} \end{bmatrix} \cdot \begin{bmatrix} x \\ y \end{bmatrix}$$

Devemos achar então como x e y variam em função do tempo, ou seja, resolver o sistema de equações diferenciais anterior. Observe que uma das dificuldades de resolver o sistema é o fato dele ser acoplado, isto é, em ambas as equações aparecem ambas as variáveis. Uma possível tentativa de resolver o problema é a de tentar desacoplar as equações, isto é, obter duas novas equações, equivalentes às anteriores, de tal forma que em cada uma delas apareça apenas uma incógnita. Resolvemos, então, cada uma destas equações e voltamos para as incógnitas originais. (No Capítulo 12 você poderá ver outros métodos para tentar resolver tais sistemas.)

Observe que em uma situação deste tipo teríamos um sistema da forma:

$$\ddot{X} = \lambda_1 X$$
$$\ddot{Y} = \lambda_2 Y$$

ou, na forma matricial

$$\begin{bmatrix} \ddot{X} \\ \ddot{Y} \end{bmatrix} = \begin{bmatrix} \lambda_1 & 0 \\ 0 & \lambda_2 \end{bmatrix} \begin{bmatrix} X \\ Y \end{bmatrix}$$

Isto nos dá a pista para tentar desacoplar o sistema original: devemos diagonalizar (se possível) a matriz do sistema original.

Façamos isto no caso particular em que $m_1 = m_2 = m$ e $k_1 = k_2 = k_3 = k$. As equações tornam-se então (na forma matricial)

$$\begin{bmatrix} \ddot{x} \\ \ddot{y} \end{bmatrix} = \begin{bmatrix} \dfrac{-2k}{m} & \dfrac{k}{m} \\ \dfrac{k}{m} & \dfrac{-2k}{m} \end{bmatrix} \cdot \begin{bmatrix} x \\ y \end{bmatrix}$$

Podemos pensar na matriz

$$\mathbf{A} = \begin{bmatrix} \frac{-2k}{m} & \frac{k}{m} \\ \frac{k}{m} & \frac{-2k}{m} \end{bmatrix}$$

como a matriz de um operador linear de $\mathbf{R}^2$ em $\mathbf{R}^2$ em relação à base canônica e x e y como as componentes de um vetor em relação à base canônica. Tentemos diagonalizar tal operador:

$$P(\lambda) = \det \begin{bmatrix} \frac{-2k}{m} - \lambda & \frac{k}{m} \\ \frac{k}{m} & \frac{-2k}{m} - \lambda \end{bmatrix} = \left(\lambda + \frac{k}{m}\right)\left(\lambda + \frac{3k}{m}\right)$$

Portanto os autovalores são $\lambda_1 = \frac{-k}{m}$ e $\lambda_2 = \frac{-3k}{m}$ e os autovalores associados a eles são $v_1 = (1, 1)$ e $v_2 = (1, -1)$, respectivamente. Chamando α a base canônica, $\beta = \{v_1, v_2\}$ a base composta por tais autovetores e $[v]_\beta = \begin{bmatrix} X \\ Y \end{bmatrix}$ temos:

$$\begin{bmatrix} x \\ y \end{bmatrix} = [I]^\beta_\alpha \begin{bmatrix} X \\ Y \end{bmatrix}$$

$$\begin{bmatrix} \frac{-k}{m} & 0 \\ 0 & \frac{-3k}{m} \end{bmatrix} = \left([I]^\beta_\alpha\right)^{-1} \cdot \mathbf{A} \cdot [I]^\beta_\alpha$$

onde

$$[I]^\beta_\alpha = \begin{bmatrix} 1 & 1 \\ 1 & -1 \end{bmatrix}$$

Além disso, por simples derivação:

$$\begin{bmatrix} \ddot{x} \\ \ddot{y} \end{bmatrix} = [I]^\beta_\alpha \begin{bmatrix} \ddot{X} \\ \ddot{Y} \end{bmatrix}$$

Substituindo estes resultados na equação original vem:

$$[I]^\beta_\alpha \begin{bmatrix} \ddot{X} \\ \ddot{Y} \end{bmatrix} = \mathbf{A} \cdot [I]^\beta_\alpha \cdot \begin{bmatrix} X \\ Y \end{bmatrix}$$

ou

$$\begin{bmatrix} \ddot{X} \\ \ddot{Y} \end{bmatrix} = ([I]^{\beta}_{\alpha})^{-1} \cdot \mathrm{A} \cdot [I]^{\beta}_{\alpha} \begin{bmatrix} X \\ Y \end{bmatrix}$$

ou

$$\begin{bmatrix} \ddot{X} \\ \ddot{Y} \end{bmatrix} = \begin{bmatrix} \frac{-k}{m} & 0 \\ 0 & \frac{-3k}{m} \end{bmatrix} \begin{bmatrix} X \\ Y \end{bmatrix}$$

Portanto

$$\ddot{X} = \frac{-k}{m} X$$

$$\ddot{Y} = \frac{-3k}{m} Y$$

Podemos resolver separadamente cada uma dessas equações obtendo

$$X = \mathrm{A}_1 \operatorname{sen} \left(\sqrt{\frac{k}{m}} t + \theta_1 \right)$$

$$Y = \mathrm{A}_2 \operatorname{sen} \left(\sqrt{\frac{3k}{m}} t + \theta_2 \right)$$

que são os chamados modos normais de vibração do sistema.

Voltando para as variáveis originais temos

$$x = \mathrm{A}_1 \operatorname{sen}\left(\sqrt{\frac{k}{m}}\, t + \theta_1\right) + \mathrm{A}_2 \operatorname{sen}\left(\sqrt{\frac{3k}{m}}\, t + \theta_2\right)$$

$$y = \mathrm{A}_1 \operatorname{sen}\left(\sqrt{\frac{k}{m}}\, t + \theta_1\right) - \mathrm{A}_2 \operatorname{sen}\left(\sqrt{\frac{3k}{m}}\, t + \theta_2\right)$$

7.2 POLINÔMIO MINIMAL

Nos exemplos anteriores nós mostramos que os operadores eram ou não diagonalizáveis, exibindo uma base de autovetores, ou mostrando a inexistência desta base. Em casos de espaços vetoriais de baixa dimensão, como os dos exemplos, é este o procedimento conveniente. Entretanto, podemos estar interessados – principalmente no caso de espaços vetoriais de dimensão alta, onde os cálculos são longos – em saber se um operador linear é diagonalizável ou não, sem calcular os autovetores. Já sabemos a resposta para este problema na seguinte situação: se dim $V = n$ e o operador linear T tem n autovalores distintos, então ele é diagonalizável (veja 7.1.2). No caso geral, a resposta está ligada ao aspecto de um polinômio que chamaremos de *polinômio minimal do operador T*. Para isto, vamos introduzir a noção de polinômios calculados em matrizes.

7.2.1 Definição: Seja $p(x) = a_n x^n + \ldots + a_1 x + a_0$ um polinômio e A uma matriz quadrada. Então $p(\mathbf{A})$ é a matriz

$$p(\mathbf{A}) = a_n \mathbf{A}^n + \ldots + a_1 \mathbf{A} + a_0 \mathbf{I}.$$

Quando $p(\mathbf{A}) = \mathbf{0}$, dizemos que o polinômio *anula* a matriz **A**.

Exemplo: Sejam $p(x) = x^2 - 9$ e $q(x) = 2x + 3$.

Se $\mathbf{A} = \begin{bmatrix} -1 & 4 \\ 2 & 1 \end{bmatrix}$,

$$p(\mathbf{A}) = \begin{bmatrix} -1 & 4 \\ 2 & 1 \end{bmatrix}^2 - 9\begin{bmatrix} 1 & 0 \\ 0 & 1 \end{bmatrix} = \begin{bmatrix} 0 & 0 \\ 0 & 0 \end{bmatrix}$$

e $q(\mathbf{A}) = 2\begin{bmatrix} -1 & 4 \\ 2 & 1 \end{bmatrix} + 3\begin{bmatrix} 1 & 0 \\ 0 & 1 \end{bmatrix} = \begin{bmatrix} 1 & 8 \\ 4 & 5 \end{bmatrix}$

Então, $p(x)$ anula **A** e $q(x)$ não anula **A**.

7.2.2 Definição: Seja **A** uma matriz quadrada. O *polinômio minimal* de **A** é um polinômio

$$m(x) = x^k + a_{k-1}x^{k-1} + \ldots + a_0$$

tal que

i) $m(\mathbf{A}) = \mathbf{0}$, isto é, $m(x)$ anula a matriz **A**.
ii) $m(x)$ é o polinômio de menor grau entre aqueles que anulam **A**.

Observe que o coeficiente do termo x^k do polinômio minimal é 1 ($a_k = 1$).

A seguir apresentaremos alguns resultados envolvendo polinômio minimal que vão nos levar a descobrir um procedimento que nos possibilite determinar se um operador linear é diagonalizável ou não, sem calcular os autovetores. As demonstrações desses resultados são em geral muito elaboradas, abrangendo outros conceitos como o de decomposição de um espaço vetorial em soma direta de subespaços, e que fogem aos objetivos deste texto[1].

7.2.3 Teorema: Sejam $T: V \to V$ um operador linear e α uma base qualquer de V de dimensão n. Então T é diagonalizável se, e somente se o polinômio minimal de $[T]_\alpha^\alpha$ é da forma

[1] Você pode encontrá-las, por exemplo, em Hoffman, K. e Kunze, R. *Álgebra Linear*, Editora Polígono, São Paulo, 1971.

$$m(x) = (x - \lambda_1)(x - \lambda_2) \dots (x - \lambda_r)$$

com $\lambda_1, \lambda_2, \dots, \lambda_r$ distintos.

O nosso problema que consiste em determinar se T é diagonalizável reduz-se então ao de saber achar o polinômio minimal de T. Os teoremas que nos ajudarão a fazer isto são:

7.2.4 Teorema de Cayley-Hamilton: Seja $T: V \to V$ um operador linear, α uma base de V e $p(x)$ o polinômio característico de T. Então

$$p([T]_\alpha^\alpha) = \mathbf{0}.$$

Isto significa que o polinômio característico é um candidato ao polinômio minimal porque ele satisfaz a condição *i*) da definição 7.2.2.

Exemplo: (Demonstração do teorema no caso 2 × 2.)

Seja $[T]_\alpha^\alpha = \begin{bmatrix} a & b \\ c & d \end{bmatrix}$.

Então o polinômio característico é

$$p(\lambda) = \det\left(\begin{bmatrix} a & b \\ c & d \end{bmatrix} - \lambda\begin{bmatrix} 1 & 0 \\ 0 & 1 \end{bmatrix}\right) = (a - \lambda)(d - \lambda) - bc.$$

Então $p([T]_\alpha^\alpha) = \left(a\begin{bmatrix} 1 & 0 \\ 0 & 1 \end{bmatrix} - \begin{bmatrix} a & b \\ c & d \end{bmatrix}\right)\left(d\begin{bmatrix} 1 & 0 \\ 0 & 1 \end{bmatrix} - \begin{bmatrix} a & b \\ c & d \end{bmatrix}\right) -$

$$- bc\begin{bmatrix} 1 & 0 \\ 0 & 1 \end{bmatrix} = \begin{bmatrix} 0 & 0 \\ 0 & 0 \end{bmatrix}$$

7.2.5 Teorema: As raízes do polinômio minimal são as mesmas raízes (distintas) do polinômio característico.

Estes dois teoremas juntos nos dizem como achar o polinômio minimal de um operador linear $T: V \to V$. O polinômio minimal deve ser de grau menor ou no máximo igual ao do polinômio característico (7.2.4) e ainda deve ter as mesmas raízes (7.2.5).

Por exemplo, seja $T: V \to V$ um operador linear e α uma base de V. Suponhamos que o polinômio característico de T seja $p(\lambda) = (\lambda - 3)^2 (\lambda - 1)^3 (\lambda + 5)$. Então o seu polinômio minimal será um dos polinômios:

$$p_1(x) = (x - 3)(x - 1)(x + 5)$$
$$p_2(x) = (x - 3)^2 (x - 1)(x + 5)$$
$$p_3(x) = (x - 3)(x - 1)^2 (x + 5)$$
$$p_4(x) = (x - 3)(x - 1)^3 (x + 5)$$
$$p_5(x) = (x - 3)^2 (x - 1)^2 (x + 5)$$
$$p_6(x) = (x - 3)^2 (x - 1)^3 (x + 5).$$

Como o polinômio minimal é o de menor grau que anula $[T]^{\alpha}_{\alpha}$, verificamos primeiramente se $p_1([T]^{\alpha}_{\alpha}) = \mathbf{0}$. Em caso afirmativo, $p_1(x)$ será o polinômio minimal. Se $p_1([T]^{\alpha}_{\alpha}) \neq \mathbf{0}$, testamos $p_2([T]^{\alpha}_{\alpha})$ e assim sucessivamente. Na pior das hipóteses o polinômio minimal será $p(\lambda)$ isto é, o polinômio característico.

Volte agora ao teorema 7.2.3. O operador acima só será diagonalizável se o seu polinômio minimal for $p_1(x)$. Esse argumento nos motiva a reinterpretar o teorema 7.2.3.

7.2.6 Teorema: Sejam $\lambda_1, \lambda_2, ..., \lambda_r$ os autovalores distintos de um operador linear T. Então T será diagonalizável se, e somente se o polinômio

$$(x - \lambda_1)(x - \lambda_2) \dots (x - \lambda_r)$$

anular a matriz de T.

Exemplo: O operador linear $T: \mathbf{R}^4 \to \mathbf{R}^4$ definido por $T(x, y, z, t) = (3x - 4z, 3y + 5z, -z, -t)$ é diagonalizável?

Resolução: Seja $\alpha = \{(1, 0, 0, 0), (0, 1, 0, 0), (0, 0, 1, 0), (0, 0, 0, 1)\}$ a base canônica. Então a matriz

$$[T]^{\alpha}_{\alpha} = \begin{bmatrix} 3 & 0 & -4 & 0 \\ 0 & 3 & 5 & 0 \\ 0 & 0 & -1 & 0 \\ 0 & 0 & 0 & -1 \end{bmatrix}$$

Calculemos o polinômio característico

$$p(\lambda) = \det([T]^{\alpha}_{\alpha} - \lambda I) = (3 - \lambda)^2 (-1 - \lambda)^2.$$

Os autovalores são $\lambda_1 = 3$ e $\lambda_2 = -1$, ambos com multiplicidade 2. Então, os condidatos para o polinômio minimal são

$$p_1(x) = (x - 3)(x + 1)$$
$$p_2(x) = (x - 3)^2 (x + 1)$$
$$p_3(x) = (x - 3)(x + 1)^2$$
$$p_4(x) = (x - 3)^2 (x + 1)^2$$

Notamos que $p_1([T]_{\alpha}^{\alpha}) = 0$ e é, dentre os candidatos, o de menor grau. Então

$$p_1(x) = (x - 3)(x + 1)$$

é o polinômio minimal. Portanto, T é diagonalizável, isto é, existe uma base β de autovetores e nesta base

$$[T]_{\beta}^{\beta} = \begin{bmatrix} 3 & 0 & 0 & 0 \\ 0 & 3 & 0 & 0 \\ 0 & 0 & -1 & 0 \\ 0 & 0 & 0 & -1 \end{bmatrix}$$

* 7.3 DIAGONALIZAÇÃO SIMULTÂNEA DE DOIS OPERADORES

Suponhamos que sejam dados $T_1 : V \to V$ e $T_2 : V \to V$ operadores lineares, ambos diagonalizáveis. Isto significa que existem bases α_1 e α_2 de V tais que $[T_1]_{\alpha_1}^{\alpha_1}$ e $[T_2]_{\alpha_2}^{\alpha_2}$ são diagonais. No entanto, não podemos garantir que $\alpha_1 = \alpha_2$, isto é, não podemos garantir sempre que existe uma mesma base α de V em relação à qual as matrizes de T_1 e T_2 admitem o mesmo conjunto de autovetores LI. Em que situação vale tal relação entre T_1 e T_2? Mostra-se[2] que dados T_1 e T_2 operadores diagonalizáveis, então T_1 e T_2 são simultaneamente diagonalizáveis se e somente se T_1 e T_2 comutam ($T_1 \circ T_2 = T_2 \circ T_1$).

Na prática, dados T_1 e T_2, tomamos uma base β qualquer de V e verificamos se T_1 e T_2 são diagonalizáveis. Se isto acontecer e, além disto, $[T_1]_{\beta}^{\beta} [T_2]_{\beta}^{\beta} = [T_2]_{\beta}^{\beta} [T_1]_{\beta}^{\beta}$, então podemos concluir que T_1 e T_2 são simultaneamente diagonalizáveis.

Exemplo: Sejam $T_1, T_2 : \mathbb{R}^3 \to \mathbb{R}^3$ operadores lineares cujas matrizes em relação à base canônica são respectivamente

$$[T_1] = \begin{bmatrix} \frac{9}{5} & \frac{2}{5} & 0 \\ \frac{2}{5} & \frac{6}{5} & 0 \\ 0 & 0 & 2 \end{bmatrix} \quad \text{e} \quad [T_2] = \begin{bmatrix} \frac{11}{5} & \frac{8}{5} & 0 \\ \frac{8}{5} & -\frac{1}{5} & 0 \\ 0 & 0 & 4 \end{bmatrix}$$

Calculando os autovalores de T_1, temos $\lambda_1 = 1$, $\lambda_2 = 2$ e $\lambda_3 = 2$. Observamos que o polinômio $m(x) = (x - 1)(x - 2)$ anula $[T]$, e portanto T_1 é diagonali-

[2]Veja, por exemplo, Hoffman, K. e Kunze, R. op. cit. pág. 190.

zável (veja 7.2.6). Calculando os autovalores de T_2, temos $\lambda_1 = -1$, $\lambda_2 = 3$ e $\lambda_3 = 4$. Como eles são distintos, T_2 é diagonalizável (veja 7.1.2). Além disso,

$$[T_1]\,[T_2] = \begin{bmatrix} \frac{115}{25} & -\frac{70}{25} & 0 \\ \frac{70}{25} & \frac{10}{25} & 0 \\ 0 & 0 & 8 \end{bmatrix} = [T_2]\,[T_1]$$

Portanto, T_1 e T_2 são simultaneamente diagonalizáveis.

Poderíamos ter observado isto calculando os autovetores.

Para T_1: com $\lambda_1 = 1$ obtemos os autovetores $(x, -2x, 0)$ e com $\lambda_2 = 2$, os autovetores $(-2y, y, z)$.

Para T_2: $\lambda_1 = -1$ é associado ao autovetor $(x, -2x, 0)$, $\lambda_2 = 3$ a $(-2y, y, 0)$ e $\lambda_3 = 4$ a $(0, 0, z)$.

Então $(1, -2, 0)$, $(-2, 1, 0)$, $(0, 0, 1)$ são simultaneamente autovetores LI de T_1 e T_2, e desse modo na base β formada por estes vetores

$$[T_1]^\beta_\beta = \begin{bmatrix} 1 & 0 & 0 \\ 0 & 2 & 0 \\ 0 & 0 & 2 \end{bmatrix} \quad \text{e} \quad [T_2]^\beta_\beta = \begin{bmatrix} -1 & 0 & 0 \\ 0 & 3 & 0 \\ 0 & 0 & 4 \end{bmatrix}$$

7.4 FORMA DE JORDAN

Já sabemos que nem todo operador é diagonalizável. Por exemplo, $T: V \to V$, onde V é um espaço vetorial real de dimensão dois, cuja matriz em relação a uma base α é

$$[T]^\alpha_\alpha = \begin{bmatrix} 0 & 1 \\ -1 & 0 \end{bmatrix}$$

a qual não é diagonalizável, pois o seu polinômio característico é $\lambda^2 + 1$, que não possui raízes reais. Assim, este operador não possui autovetores, e portanto não possui autovalores. Entretanto, se o espaço vetorial V for complexo (isto é, se permitirmos que os escalares sejam números complexos quaisquer) e considerarmos a mesma matriz, o polinômio característico passará a ter duas raízes distintas, i e $-i$, e portanto o operador será diagonalizável. De fato, um autovetor associado ao autovalor i é $(1, i)$ e um associado a $-i$ é $(1, -i)$. Se β for a base destes autovetores, então $[T]^\beta_\beta = \begin{bmatrix} i & 0 \\ 0 & -i \end{bmatrix}$. Vemos assim que com relação ao fato de um operador linear ser diagonalizável ou não, o conjunto dos escalares no qual trabalhamos desempenha um papel importante.

Ainda assim, mesmo permitindo valores complexos, nem todo operador linear é diagonalizável. Por exemplo, seja $T: V \to V$, onde V é um espaço vetorial complexo de dimensão 4 e

$$[T]_\alpha^\alpha = \begin{bmatrix} 0 & 1 & 0 & 0 \\ -1 & 0 & 0 & 0 \\ 0 & 0 & 1 & 1 \\ 0 & 0 & 0 & 1 \end{bmatrix},$$

onde α é uma base de V. Então, o polinômio característico de T é $p(\lambda) = (\lambda - i)(\lambda + i)(\lambda - 1)^2$, e portanto seus autovalores são $\lambda_1 = i$, $\lambda_2 = -i$, $\lambda_3 = 1$ (com multiplicidade 2). Não é possível, entretanto, encontrar dois autovetores LI (tente!) para $\lambda_3 = 1$, e assim T não é diagonalizável.

Porém, quando $T: V \to V$ for um operador linear não diagonalizável e V um espaço vetorial *complexo*, poderemos achar sempre uma base β de V, tal que $[T]_\beta^\beta$ assuma uma forma especial, chamada *forma de Jordan*. Esta forma é obtida por blocos do tipo

$$\begin{bmatrix} \lambda_i & & & & 0 \\ 1 & \lambda_i & & & \\ & 1 & \ddots & & \\ & & & \lambda_i & \\ 0 & & & 1 & \lambda_i \end{bmatrix}$$

ou $[\lambda_i]$ colocados na diagonal.

Exemplo:

$$\left[\begin{array}{cc|cc|c|c|ccc} -2 & 0 & 0 & 0 & 0 & 0 & 0 & 0 & 0 \\ 1 & -2 & 0 & 0 & 0 & 0 & 0 & 0 & 0 \\ \hline 0 & 0 & -2 & 0 & 0 & 0 & 0 & 0 & 0 \\ 0 & 0 & 1 & -2 & 0 & 0 & 0 & 0 & 0 \\ \hline 0 & 0 & 0 & 0 & -2 & 0 & 0 & 0 & 0 \\ \hline 0 & 0 & 0 & 0 & 0 & 5 & 0 & 0 & 0 \\ \hline 0 & 0 & 0 & 0 & 0 & 0 & 3 & 0 & 0 \\ 0 & 0 & 0 & 0 & 0 & 0 & 1 & 3 & 0 \\ 0 & 0 & 0 & 0 & 0 & 0 & 0 & 1 & 3 \end{array}\right]$$

A demonstração deste fato é um tópico especial que deve fazer parte de um estudo mais avançado de Álgebra Linear[3].

7.5 EXERCÍCIOS

1. Entre os operadores dos exercícios 2 a 8 da secção 6.3 verifique quais são diagonalizáveis.

2. Dizemos que uma matriz $\mathbf{A}_{n \times n}$ é *diagonalizável* se seu operador associado $T_{\mathbf{A}} : \mathbf{R}^n \to \mathbf{R}^n$ for diagonalizável, ou seja, **A** é diagonalizável se, e somente se **A** admitir n autovetores LI. Baseado nisto, verifique quais das matrizes dos Exercícios 9 a 18 da secção 6.3 são diagonalizáveis.

3. Dada a matriz

$$\mathbf{A} = \begin{bmatrix} 2 & 1 & 0 & 0 \\ 0 & 2 & 0 & 0 \\ 0 & 0 & 2 & 0 \\ 0 & 0 & 0 & 3 \end{bmatrix}$$

a) **A** é diagonalizável (use a definição do exercício anterior).
b) Encontre seu polinômio minimal.

4. Seja **A** uma matriz 3 × 3 triangular superior, com todos os seus elementos acima da diagonal distintos e não nulos.

$$\mathbf{A} = \begin{bmatrix} a & b & c \\ 0 & d & e \\ 0 & 0 & f \end{bmatrix}$$

a) Quais são os autovalores e autovetores de **A**?
b) Qual é o polinômio minimal de **A**?

5. Para quais valores de a as matrizes abaixo são diagonalizáveis?

a) $\mathbf{A} = \begin{bmatrix} 1 & 1 \\ 0 & a \end{bmatrix}$ *b*) $\mathbf{B} = \begin{bmatrix} 1 & a \\ 0 & 1 \end{bmatrix}$

---

[3]Para detalhes consulte Lipschutz, S. ***Álgebra Linear***, Mc Graw-Hill do Brasil Ltda., Rio de Janeiro, 1971; ou Hoffman, K. e Kunze, R. ***Álgebra Linear***, Editora Polígono, São Paulo, 1971; ou Gelfond, I. M.; ***Lectures in Linear Algebra***; Interscience Publishers, New York, 1961.

6. Sejam $T: \mathbf{R}^3 \to \mathbf{R}^3$ linear, $\alpha = \{(1, 0, 0), (0, 1, 0), (0, 0, 1)\}$, a base canônica de $\mathbf{R}^3$, $\beta = \{(0, 1, 1), (0, -1, 1), (1, 0, 1)\}$ e

$$[T]_\alpha^\alpha = \begin{bmatrix} 2 & 0 & 1 \\ 0 & -3 & 1 \\ 0 & 0 & -3 \end{bmatrix}$$

a) Encontre o polinômio característico de T, os autovalores de T e os autovetores correspondentes.

b) Ache $[T]_\beta^\beta$ e o polinômio característico. Que observação você faz a este respeito?

c) Encontre uma base γ de $\mathbf{R}^3$, se for possível, tal que $[T]_\gamma^\gamma$ seja diagonal.

7. *a*) Sejam $T: V \to V$ um operador linear (V de dimensão finita) e α e β bases distintas de T. Mostre que

$$\det\,[T]_\alpha^\alpha = \det\,[T]_\beta^\beta$$

(Sugestão: veja a relação entre $[T]_\alpha^\alpha$ e $[T]_\beta^\beta$ no Capítulo 6).

b) Se $\mathbf{A}_{n \times m}$ é diagonalizável, mostre que o determinante de $\mathbf{A}$ é o produto de seus autovalores.
(Sugestão: considere $T_\mathbf{A}: \mathbf{R}^n \to \mathbf{R}^n$, observando que a matriz de $T_\mathbf{A}$ na base canônica é exatamente $\mathbf{A}$. Use então o resultado do item (*a*) considerando como α a base canônica e β a base de autovetores.

8. Mostre que a matriz $\mathbf{A} = \begin{bmatrix} 1 & 2 \\ 3 & 2 \end{bmatrix}$ é semelhante à matriz $\begin{bmatrix} 4 & 0 \\ 0 & -1 \end{bmatrix}$

9. *a*) Mostre que um operador linear T (num espaço de dimensão finita) que comuta com qualquer operador linear diagonalizável é diagonalizável.
b) Nas condições do item (*a*) mostre que na verdade T é um múltiplo escalar do operador identidade, isto é, existe um número r tal que $T = r \cdot I$.

10. Diz-se que um operador linear $T: V \to V$ é *nilpotente* se existir um número inteiro positivo n, tal que $T^n = 0$ (isto é, $T \circ T \circ T \circ T \circ T \circ T \circ \ldots \circ T(\mathbf{v}) = \mathbf{0}$) para todo $\mathbf{v} \in V$).
a) Seja T nilpotente. Encontre seus autovalores.
b) Encontre uma matriz $\mathbf{A}_{2 \times 2} \neq 0$ tal que $T_\mathbf{A}: \mathbf{R}^2 \to \mathbf{R}^2$ seja nilpotente.
c) Mostre que um operador linear nilpotente, não nulo, não é diagonalizável.

11. Diz-se que um operador linear $T: V \to V$ é *idempotente* se $T^2 = T$ (isto é, se $T \circ T(v) = T(v)$ para todo $v \in V$).
a) Seja T idempotente. Ache seus autovalores.
b) Encontre uma matriz $A_{2 \times 2} \neq 0$ tal que $T_A : R^2 \to R^2$ seja idempotente.
c) Mostre que um operador linear idempotente é diagonalizável.

*12. Mostre que $A = \begin{bmatrix} 3 & 0 & 0 \\ 0 & 2 & -5 \\ 0 & 1 & -2 \end{bmatrix}$ não é diagonalizável. No entanto, se A representar, numa certa base, um operador linear $T: V \to V$, onde V é um *espaço vetorial complexo*, então T é diagonalizável. Verifique este fato ou, equivalentemente, que existe uma matriz com elementos complexos $P_{3 \times 3}$, inversível, tal que

$$P^{-1} \cdot A \cdot P = \begin{bmatrix} 3 & 0 & 0 \\ 0 & i & 0 \\ 0 & 0 & i \end{bmatrix}$$

*13. Problema-pesquisa:
Seja

$$A = \begin{bmatrix} M & a & a & \dots & a & a \\ a & M & a & \dots & a & a \\ a & a & M & \dots & a & a \\ \dots & \dots & \dots & \dots & \dots & \dots \\ a & a & a & \dots & M & a \\ a & a & a & \dots & a & M \end{bmatrix}_{n \times n}$$

onde M e $a \neq 0$ são números reais. Mostre que
a) Os autovalores de A são
$\lambda = M - a$ com multiplicidade $n - 1$
e $u = M + (n - 1)a$
b) $\det A = (M - a)^{n-1} \cdot [M + (n - 1)a]$

(Este é um caso particular da situação estudada no artigo "sobre uma classe de matrizes cujo problema de autovalores é facilmente solucionável" de Odelar Leite Linhares, publicado na revista Ciência e Cultura (SBPC) volume 29, número 8, de agosto de 1.977.)

14. Utilize a forma diagonal para encontrar A^n nos seguintes casos (n natural):

a) $A = \begin{bmatrix} -3 & 4 \\ -1 & 2 \end{bmatrix}$ *b*) $A = \begin{bmatrix} 0 & 7 & -6 \\ -1 & 4 & 0 \\ 0 & 2 & -2 \end{bmatrix}$

Você pode generalizar o seu procedimento para o caso de uma matriz quadrada qualquer? Quais são as condições?

***15.** Considere o sistema mecânico mostrado na figura abaixo

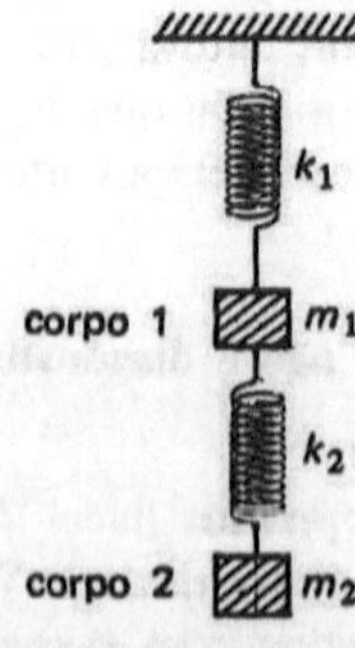

Utilizando os procedimentos da secção 7.1.5 estude a vibração do sistema quando ele é tirado da posição de equilíbrio. Resolva completamente descrevendo o comportamento do sistema no caso em que $m_1 = 0{,}5$ kg, $m_2 = 0{,}5$ kg, $k_1 = 1{,}2\,\frac{N}{m}$, $k_2 = 1{,}8\,\frac{N}{m}$. Os deslocamentos iniciais dos corpos 1 e 2 são, respectivamente, 0,1 m para cima e 0,2 m para baixo.

7.5.1 Respostas

1. 6.3.2; 6.3.3; 6.3.4 e 6.3.8 são diagonalizáveis.

2. 6.3.9; 6.3.10; 6.3.13; 6.3.14; 6.3.16 e 6.3.17 são diagonalizáveis.

3. *a*) Não

   b) $p(x) = (2 - x)^2\ (3 - x)$

5. *a*) $a \neq 1$

   b) $a = 0$

6. *a*) $p(\lambda) = (2 - \lambda)\ (3 + \lambda)^2$; $\lambda_1 = 2$, $v_1 = (x, 0, 0)$; $\lambda_2 = -3$, $v_2 = (0, y, 0)$

   b)

$$[T]^{\beta}_{\beta} = \begin{bmatrix} -3 & 0 & -\frac{5}{2} \\ -1 & -4 & -\frac{7}{2} \\ 1 & 1 & 3 \end{bmatrix},\ p(\lambda) = (2 - \lambda)(3 + \lambda)^2$$

   O polinômio característico é independente da base.

   c) Não existe.

8. $\begin{bmatrix} 1 & 1 \\ 3 & -2 \end{bmatrix} \begin{bmatrix} 1 & 2 \\ 3 & 2 \end{bmatrix} = \begin{bmatrix} 4 & 0 \\ 0 & -1 \end{bmatrix} \begin{bmatrix} 1 & 1 \\ 3 & -2 \end{bmatrix}$

10. *a*) $\lambda = 0$

b) $\begin{bmatrix} 0 & 0 \\ 1 & 0 \end{bmatrix}$

c) Se T fosse diagonalizável, existiria uma base β tal que os autovalores estivessem na diagonal de $[T]_\beta^\beta$, uma matriz diagonal. Mas os únicos autovalores de T são 0 (veja *a*), e logo, $[T]_\beta^\beta = \mathbf{0}$. É dizer, T seria nulo, o que não está de acordo com a hipótese.

11. *a*) $\lambda = 0$ ou 1

b) $\begin{bmatrix} 2 & -1 \\ 2 & -1 \end{bmatrix}$

c) Como $T^2\mathbf{v} = T\mathbf{v}$, $(T^2 - T)\mathbf{v} = \mathbf{0}$, ou seja, $T^2 - T = \mathbf{0}$
Seja $p(x) = x^2 - x = x(x - 1)$. Então $p(T) = 0$
Como os autovalores de T são 0 e 1, o polinômio característico de T é da forma $p(\lambda) = (-\lambda)^n (1 - \lambda)^m$. Então $p(x)$ é o polinômio minimal de T e como os fatores lineares são distintos, T é diagonalizável.

14. *a*) Note que se temos uma matriz diagonal então $\begin{bmatrix} \lambda_1 & 0 \\ 0 & \lambda_2 \end{bmatrix}^n =$ $= \begin{bmatrix} \lambda_1^n & 0 \\ 0 & \lambda_2^n \end{bmatrix}$. Diagonalize, então, a matriz **A** calculando os autovalores e autovetores respectivos (é possível fazer isto), bem como a matriz de mudança de base. Utilizando 5.4.10 pode-se escrever

$$\mathbf{A} = \begin{bmatrix} 1 & 4 \\ 1 & 1 \end{bmatrix} \begin{bmatrix} 1 & 0 \\ 0 & -2 \end{bmatrix} \begin{bmatrix} 1 & 4 \\ 1 & 1 \end{bmatrix}^{-1}$$

Portanto

$$\mathbf{A}^n = \begin{bmatrix} 1 & 4 \\ 1 & 1 \end{bmatrix} \cdot \begin{bmatrix} 1 & 0 \\ 0 & -2 \end{bmatrix} \cdot \begin{bmatrix} 1 & 4 \\ 1 & 1 \end{bmatrix}^{-1} \cdot \begin{bmatrix} 1 & 4 \\ 1 & 1 \end{bmatrix} \begin{bmatrix} 1 & 0 \\ 0 & 2 \end{bmatrix} \begin{bmatrix} 1 & 4 \\ 1 & 1 \end{bmatrix}^{-1} \cdots$$

$$= \begin{bmatrix} 1 & 4 \\ 1 & 1 \end{bmatrix} \begin{bmatrix} 1 & 0 \\ 0 & -2 \end{bmatrix}^n \begin{bmatrix} 1 & 4 \\ 1 & 1 \end{bmatrix}^{-1}$$

$$= \frac{1}{3} \begin{bmatrix} -1 + 2^{n+2} & 4 - 2^{n+2} \\ -1 + 2^n & 4 - 2^n \end{bmatrix}$$

b) É similar ao anterior.

No caso geral o procedimento poderá ser o mesmo se **A** for uma matriz diagonalizável. Isto é, sendo **B** a forma diagonal de **A**,

$A = CBC^{-1}$ e então

$$A^n = (C \cdot B \cdot C^{-1})^n = \underbrace{(CBC^{-1}) \cdot (CBC^{-1}) \ldots (CBC^{-1})}_{n \text{ vezes}} = CB^nC^{-1}$$

Assim temos um processo bem mais simples que o usual para se obter a potência de uma matriz diagonalizável, *uma* por ser **B** uma matriz diagonal B^n é calculada diretamente.

Leituras Sugeridas e Referências

1 Gelfond, I. M.; *Lectures in Linear Álgebra*; Interscience Publishers, New York, 1961.
2 Hoffman, K. e Kunze, R.; *Álgebra Linear*; Editora Polígono, São Paulo, 1971.
3 Lipschutz, S.; *Álgebra Linear*; McGraw-Hill do Brasil Ltda., Rio de Janeiro, 1971.

capítulo 8

Produto Interno

8.1 INTRODUÇÃO

Estaremos interessados neste capítulo em formalizar os conceitos de *comprimento* de um vetor e de *ângulo* entre dois vetores. Com isto teremos processos para que se possa "medir" num espaço vetorial, da mesma forma pela qual se mede no plano ou no espaço. E é a noção de medida que nos leva a precisar conceitos como o de aproximação, área, volume etc.

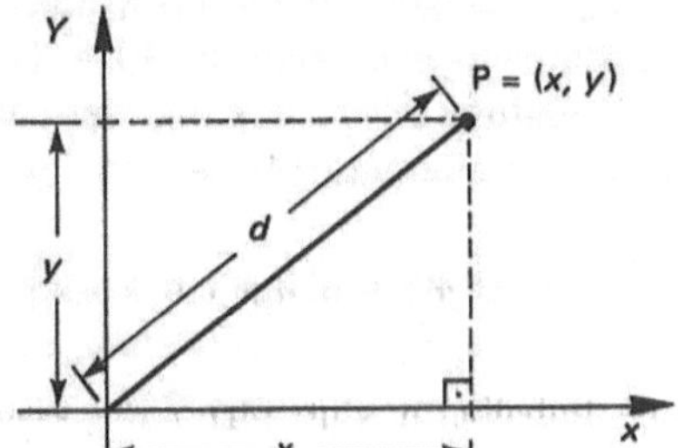

Figura 8.1.1

Consideremos inicialmente o plano $\mathbf{R}^2$, munido de um referencial cartesiano ortogonal (eixos perpendiculares) e um ponto P de coordenadas (x, y). Vamos calcular a distância deste ponto P à origem. Observando a figura e utilizando o teorema de Pitágoras, temos que $d = \sqrt{x^2 + y^2}$. Podemos também interpretar este resultado dizendo que o comprimento (que passaremos a chamar de norma) do vetor (x, y) é $\sqrt{x^2 + y^2}$. Denotaremos isto por $\|(x, y)\| = \sqrt{x^2 + y^2}$. Analogamente, a distância d entre dois pontos (x_1, y_1) e (x_2, y_2) é a norma do vetor diferença, isto é,

$$d = \sqrt{(x_1 - x_2)^2 + (y_1 - y_2)^2}$$

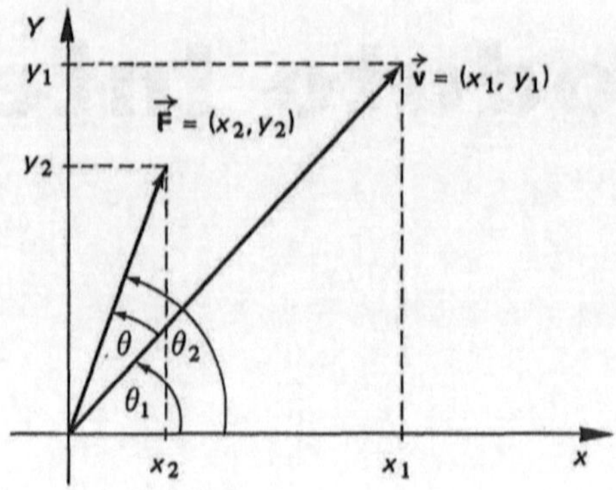

Figura 8.1.2

Consideremos agora um córpo no plano $\mathbf{R}^2$ que se desloca em linha reta da origem até um ponto (x_1, y_1) por ação de uma força constante $\mathbf{F} = (x_2, y_2)$. Queremos saber qual é o trabalho realizado. Dos conceitos da física sabemos que o trabalho é dado pela equação: $T = \|\mathbf{F}\| \cdot \|\mathbf{v}\| \cdot \cos\theta$ onde θ é o ângulo entre $\mathbf{v} = (x_1, y_1)$ e $\mathbf{F} = (x_2, y_2)$. Mas $\cos\theta = \cos(\theta_2 - \theta_1) = \cos\theta_2 \cos\theta_1 + \operatorname{sen}\theta_2 \operatorname{sen}\theta_1 = \frac{x_2}{\|\mathbf{F}\|} \cdot \frac{x_1}{\|\mathbf{v}\|} + \frac{y_2}{\|\mathbf{F}\|} \cdot \frac{y_1}{\|\mathbf{v}\|}$. Portanto, $T = x_1 x_2 + y_1 y_2$. Ou seja, o trabalho produzido é um "produto" dos vetores v e F, denotado por $\langle \mathbf{v}, \mathbf{F} \rangle$, e dado pela regra: $\langle \mathbf{v}, \mathbf{F} \rangle = \langle (x_1, y_1), (x_2, y_2) \rangle = x_1 x_2 + y_1 y_2$. Este produto recebe o nome de produto escalar ou produto interno, e tem uma relação importante com a norma de um vetor $\mathbf{v} = (x, y)$:

$$\|\mathbf{v}\| = \sqrt{x^2 + y^2} = \sqrt{x \cdot x + y \cdot y} = \sqrt{\langle \mathbf{v}, \mathbf{v} \rangle}.$$

Se, ao invés de trabalharmos no plano $\mathbf{R}^2$, estivéssemos trabalhando no espaço $\mathbf{R}^3$ (munidos de um referencial cartesiano ortogonal), teríamos encontrado uma expressão similar para o produto escalar:

$$\langle (x_1, y_1, z_1), (x_2, y_2, z_2) \rangle = x_1x_2 + y_1y_2 + z_1z_2$$

e a mesma relação com a norma de um vetor $v = (x, y, z)$

$$\|v\| = \sqrt{x^2 + y^2 + z^2} = \sqrt{\langle v, v \rangle}.$$

Voltando ao caso do plano, se tivéssemos trabalhado com um referencial não ortogonal (eixos não perpendiculares), e quiséssemos calcular a distância da origem até um ponto P (cujas coordenadas em relação ao referencial fossem (x, y)), teríamos, usando o teorema de Pitágoras,

$$d = \|(x, y)\| = \sqrt{(x + y \cos\alpha)^2 + (y \operatorname{sen}\alpha)^2} = \sqrt{x^2 + (2\cos\alpha)xy + y^2}$$

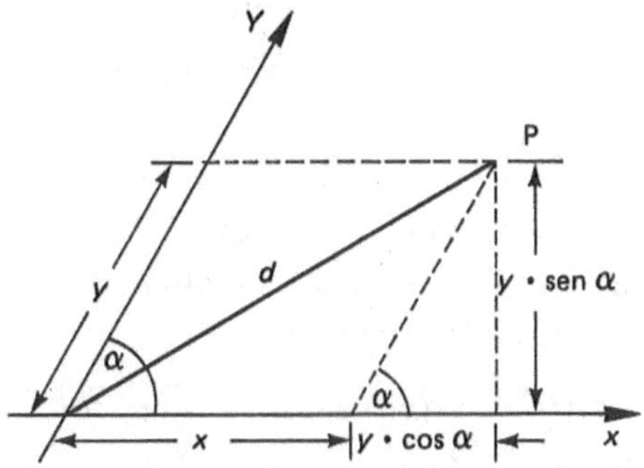

Figura 8.1.3

Observe que, se usássemos o produto escalar

$$\langle (x_1, y_1), (x_2, y_2) \rangle = x_1x_2 + y_1y_2$$

neste caso não valeria a relação $\|v\| = \sqrt{\langle v, v \rangle}$, mas ela passaria a valer se usássemos a seguinte regra para o produto:

$$\langle (x_1, y_1), (x_2, y_2) \rangle = x_1x_2 + (\cos\alpha)x_1y_2 + (\cos\alpha)x_2y_1 + y_1y_2 \quad \text{pois}$$

$$\langle v, v \rangle = \langle (x, y), (x, y) \rangle = x^2 + (\cos\alpha)xy + (\cos\alpha)yx + y^2 = \|v\|^2.$$

Portanto, novamente a noção de distância poderia ser dada a partir de um produto interno de vetores.

Concluímos destes exemplos, que o processo usado para se determinar medidas num espaço pode variar e, em cada caso, precisamos ser bem claros sobre que produto interno (e conseqüentemente sobre que norma) estamos trabalhando. Estes produtos, no entanto, gozam de propriedades que são utilizadas para definir produto interno num espaço vetorial real qualquer.

8.1.1 Definição: Seja V um espaço vetorial real. Um *produto interno* sobre V é uma função que a cada par de vetores, v_1 e v_2, associa um número real, denotado $\langle v_1, v_2 \rangle$, satisfazendo as propriedades:

i) $\langle v, v\rangle \geqslant 0$ para todo vetor v, e
$\langle v, v\rangle = 0$ se, e somente se $v = \mathbf{0}$.
ii) $\langle \alpha v_1, v_2\rangle = \alpha\langle v_1, v_2\rangle$ para todo real α.
iii) $\langle v_1 + v_2, v_3\rangle = \langle v_1, v_3\rangle + \langle v_2, v_3\rangle$.
iv) $\langle v_1, v_2\rangle = \langle v_2, v_1\rangle$.

8.1.2 Exemplos

Exemplo 1: O produto escalar usual de vetores do espaço $\mathbf{R}^3$.

Para $v = (x_1, x_2, x_3)$ e $w = (y_1, y_2, y_3)$

$$\langle v, w\rangle = x_1y_1 + x_2y_2 + x_3y_3.$$

De modo análogo, define-se o que chamamos produto interno usual para o espaço $\mathbf{R}^n$:

Dados $v = (x_1, x_2, ..., x_n)$ e $w = (y_1, y_2, ..., y_n)$,

$$\langle v, w\rangle = x_1y_1 + x_2y_2 + ... + x_ny_n$$

Veremos em 9.1.1 que, uma vez escolhido um tipo especial de base, todo produto interno tem uma expressão como esta.

Exemplo 2: $V = \mathbf{R}^2$, $v_1 = (x_1, y_1)$ e $v_2 = (x_2, y_2)$

$$\langle v_1, v_2\rangle = 2x_1x_2 - x_1y_2 - x_2y_1 + y_1y_2$$

Exemplo 3: Se V é o espaço de funções contínuas no intervalo [0, 1], dadas f_1 e $f_2 \in V$, definimos

$$\langle f_1, f_2\rangle = \int_0^1 f_1(t)f_2(t)\,dt$$

Poderemos verificar que as quatro condições da definição são satisfeitas em cada exemplo e, portanto, $\langle\ ,\ \rangle$ é um produto interno.

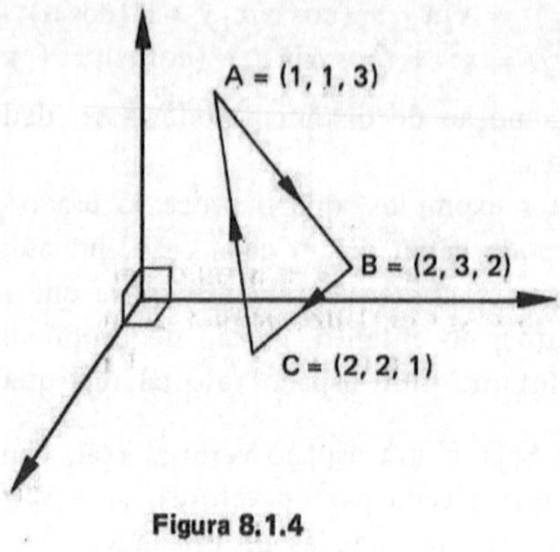

Figura 8.1.4

Exemplo 4: Um campo elétrico uniforme induz uma força constante dada pelo vetor **f** = (10, 2, -5) em uma partícula carregada eletricamente. Vamos calcular o trabalho realizado quando a partícula se move na trajetória que começa e termina em A, dada pela Figura 8.1.4. O trabalho total é

$$T = T_{AB} + T_{BC} + T_{CA}$$

onde T_{AB} é o trabalho realizado de A a B etc. Ainda, **AB** = (2, 3, 2) - - (1, 1, 3) = (1, 2, -1), **BC** = (0, -1, -1) e **CA** = (-1, -1, 2). Como foi mostrado na introdução, o trabalho é o produto interno da força pelo vetor que dá o deslocamento. Então T_{AB} = ⟨**f**, **AB**⟩ = ⟨(10, 2, -5), (1, 2, -1)⟩ = 19, T_{CA} = -22. Portanto, T = 0.

Exemplo 5: Uma fábrica produz um determinado componente eletrônico. Devido a variações na linha de produção, qualidade de material etc., verifica-se que os componentes não têm todos a mesma durabilidade. Fazendo-se experiências com relação ao número de horas de uso efetivo, obtém-se a seguinte tabela que relaciona durabilidade com a respectiva probabilidade.

durabilidade/h	2000	2500	2700	3000
probabilidade	1/3	1/5	1/5	4/15

Queremos saber a durabilidade média dos componentes.

Temos, então, a durabilidade média (ou valor médio ou valor esperado) que é

$$2000(1/3) + 2500(1/5) + 2700(1/5) + 3000(4/15) = 2520 \text{ horas.}$$

O que queremos observar, no entanto, é que a expressão da durabilidade média é exatamente a do produto interno canônico em $\mathbf{R}^4$ do vetor probabilidade $(\frac{1}{3}, \frac{1}{5}, \frac{1}{5}, \frac{4}{15})$ pelo vetor durabilidade (2000, 2500, 2700, 3000), isto é,

$$\langle(\frac{1}{3}, \frac{1}{5}, \frac{1}{5}, \frac{4}{15}), (2000, 2500, 2700, 3000)\rangle$$

De modo geral, se uma grandeza pode assumir valores $x_1, x_2, ..., x_n$ com probabilidades $p_1, p_2, ..., p_n$, respectivamente, então o valor médio da grandeza (também chamado valor esperado) é dado pelo produto interno canônico em $\mathbf{R}^n$

$$\langle(p_1, p_2, ..., p_n), (x_1, x_2, ..., x_n)\rangle = p_1x_1 + ... + p_nx_n$$

Na seção 8.7 você poderá ver uma outra versao deste fato, juntamente com outras aplicações estatísticas do produto interno.

O produto interno é usado para caracterizar a noção de perpendicularismo ou ortogonalidade de vetores. Formalmente:

8.1.3 Definição: Seja V um espaço vetorial com produto interno $\langle\ ,\ \rangle$. Diz-se que dois vetores **v** e **w** de V são *ortogonais* (em relação a este produto interno) se $\langle \mathbf{v}, \mathbf{w}\rangle = 0$. No caso em que **v** e **w** são ortogonais, escrevemos $\mathbf{v} \perp \mathbf{w}$.

Propriedades:

i) $\mathbf{0} \perp \mathbf{v}$ para todo $\mathbf{v} \in V$.
ii) $\mathbf{v} \perp \mathbf{w}$ implica que $\mathbf{w} \perp \mathbf{v}$.
iii) Se $\mathbf{v} \perp \mathbf{w}$ para todo $\mathbf{w} \in \mathbf{v}$, então $\mathbf{v} = \mathbf{0}$.
iv) Se $\mathbf{v}_1 \perp \mathbf{w}$ e $\mathbf{v}_2 \perp \mathbf{w}$, então $\mathbf{v}_1 + \mathbf{v}_2 \perp \mathbf{w}$.
v) Se $\mathbf{v} \perp \mathbf{w}$ e λ é um escalar, $\lambda\mathbf{v} \perp \mathbf{w}$.

Vamos demonstrar a primeira delas e voce poderá provar facilmente as outras, usando as propriedades do produto interno.

i) Para mostrar que **0** é ortogonal a todo vetor **v**, lembremos que $\mathbf{0} = 0 \cdot \mathbf{v}$ e, portanto, $\langle \mathbf{0}, \mathbf{v}\rangle = \langle 0 \cdot \mathbf{v}, \mathbf{v}\rangle = 0\langle \mathbf{v}, \mathbf{v}\rangle = 0$.

A noção de ortogonalidade tem uma aplicação interessante na verificação da "honestidade" de apostas. Vejamos isto em um exemplo.

Exemplo: Duas pessoas A e B fazem a seguinte aposta: elas vão jogar duas moedas simultaneamente e, se o resultado for duas caras, A ganha dez cruzeiros, se for duas coroas, A ganha sete cruzeiros, e se for uma cara e uma coroa, B ganha 9 cruzeiros. Queremos saber se esta aposta é justa, isto é, se A não tem mais probabilidade de ganhar do que B, ou vice-versa.

Para isto, vamos calcular o valor esperado por A e B. Observamos então que a probabilidade de dar duas caras é 1/4, de dar duas coroas é 1/4 e de dar uma cara e uma coroa é 1/2. O vetor probabilidade é então (1/4, 1/4, 1/2) e o vetor aposta do ponto de vista de A é (10, 7, -9) e do ponto de vista de B é (-10, -7, 9), onde o sinal menos indica a perda da aposta. O valor esperado por A é dado pelo produto interno

$$\langle (1/4,\ 1/4,\ 1/2)\ ,\ (10,\ 7,\ -9)\rangle = \frac{1}{4}(10) + \frac{1}{4}(7) - \frac{1}{2}(9) = -\frac{1}{4}$$

enquanto que o valor esperado por B é

$$\langle (1/4,\ 1/4,\ 1/2),\ (-10,\ -7,\ 9)\rangle = \frac{1}{4}\ .$$

O valor esperado por B é positivo, indicando que ele tem vantagem na aposta, enquanto que o valor esperado por A é negativo, indicando que ele tem maior probabilidade de perder a aposta. Esta só seria justa se não houvesse vantagem para nenhum dos apostadores, isto é, se o valor esperado para ambos fosse nulo, ou seja, o vetor probabilidade fosse ortogonal ao vetor aposta.

O resultado a seguir estabelece uma relação entre ortogonalidade e independência linear.

8.1.4 Teorema: Seja $\{v_1, v_2, ..., v_n\}$ um conjunto de vetores não nulos, dois a dois ortogonais, isto é,

$\langle v_i, v_j\rangle = 0$ para $i \neq j$. Então $\{v_1, ..., v_n\}$ é linearmente independente.

Prova: Seja $a_1 v_1 + a_2 v_2 + ... + a_n v_n = \mathbf{0}$.
Fazendo o produto interno dos dois membros da igualdade acima por v_i, temos:

$$\langle a_1 v_1 + ... + a_n v_n, v_i\rangle = \langle 0, v_i\rangle$$

e, portanto, $a_1 \langle v_1, v_i\rangle + ... + a_i \langle v_i, v_i\rangle + ... + a_n \langle v_n, v_i\rangle = 0$.
Como $\langle v_j, v_i\rangle = 0$ para $j \neq i$ e $\langle v_i, v_i\rangle \neq 0$, temos $a_i \langle v_i, v_i\rangle = 0$ e assim $a_i = 0$.

Como isto vale para todo $i = 1, ..., n$, temos $a_1 = 0, ..., a_n = 0$; logo $\{v_1, ..., v_n\}$ é LI.

Você já deve ter notado que quando se trabalha no espaço ($\mathbf{R}^3$), em geral é mais simples usarmos a base canônica $\{\vec{i}, \vec{j}, \vec{k}\}$. Isso se deve em grande parte à característica de que estes vetores são dois a dois ortogonais. A conveniência de bases desse tipo se mantém para espaços vetoriais quaisquer, como você verá em 8.2.

8.1.5 Definição: Diz-se que uma base $\{v_1, ..., v_n\}$ de V é *base ortogonal* se $\langle v_i, v_j\rangle = 0$ para $i \neq j$, isto é, os vetores da base são dois a dois ortogonais.

Observe que, pelo teorema anterior, se obtivermos um conjunto de n vetores dois a dois ortogonais num espaço de dimensão n, este conjunto será uma base ortogonal.

8.2 COEFICIENTES DE FOURIER

Bases ortogonais são importantes porque existe um procedimento padrão para se encontrar as coordenadas de um vetor qualquer em relação a elas. Seja V um espaço vetorial com produto interno $\langle\ ,\ \rangle$, $\beta = \{v_1, ..., v_n\}$ uma base ortogonal de V e w um vetor qualquer de V. Vamos calcular as coordenadas de w em relação a β. Sabemos que $w = x_1 v_1 + x_2 v_2 + \ldots + x_n v_n$ e queremos determinar a i-ésima coordenada x_i. Para isto, façamos o produto interno dos dois membros da igualdade acima por v_i. Então $\langle w, v_i \rangle = x_i \langle v_i, v_i \rangle$

donde $x_i = \dfrac{\langle w, v_i \rangle}{\langle v_i, v_i \rangle}$. Esta coordenada é chamada *coeficiente de Fourier* de w em relação a v_i.

8.2.1 Exemplos

Exemplo 1: Seja $V = \mathbb{R}^2$ com produto interno usual e

$$\beta = \{(1, 1), (-1, 1)\}.$$

Observamos que β é uma base ortogonal, pois $\langle (1, 1), (-1, 1) \rangle = 1(-1) + 1(1) = 0$. Calculemos $[(2, 3)]_\beta$.
Existem x_1 e x_2 tais que

$$(2, 3) = x_1(1, 1) + x_2(-1, 1),$$

onde x_1 e x_2 são as coordenadas do vetor (2, 3) em relação à base β que estamos procurando.

$$\begin{aligned} \langle (2, 3), (1, 1) \rangle &= \langle x_1(1, 1) + x_2(-1, 1), (1, 1) \rangle \\ &= \langle x_1(1, 1), (1, 1) \rangle + \langle x_2(-1, 1), (1, 1) \rangle \\ &= x_1 \langle (1, 1), (1, 1) \rangle + x_2 \langle (-1, 1), (1, 1) \rangle. \end{aligned}$$

O segundo termo, $x_2 \langle (-1, 1), (1, 1) \rangle$, é nulo e assim,

$$x_1 = \frac{\langle (2, 3), (1, 1) \rangle}{\langle (1, 1), (1, 1) \rangle} = \frac{5}{2}$$

Analogamente, $$x_2 = \frac{\langle (2, 3), (-1, 1) \rangle}{\langle (-1, 1), (-1, 1) \rangle} = \frac{1}{2}$$

Portanto, $$[(2, 3)]_\beta = \begin{bmatrix} 5/2 \\ 1/2 \end{bmatrix}$$

Vamos formalizar agora a noção de comprimento de um vetor num espaço vetorial. Faremos isto de tal forma que seja verdadeira a relação vista em 8.1, entre produto escalar e norma.

8.3 NORMA

8.3.1 Definição: Seja V um espaço com produto interno $\langle \, , \, \rangle$.
Definimos a *norma* (ou comprimento) de um vetor v em relação a este produ-

to interno por $\|v\| = \sqrt{\langle v, v \rangle}$. Se $\|v\| = 1$, isto é, $\langle v, v \rangle = 1$, v é chamado *vetor unitário*. Dizemos também, neste caso, que v está *normalizado*.

Observe que todo vetor não nulo $v \in V$ pode ser normalizado, tornando $u = \frac{v}{\|v\|}$. Se considerarmos, por exemplo, $V = \mathbf{R}^3$ e $\langle\ ,\ \rangle$ o produto interno usual, então se $v = (x_1, x_2, x_3) \in \mathbf{R}^3$, $\|v\| = \sqrt{\langle v, v \rangle} = \sqrt{x_1^2 + x_2^2 + x_3^2}$ que é o comprimento do vetor v. Assim, para $v = (1, 2, -1)$, teremos o vetor normalizado.

$$u = \frac{v}{\|v\|} = \frac{(1, 2, -1)}{\sqrt{1^2 + 2^2 + (-1)^2}} = \left(\frac{1}{\sqrt{6}}, \frac{2}{\sqrt{6}}, \frac{-1}{\sqrt{6}}\right)$$

A noção de norma formaliza o conceito de comprimento.

Exemplo: Vamos calcular a força (que é um vetor) de atração entre dois corpos de massas 2 e 5 unidades, colocados nos pontos (1, 3, 5) e (2, 1, 0), respectivamente, sabendo que a intensidade da atração entre eles é dada pela relação $\frac{m_1 \cdot m_2}{d^2}$, onde m_1 é a massa do primeiro corpo, m_2 a do segundo e d a distância entre eles, e sabendo ainda que a força age na direção da reta que une os dois pontos.

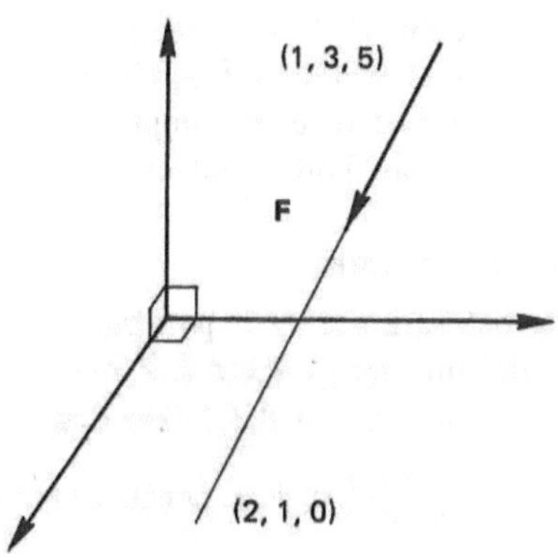

Figura 8.3.1

Vemos que **F** deve ser um vetor na direção e sentido de

$(2, 1, 0) - (1, 3, 5) = (1, -2, -5)$ e deve ter intensidade $\frac{2 \cdot 5}{\|(1, -2, -5)\|^2} = \frac{10}{30} = \frac{1}{3}$

ou seja, $\mathbf{F} = \frac{1}{3}u$, onde u é um vetor unitário na direção de $(1, -2, -5)$. Portanto,

$$\mathbf{u} = \frac{(1, -2, -5)}{\|(1, -2, -5)\|} = (1/\sqrt{30}\ , -2/\sqrt{30}\ , 5/\sqrt{30}\ )$$

$$\text{e } \mathbf{F} = \frac{1}{3}\,(1/\sqrt{30}, -2/\sqrt{30}, 5/\sqrt{30}\ ) = (1/3\sqrt{30}\ , -2/3\sqrt{30}\ , 5/3\sqrt{30}\ )$$

Vejamos agora que a definição formal de norma tem realmente todas as propriedades que esperamos de uma noção de comprimento.

Propriedades: Seja V um espaço vetorial com produto interno. Para quaisquer v, w em V e $\alpha \in \mathbf{R}$.

i) $\|\mathbf{v}\| \geqslant 0$ e $\|\mathbf{v}\| = 0$ se, e somente se $\mathbf{v} = \mathbf{0}$.
ii) $\|\alpha \mathbf{v}\| = |\alpha|\,\|\mathbf{v}\|$
iii) $|\langle \mathbf{v}, \mathbf{w}\rangle| \leqslant \|\mathbf{v}\|\,\|\mathbf{w}\|$ (Desigualdade de Schwarz)
iv) $\|\mathbf{v} + \mathbf{w}\| \leqslant \|\mathbf{v}\| + \|\mathbf{w}\|$ (Desigualdade triangular)

Prova: Você pode mostrar *i)* e *ii)* a partir das propriedades do produto interno.
iii) Sejam v e w em V com $\mathbf{v} \neq \mathbf{0}$. (Para $\mathbf{v} = \mathbf{0}$ vale a igualdade $|\langle \mathbf{v}, \mathbf{w}\rangle| = \|\mathbf{v}\|\,\|\mathbf{w}\| = 0$.)

Para qualquer $t \in \mathbf{R}$, $\langle t\mathbf{v} + \mathbf{w}, t\mathbf{v} + \mathbf{w}\rangle \geqslant 0$, isto é,

$$\langle \mathbf{v}, \mathbf{v}\rangle t^2 + 2\langle \mathbf{v}, \mathbf{w}\rangle t + \langle \mathbf{w}, \mathbf{w}\rangle \geqslant 0$$

Temos então um trinômio do 2º grau que deve ser positivo para qualquer valor de t. Como o coeficiente $\langle \mathbf{v}, \mathbf{v}\rangle$ de t^2 é sempre positivo ($\mathbf{v} \neq \mathbf{0}$), o discriminante Δ deve ser negativo: $\Delta = 4\langle \mathbf{v}, \mathbf{w}\rangle^2 - 4\langle \mathbf{v}, \mathbf{v}\rangle\langle \mathbf{w}, \mathbf{w}\rangle \leqslant 0$.
Isto é, $4\langle \mathbf{v}, \mathbf{w}\rangle^2 - 4\|\mathbf{v}\|^2\,\|\mathbf{w}\|^2 \leqslant 0$, o que implica que $|\langle \mathbf{v}, \mathbf{w}\rangle| \leqslant \|\mathbf{v}\|\,\|\mathbf{w}\|$.
iv) A desigualdade triangular você pode fazer como exercício.

8.3.2 Ângulo entre dois vetores

A desigualdade de Schwarz nos dá a possibilidade de definir *ângulo* entre dois vetores não nulos em um espaço vetorial V munido de um produto interno. Sejam $\mathbf{v}, \mathbf{w} \in V$ não nulos. Então 8.3.1 (*iii*) pode ser escrito como $\dfrac{|\langle \mathbf{v}, \mathbf{w}\rangle|}{\|\mathbf{v}\|\,\|\mathbf{w}\|} \leqslant 1$ ou seja $\left|\dfrac{\langle \mathbf{v}, \mathbf{w}\rangle}{\|\mathbf{v}\|\,\|\mathbf{w}\|}\right| \leqslant 1$, e portanto existe um ângulo θ entre 0 e π radianos tal que $\cos\theta = \dfrac{\langle \mathbf{v}, \mathbf{w}\rangle}{\|\mathbf{v}\|\,\|\mathbf{w}\|}$. Este ângulo θ é chamado ângulo entre v e w. Observe que esta noção é compatível com a noção de ortogonalidade pois, se $\langle \mathbf{v}, \mathbf{w}\rangle = 0$, então $\cos\theta = 0$; logo $\theta = \pi/2$.

Seria muito interessante se você verificasse agora que se considerarmos o plano $\mathbf{R}^2$ ou o espaço $\mathbf{R}^3$ com o produto interno usual, o conceito geral de ângulo aqui definido coincidirá com o conceito geométrico de ângulo entre dois vetores.

Exemplo: Sejam $V = M(2, 2)$, as matrizes quadradas de ordem 2 reais e o produto interno dado pela expressão (comprove que realmente é um produto interno, testando as propriedades):

$$\left\langle \begin{bmatrix} a & b \\ c & d \end{bmatrix}, \begin{bmatrix} e & f \\ g & h \end{bmatrix} \right\rangle = ae + 2bf + 3cg + dh$$

Vamos calcular o ângulo entre as matrizes $\begin{bmatrix} 1 & -1 \\ 0 & 1 \end{bmatrix}$ e $\begin{bmatrix} 2 & 1 \\ -1 & 1 \end{bmatrix}$, segundo este produto interno. Então

$$\left\langle \begin{bmatrix} 1 & -1 \\ 0 & 1 \end{bmatrix}, \begin{bmatrix} 2 & 1 \\ -1 & 1 \end{bmatrix} \right\rangle = 1,$$

$$\left\| \begin{bmatrix} 1 & -1 \\ 0 & 1 \end{bmatrix} \right\| = 2 \quad \text{e} \quad \left\| \begin{bmatrix} 2 & 1 \\ -1 & 1 \end{bmatrix} \right\| = \sqrt{10}$$

Portanto, $\cos\theta = 1/2\sqrt{10}$ e assim, $\theta = \text{arccos } 1/2\sqrt{10}$.

Em 8.7 você poderá ver que a noção de correlação usada em estatística provém do conceito de ângulo entre dois vetores.

Também utiliza-se o conceito de norma para caracterizar o tipo de base que, em geral, é mais conveniente quando se trabalha com um determinado produto interno. Numa base deste tipo as coordenadas de um vetor são dadas por um produto interno.

8.3.3 Definição: Seja V um espaço vetorial com produto interno. Diz-se que uma base $\beta = \{v_1, ..., v_n\}$ de V é *ortonormal* se for ortogonal e cada vetor for unitário, isto é,

$$\langle v_i, v_j \rangle = \begin{cases} 0 & \text{se } i \neq j \\ 1 & \text{se } i = j \end{cases}$$

Observe que se tivermos uma base ortonormal $\{v_1, ..., v_n\}$, os coeficientes x_i de um vetor $w = x_1v_1 + ... + x_nv_n$ são dados por

$$x_i = \frac{\langle w, v_i \rangle}{\langle v_i, v_i \rangle} = \langle w, v_i \rangle .$$

Exemplo: Seja $V = \mathbf{R}^2$ e $\langle , \rangle$ o produto interno usual e $\beta = \{(1, 0), (0, 1)\}$ uma base ortonormal, temos $x_1 = \langle v, e_1 \rangle$ e $x_2 = \langle v, e_2 \rangle$.

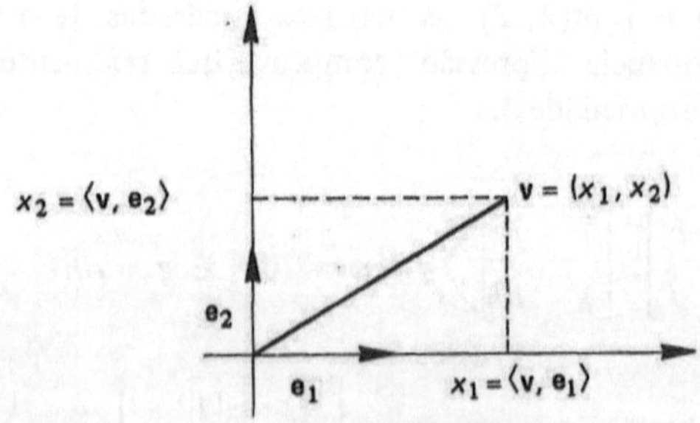

Figura 8.3.2

8.4 PROCESSO DE ORTOGONALIZAÇÃO DE GRAM-SCHMIDT

A partir de uma base qualquer de um espaço vetorial existe um processo para se obter uma base ortonormal. Inicialmente vamos dar uma descrição deste processo de ortonormalização para uma base $\beta = \{v_1, v_2\}$.

Seja $v_1' = v_1$. Precisamos encontrar a partir de v_2 um novo vetor v_2 ortogonal a v_1', isto é, $\langle v_2', v_1' \rangle = 0$. Para isto tomamos $v_2' = v_2 - cv_1'$, onde c é um número escolhido de modo que $\langle v_2', v_1' \rangle = 0$, isto é, $\langle v_2 - cv_1', v_1' \rangle = 0$.

Isto significa que $c = \dfrac{\langle v_2, v_1' \rangle}{\langle v_1', v_1' \rangle}$.

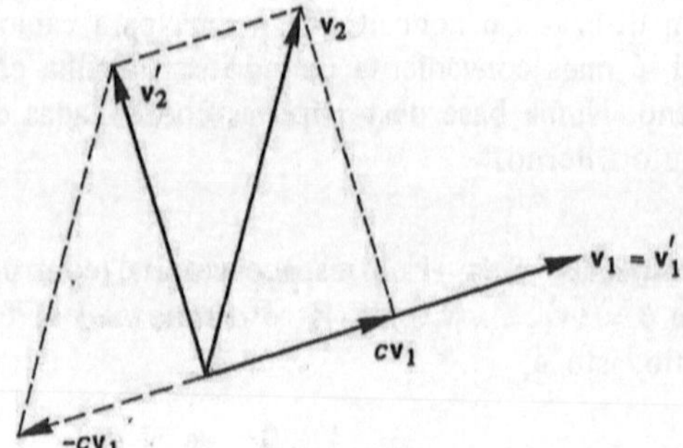

Figura 8.4.1

Ficamos então com

$$v_1' = v_1$$

$$v_2' = v_2 - \frac{\langle v_2, v_1' \rangle}{\langle v_1', v_1' \rangle} v_1'$$

Observe que v_2' foi obtido de v_2, subtraindo-se deste a projeção do vetor v_2 na direção de v_1',

$$\frac{\langle v_2, v_1'\rangle}{\langle v_1', v_1'\rangle} \cdot v_1',$$

e que v_1' e v_2' são vetores ortogonais não nulos. Podemos então normalizá-los,

$$u_1 = \frac{v_1'}{\|v_1'\|} \quad e \quad u_2 = \frac{v_2'}{\|v_2'\|}$$

obtendo uma base $\beta' = \{u_1, u_2\}$ que é ortonormal. Como você pode afirmar que u_1 e u_2 são LI? (Veja 8.1.5)

8.4.1 Exemplo

Exemplo 1: Seja $\beta = \{(2, 1), (1, 1)\}$ uma base do $\mathbf{R}^2$. Vamos obter a partir de β uma base ortonormal em relação ao produto interno usual.

Sejam $v_1 = (2, 1)$ e $v_2 = (1, 1)$.

$v_1' = v_1 = (2, 1)$

$v_2' = v_2 - cv_1'$

Como já vimos, a condição de que v_2' seja ortogonal a v_1' implica que

$$c = \frac{\langle v_2, v_1'\rangle}{\langle v_1', v_1'\rangle}$$

e, portanto,

$$v_2' = v_2 - \frac{\langle v_2, v_1'\rangle}{\langle v_1', v_1'\rangle} v_1' = (1, 1) - \frac{\langle (1, 1), (2, 1)\rangle}{\langle (2, 1), (2, 1)\rangle} (2, 1) = \left(-\frac{1}{5}, \frac{2}{5}\right)$$

Normalizando estes vetores obtemos:

$$u_1 = \frac{v_1'}{\|v_1'\|} = \left(\frac{2}{\sqrt{5}}, \frac{1}{\sqrt{5}}\right) \text{ e } u_2 = \frac{v_2'}{\|v_2'\|} = \left(-\frac{1}{\sqrt{5}}, \frac{2}{\sqrt{5}}\right)$$

Então, $\beta' = \{u_1, u_2\}$ é uma base ortonormal.

O procedimento de ortogonalização de dois vetores pode ser generalizado para uma base $\beta = \{v_1, ..., v_n\}$. Tomemos como no caso anterior

$v_1' = v_1$

$v_2' = v_2 - cv_1'$ onde $c = \dfrac{\langle v_2, v_1'\rangle}{\langle v_1', v_1'\rangle}$.

Então, v_1' é ortogonal a v_2'.

Vamos procurar agora um vetor v_3' que seja ortogonal ao mesmo tempo a v_1' e v_2'. Por analogia ao caso anterior vamos estabelecer que $v_3' =$ $= v_3 - mv_2' - kv_1'$ e determinar os valores de m e k tais que $\langle v_3', v_2'\rangle = 0$ e $\langle v_3', v_2'\rangle = 0$. Desenvolvendo estas duas condições, obtemos:

$$\langle v_3', v_1'\rangle = 0 \iff \langle v_3 - mv_2' - kv_1', v_1'\rangle = 0$$
$$\iff \langle v_3, v_1'\rangle - m\langle v_2', v_1'\rangle - k\langle v_1', v_1'\rangle = 0$$

Assim, como $\langle v_2', v_1'\rangle = 0$, temos $\langle v_3', v_2'\rangle = 0$ se, e somente se

$$k = \frac{\langle v_3, v_1'\rangle}{\langle v_1', v_1'\rangle}$$

Da mesma forma, $\langle v_3', v_2'\rangle = 0$ se, e somente se

$$m = \frac{\langle v_3, v_2'\rangle}{\langle v_2', v_2'\rangle}$$

E portanto,

$$v_3' = v_3 - \frac{\langle v_3, v_2'\rangle}{\langle v_2', v_2'\rangle} v_2' - \frac{\langle v_3, v_1'\rangle}{\langle v_1', v_1'\rangle} v_1'$$

Observe que k e m são os coeficientes de Fourier de v_3 com relação a v_1' e a v_2' respectivamente, ou seja, v_3' é obtido de v_3, subtraindo-se suas projeções sobre v_1' e v_2'.

Procedendo de maneira análoga, obtemos os vetores $v_4', ..., v_n'$.

Assim, a partir de uma base $\beta = \{v_1, ..., v_n\}$ de um espaço vetorial V, construímos a base ortogonal $\{v_1', ..., v_n'\}$ dada por:

$$v_1' = v_1$$

$$v_2' = v_2 - \frac{\langle v_2, v_1'\rangle}{\langle v_1', v_1'\rangle} v_1'$$

$$v_3' = v_3 - \frac{\langle v_3, v_2'\rangle}{\langle v_2', v_2'\rangle} v_2' - \frac{\langle v_3, v_1'\rangle}{\langle v_1', v_1'\rangle} v_1'$$

$$\vdots$$

$$v_n' = v_n - \frac{\langle v_n, v_{n-1}'\rangle}{\langle v_{n-1}', v_{n-1}'\rangle} v_{n-1}' - \dots - \frac{\langle v_n, v_1'\rangle}{\langle v_1', v_1'\rangle} v_1'$$

Este procedimento é conhecido como *processo de ortogonalização de Gram-Schmidt.*

Se quisermos agora obter uma base ortonormal, basta normalizarmos os vetores v_i'. Isto é, tomando

$u_i = \dfrac{v_i'}{\|v_i'\|}$, obtemos a base $\{u_1, u_2, ..., u_n\}$ de vetores ortonormais.

Exemplo 2: Seja $\beta = \{(1, 1, 1), (0, 2, 1), (0, 0, 1)\}$ uma base de $\mathbf{R}^3$. Vamos obter a partir de β uma base ortonormal em relação ao produto usual. Sejam $v_1 = (1, 1, 1)$, $v_2 = (0, 2, 1)$, $v_3 = (0, 0, 1)$.

$$v_1' = v_1 = (1, 1, 1)$$

$$v_2' = v_2 - \frac{\langle v_2, v_1' \rangle}{\langle v_1', v_1' \rangle} v_1' = (0, 2, 1) - \frac{\langle (0, 2, 1), (1, 1, 1) \rangle}{\langle (1, 1, 1), (1, 1, 1) \rangle} (1, 1, 1) =$$

$$= (0, 2, 1) - \frac{3}{3} (1, 1, 1) = (-1, 1, 0).$$

$$v_3' = v_3 - \frac{\langle v_3, v_2' \rangle}{\langle v_2', v_2' \rangle} v_2' - \frac{\langle v_3, v_1' \rangle}{\langle v_1', v_1' \rangle} v_1'$$

$$= (0, 0, 1) - \frac{\langle (0, 0, 1), (-1, 1, 0) \rangle}{\langle (-1, 1, 0), (-1, 1, 0) \rangle} (-1, 1, 0) -$$

$$- \frac{\langle (0, 0, 1), (1, 1, 1) \rangle}{\langle (1, 1, 1), (1, 1, 1) \rangle} (1, 1, 1) = (0, 0, 1) - 0 - \frac{1}{3} (1, 1, 1) =$$

$$= (-\frac{1}{3}, -\frac{1}{3}, \frac{2}{3})$$

Então os vetores normalizados são

$$u_1 = \frac{v_1'}{\|v_1'\|} = \left(\frac{1}{\sqrt{3}}, \frac{1}{\sqrt{3}}, \frac{1}{\sqrt{3}}\right)$$

$$u_2 = \frac{v_2'}{\|v_2'\|} = \left(-\frac{1}{\sqrt{2}}, \frac{1}{\sqrt{2}}, 0\right)$$

$$u_3 = \frac{v_3'}{\|v_3'\|} = \left(-\frac{1}{\sqrt{6}}, -\frac{1}{\sqrt{6}}, 2\right)$$

e $\beta' = \{u_1, u_2, u_3\}$ é uma base ortonormal.

Observe no exemplo que, dos vetores originais da base β o único que foi preservado, pelo menos em sua direção, foi o vetor v_1 a partir do qual foi iniciado o processo de ortogonalização. Vale a pena notar que partindo da mesma base $\beta = \{v_1, v_2, v_3\}$ poderemos obter uma outra base ortogonal β'' iniciando, por exemplo, o processo de ortogonalização a partir de $v_3 (v_1' = v_3 = (0, 0, 1))$. Neste caso, os cálculos seriam simplificados pois v_3 já é um vetor unitário. Obteremos assim $\beta'' = \{w_1, w_2, w_3\}$, onde o vetor cuja direção é preservada é v_3, e não mais v_1.

Exemplo 3: Seja $\beta = \{(1, 0), (0, 1)\}$ a base canônica de $\mathbf{R}^2$. Vamos obter a partir de β uma base ortonormal em relação ao produto interno de $\mathbf{R}^2$, definido por

$$\langle (x_1, y_1), (x_2, y_2) \rangle = 2x_1x_2 - x_1y_2 - x_2y_1 + y_1y_2 .$$

Sejam $v_1 = (1, 0)$ e $v_2 = (0, 1)$.

$v_1' = v_1 = (1, 0)$

$$v_2' = v_2 - \frac{\langle v_2, v_1' \rangle}{\langle v_1', v_1' \rangle} v_1' = (0, 1) - \frac{\langle (0, 1), (1, 0) \rangle}{\langle (1, 0), (1, 0) \rangle} (1, 0) = (0, 1) +$$

$$+ \frac{1}{2} (1, 0) = (\frac{1}{2}, 1).$$

Normalizando estes vetores obtemos:

$$u_1 = \frac{v_1'}{\|v_1'\|} = \left(\frac{1}{\sqrt{2}}, 0\right)$$

$$u_2 = \frac{v_2'}{\|v_2'\|} = \left(\frac{\sqrt{2}}{2}, \sqrt{2}\right)$$

Assim, $\beta' = \{u_1, u_2\}$ é uma base ortonormal em relação ao produto interno definido acima. Observe que a base inicial β é uma base ortonormal em relação ao produto interno usual de $\mathbf{R}^2$, mas não em relação ao produto aqui definido.

8.5 COMPLEMENTO ORTOGONAL

Consideremos um espaço vetorial V munido de um produto interno $\langle \, , \rangle$ e um subconjunto não vazio S de V. (S não é necessariamente um subespaço.) Consideremos então o subconjunto de V:

$$S^\perp = \{v \in V: v \text{ é ortogonal a todos os vetores de } S\}.$$

Valem os seguintes resultados com relação a S..

i) $S^\perp$ é subespaço de V (mesmo que S não o seja).
De fato, se v_1 e v_2 pertencem a $S^\perp$ e w é um vetor qualquer de S, então $v_1 \perp w$ e $v_2 \perp w$ e de 8.1.4. (*iv*) $v_1 + v_2 \perp w$, ou seja, $v_1 + v_2 \in S^\perp$. Analogamente, usando 8.1.4, (*v*) $\lambda v_1 \perp w$ para qualquer $\lambda \in \mathbf{R}$.

ii) Se S é subespaço de V, então $V = S \oplus S^\perp$ (veja 4.3.5).
e $S^\perp$ é chamado *complemento ortogonal* de S. Para mostrar isto, basta tomar uma base ortogonal de S $\{v_1, v_2, ..., v_k\}$ (veja 8.4), estendê-la a uma base de V, $\{v_1, ..., v_k w_{k+1}, ..., w_n\}$ e aplicar o processo de Gram-Schmidt, observando que $v_1, ..., v_k$ não mudam no processo. Obtém-se assim uma base ortonormal de V, $\{v_1, ..., v_k, v_{k+1}, ..., v_n\}$. Note que $\{v_{k+1}, ..., v_n\}$ é uma base de $S^\perp$ (verifique). Assim,

$$V = [v_1, ..., v_k] \oplus [v_{k+1}, ..., v_n] = S \oplus S^\perp.$$

8.6 ESPAÇOS VETORIAIS COMPLEXOS – PRODUTO INTERNO

No Capítulo 4, quando introduzimos espaços vetoriais reais, comentamos que se os escalares fossem números complexos, (**C**) teríamos um espaço vetorial complexo. O que queremos nesta secção é ressaltar um fato importante que ocorre com o produto interno num espaço vetorial complexo.

Observe o que ocorreria se tivéssemos V, um espaço vetorial sobre **C**, munido de um produto interno $\langle\, , \rangle$ segundo a definição 8.1.1 e quiséssemos, dado v não nulo em V, calcular o produto $\langle w, w \rangle$ onde $w = iv$. Então, por um lado, pela condição (*i*) de 8.1.1, temos $\langle w, w \rangle > 0$. Por outro lado, $\langle w, w \rangle =$ $= \langle iv, iv \rangle = i\langle v, iv \rangle = i\langle iv, v \rangle = i^2\langle v, v \rangle = -1\langle v, v \rangle < 0$ pois $\langle v, v \rangle > 0$. Então $\langle w, w \rangle$ deve ser ao mesmo tempo maior que 0 e menor que 0, o que é absurdo! Isto quer dizer que as duas condições *i*) $\langle v, v \rangle \geqslant 0$ para todo v e *iv*) $\langle v, w \rangle = \langle w, v \rangle$ para quaisquer v, w são incompatíveis quando estamos trabalhando com espaços vetoriais complexos. Sendo assim, precisamos de uma nova definição.

8.6.1 Definição: Seja V um espaço vetorial complexo. Um *produto interno* sobre V é uma aplicação

$$\begin{aligned} \langle\, , \rangle : V \times V &\to \mathbf{C} \\ (u, v) &\mapsto \langle u, v \rangle \end{aligned}$$

que satisfaz as seguintes condições:

i) $\langle v, v \rangle \geqslant 0$ para todo $v \in V$ e $\langle v, v \rangle = 0$ se, e somente se $v = \mathbf{0}$.

ii) $\langle \alpha u, v \rangle = \alpha \langle u, v \rangle$, para todo $\alpha \in \mathbf{C}$ e $u, v \in V$.

iii) $\langle u_1 + u_2, v \rangle = \langle u_1, v \rangle + \langle u_2, v \rangle$ para todo $u_1, u_2, v \in V$.

iv) $\langle u, v \rangle = \overline{\langle v, u \rangle}$ para todo $u, v \in V$.

Observe que a condição (*iv*) foi mudada em relação ao produto interno definido sobre **R**. Ela nos diz que $\langle u, v \rangle$ é o conjugado de $\langle v, u \rangle$.

Exemplo: Sejam $V = \mathbf{C}^3$, $v_1, v_2 \in V$ com $v_1 = (x_1, x_2, x_3)$ e $v_2 =$ $= (y_1, y_2, y_3)$. A expressão

$$\langle v_1, v_2 \rangle = x_1\overline{y}_1 + x_2\overline{y}_2 + x_3\overline{y}_3$$

define um produto interno em $\mathbf{C}^3$. Verifiquemos a condição (*iv*).

$$\overline{\langle v_2, v_1 \rangle} = \overline{y_1\overline{x}_1 + y_2\overline{x}_2 + y_3\overline{x}_3} = \overline{y_1\overline{x}_1} + \overline{y_2\overline{x}_2} + \overline{y_3\overline{x}_3} = \overline{y}_1\overline{\overline{x}}_1 + $$
$$+ \overline{y}_2\overline{\overline{x}}_2 + \overline{y}_3\overline{\overline{x}}_3 = x_1\overline{y}_1 + x_2\overline{y}_2 + x_3\overline{y}_3 = \langle v_1, v_2 \rangle$$

Um exemplo importante de espaço vetorial complexo é dado pelo conjunto das soluções de um sistema de equações diferenciais lineares. Ele será apresentado no Capítulo 12.

Do mesmo modo que definimos os conceitos fundamentais (norma, distância, ortogonalidade etc.) num espaço vetorial real com um produto interno, podemos defini-los num espaço vetorial complexo. Por exemplo, a norma de um vetor $\mathbf{v} = (x_1, x_2, x_3) \in \mathbf{C}^3$ em relação ao produto interno dado no exemplo anterior é

$$\|\mathbf{v}\| = \sqrt{\langle \mathbf{v}, \mathbf{v} \rangle} = \sqrt{x_1\bar{x}_1 + x_2\bar{x}_2 + x_3\bar{x}_3} = \sqrt{|x_1|^2 + |x_2|^2 + |x_3|^2}$$

Não vamos tratar mais detalhadamente sobre este assunto porque, neste livro, estamos mais interessados em espaços vetoriais reais.

8.7 PRODUTO INTERNO E ESTATÍSTICA

Uma situação que aparece freqüentemente na análise de experimentos é a seguinte: verifica-se que o fenômeno estudado tem n possibilidades distintas S_1, S_2, ..., S_n de se manifestar, cada uma delas com probabilidades p_1, p_2, ..., p_n, respectivamente. O conjunto $S = \{S_1, ..., S_n\}$ é chamado *espaço amostral* e o vetor $\mathbf{p} = (p_1, ..., p_n)$ é chamado *vetor de probabilidades*. Por exemplo, no lançamento de uma moeda, podemos considerar $S = \{\text{cara, coroa}\}$ e $\mathbf{p} = (1/2, 1/2)$; no lançamento simultâneo de duas moedas, $S = \{(\text{cara, cara}), (\text{coroa, coroa}), (\text{cara, coroa})\}$ e $\mathbf{p} = (1/4, 1/4, 1/2)$; num grupo de 3 pessoas podemos considerar $S = \{\text{pessoa 1, pessoa 2, pessoa 3}\}$ e $\mathbf{p} = (1/3, 1/3, 1/3)$ se cada uma delas tiver a mesma probabilidade de ser escolhida ao acaso.

Se em um espaço amostral $S = \{S_1, ..., S_n\}$, com respectivo vetor de probabilidade $\mathbf{p} = (p_1, ..., p_n)$, associarmos, a cada elemento S_i do espaço amostral, um valor X_i, teremos o vetor $\mathbf{X} = (X_1, ..., X_n)$ que chamaremos de *variável aleatória*. Vejamos alguns exemplos.

8.7.1 Exemplos

Exemplo 1: Se duas pessoas A e B fazem a seguinte aposta: lançam uma moeda e, se der cara, A ganhará 10 fichas e, se der coroa, B ganhará 10 fichas. Então teremos $S = \{\text{cara, coroa}\}$, $\mathbf{p} = (1/2, 1/2)$, a variável aleatória do ponto de vista de A será $\mathbf{X} = (10, -10)$ e a variável aleatória do ponto de vista de B será $\mathbf{Y} = (-10, 10)$.

Exemplo 2: Num grupo de três pessoas A, B, C que pesam 70 kg, 80 kg e 50 kg, respectivamente, podemos considerar $S = \{A, B, C\}$, $\mathbf{p} = (1/3, 1/3, 1/3)$ e a variável aleatória $\mathbf{X} = (70, 80, 50)$.

Exemplo 3: À situação escrita no Exemplo de 8.1.3 podemos associar o espaço amostral $S = \{$(cara, cara), (coroa, coroa), (cara, coroa)$\}$, o vetor de probabilidades $\mathbf{p} = (1/4, 1/4. 1/2)$ e as variáveis aleatórias $\mathbf{X} = (10, 7, -9)$ que dá a aposta de A, e $\mathrm{Y} = (-10, -7, 9)$ que dá a aposta de B.

Dado um espaço amostral $S = \{S_1, ..., S_n\}$, o vetor de probabilidades $\mathbf{p} = (p_1, ..., p_n)$ e uma variável aleatória $\mathbf{X} = (X_1, ..., X_n)$, denominamos de *valor médio* de $\mathbf{X}$ (ou *valor esperado*) ao número

$$\overline{X} = p_1 X_1 + p_2 X_2 + .. + p_n X_n,$$

de *variança de* $\mathbf{X}$ ao número

$$V(\mathbf{X}) = p_1(X_1 - \overline{X})^2 + ... + p_n(X_n - \overline{X})^2$$

e de *desvio padrão* de $\mathbf{X}$ ao número

$$D(\mathbf{X}) = \sqrt{V(\mathbf{X})}.$$

A ligação destes conceitos com o conceito de produto interno é estabelecida da seguinte forma: nas condições anteriores, consideremos em $\mathbf{R}^n$ o seguinte produto interno

$$\langle (x_1, ..., x_n), (y_1, ..., y_n) \rangle = p_1 x_1 y_1 + ... + p_n x_n y_n$$

Temos então que, em relação a este produto interno

$$\overline{X} = \langle \mathbf{X}, (1, ..., 1) \rangle$$

$$V(\mathbf{X}) = \langle \mathbf{X} - \overline{X}(1, ..., 1), \mathbf{X} - \overline{X}(1, ..., 1) \rangle$$

$$D(\mathbf{X}) = \|\mathbf{X} - \overline{X}(1, ..., 1)\|.$$

Você pode verificar tranqüilamente estas igualdades.

8.7.2 Exemplos

Exemplo 1: O produto interno associado é

$$\langle (x_1, y_1), (x_2, y_2) \rangle = \frac{1}{2} x_1 x_2 + \frac{1}{2} y_1 y_2$$

Então $\overline{X} = \langle (10, -10), (1, 1) \rangle = \frac{1}{2} \cdot 10 \cdot 1 + \frac{1}{2}(-10) \cdot 1 = 0$ e $D(\mathbf{X}) =$ $= \|(10, 10) - 0(1, 1)\| = \|(10, 10)\| = \sqrt{(1/2)10^2 + (1/2)10^2} = 10$. (Faça o mesmo para a variável aleatória Y.)

Exemplo 2: O produto interno é

$$\langle (x_1, y_1, z_1), (x_2, y_2, z_2) \rangle = \frac{1}{3} x_1 x_2 + \frac{1}{3} y_1 y_2 + \frac{1}{3} z_1 z_2$$

Então $\overline{X} = \langle(70, 80, 50), (1, 1, 1)\rangle = \frac{1}{3} \cdot 70 \cdot 1 + \frac{1}{3} \cdot 80 \cdot 1 + \frac{1}{3} \cdot 50 \cdot 1 =$
$= \frac{200}{3}$, isto é, o valor médio da função aleatória peso (o peso médio) é 200/3 e o desvio padrão é

$$D(\mathbf{X}) = \|(70, 80, 50) - \frac{200}{3}(1, 1, 1)\| = \|(10/3, 40/3, -50/3)\| =$$

$$= \sqrt{(1/3)(10/3)^2 + (1/3)(40/3)^2 + (1/3)(-50/3)^2} = \frac{10}{3}\sqrt{14}$$

Exemplo 3: O produto interno é

$$\langle(x_1, y_1, z_1), (x_2, y_2, z_2)\rangle = \frac{1}{4}x_1x_2 + \frac{1}{4}y_1y_2 + \frac{1}{2}z_1z_2$$

Então $\overline{X} = \langle(10, 7, -9), (1, 1, 1)\rangle = \frac{1}{4} \cdot 10 \cdot 1 + \frac{1}{4} \cdot 7 \cdot 1 - \frac{1}{2} \cdot 9 \cdot 1 = -\frac{1}{4}$.

$$D(\mathbf{X}) = \|(10, 7, -9) - (-\frac{1}{4})(1, 1, 1)\| = \|(\frac{41}{4}, \frac{29}{4}, -\frac{35}{4})\| \cong 15{,}3$$

(Compare com o Exemplo de 8.1.3.)

Consideremos agora uma situação em que a um dado fenômeno associamos o espaço amostral $S = \{S_1, ..., S_n\}$, o vetor probabilidade $\mathbf{p} = (p_1, ..., p_n)$, e dois aspectos do fenômeno são representados por duas variáveis aleatórias $\mathbf{X} = (X_1, ..., X_n)$ e $\mathbf{Y} = (Y_1, ..., Y_n)$. Estamos interessados em descobrir qual é a relação entre **X** e **Y**. Sejam $\overline{X}$ e $\overline{Y}$ os valores médios correspondentes a X e Y. Considerando os vetores

$$\mathbf{X} - \overline{X}(1, ..., 1) = (X_1 - \overline{X}, ..., \overline{X}_n - \overline{X})$$

e

$$\mathbf{Y} - \overline{Y}(1, ..., 1) = (Y_1 - \overline{Y}, ..., \overline{Y}_n - \overline{Y})$$

Vejamos o que acontece se existir um número λ tal que

$$(Y_1 - \overline{Y}, ..., Y_n - \overline{Y}) = \lambda(X_1 - \overline{X}, ..., X_n - \overline{X})$$

Neste caso podemos concluir que se **X** mudar, **Y** mudará proporcionalmente, ou seja, chegaremos à conclusão que os aspectos **X** e **Y** estudados estão fortemente relacionados. Mas a existência deste número λ é equivalente à condição de que os vetores tenham a mesma direção, ou seja, o ângulo θ entre eles é 0 ou π, e portanto $\cos\theta = 1$ ou -1.

Assim, chegamos à conclusão, que o valor do co-seno do ângulo entre os vetores $\mathbf{X} - \overline{X}(1, ..., 1)$ e $\mathbf{Y} - \overline{Y}(1, ..., 1)$ é uma medida da relação entre **X** e **Y**. A este valor os estatísticos chamam de *coeficiente de correlação linear* entre

X e Y e denotam-se por $r(X, Y)$. Aplicando a fórmula do co-seno do ângulo entre dois vetores, temos:

$$r(X, Y) = \frac{\langle X - \bar{X}(1, ..., 1), Y - \bar{Y}(1, ..., 1)\rangle}{\|X - \bar{X}(1, ..., 1)\| \cdot \|Y - \bar{Y}(1, ..., 1)\|}$$

Observamos que o produto interno indicado é aquele montado a partir do vetor de probabilidades e que quanto mais próximo $r(X, Y)$ estiver de 1 ou -1 mais podemos dizer que **X** e **Y** estão correlacionados linearmente.

Exemplo 4: Consideremos um grupo de 10 alunos do qual conhecemos as notas de Matemática e Física dadas pela tabela abaixo.

	Aluno	1	2	3	4	5	6	7	8	9	10
Notas	Matemática	2	8	5	7	7	5	3	1	9	9
	Física	1	9	7	2	7	4	6	3	9	7

Queremos saber qual é a correlação entre os resultados nas duas matérias. Para isto, consideremos como espaço amostral o conjunto dos alunos, numerados de 1 a 10, $S = \{1, 2, .., 10\}$. Como a probabilidade de se considerar as notas de qualquer aluno é igual, o vetor probabilidade é, então, $\mathbf{p} = (\frac{1}{10}, ..., \frac{1}{10})$, a variável aleatória que dá as notas de Matemática é $\mathbf{X} = (2, 8, 5, 7, 7, 5, 3, 1, 9, 9)$ e a que dá as notas de Física é $\mathbf{Y} = (1, 9, 7, 2, 7, 4, 6, 3, 9, 7)$. Calculando, temos $\bar{X} = 5{,}6$ e $\bar{Y} = 5{,}5$.

$$X - \bar{X}(1, ..., 1) = (-3{,}6;\ 2{,}4;\ -0{,}6;\ ...;\ -4{,}6;\ 3{,}4;\ 3{,}4)$$
$$Y - \bar{Y}(1, ..., 1) = (-4{,}5;\ 3{,}5;\ 1{,}5;\ ...;\ -2{,}5;\ 3{,}5;\ 1{,}5)$$
$$\langle X - \bar{X}(1, ..., 1), Y - \bar{Y}(1, ..., 1)\rangle \cong 4{,}9$$
$$\|X - \bar{X}(1, ..., 1)\|^2 \cong 7{,}4 \text{ e } \|Y - \bar{Y}(1, ..., 1)\|^2 \cong 7{,}2$$

e o coeficiente de correlação é

$$r(X, Y) \cong 0{,}67$$

*8.8 O AJUSTE DE CURVAS E O MÉTODO DOS MÍNIMOS QUADRADOS

Consideremos a experiência na qual se utilizou o circuito abaixo para determinar o valor da resistência R de um resistor.

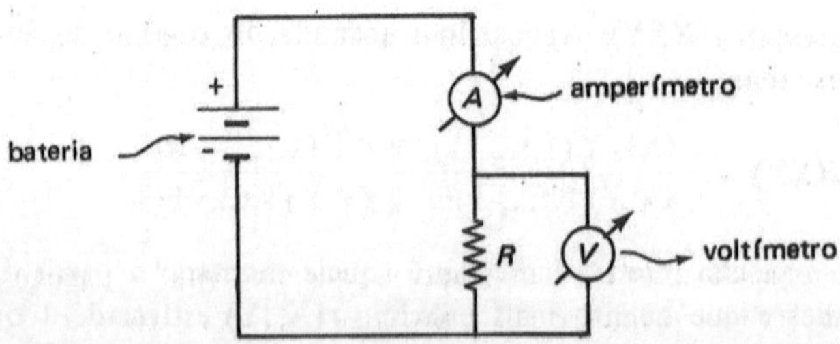

Feitas as medidas de corrente para vários valores de voltagem, os dados foram tabelados

i = corrente (Ampère)	0,03	0,06	0,10	0,16
V = voltagem (Volts)	10,0	18,0	32,0	40,0

e a seguir colocados em um gráfico

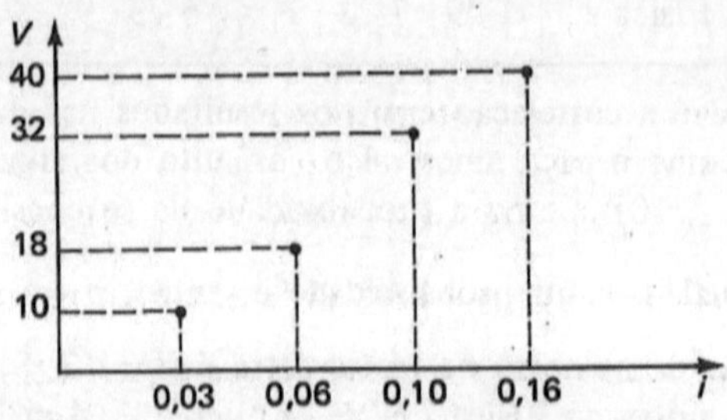

A partir destes dados, se quisermos obter a relação entre corrente e voltagem, inclusive para pontos intermediários ou exteriores aos tabelados, deveremos propor uma curva (uma função) que se ajuste aos pontos tabelados. A proposta de tal função deverá levar em consideração que:

i) Qualquer medida contém um erro (inerente ao aparelho de medição, falha do operador etc.)

ii) Pode já existir algum argumento teórico ou de bom senso que nos indique qual deve ser o aspecto analítico da função.

O item (*i*) nos mostra que exigir que a curva procurada passe por todos os pontos não é somente desnecessário mas, provavelmente, errado, enquanto que o item (*ii*) nos mostra que deveremos ter alguma argumentação convincente para fazer previsões. Juntos, estes itens mostram que entre todas as funções com um determinado aspecto analítico deveremos procurar aquela que, em um certo sentido, melhor se ajuste aos pontos da tabela. Na experiência que estamos considerando, por exemplo, existe uma fundamentação teórica que relaciona a corrente com a voltagem: $V = R \cdot i$, isto é, o gráfico de V em função de i deve ser uma reta passando pela origem e com certa inclinação R que mede a resistência. Devemos, portanto, estabelecer um mecanismo que forneça o "melhor ajuste" aos dados de que dispomos.

Como fazer isto? Uma idéia é a de que a reta procurada deve ser tal que torne pequenos os desvios (isto é, a diferença entre o valor dado na tabela e o valor dado pela reta) em cada um dos pontos da tabela. Mas como garantir isto? O método que escolheremos será exposto na secção seguinte.

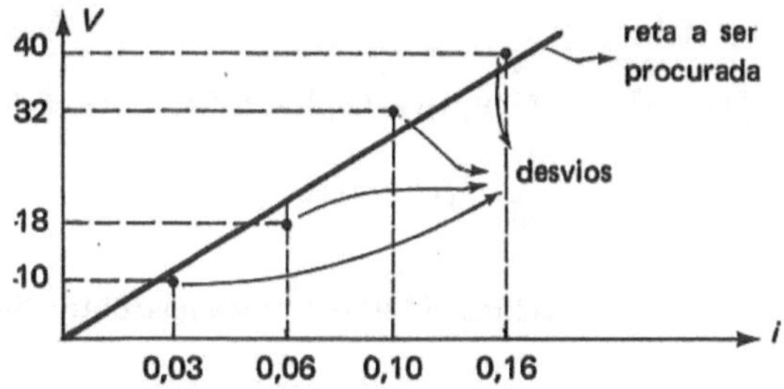

8.8.1 O Método dos Mínimos Quadrados

Observemos inicialmente que se temos funções tabeladas

x	x_1	x_2	x_3	...	x_n
$f(x)$	$f(x_1)$	$f(x_2)$	$f(x_3)$	...	$f(x_n)$

de forma que os valores da variável independente $x_1, x_2, ..., x_n$ são sempre os mesmos, cada uma dessas funções pode ser considerada como um vetor de um espaço vetorial (o das funções definidas nos pontos $x_1, x_2, ..., x_n$). Tal espaço é isomorfo ao $\mathbf{R}^n$ (veja 5.3.12) e nele é que trabalharemos.

Vamos generalizar um pouco a situação da introdução para podermos utilizar a linguagem da Álgebra Linear é resolver o problema.

Suponhamos que conhecemos o aspecto analítico de duas funções $g_1(x)$ e $g_2(x)$ e que queremos "aproximar" uma dada função $f(x)$ por uma combinação linear de $g_1(x)$ e $g_2(x)$, isto é, queremos achar coeficientes c_1 e c_2 tais que a função

$$g(x) = c_1 g_1(x) + c_2 g_2(x)$$

seja uma "boa aproximação" para $f(x)$. Por exemplo, se $g_1(x) \equiv 1$ e $g_2(x) = x$, estaremos aproximando $f(x)$ por uma função afim $g(x) = c_1 + c_2 x$; se $g_1(x) = \operatorname{sen} x$ e $g_2(x) = \cos x$ estaremos aproximando por $g(x) = c_1 \operatorname{sen} x + c_2 \cos x$ etc.

Vamos introduzir agora uma noção de distância entre funções. Para isto, lembramos que se tivermos um produto interno $<,>$ num espaço vetorial podemos construir uma noção de distância entre dois elementos v_1 e v_2 como a norma da diferença entre eles.

$$\text{distância entre } v_1 \text{ e } v_2 = \| v_1 - v_2 \| = \sqrt{< v_1 - v_2 , v_1 - v_2 >}$$

Definimos, então, o seguinte produto interno (verifique se realmente é um) no espaço vetorial definido no início da secção.

8.8.2 $$<f_1, f_2> = f_1(x_1) \cdot f_2(x_1) + f_1(x_2) \cdot f_2(x_2) + \ldots + f_1(x_n) \cdot f_2(x_n) = \sum_{i=1}^{n} f_1(x_i) \cdot f_2(x_i)$$

Com relação a tal produto interno a distância entre duas funções é dada pela expressão

8.8.3 $$\| f_1 - f_2 \| = \sqrt{\sum_{i=1}^{n} (f_1(x_i) - f_2(x_i))^2}$$

Observe que a expressão dentro do radical é exatamente a soma dos quadrados dos desvios que existem entre $f_1(x)$ e $f_2(x)$ em cada ponto x_i da tabela.

Lembrando que se sabemos que a soma de certos números positivos é pequena então podemos concluir que cada um desses números é pequeno, teremos a chave para descobrir os coeficientes c_1 e c_2: devemos calcular a distância entre $f(x)$ e $g(x) = c_1 g_1(x) + c_2 g_2(x)$ a qual, evidentemente, será função de c_1 e c_2, e então minimizá-la seguindo os procedimentos normais de minimização de funções de várias variáveis (consulte Leithold, L., "O Cálculo com Geometria Analítica", Edit. Harper & Row, SP, 1977).

Seguindo este caminho teremos a distância entre $f(x)$ e $g(x)$ dada por

$$D(c_1, c_2) = \| f - c_1 g_1 - c_2 g_2 \| = \sqrt{\sum_{i=1}^{n} (f(x_i) - c_1 g_1(x_i) - c_2 g_2(x_i))^2}$$

Achando o ponto (c_1, c_2) que minimiza tal função (isto é, achamos os pontos críticos $\frac{\partial D}{\partial c_1} = 0$ e $\frac{\partial D}{\partial c_2} = 0$ etc.) teremos que os valores c_1 e c_2 que fornecem a função $g(x) = c_1 g_1(x) + c_2 g_2(x)$ que melhor aproxima $f(x)$ devem satisfazer o sistema linear:

$$\left(\sum_{i=1}^{n} g_1(x_i)g_1(x_i)\right)c_1 + \left(\sum_{i=1}^{n} g_1(x_i)g_2(x_i)\right)c_2 = \sum_{i=1}^{n} g_1(x_i)f(x_i)$$

$$\left(\sum_{i=1}^{n} g_2(x_i)g_1(x_i)\right)c_1 + \left(\sum_{i=1}^{n} g_2(x_i)g_2(x_i)\right)c_2 = \sum_{i=1}^{n} g_2(x_i)f(x_i)$$

ou, lembrando a definição do produto interno 8.8.2.

8.8.4 $$\begin{cases} <g_1, g_1> c_1 + <g_1, g_2> c_2 = <g_1, f> \\ <g_2, g_1> c_1 + <g_2, g_2> c_2 = <g_2, f> \end{cases}$$

Como conhecemos a expressão de $g_1(x)$ e $g_2(x)$, os valores de $f(x)$ nos pontos x_i da tabela e os produtos internos só dependem dos valores das funções nestes pontos, podemos resolver o sistema e obter os valores de c_1 e c_2. Este procedimento é chamado o *método dos mínimos quadrados para ajuste de curvas.*

Exemplo: Ajustar uma função do tipo $g(x) = a + bx$ aos pontos da tabela

x	0	1	2
$f(x)$	1,1	0,1	-3,1

Temos $g(x) = a \cdot 1 + b \cdot x^2$, ou seja, $g_1(x) \equiv 1$ e $g_2(x) = x^2$

Então $<g_1, g_1> = 1 \cdot 1 + 1 \cdot 1 + 1 \cdot 1 = 3$

$<g_1, g_2> = <g_2, g_1> = 1 \cdot 0^2 + 1 \cdot 1^2 + 1 \cdot 2^2 = 5$

$<g_2, g_2> = 0^2 \cdot 0^2 + 1^2 \cdot 1^2 + 2^2 \cdot 2^2 = 17$

$<g_1, f> = 1 \cdot 1{,}1 + 1 \cdot 0{,}1 + 1 \cdot (-3, 1) = -1{,}9$

$<g_2, f> = 0^2 \cdot 1{,}1 + 1^2 \cdot 0{,}1 + 2^2 \cdot (-3{,}1) = -12{,}3$

Daí $$\begin{cases} 3a + 5b = -1{,}9 \\ 5a + 17b = -12{,}3 \end{cases}$$

Resolvendo temos $a \cong 1{,}12$ e $b \cong -1{,}05$. Portanto, entre as funções do tipo $a + bx^2$ a que melhor se ajusta aos dados da tabela é $0{,}912 - 0{,}927x^2$. (Trace os gráficos.)

Podemos interpretar intuitivamente a fórmula 8.8.3 (na verdade a argumentação a seguir pode ser demonstrada rigorosamente).

Observe a Figura 8.8.1 onde f representa a função tabelada, g_1 e g_2 as funções cujo aspecto analítico conhecemos e o plano representa o subespaço gerado por g_1 e g_2. A função $g = c_1g_1 + c_2g_2$ procurada é o ponto do plano que está à menor distância de f.

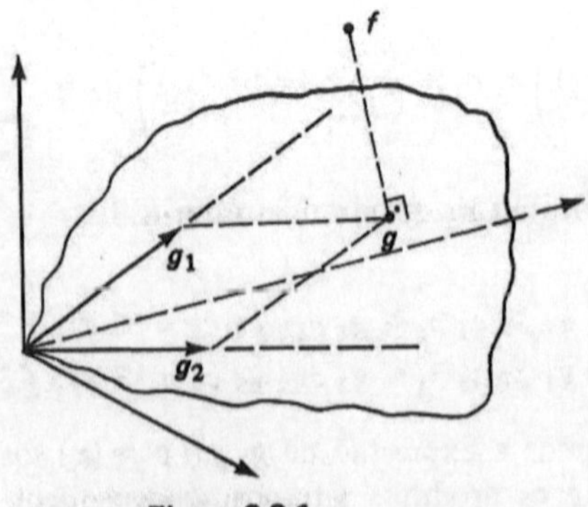

Figura 8.8.1

Intuitivamente sabe-se que tal ponto é o pé da perpendicular ao plano (isto pode ser provado rigorosamente). Portanto o vetor $f - g$ é perpendicular a g_1 e g_2 (que estão no plano). Devemos ter então

$$0 = \langle g_1, f - g \rangle = -c_1 \langle g_1, g_1 \rangle - c_2 \langle g_1, g_2 \rangle + \langle g_1, f \rangle$$
$$0 = \langle g_2, f - g \rangle = -c_1 \langle g_2, g_1 \rangle - c_2 \langle g_2, g_2 \rangle + \langle g_2, f \rangle$$

que são exatamente as relações de 8.8.3.

Toda a argumentação anterior pode ser facilmente repetida no caso de termos um número k ($k = 1, 2, 3, \ldots$) de funções $g_i(x)$ ao invés de apenas duas. Formalmente:

8.8.5 Se quisermos achar coeficientes $c_1, c_2, \ldots, c_k$ tais que a função $g(x) = c_1g_1(x) + c_2g_2(x) + \ldots + c_kg_k(x)$ é aquela que melhor aproxima uma função tabelada $f(x)$ no sentido do *método dos mínimos quadrados*, tais coeficientes satisfazem o sistema linear

$$\begin{cases} a_{11}c_1 + a_{12}c_2 + \ldots + a_{1k}c_k = b_1 \\ \vdots \qquad\qquad\qquad\qquad \vdots \\ a_{k1}c_1 + a_{k2}c_2 + \ldots + a_{kk}c_k = b_k \end{cases}$$

onde $a_{ij} = \langle g_i, g_j \rangle$
$b_i = \langle g_i, f \rangle$

e $\langle , \rangle$ é o produto interno dado por 8.8.2.

8.8.6 Exemplos

Exemplo 1: Vamos resolver o problema do início da secção. Nesse problema a corrente i faz o papel de x, $k = 1$ e $g_1(i) = i$. Segundo o resultado de 8.8.5, R deve satisfazer

$$< V, g_1 > = R < g_1, g_1 >$$

Como $< g_1, g_1 > = (0{,}03)^2 + (0{,}06)^2 + (0{,}10)^2 + (0{,}16)^2 = 0{,}0401$

$< V, g_1 > = 10 \cdot 0{,}03 + 18 \cdot 0{,}06 + 32 \cdot 0{,}10 + 40 \cdot 0{,}16 = 10{,}98$

Portanto $R = \dfrac{10{,}98}{0{,}0401} \cong 273{,}81$ ohms

Exemplo 2: Sabendo que a população de uma certa localidade variou com o tempo segundo a tabela

Ano	1940	1950	1960	1970
População $\times 10^4$	1,0	1,5	1,8	2,0

aproximando os pontos da tabela por uma função do tipo (t = tempo)

$$g(t) = a + bt + ct^2,$$

qual será a população em 1990?

No contexto de 8.8.5 teremos $k = 3$, $g_1(t) \equiv 1$, $g_2(t) = t$, $g_3(t) = t^2$. Além disso, para os números se tornarem menores, identificaremos $t = 4$ com 1940, $t = 5$ com 1950 etc. Dessa forma 1990 será representado com $t = 9$.

Então:

$$< g_1, g_1 >a + < g_1, g_2 >b + < g_1, g_3 >c = < g_1, f >$$
$$< g_2, g_1 >a + < g_2, g_2 >b + < g_2, g_3 >c = < g_2, f >$$
$$< g_3, g_1 >a + < g_3, g_2 >b + < g_3, g_3 >c = < g_3, f >$$

onde

$$< g_1,g_1 >=4, < g_1,g_2 > = < g_2,g_1 > = 22, < g_2,g_2 > = 126,$$
$$< g_1,g_3 > = < g_3,g_1 > = 126, < g_2,g_3 > = < g_3,g_2 > = 748,$$
$$< g_3,g_3 > = 4578, < g_1,f > = 6{,}3, < g_2,f > = 36{,}3, < g_3,f > = 216{,}3$$

Substituindo e resolvendo o sistema temos $a = -2{,}415$, $b = 1{,}155$ e $c = -0{,}075$. Assim $g(t) = -2{,}415 + 1{,}155t - 0{,}075t^2$ e a população prevista para 1990 será dada por $g(9) = 1{,}905$, ou seja, $1{,}905 \cdot 10^4 = 19\,050$ pessoas.

Uma vez entendido o ponto de vista técnico, vamos discutir a confiabilidade dos resultados obtidos. Em particular, você confia no resultado do último exemplo? Por que foi proposta uma função do tipo $g(t) = a + bt + ct^2$ para aproximar a tabela e não outra? A resposta a esta questão é dada no item (*ii*) discutido no início da secção, isto é, devemos ter alguma fundamentação teórica sobre o fenômeno que estamos estudando (no caso dinâmica populacional) para então propor o tipo de função. Na verdade a função quadrática proposta no exemplo não satisfaz a este requisito; ela foi proposta apenas para exercitar a técnica. Um tipo de função que descreve um pouco melhor a dinâmica populacional, apesar de não levar em conta uma série de fatores, é $g(t) = ae^{bt}$, com a e b a serem determinados. Vamos refazer o problema nesta nova condição, lembrando-nos que, nos problemas de previsão, a não confiabilidade dos resultados não é devida a Matemática, mas sim a quem propôs o modelo teórico.

Exemplo 3: No exemplo anterior, prever a população aproximando os pontos da tabela, utilizando uma função do tipo $g(t) = ae^{bt}$.

Notamos que na forma como foi apresentado o problema não poderemos usar diretamente 8.8.5, pois a função $g(t)$ proposta para aproximar *não é uma combinação linear* de funções conhecidas. Vamos colocá-la noutra forma. Utilizando o símbolo $\cong$ para "aproximadamente", observamos que o problema original é achar a e b tais que

$$f(t) \cong a \cdot e^{bt}$$

Aplicando o logaritmo neperiano a ambos os membros, temos

$$F(t) = \ln f(t) \cong \ln a + bt$$

Chamando $c_1 = \ln a$, $c_2 = b$, $g_1(t) \equiv 1$ e $g_2(t) = t$, temos

$$\ln f(t) \cong c_1 g_1(t) + c_2 g_2(t)$$

Isto é, o problema fica no contexto de 8.8.5 se aproximarmos não a tabela original, mas a tabela modificada.

Ano	$t = 4$ 1940	$t = 5$ 1950	$t = 6$ 1960	$t = 7$ 1970
$F(t) = \ln f(t)$	0,0	0,405	0,588	0,693

Assim $\langle g_1, g_1 \rangle = 4$, $\langle g_1, g_2 \rangle = \langle g_2, g_1 \rangle = 22$, $\langle g_2, g_2 \rangle = 126$
$\langle g_1, F \rangle = 1{,}686$, $\langle g_2, F \rangle = 10{,}404$

Temos então o sistema

$$\begin{cases} 4c_1 + 22c_2 = 1{,}686 \\ 22c_1 + 126c_2 = 10{,}404 \end{cases}$$

que resolvido fornece $c_1 \cong 0{,}226$, $c_2 = -0{,}822$. Donde $a = e^{c_1} = 0{,}439$ e $b = c_2 = 0{,}226$. Assim $g(t) = 0{,}439e^{0{,}226t}$ e $g(9) = 3{,}356$. A população prevista será de cerca de $3{,}356 \cdot 10^4 = 33\,560$ pessoas.

Compare este resultado com o do Exemplo anterior. Qual deles você acha melhor? Por quê?

Em geral sempre que temos uma proposta para aproximarmos uma tabela por uma função não linear fazemos certas modificações para obter uma situação linear, e então usamos 8.8.5.

Uma palavra final deve ser dada com relação à nomenclatura. Os estatísticos ao utilizarem o método dos mínimos quadrados chamam-no de *análise de regressão*. Assim, fazer *regressão linear, quadrática* ou *exponencial* significa aproximar os dados de uma tabela por uma função do tipo $a + bx$, $a + bx + cx^2$ ou $a \cdot e^{bx}$, respectivamente, utilizando o método dos mínimos quadrados (8.8.5).

8.9 EXERCÍCIOS

1. Comprove que as funções definidas nos exemplos do parágrafo 8.1 são produtos internos.

2. Seja $V = \mathbf{R}^2$. Sejam $v_1 = (x_1, y_1)$ e $v_2 = (x_2, y_2)$. Se $f(v_1, v_2) = 2x_1x_2 + x_1y_2 + x_2y_1 + y_1y_2$, mostre que f é um produto interno.

3. Mostre a desigualdade triangular. (Veja 8.3.2 - *iv*) (Sugestão: $\|v + w\|^2 = \langle v + w, v + w\rangle$; desenvolva e use a desigualdade de Schwarz - 8.3.2 - *iii*).

4. Seja $\beta = \{(1, 2), (2, 1)\}$. Use o processo de Gram-Schmidt para achar uma base ortonormal β' de $\mathbf{R}^2$ em relação ao produto interno usual.

5. Seja $\beta = \{(1, 1, 0), (1, 0, 1), (0, 2, 0)\}$. Ache uma base ortonormal β' de $\mathbf{R}^3$, em relação ao produto interno usual.

6. Seja $\beta = \{(-1, 1), (1, 1)\}$. Ache uma base ortonormal β' de $\mathbf{R}^2$, em relação ao produto interno definido no Exercício 2.

7. Determine uma base ortonormal (em relação ao produto interno canônico) para o seguinte subespaço de $\mathbf{R}^3$:

$$V = \{(x, y, z) \in \mathbf{R}^3;\ x - y + z = 0\}$$

8. Seja $W \subset \mathbf{R}^3$ o subespaço gerado por $(1, 0, 1)$ e $(1, 1, 0)$.
   a) Considere $W^\perp$ em relação ao produto interno canônico. Encontre uma base para $W^\perp$.
   b) A mesma pergunta anterior se $W^\perp$ é considerado em relação ao produto interno $\langle (x, y, z), (x', y', z')\rangle = 2x \cdot x' + y \cdot y' + z \cdot z'$.

9. Seja $T: \mathbf{R}^3 \to \mathbf{R}^3$ dada por $T(x, y, z) = (z, x - y, -z)$ e seja $W = ker\, T$.
   a) Encontre uma base ortonormal para $W^{\perp}$(em relação ao produto interno canônico de $\mathbf{R}^3$).
   b) O mesmo em relação ao produto interno
   $$<(x, y, z), (x', y', z')> = 2x \cdot x' + y \cdot y' + 4z \cdot z'$$

10. Considere o subespaço W de $\mathbf{R}^3$ gerado por $v_1 = (1, 0, 0)$, $v_2 = (0, 1, 1)$ e $v_3 = (1, -1, -1)$. Sendo $<, >$ o produto interno canônico (a) Ache $W^{\perp}$; (b) Exiba uma transformação linear $T: \mathbf{R}^3 \to \mathbf{R}^3$ tal que $Im(T) = W$ e $ker(T) = W^{\perp}$.

11. Considere em $\mathbf{R}^3$ o produto interno
   $$<(x, y, z), (x', y', z')> = x \cdot x' + 5y \cdot y' + 2z \cdot z'$$
   a) Verifique se realmente é um produto interno.
   b) A partir da base $\{(1, 0, 0), (0, 1, 0), (0, 0, 1)\}$ ache uma base ortonormal.

12. Seja $\mathbf{P}_2$ o espaço das funções polinomiais reais de grau menor ou igual a dois. Definimos em $\mathbf{P}_2$
   $$<f, g> = \int_{-1}^{1} f(t) \cdot g(t)dt$$
   Considere W o subespaço de $\mathbf{P}_2$ gerado pelos vetores $p(t) = 1$ e $q(t) = 1 - t$.
   a) $<f, g>$ é um produto interno?
   b) Se a resposta de (a) for afirmativa determine uma base ortogonal para W.

13. Seja $V = \mathbf{R}^3$ e $S = \{(1, 0, 1), (1, 1, 0), (2, 1, 1)\}$.
   a) Encontre $S^{\perp}$.
   b) Encontre uma base ortogonal para S e $S^{\perp}$.
   c) Se S fosse $[(1, 0, 1), (1, 1, 0), (2, 1, 1)]$, qual seria $S^{\perp}$? Neste caso, encontre uma base ortogonal para S e $S^{\perp}$.

14. Seja $\mathbf{A} = [a_{ij}]_{n \times n}$ uma matriz quadrada. Definimos o traço de $\mathbf{A}$, $Tr(\mathbf{A})$, por $\sum_{i=1}^{n} a_{ii}$
   a) Calcule $Tr \begin{bmatrix} 2 & -1 \\ 3 & 5 \end{bmatrix}$
   b) $Tr(\mathbf{A} \cdot \mathbf{B}) = Tr(\mathbf{B} \cdot \mathbf{A})$?
   c) $Tr(\mathbf{A}) = Tr(\mathbf{A}^t)$?
   d) $Tr(\mathbf{A}) = (Tr(\mathbf{A}^{-1}))^{-1}$?
   e) $Tr(\mathbf{A} \cdot \mathbf{B}) = Tr(\mathbf{A}) \cdot Tr(\mathbf{B})$?

15. Sejam **A** e **B** matrizes de $M(2, 2)$. Define-se

$$< \mathbf{A}, \mathbf{B} > = Tr(\mathbf{B}^t \cdot \mathbf{A})$$

a) Verifique que $< \mathbf{A}, \mathbf{B} >$ é um produto interno.

b) Exiba uma base ortonormal segundo este produto interno, a partir da base $\begin{pmatrix} 1 & 0 \\ 0 & 1 \end{pmatrix}, \begin{pmatrix} 1 & 1 \\ 0 & 0 \end{pmatrix}, \begin{pmatrix} 1 & 0 \\ 1 & 1 \end{pmatrix}, \begin{pmatrix} 1 & 1 \\ 1 & 1 \end{pmatrix}$.

16. Um corpo é deslocado em linha reta do ponto (-1, 3) até o ponto (5, 2) por uma força constante **F** = (3, 2). Qual é o trabalho realizado?

17. Podemos definir uma "distância" entre dois pontos $P = (x_1, y_1)$ e $Q = (x_2, y_2)$ do plano por $d(P, Q) = |x_2 - x_1| + |y_2 - y_1|$ (veja a Figura 8.9.1). Verifique se a aplicação dada por

$$\langle (x_1, y_1), (x_2, y_2) \rangle = d(P, Q)$$

define um produto interno no plano.

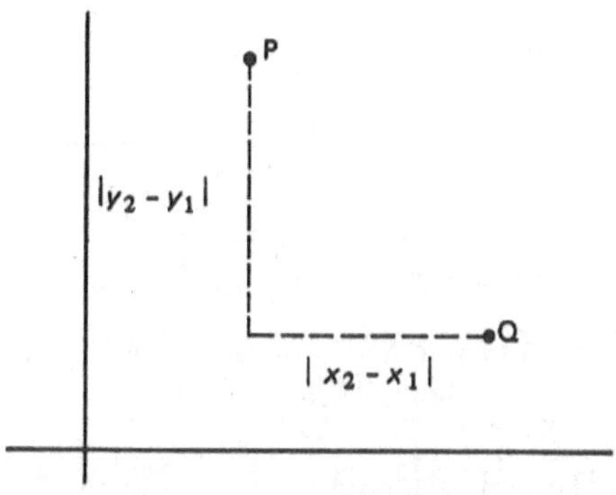

Figura 8.9.1

18. Uma partícula percorre a trajetória OABO onde O, A e B são os pontos (0, 0, 0), (1, 1, 0) e (0, 1, 1) respectivamente (a unidade de comprimento é o metro) com velocidade constante de 1 m/seg. Se um campo elétrico induz uma força na partícula dada por

$$\mathbf{f} = \begin{cases} (1, 1, 1) & \text{se} \quad 0 \leqslant t < 1 \\ (1, 1, -1) & \text{se} \quad 1 \leqslant t < 2 \\ (1, -1, 1) & \text{se} \quad 2 \leqslant t < 3 \\ (-1, 1, 1) & \text{se} \quad 3 \leqslant t < 4 \\ (-1, -1, -1) & \text{se} \quad t \geqslant 4 \end{cases}$$

calcule o trabalho realizado para percorrer esta trajetória uma vez.

19. Em relação ao produto interno do Exemplo de 8.3.2 calcule x de modo que o ângulo entre $\begin{bmatrix} 1 & -1 \\ 2 & 1 \end{bmatrix}$ e $\begin{bmatrix} 1 & -1 \\ 2 & x \end{bmatrix}$ tenha uma medida de 90°.

*20. Duas pessoas, A e B, fazem a seguinte aposta. A joga uma moeda até que apareça cara. Se ela ocorrer na primeira jogada, B pagará 1 ficha; se não aparecer cara na primeira e sim na segunda jogada B pagará 2 fichas; se ocorrer cara pela primeira vez no terceiro lance, B pagará 4 fichas etc. Em geral, se os primeiros n lances forem coroas e o $(n + 1)$-ésimo lance for cara, B pagará $2n$ fichas, onde $n < 5$, supondo-se que 5 seja o limite máximo de lances. Se todos os cinco lances forem coroa, B pagará 50 fichas. Antes de começar, A paga a B 5 fichas. Quem levará vantagem neste jogo? Quanto A deveria pagar a B no início do jogo para torná-lo justo?

*21. Dez pares de observações foram feitas das variáveis X e Y, resultando no gráfico abaixo.

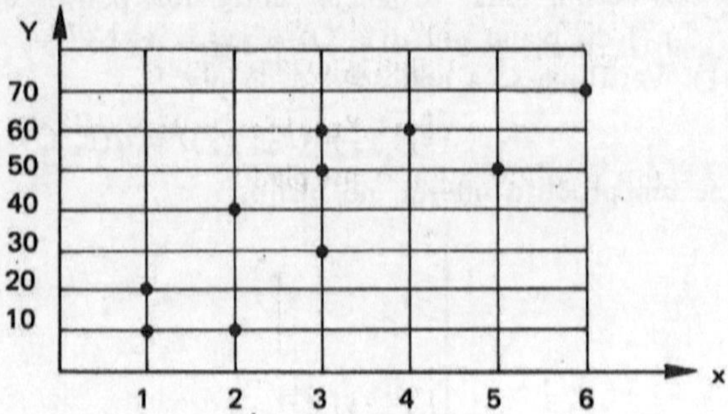

Figura 8.9.2

a) Qual é a correlação entre as duas variáveis?

b) Se as unidades do eixo-x fossem 10, 20 etc., qual seria a correlação?

*22. A tabela seguinte lista o número de acidentes em veículos motorizados na Grande São Paulo em alguns anos entre 1960 e 1978.

Ano	Total de acidentes	Acidentes por 10 000 veículos
1960	16 600	1988
1965	19 800	1587
1970	20 800	1429
1975	26 400	1693
1976	27 200	1718
1977	27 400	1697
1978	29 200	1746

a) Compute a regressão linear de acidentes no tempo. Use-a para prever o número de acidentes em 1980. Isto recebe o nome de *análise de série temporal* (i.e. regressão no tempo para prognóstico futuro).

b) Compute a regressão quadrática do número de acidentes por 10 000 veículos no tempo. Use esta nova regressão para prognosticar o número de acidentes em 1980.

c) Compare estes resultados. Em qual você está propenso a acreditar e por quê?

Sugestão: utilize os resultados de 8.8.

*23. Os dados abaixo representam a produção de soja durante vários anos em um determinado terreno.

Ano	Produção (toneladas)
1969	96,2
1970	92,0
1971	90,1
1972	89,0
1973	86,8
1974	82,6

Utilizando seus conhecimentos teóricos, experimentais e bom senso, faça uma previsão da produção em 1980.

Supondo-se que a produção é economicamente inviável se for inferior a 66,0 toneladas anuais, a partir de que ano deveremos mudar a espécie plantada? Faça uma crítica da sua proposta.

Sugestão: utilize os resultados de 8.8.

8.9.1 Respostas

5. $\beta' = \{(\frac{1}{\sqrt{2}}, \frac{1}{\sqrt{2}}, 0), (\frac{1}{\sqrt{6}}, -\frac{1}{\sqrt{6}}, \frac{2}{\sqrt{6}}), (-\frac{1}{\sqrt{3}}, \frac{1}{\sqrt{3}}, \frac{1}{\sqrt{3}})\}$

6. $\{(-1, 1), (0, 1)\}$

10. *a*) $W^{\perp}$ é formado pelos vetores ortogonais a todos os vetores de W. Para saber se um vetor está em $W^{\perp}$ é suficiente, porém, que ele seja ortogonal aos vetores de uma base de W (por quê?). Achamos então uma base de W, obtendo:

$$W = [(1, 0, 0), (0, 1, 1)]$$

Portanto $W^{\perp} = \{x, y, z) \mid \langle (x, y, z), (1, 0, 0) \rangle = 0$ e $\langle (x, y, z), (0, 1, 1) \rangle = 0\}$

Mas $\langle (x, y, z), (1, 0, 0) \rangle = x = 0$

$\langle (x, y, z), (0, 1, 1) \rangle = y + z = 0$

Assim $W^{\perp} = \{x, y, z) \mid x = 0 \text{ e } y = -z\}$

$= \{(0, -z, z), z \in \mathbf{R}\}$

$= \{z \cdot (0, -1, 1), z \in \mathbf{R}\}$

$= [(0, -1, 1)]$

b) Para que $ker(T) = W^{\perp}$ devemos ter $T(0, -1, 1) = (0, 0, 0)$. Por outro lado para que $Im(T) = W$ cada um dos vetores (1, 0, 0) e (0, 1, 1) deve ser imagem. Observando que {(0, -1, 1), (1, 0, 0), (0, 1, 1)} formam uma base de $\mathbf{R}^3$ (por quê?) e que uma transformação linear fica determinada pelo o que ele faz numa base, podemos escolher T tal que

$$T(0, -1, 1) = (0, 0, 0),\ T(1, 0, 0) = (1, 0, 0) \text{ e } T(0, 1, 1) = (0, 1, 1)$$

A seguir achamos a expressão de $T(x, y, z)$.

13. *a*) $S^{\perp} = [(-1, 1, 1)]$
b) S não é subespaço
c) $S = [(1, 0, 1), (1, 2, -1)]$ e $S^{\perp} = [(-1, 1, 1)]$

14. *a*) 7 *b*) sim *c*) sim *d*) não *e*) não

15. $$\begin{bmatrix} \frac{1}{\sqrt{2}} & 0 \\ 0 & \frac{1}{\sqrt{2}} \end{bmatrix}, \begin{bmatrix} \frac{1}{\sqrt{6}} & \frac{2}{\sqrt{6}} \\ 0 & -\frac{1}{\sqrt{6}} \end{bmatrix}, \begin{bmatrix} 0 & 0 \\ 1 & 0 \end{bmatrix}, \begin{bmatrix} -\frac{1}{\sqrt{3}} & \frac{1}{\sqrt{3}} \\ 0 & \frac{1}{\sqrt{3}} \end{bmatrix}$$

16. $T = 16$
18. $T = 10 - 7\sqrt{2}$
19. $x = -15$
20. B leva vantagem. 3,69 fichas.
21. 0,82

Leituras Sugeridas e Referências

[1] Hoffman, K. e Kunze, R.; *Álgebra Linear*, Editora Polígono, São Paulo, 1971.
[2] Kemeny, J., Snell. J. e Thompson, G.; *Introduction to Finite Mathematics*; Prentice Hall, Englewood Cliffs, 1957.
[3] Tetra; *Álgebra Lineal*; Harla, México, D.F.1976.
[4] Leithold, L.; *O Cálculo com Geometria Analítica*; HARBRA, São Paulo, 1977.

capítulo 9

Tipos Especiais de Operadores Lineares

9.1 INTRODUÇÃO

Neste capítulo vamos estudar dois tipos especiais de operadores. Tais operadores são importantes, não apenas pelas propriedades interessantes que eles possuem, mas também por serem os que mais aparecem em aplicações práticas e, assim sendo, merecem um estudo um pouco mais apurado. Os operadores *auto-adjuntos* aparecem naturalmente em problemas que envolvam simetria e em outras situações como em Mecânica Quântica, onde estão normalmente associados a considerações sobre energia do sistema. Outro tipo de operadores, os *ortogonais*, aparecem na Dinâmica de Corpos Rígidos, ligados a problemas de rotação e translação. No Capítulo 10 você verá o uso desses operadores no estudo de cônicas e quádricas.

Iniciamos o estudo desses operadores fazendo algumas observações.

A primeira delas diz que, ao trabalharmos com base ortonormal, o produto interno poderá ser expresso numa forma canônica (teorema 9.1.1). As outras versarão sobre propriedades de certos tipos especiais de matrizes que caracterizarão os operadores a serem estudados.

9.1.1 Teorema: Sejam V um espaço vetorial real com produto interno $\langle\, , \rangle$ e $\alpha = \{\mathbf{u}_1, ..., \mathbf{u}_n\}$ base ortonormal de V. Então, se $\mathbf{v}$ e $\mathbf{w}$ são vetores de V com

$$[\mathbf{v}]_\alpha = \begin{bmatrix} x_1 \\ \vdots \\ x_n \end{bmatrix} \text{ e } [\mathbf{w}]_\alpha = \begin{bmatrix} y_1 \\ \vdots \\ y_n \end{bmatrix}, \text{ temos}$$

$$\langle \mathbf{v}, \mathbf{w} \rangle = x_1 y_1 + x_2 y_2 + ... + x_n y_n.$$

Em outras palavras, ao trabalharmos com uma base ortonormal, para efetuar o produto interno de dois vetores basta multiplicar as coordenadas correspondentes e somar.

Prova:

$$\mathbf{v} = x_1 \mathbf{u}_1 + x_2 \mathbf{u}_2 + ... + x_n \mathbf{u}_n$$

$$\text{e } \mathbf{w} = y_1 \mathbf{u}_1 + y_2 \mathbf{u}_2 + ... + y_n \mathbf{u}_n.$$

$$\begin{aligned} \langle \mathbf{u}, \mathbf{w} \rangle &= \langle x_1 \mathbf{u}_1 + ... + x_n \mathbf{u}_n, y_1 \mathbf{u}_1 + ... + y_n \mathbf{u}_n \rangle \\ &= \langle x_1 \mathbf{u}_1 + ... + x_n \mathbf{u}_n, y_1 \mathbf{u}_1 \rangle + \langle x_1 \mathbf{u}_1 + ... + x_n \mathbf{u}_n, y_2 \mathbf{u}_2 \rangle + \\ &\quad + ... + \langle x_1 \mathbf{u}_1 + ... + x_n \mathbf{u}_n, y_n \mathbf{u}_n \rangle \\ &= \sum_{i=1}^{n} x_i y_1 \langle \mathbf{u}_i, \mathbf{u}_1 \rangle + \sum_{i=1}^{n} x_i y_2 \langle \mathbf{u}_i, \mathbf{u}_2 \rangle + ... + \sum_{i=1}^{n} x_1 y_n \langle \mathbf{u}_i, \mathbf{u}_n \rangle \\ &= \sum_{j=1}^{n} \sum_{i=1}^{n} x_i y_j \langle \mathbf{u}_i, \mathbf{u}_j \rangle. \end{aligned}$$

Mas como $\langle \mathbf{u}_i, \mathbf{u}_j \rangle = \begin{cases} 0 & \text{se } i \neq j \\ 1 & \text{se } i = j, \end{cases}$

os únicos termos não nulos são aqueles onde $i = j$. Logo,

$$\langle \mathbf{u}, \mathbf{w} \rangle = x_1 y_1 + x_2 y_2 + ... + x_n y_n.$$

A seguir introduziremos as matrizes que estarão associadas aos operadores a serem estudados.

9.1.2 Definição: Seja $\mathbf{A}$ uma matriz $n \times n$ real e $\mathbf{A}'$ sua transposta.

a) Se $\mathbf{A} = \mathbf{A}'$ dizemos que $\mathbf{A}$ é uma matriz *simétrica*.

b) Se $\mathbf{A} \cdot \mathbf{A}' = \mathbf{A}' \cdot \mathbf{A} = \mathbf{I}$ (ou seja, a inversa de $\mathbf{A}$ é $\mathbf{A}'$), dizemos que $\mathbf{A}$ é uma matriz *ortogonal*.

No Capítulo 1 já vimos exemplos de matrizes simétricas. Quanto à segunda definição, as matrizes ortogonais determinam um subconjunto das matrizes inversíveis. Efetivamente a relação entre matrizes simétricas, inversíveis e ortogonais é indicada pela figura abaixo.

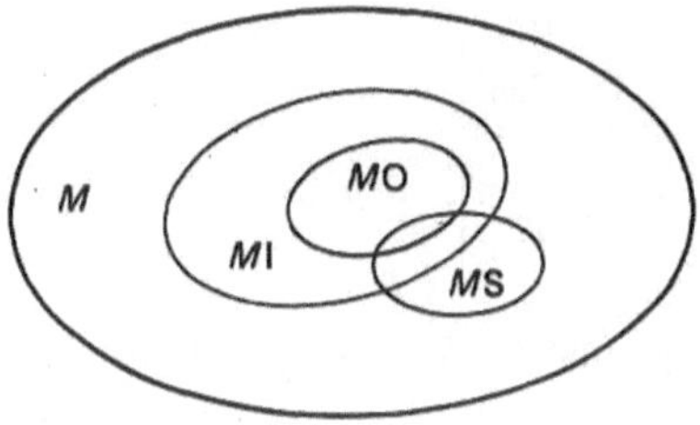

M : matrizes
MI : matrizes inversíveis
MO: matrizes ortogonais
MS : matrizes simétricas

Figura 9.1.1.

Como exemplos de matrizes ortogonais temos:

Exemplo:

$$\begin{bmatrix} \cos\theta & -\text{sen}\,\theta \\ \text{sen}\,\theta & \cos\theta \end{bmatrix} \quad \text{e} \quad \begin{bmatrix} \cos\theta & -\text{sen}\,\theta & 0 \\ \text{sen}\,\theta & \cos\theta & 0 \\ 0 & 0 & 1 \end{bmatrix}$$

Para verificar isto basta multiplicar cada uma pela sua transposta obtendo assim a matriz identidade. Calculando temos, no primeiro caso:

$$\begin{bmatrix} \cos\theta & -\text{sen}\,\theta \\ \text{sen}\,\theta & \cos\theta \end{bmatrix} \begin{bmatrix} \cos\theta & \text{sen}\,\theta \\ -\text{sen}\,\theta & \cos\theta \end{bmatrix} =$$

$$= \begin{bmatrix} \cos^2\theta + \text{sen}^2\,\theta & 0 \\ 0 & \text{sen}^2\,\theta + \cos^2\theta \end{bmatrix} = \begin{bmatrix} 1 & 0 \\ 0 & 1 \end{bmatrix}$$

Observe que a transformação associada à primeira matriz é uma rotação. (Veja 5.2.4.)

Consideremos agora três propriedades das matrizes ortogonais.

9.1.3 Teorema: Seja **A** uma matriz ortogonal. Então $\det \mathbf{A} = \pm 1$.

Prova: Como **A** é ortogonal, $\mathbf{A} \cdot \mathbf{A}' = \mathbf{I}$.
Então $\det(\mathbf{A} \cdot \mathbf{A}') = \det \mathbf{I}$ e $(\det \mathbf{A})(\det \mathbf{A}') = 1$
Mas $\det \mathbf{A} = \det \mathbf{A}'$.
Assim $(\det \mathbf{A})^2 = 1$, ou seja, $\det \mathbf{A} = \pm 1$.

9.1.4 Teorema: Uma matriz é *ortogonal* se e somente se as colunas (ou as linhas) são vetores *ortonormais.*
Prova: Seja

$$\mathbf{A} = \begin{bmatrix} a_{11} & a_{12} & \dots & a_{1n} \\ a_{21} & a_{22} & \dots & a_{2n} \\ \vdots & \vdots & & \vdots \\ a_{n1} & a_{n2} & \dots & a_{nn} \end{bmatrix}$$

Na primeira parte da prova queremos mostrar que se **A** é ortogonal isto implica que

$$\begin{bmatrix} a_{11} \\ \vdots \\ a_{n1} \end{bmatrix}, \dots, \begin{bmatrix} a_{1n} \\ \vdots \\ a_{nn} \end{bmatrix}$$

são ortonormais (o mesmo vale para as linhas). Para isto, façamos o produto de **A** pela sua transposta.

$$\mathbf{A}' \cdot \mathbf{A} = \begin{bmatrix} a_{11} & \dots & a_{n1} \\ \vdots & & \vdots \\ a_{1n} & \dots & a_{nn} \end{bmatrix} \begin{bmatrix} a_{11} & \dots & a_{1n} \\ \vdots & & \vdots \\ a_{n1} & \dots & a_{nn} \end{bmatrix} =$$

$$= \begin{bmatrix} a_{11}^2 + \dots + a_{n1}^2 & \dots & a_{11}a_{1n} + \dots + a_{n1}a_{nn} \\ \vdots & & \vdots \\ a_{1n}a_{11} + \dots + a_{nn}a_{n1} & \dots & a_{1n}^2 + \dots + a_{nn}^2 \end{bmatrix} = \begin{bmatrix} 1 & 0 & \dots & 0 \\ 0 & 1 & \dots & 0 \\ \vdots & \vdots & & \vdots \\ 0 & 0 & \dots & 1 \end{bmatrix}$$

pois $\mathbf{A}'\mathbf{A} = \mathbf{I}$.

Observamos que $a_{11}^2 + \dots + a_{n1}^2 = 1$. Mas isto quer dizer que $\begin{bmatrix} a_{11} \\ \vdots \\ a_{n1} \end{bmatrix}$ é unitário.

Da mesma forma, percorrendo a diagonal principal, vemos que cada vetor-coluna da matriz **A** é unitário. O que encontramos saindo desta diagonal? . O elemento na posição i, j $(i \neq j)$ é $a_{1i}a_{1j} + \dots + a_{ni}a_{nj}$ e seu valor deve ser zero.

Mas isto diz que o produto interno de $\begin{bmatrix} a_{1i} \\ \vdots \\ a_{ni} \end{bmatrix}$ por $\begin{bmatrix} a_{1j} \\ \vdots \\ a_{nj} \end{bmatrix}$ é nulo, ou seja, os vetores-coluna são dois a dois ortogonais quando $i \neq j$.

Está terminada, então a primeira parte da prova. Ainda falta provar que se os vetores-coluna (linha) de uma matriz forem ortonormais, a matriz será ortogonal. Vamos deixar esta prova para você, já que ela é apenas uma adaptação da prova dada acima. (Veja o Exercício 4 da secção 9.4.)

Apresentaremos agora uma situação onde as matrizes ortogonais ocorrem naturalmente.

Exemplo: Seja $V = \mathbf{R}^2$ e $\alpha = \{(1, 0), (0, 1)\}$ e $\beta = \{(\cos\theta, -\text{sen}\,\theta), (\text{sen}\,\theta, \cos\theta)\}$ bases ortonormais. Calculemos a matriz de mudança de base $[I]^{\alpha}_{\beta}$. (Veja 4.7.). Como β é uma base ortonormal, podemos encontrar as coordenadas dos elementos da base α em relação a β por meio dos coeficientes de Fourier.

$$(1, 0) = \frac{\langle (1, 0), (\cos\theta, -\text{sen}\,\theta)\rangle}{\langle (\cos\theta, -\text{sen}\,\theta), (\cos\theta, -\text{sen}\,\theta)\rangle}(\cos\theta, -\text{sen}\,\theta) +$$

$$+ \frac{\langle (1, 0)\ (\text{sen}\,\theta, \cos\theta)\rangle}{\langle (\text{sen}\,\theta, \cos\theta), (\text{sen}\,\theta, \cos\theta)\rangle}(\text{sen}\,\theta, \cos\theta) =$$

$$= \cos\theta\ (\cos\theta, -\text{sen}\,\theta) + \text{sen}\,\theta\ (\text{sen}\,\theta, \cos\theta)$$

Analogamente,

$$(0, 1) = -\text{sen}\,\theta\ (\cos\theta, -\text{sen}\,\theta) + \cos\theta\ (\text{sen}\,\theta, \cos\theta)$$

Assim

$$[I]^{\alpha}_{\beta} = \begin{bmatrix} \cos\theta & -\text{sen}\,\theta \\ \text{sen}\,\theta & \cos\theta \end{bmatrix}$$

Observe que esta matriz é ortogonal (veja o Exemplo de 9.1.2). Tal resultado vale em geral.

9.1.5 Teorema: Se V é um espaço vetorial com produto interno e α e β são bases ortonormais de V, então a matriz de mudança de base $[I]^{\alpha}_{\beta}$ é uma matriz ortogonal.

Prova: Sejam $\alpha = \{\mathbf{v}_1, ..., \mathbf{v}_n\}$ e $\beta = \{\mathbf{w}_1, ..., \mathbf{w}_n\}$ e

$$[I]^{\alpha}_{\beta} = \begin{bmatrix} a_{11} & \cdots & a_{1n} \\ \vdots & & \vdots \\ a_{n1} & \cdots & a_{nn} \end{bmatrix}$$

Como β é base, existem números a_{ij} tais que

$$\begin{aligned} v_1 &= a_{11}w_1 + \dots + a_{n1}w_n \\ &\vdots \qquad \dots \\ v_n &= a_{1n}w_1 + \dots + a_{nn}w_n \end{aligned}$$

Mas α é ortonormal e por isso cada v_i é unitário. Isto é, $1 = \langle v_i, v_i \rangle$. Além disso, β é ortonormal e assim podemos encontrar $\langle v_i, v_i \rangle$ multiplicando as coordenadas. (Veja 9.1.1.) Portanto $1 = a_{1i}^2 + \dots + a_{ni}^2$. Em outras palavras, cada vetor-coluna de $[I]_\beta^\alpha$ é unitário. Mostraremos agora que estes vetores são ortogonais e portanto $[I]_\beta^\alpha$ é ortogonal. (Veja 9.1.4.)

Como v_i e v_j são ortogonais quando $i \neq j$, $0 = \langle v_i, v_j \rangle = a_{1i}a_{1j} + \dots + a_{ni}a_{nj}$,

ou seja, $\begin{bmatrix} a_{1i} \\ \vdots \\ a_{ni} \end{bmatrix}$ e $\begin{bmatrix} a_{1j} \\ \vdots \\ a_{nj} \end{bmatrix}$ são ortogonais sempre que $i \neq j$.

Assim a afirmação de que $[I]_\beta^\alpha$ é ortogonal é verdadeira.

Observamos, então, que nesta situação

$$[I]_\alpha^\beta \left([I]_\alpha^\beta\right)' = \mathbf{I},$$

ou seja, $\left([I]_\alpha^\beta\right)' = \left([I]_\alpha^\beta\right)^{-1}$, e ainda mais

$$\left([I]_\alpha^\beta\right)' = [I]_\beta^\alpha$$

Isto facilita o processo seguido para se encontrar $[I]_\alpha^\beta$ conhecendo $[I]_\beta^\alpha$ onde α e β são bases ortonormais. $[I]_\alpha^\beta$ é nada mais que a transposta de $[I]_\beta^\alpha$. Estamos agora em condições de introduzir os conceitos de operador ortogonal e auto-adjunto.

9.2 OPERADORES AUTO-ADJUNTOS E ORTOGONAIS

Agora definiremos os operadores associados às matrizes estudadas em 9.1, estabeleceremos relações entre estes e o produto interno e descobriremos as particularidades de seus autovalores. Isto nos permitirá chegar a importantes resultados sobre diagonalização na próxima secção.

9.2.1 Definição: Seja V um espaço vetorial com produto interno, α uma base ortonormal e $T: V \to V$ um operador linear. Então *a*) T é chamado um *operador auto-adjunto* se $[T]_{\alpha}^{\alpha}$ é uma matriz simétrica.

b) T é chamado um *operador ortogonal* se $[T]_{\alpha}^{\alpha}$ é uma matriz ortogonal.

Os operadores auto-adjuntos (ou ortogonais) estão bem definidos no sentido de que o fato de um operador ser auto-adjunto (ou ortogonal) não depende da base ortonormal escolhida, isto é, se $[T]_{\alpha}^{\alpha}$ for simétrica (ou ortogonal) numa determinada base ortonormal α, então $[T]_{\beta}^{\beta}$ também será simétrica (ou ortogonal) para qualquer outra base ortonormal β. Mostremos este fato no caso do operador ser auto-adjunto. (O caso ortogonal é demonstrado de maneira similar.)

Sejam α e β bases ortonormais e suponhamos que $[T]_{\alpha}^{\alpha}$ seja simétrica. Queremos mostrar que $[T]_{\beta}^{\beta}$ também é simétrica, isto é, $([T]_{\beta}^{\beta})' = [T]_{\beta}^{\beta}$.

Observamos que

$$[T]_{\beta}^{\beta} = ([I]_{\alpha}^{\beta})^{-1} \cdot [T]_{\alpha}^{\alpha} \cdot [I]_{\alpha}^{\beta}$$

Também

$$([I]_{\alpha}^{\beta})^{-1} = ([I]_{\alpha}^{\beta})'$$

pois α e β são ortonormais (Veja 9.1.5). Então

$$[T]_{\beta}^{\beta} = ([I]_{\alpha}^{\beta})' \cdot [T]_{\alpha}^{\alpha} \cdot [I]_{\alpha}^{\beta}$$

Tomando a transposta temos

$$\begin{aligned}([T]_{\beta}^{\beta})' &= ([I]_{\alpha}^{\beta})' \cdot ([T]_{\alpha}^{\alpha})' \cdot [I]_{\alpha}^{\beta} \\ &= ([I]_{\alpha}^{\beta})' \cdot [T]_{\alpha}^{\alpha} \cdot [I]_{\alpha}^{\beta} \\ &= [T]_{\beta}^{\beta}\end{aligned}$$

pois $([I]_{\alpha}^{\beta})'' = [I]_{\alpha}^{\beta}$ e $[T]_{\alpha}^{\alpha}$ é simétrica.

9.2.2 Exemplos

Exemplo 1: Consideremos $T: \mathbf{R}^3 \to \mathbf{R}^3$, a rotação de um ângulo θ em torno do eixo-z. Podemos expressar T por:
$T(x, y, z) = (x \cos\theta - y \operatorname{sen}\theta, x \operatorname{sen}\theta + y \cos\theta, z)$. (Verifique.)

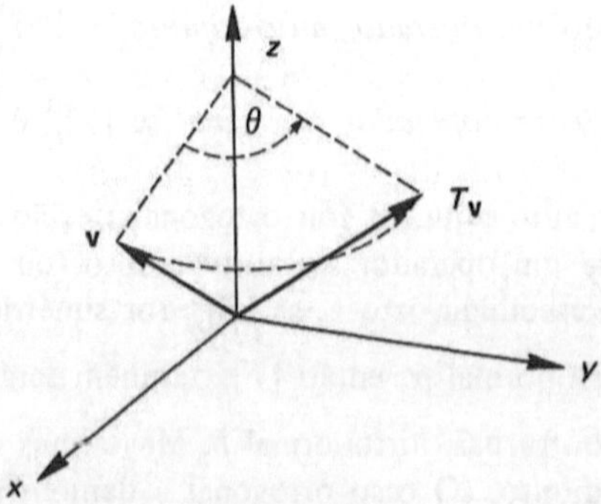

Figura 9.2.1

Tomando a base canônica α e calculando a matriz de T nesta base, temos

$$[T]_\alpha^\alpha = \begin{bmatrix} \cos\theta & -\text{sen}\,\theta & 0 \\ \text{sen}\,\theta & \cos\theta & 0 \\ 0 & 0 & 1 \end{bmatrix}$$

Já vimos que esta matriz é ortogonal e portanto T é um operador ortogonal.

Exemplo 2: Seja $T:\mathbf{R}^2 \to \mathbf{R}^2$ onde $T(x, y) = (2x - 2y, -2x + 5y)$.

Se α é a base canônica de $\mathbf{R}^2$, a matriz de T é $[T]_\alpha^\alpha = \begin{bmatrix} 2 & -2 \\ -2 & 5 \end{bmatrix}$, uma matriz simétrica, e portanto T é operador auto-adjunto.

Estudemos agora as propriedades destes operadores.

9.2.3 Teorema: Seja V um espaço vetorial com produto interno $\langle\ ,\ \rangle$ e $T:V \to V$ linear. Então T auto-adjunto implica que $\langle T\mathbf{v}, \mathbf{w}\rangle = \langle \mathbf{v}, T\mathbf{w}\rangle$ para todo $\mathbf{v}, \mathbf{w} \in V$.

Prova: (caso $n = 2$)
Sejam $\alpha = \{\mathbf{v}_1, \mathbf{v}_2\}$ uma base ortonormal, $\mathbf{v} = x_1\mathbf{v}_1 + y_1\mathbf{v}_2$ e

$\mathbf{w} = x_2\mathbf{v}_1 + y_2\mathbf{v}_2$ ou $[\mathbf{v}]_\alpha = \begin{bmatrix} x_1 \\ y_1 \end{bmatrix}$ e $[\mathbf{w}]_\alpha = \begin{bmatrix} x_2 \\ y_2 \end{bmatrix}$

Como T é auto-adjunto, $[T]_\alpha^\alpha$ é simétrica.

Seja $[T]_\alpha^\alpha = \begin{bmatrix} a & b \\ b & c \end{bmatrix}$

Então $[T\mathrm{v}]_\alpha = \begin{bmatrix} a & b \\ b & c \end{bmatrix} \begin{bmatrix} x_1 \\ y_1 \end{bmatrix} = \begin{bmatrix} ax_1 + by_1 \\ bx_1 + cy_1 \end{bmatrix}$ e $[T\mathrm{w}]_\alpha = \begin{bmatrix} a & b \\ b & c \end{bmatrix} \begin{bmatrix} x_2 \\ y_2 \end{bmatrix} =$

$= \begin{bmatrix} ax_2 + by_2 \\ bx_2 + cy_2 \end{bmatrix}$

Assim $\langle T\mathrm{v}, \mathrm{w}\rangle = (ax_1 + by_1)x_2 + (bx_1 + cy_1)y_2$
e $\langle \mathrm{v}, T\mathrm{w}\rangle = x_1(ax_2 + by_2) + y_1(bx_2 + cy_2)$ e portanto, $\langle T\mathrm{v}, \mathrm{w}\rangle = \langle \mathrm{v}, T\mathrm{w}\rangle$.

9.2.4 Teorema: Seja $T: V \to V$ auto-adjunto e λ_1, λ_2 autovalores distintos de T e v_1 e v_2 os autovetores associados a λ_1 e λ_2, respectivamente. Então $\mathrm{v}_1 \perp \mathrm{v}_2$.

Prova:

$$\lambda_1 \langle \mathrm{v}_1, \mathrm{v}_2\rangle = \langle \lambda_1 \mathrm{v}_1, \mathrm{v}_2\rangle = \langle T\mathrm{v}_1, \mathrm{v}_2\rangle = \langle \mathrm{v}_1, T\mathrm{v}_2\rangle =$$
$$= \langle \mathrm{v}_1, \lambda_2 \mathrm{v}_2\rangle = \lambda_2 \langle \mathrm{v}_1, \mathrm{v}_2\rangle$$

Então $(\lambda_1 - \lambda_2)\langle \mathrm{v}_1, \mathrm{v}_2\rangle = 0$.
Como $\lambda_1 - \lambda_2 \neq 0$, vem que $\langle \mathrm{v}_1, \mathrm{v}_2\rangle = 0$ ou $\mathrm{v}_1 \perp \mathrm{v}_2$.

As propriedades dadas a seguir são conseqüências dos resultados anteriores mas são tão importantes que as destacaremos numa secção especial.

9.3 DIAGONALIZAÇÃO DE OPERADORES AUTO-ADJUNTOS E CARACTERIZAÇÃO DOS OPERADORES ORTOGONAIS

O teorema 9.2.4 nos dá uma idéia de que, com relação à diagonalização, os operadores auto-adjuntos comportam-se de uma maneira especial. Por exemplo, se $T: V \to V$ for auto-adjunto, dim $V = n$ e T admitir n autovalores distintos (portanto uma base de autovetores), então T é diagonalizável e os autovetores são automaticamente dois a dois ortogonais e, após a normalização, podem ser transformados em ortonormais. Isto é, T, além de ser diagonalizável, admite uma base *ortonormal* de autovetores. Tal propriedade continua valendo em geral e é característica dos operadores auto-adjuntos. Temos assim:

9.3.1 Teorema: Seja $T: V \to V$ um operador auto-adjunto. Então existe uma base ortonormal de autovetores de T.

Se você está interessado na demonstração desse teorema, siga cuidadosamente as etapas enunciadas nos Exercícios 10, 11 e 12 da secção 9.4.

9.3.2 Exemplos

Exemplo 1: Seja $T: \mathbf{R}^3 \to \mathbf{R}^3$ o operador linear cuja matriz em relação à base canônica é

$$[T] = \begin{bmatrix} -2 & 0 & 0 \\ 0 & 6 & 1 \\ 0 & 1 & 6 \end{bmatrix}$$

Podemos exibir uma base ortonormal de autovetores para este operador? Inicialmente observamos que T é um operador auto-adjunto pois a base canônica é ortonormal (em relação ao produto interno canônico) e a matriz é simétrica. O teorema 9.3.1 garante, então, a existência de uma base ortonormal de autovetores. Calculando os autovalores e autovetores associados temos:

Para $\lambda_1 = -2$, $v_1 = (1, 0, 0)$; para $\lambda_2 = 7$, $v_2 = (0, 1, 1)$ e para $\lambda_3 = 5$, $v_3 = (0, 1, -1)$.

Como estes autovetores provêm de autovalores distintos e T é auto-adjunto, o teorema 9.2.4 garante que eles são ortogonais. Então $\{(1, 0, 0), (0, 1, 1), (0, 1, -1)\}$ é uma base ortogonal de autovetores. Basta agora normalizá-los para obtermos a base procurada:

$$\{(1, 0, 0), \frac{1}{\sqrt{2}}(0, 1, 1), \frac{1}{\sqrt{2}}(0, 1, -1)\}.$$

Exemplo 2: Seja o operador linear $T: \mathbf{R}^3 \to \mathbf{R}^3$ cuja matriz em relação à base canônica é

$$\begin{bmatrix} 2 & 1 & 1 \\ 1 & 2 & -1 \\ 1 & -1 & 2 \end{bmatrix}$$

Exibamos uma base ortonormal de autovetores para este operador. Procedendo de modo análogo ao anterior, vemos que T é auto-adjunto e portanto tal base existe. Calculando os autovalores e autovetores associados temos: Para $\lambda_1 = 0$, os autovetores são do tipo $(-y, y, y)$ e o subespaço destes autovetores tem dimensão 1. Para $\lambda_2 = 3$ os autovetores são do tipo $(y + z, y, z)$ e o subespaço associado tem dimensão 2.

Vamos construir uma base de autovetores escolhendo um autovetor do subespaço associado a $\lambda_1 = 0$ e dois autovetores LI do subespaço associado a $\lambda_2 = 3$. Suponhamos que $v_1 = (-1, 1, 1)$ tenha sido tomado no primeiro subespaço. Como todos os autovetores no segundo são da forma $(y + z, y, z)$, observamos que o produto interno de $(-1, 1, 1)$ com qualquer da forma $(y + z, y, z)$

é 0. Mas não é garantido que quaisquer dois vetores de $(y + z, y, z)$ são ortogonais, mesmo que sejam LI. Por exemplo, $(1, 1, 0)$ e $(1, 0, 1)$ são LI mas não ortogonais. Contudo, podemos usar o vetor $(1, 1, 0)$ e procurar outro vetor do tipo $(y + z, y, z)$ que seja ortogonal a $(1, 1, 0)$, isto é, o produto interno destes deve ser nulo. Ou seja,

$$y + z + y = 2y + z = 0 \quad \text{ou} \quad z = -2y$$

Um vetor que satisfaça estas relações deve ser do tipo $(-y, y, -2y)$. Por exemplo $(-1, 1, -2)$.

Ficamos assim com a base $\{(-1, 1, 1), (1, 1, 0), (-1, 1, -2)\}$ que é formada de autovetores dois a dois ortogonais. Normalizando estes vetores temos a base procurada:

$$\{\frac{1}{\sqrt{3}}(-1, 1, 1), \frac{1}{\sqrt{2}}(1, 1, 0), \frac{1}{\sqrt{6}}(-1, 1, -2)\}$$

Suponhamos que α seja uma base ortonormal qualquer de V e β a base ortonormal de autovetores dada pelo teorema 9.3.1. Observemos a relação entre $[T]^{\alpha}_{\alpha}$ e $[T]^{\beta}_{\beta}$. Temos $[T]^{\alpha}_{\alpha} = [I]^{\beta}_{\alpha} \cdot [T]^{\beta}_{\beta} \cdot [I]^{\alpha}_{\beta} = ([I]^{\alpha}_{\beta})^{-1} \cdot [T]^{\beta}_{\beta} \cdot [I]^{\alpha}_{\beta}$ e portanto, $[T]^{\alpha}_{\alpha} = ([I]^{\alpha}_{\beta})' \cdot [T]^{\beta}_{\beta} \cdot [I]^{\alpha}_{\beta}$ pois α e β são ortonormais. Isto será utilizado na classificação das cônicas.

O teorema seguinte caracteriza as transformações ortogonais.

9.3.3 Teorema: Seja $T: V \to V$ um operador linear num espaço vetorial V com produto interno $\langle\, , \rangle$. Então as condições abaixo são equivalentes:

a) T é ortogonal.

b) T transforma bases ortonormais em bases ortonormais. Isto é, se $\{\mathbf{v}_1, ..., \mathbf{v}_n\}$ é base ortonormal de V, então $\{T\mathbf{v}_1, ..., T\mathbf{v}_n\}$ é uma base ortonormal.

c) T preserva o produto interno, isto é, $\langle T\mathbf{u}, T\mathbf{v}\rangle = \langle \mathbf{u}, \mathbf{v}\rangle$.

d) T preserva a norma, isto é, $\|T\mathbf{v}\| = \|\mathbf{v}\|$.

Prova: A demonstração é deixada como exercício.

O item (*d*) dá uma caracterização geométrica dos operadores ortogonais. Estes são, entre os operadores lineares, os que estão associados a movimentos rígidos. Por exemplo, se nos restringirmos às transformações lineares do plano no plano, estes operadores serão as rotações de um ângulo θ e as reflexões em relação a uma reta pela origem, ou composições delas.

9.4 EXERCÍCIOS

1. Seja $\alpha = \{w_1, w_2, w_3\}$ uma base de V, um espaço vetorial real com produto interno $\langle\, ,\, \rangle$.

$$[u]_\alpha = \begin{bmatrix} 2 \\ -1 \\ 3 \end{bmatrix} \quad e \quad [v]_\alpha = \begin{bmatrix} 5 \\ 2 \\ -3 \end{bmatrix}$$

Se $\langle u, v \rangle = 2$, a base α é ortonormal?

2. Ache valores para x e y tais que $\begin{bmatrix} x & y \\ -1 & 0 \end{bmatrix}$ seja uma matriz ortogonal.

3. Sejam $\alpha = \{(1, 1), (2, 0)\}$ e $\beta = \{(-1, 0), (2, 1)\}$. A partir das bases α e β construa bases ortonormais, usando o método de Gram-Schmidt. Se estas novas bases forem α' e β' respectivamente, mostre que a matriz de mudança de base $[I]^{\alpha'}_{\beta'}$ é ortogonal.

4. Dada uma matriz **A** cujas colunas são vetores ortonormais, prove que **A** é ortogonal.

5. Seja $T(x, y, z) = (2x + y, x + y + z, y - 3z)$ de $\mathbf{R}^3$ em $\mathbf{R}^3$ com produto interno canônico.
   a) Mostre que T é um operador auto-adjunto mas não ortogonal.
   b) Se $v = (2, -1, 5)$ e $w = (3, 0, 1)$, verifique que $\langle Tv, w \rangle = \langle v, Tw \rangle$.
   c) Exiba uma base de autovetores de T e verifique que é uma base ortogonal. A partir desta base, escreva uma base ortonormal.

6. Dada a matriz $\mathbf{A} = \begin{bmatrix} a & 0 & 0 \\ 0 & b & c \\ 0 & c & b \end{bmatrix}$

   a) Mostre que os autovalores são: a, $b + c$ e $b - c$.
   b) Ache uma base de autovetores.

7. Seja o operador linear $T: \mathbf{R}^3 \to \mathbf{R}^3$ cuja matriz em relação à base canônica é

$$\begin{bmatrix} 1 & 4 & 2 \\ 4 & -5 & -4 \\ 2 & -4 & 1 \end{bmatrix}$$

Exiba uma base ortonormal de autovetores.

8. Mostre que uma transformação ortogonal do plano no plano deixa invariante a distância entre dois pontos, isto é, dados **u** e **v** vetores quaisquer do plano,

$$\|T(\mathbf{u}) - T(\mathbf{v})\| = \|\mathbf{u} - \mathbf{v}\|$$

(Sugestão: use o teorema 9.3.3 (*d*).)

9. *a*) Mostre que se T é uma transformação ortogonal do plano no plano, sua matriz em relação à base canônica só pode ser da forma:

$$\mathbf{A} = \begin{bmatrix} \cos\alpha & -\text{sen}\,\alpha \\ \text{sen}\,\alpha & \cos\alpha \end{bmatrix}$$

ou da forma

$$\mathbf{B} = \begin{bmatrix} \cos\alpha & \text{sen}\,\alpha \\ \text{sen}\,\alpha & -\cos\alpha \end{bmatrix}$$

(Sugestão: 9.3.3 (*d*).)

b) Observe que se a matriz de T for da forma dada por **A**, T será uma rotação de um ângulo α (veja 5.2.4.). Mostre que $\mathbf{B} = \mathbf{A} \cdot \mathbf{J}$ onde $\mathbf{J} = \begin{bmatrix} 1 & 0 \\ 0 & -1 \end{bmatrix}$. (**J** é a matriz em relação à base canônica de reflexão no eixo-x. Veja 5.2.2. Conclua finalmente, usando composição de funções, que se a transformação T for dada por **B**, T será uma reflexão através de uma reta do plano que passa pela origem.

10. Sejam V um espaço vetorial real de dimensão n, com produto interno $\langle\,,\,\rangle$ e $T: V \to V$ um operador linear auto-adjunto. Se α for uma base ortonormal de V, chamemos de **A** a matriz $[T]^{\alpha}_{\alpha}$. Consideremos a transformação linear $T_{\mathbf{A}}: \mathbf{C}^n \to \mathbf{C}^n$ dada por

$$T_{\mathbf{A}}\begin{bmatrix} x_1 \\ \vdots \\ x_n \end{bmatrix} = \mathbf{A}\begin{bmatrix} x_1 \\ \vdots \\ x_n \end{bmatrix}$$

onde $x_i \in \mathbf{C}$ (**C** = conjunto dos números complexos) e o produto interno canônico em $\mathbf{C}^n$, dado por

$$\langle \mathbf{v}, \mathbf{w} \rangle_{\mathbf{C}} = x_1\bar{y}_1 + x_2\bar{y}_2 + \ldots + x_n\bar{y}_n$$

para $v = \begin{bmatrix} x_1 \\ \vdots \\ x_n \end{bmatrix}$ e $w = \begin{bmatrix} y_1 \\ \vdots \\ y_n \end{bmatrix}$ (Veja 8.6.)

a) Mostre que T_A tem sempre autovalores. (Sugestão: Lembre-se de que um polinômio sempre tem raízes se estivermos trabalhando sobre os números complexos.)
b) Mostre que $\langle T_A v, w\rangle_c = \langle v, T_A w\rangle_c$ para quaisquer $v, w \in C^n$. (Sugestão: Siga a idéia do teorema 9.2.3.)
c) Mostre que os autovalores de T_A são necessariamente reais. (Sugestão: Chame de λ um autovalor de T_A com autovetor v. Lembre que para um número complexo λ ser real, basta que ele seja igual ao seu conjugado. Desenvolva então $\langle T_A v, v\rangle_c$ de dois modos distintos, utilizando o item (*b*) e as propriedades de produto interno sobre um espaço vetorial complexo. Veja 8.6.)
d) Mostre que os autovalores de T e T_A são os mesmos.
e) Utilizando os resultados anteriores, conclua que um operador linear auto-adjunto tem autovalores e eles são necessariamente reais.

11. Seja V um espaço vetorial real de dimensão n, $T: V \to V$ um operador linear auto-adjunto e $v \in V$ um autovetor de T.
a) Mostre que [v], o espaço gerado por v, é invariante por aplicação do operador T, isto é, se $w \in [v]$, então $Tw \in [v]$.
b) Mostre que $[v]^{\perp}$, o complemento ortogonal de [v] (veja 8.5), é invariante por aplicação do operador T, isto é, se $w \in [v]^{\perp}$, então $Tw \in [v]^{\perp}$ e portanto T induz um operador linear $T_1 : [v]^{\perp} \to [v]^{\perp}$
$w \to Tw$
c) Mostre que o operador T_1 definido no item (*b*) é auto-adjunto.
d) Mostre que todo autovetor w de T_1 com autovalor δ também é autovetor de T com o mesmo autovalor δ.

12. Demonstre o teorema 9.3.1, isto é, se $T: V \to V$ um operador linear auto-adjunto, então existe uma base ortonormal de autovetores de T. (Sugestão: Faça por indução finita sobre a dimensão de V, utilizando os Exercícios 10 e 11.)

13. *a*) Dê a transformação linear que descreve o movimento rígido que leva o segmento de extremos (-6, 2) e (-1, 2) no segmento de extremos (-2, 6) e (1, 2) respectivamente.
b) Mostre que esta transformação é uma rotação e encontre seu ângulo.

14. *a*) Use a definição 9.2.1 e o teorema 9.3.1 para mostrar que um operador é auto-adjunto se e somente se existir uma base β de vetores ortonormais em relação à qual $[T]^{\beta}_{\beta}$ é diagonal.

b) Use agora o resultado acima para dar uma caracterização geométrica das transformações auto-adjuntas do plano no plano. (Observe que $\begin{bmatrix} a & 0 \\ 0 & b \end{bmatrix} =$

$= \begin{bmatrix} a & 0 \\ 0 & 1 \end{bmatrix} \cdot \begin{bmatrix} 1 & 0 \\ 0 & b \end{bmatrix}$ e note o efeito geométrico de cada uma destas duas últimas matrizes.

c) Analise separadamente em *b*) os casos

i) $a \neq 0$ e $b \neq 0$.
ii) $a = 0$ e $b \neq 0$.
iii) $a = 0$ e $b = 0$.

d) Seja α a base canônica e $[T]^{\alpha}_{\alpha} = \begin{bmatrix} -1 & 3 \\ 3 & -1 \end{bmatrix}$

i) Diagonalize o operador T. (Escolha uma base ortonormal.)
ii) Interprete geometricamente T usando *b*).
iii) Teste sua interpretação geométrica, verificando qual é a imagem por T de um quadrado de vértices (0, 0), (1, 1), (0, 2) e (-1, 1).

9.4.1 Respostas

1. Não, pois $\langle \mathbf{u}, \mathbf{v} \rangle \neq 2 \cdot 5 + (-1) \cdot 2 + 3\,(-3)$.
$= -1$

3. $\alpha' = \{(\frac{1}{\sqrt{2}}, \frac{1}{\sqrt{2}}), (\frac{1}{\sqrt{2}}, -\frac{1}{\sqrt{2}})\}$ $\qquad \beta' = \{(-1, 0), (0, 1)\}$

$$[I]^{\alpha'}_{\beta'} = \begin{bmatrix} -\frac{1}{\sqrt{2}} & -\frac{1}{\sqrt{2}} \\ \frac{1}{\sqrt{2}} & -\frac{1}{\sqrt{2}} \end{bmatrix} \qquad [I]^{\alpha'}_{\beta'} \cdot ([I]^{\alpha'}_{\beta'})' = I$$

5. $[T] = \begin{bmatrix} 2 & 1 & 0 \\ 1 & 1 & 1 \\ 0 & 1 & -3 \end{bmatrix}$ é simétrica. Logo T é auto-adjunto. Como as colunas de $[T]$ não são vetores ortonormais, T não é ortogonal.

7. $\lambda_1 = -9, \quad \lambda_2 = \lambda_3 = 3$

$v_1 = (1, -2, -1), \quad v_2 = (1, 0, 1), \quad v_3 = (1, 1, -1)$

$$\beta = \{(\frac{1}{\sqrt{6}}, \frac{-2}{\sqrt{6}}, \frac{-1}{\sqrt{6}}), (\frac{1}{\sqrt{2}}, 0, \frac{1}{\sqrt{2}}), (\frac{1}{\sqrt{3}}, \frac{1}{\sqrt{3}}, \frac{-1}{\sqrt{3}})\}$$

9. *a*) Sejam $T = \begin{bmatrix} a & b \\ c & d \end{bmatrix}$ e $v = (x, y)$ qualquer T ortogonal $\Rightarrow \|T_{(v)}\|$

$= ||v||$ etc., escolhendo vários vetores v para gerar um sistema de equações que fornece a, b, c e d.

b) Sugestão: a inclinação da reta pela origem tem inclinação de $\frac{\alpha}{z}$. Ache a imagem do ponto (x, y), onde $v = (x, y)$, e mostre que esta imagem é exatamente $B \cdot \begin{bmatrix} x \\ y \end{bmatrix}$, ou seja, T_v.

11. *a*) $w \in [v] \Longrightarrow \exists u \in R$ tal que $w = uv$.
$Tw = T(uv) = uTv = u \cdot \lambda v$ onde λ é o autovalor associado a v. Mas $(u\lambda)v \in [v]$, e portanto $Tw \in [v]$.

b) Seja $w \in [v]^{\perp}$. Então $< w, v > = 0$.
Como $< Tw, v > = < w, Tv >$ pois T é auto-adjunto, e
$Tv = \lambda v$, $< Tw, v > = < w, \lambda v > = \lambda < w, v > = 0$
Portanto, $Tw \in [v]^{\perp}$.

c) Seja $\beta = \{\frac{v}{||v||}, v_2, ..., v_n\}$ uma base ortonormal de V.
Então $\beta_1 = \{v_2, ..., v_n\}$ é uma base de $[v]^{\perp}$.
$[T]_{\beta}$ é simétrica pois T é auto-adjunto e da forma $\begin{bmatrix} a_{11} & 0 & ... & 0 \\ 0 & a_{22} & ... & a_{2n} \\ \vdots & & & \\ 0 & a_{n2} & ... & a_{nn} \end{bmatrix}$

Então $[T_1]_{\beta_1} = \begin{bmatrix} a_{22} & ... & a_{2n} \\ \vdots & & \\ a_{n2} & ... & a_{nn} \end{bmatrix}$ é simétrica e T_1 é auto-adjunto.

d) $Tw = T_1 w$, pois $w \in [v]^{\perp}$, e $T_1 w = \delta w$.
Então δ é autovalor de T e w um autovetor associado.

13. Seja $[T] = \begin{bmatrix} a & b \\ c & d \end{bmatrix}$. Então $\begin{bmatrix} a & b \\ c & d \end{bmatrix} \begin{bmatrix} -\frac{6}{2} \end{bmatrix} = \begin{bmatrix} -\frac{2}{6} \end{bmatrix}$ e

$\begin{bmatrix} a & b \\ c & d \end{bmatrix} \begin{bmatrix} \frac{-1}{2} \end{bmatrix} = \begin{bmatrix} \frac{1}{2} \end{bmatrix}$. Logo, $[T] = \begin{bmatrix} \frac{3}{5} & \frac{4}{5} \\ \frac{-4}{5} & \frac{3}{5} \end{bmatrix} = \begin{bmatrix} \cos\alpha & -\operatorname{sen}\alpha \\ \operatorname{sen}\alpha & \cos\alpha \end{bmatrix}$

onde $\alpha = -\operatorname{arccos}\frac{3}{5}$.

Leituras Sugeridas e Refêrencias

1 Gelfand, I. M.; *Lectures in Linear Algebra*; Interscience Publishers, New York, 1961.

2 Halmos, P.; *Finite Dimensional Vector Spaces*; Van Nostrand Reinhold Company, New York, 1958.

3 Hoffman, K. e Kunze, R.; *Álgebra Linear*; Editora Polígono, São Paulo, 1971.

capítulo 10

Formas Lineares, Bilineares e Quadráticas

10.1 FORMAS LINEARES

Suponha que uma pessoa necessite comprar ferro, chumbo e cobre a cinco, seis e quatro cruzeiros o quilo, respectivamente. Se esta pessoa compra x quilos de ferro, y quilos de chumbo e z quilos de cobre, podemos representar esta compra pelo vetor (x, y, z) e o custo total é dado pela expressão $5x + 6y + 4z$. Observe que a "função custo"

$$\begin{aligned} c : \mathbf{R}^3 &\longrightarrow \mathbf{R} \\ (x, y, z) &\longmapsto 5x + 6y + 4z \end{aligned}$$

é uma transformação linear (verifique) cujo contra-domínio é um espaço vetorial muito particular, pois é o conjunto dos números reais. Transformações lineares deste tipo aparecem muito e por isso recebem um nome especial.

10.1.1 Definição: Seja V um espaço vetorial real. Uma *forma linear* é uma transformação linear $f : V \longrightarrow \mathbf{R}$.

10.1.2 Exemplos

Exemplo 1: $f: \mathbf{R}^2 \longrightarrow \mathbf{R}$

$(x, y) \longmapsto x + y$ ou na forma matricial

$$\begin{bmatrix} x \\ y \end{bmatrix} \longmapsto [1 \quad 1] \begin{bmatrix} x \\ y \end{bmatrix}$$

Exemplo 2: $g: \mathbf{R}^3 \longrightarrow \mathbf{R}$

$(x, y, z) \longmapsto 2x + y - z$ ou na forma matricial

$$\begin{bmatrix} x \\ y \\ z \end{bmatrix} \longmapsto [2 \ 1 \ -1] \begin{bmatrix} x \\ y \\ z \end{bmatrix}$$

Se $f: V \longrightarrow \mathbf{R}$ é uma forma linear, $\alpha = \{v_1, \ldots, v_n\}$ é base de V e $\beta = \{w\}$ é base de $\mathbf{R}$, então

$$[f]^{\alpha}_{\beta} = [a_1 \ a_2 \ \ldots \ a_n]_{1 \times n}.$$

Se $v \in V$ é tal que

$$[v]_{\alpha} = \begin{bmatrix} x_1 \\ \vdots \\ x_n \end{bmatrix},$$

então $[f(v)]_{\beta} = [f]^{\alpha}_{\beta} [v]_{\alpha}$.

10.2 FORMAS BILINEARES

Consideremos agora funções, associadas a espaços vetoriais, que se comportam mais ou menos como produtos internos, isto é, funções que a cada par de vetores associam um número de tal forma que uma vez fixado o primeiro vetor, a função seja uma forma linear em relação ao segundo vetor, e vice-versa. Funções deste tipo estão muito relacionadas com considerações acerca da energia de um corpo (veja 10.5) e, portanto, com toda a Física. Nesta secção definiremos estas funções, que serão denominadas formas bilineares, e estudaremos alguns aspectos técnicos, principalmente o seu relacionamento com matrizes, que é o mais importante na prática.

10.2.1 Definição: Seja V um espaço vetorial real. Uma *forma bilinear* é uma aplicação $B: V \times V \to \mathbf{R}$ definida por $(\mathrm{v}, \mathrm{w}) \mapsto B(\mathrm{v}, \mathrm{w})$ tal que:

i) Para todo w fixado, $B(\mathrm{v}, \mathrm{w})$ é uma forma linear em v, isto é,

$$B(\mathrm{v}_1 + \mathrm{v}_2, \mathrm{w}) = B(\mathrm{v}_1, \mathrm{w}) + B(\mathrm{v}_2, \mathrm{w})$$
$$\text{e} \quad B(a\mathrm{v}, \mathrm{w}) = aB(\mathrm{v}, \mathrm{w})$$

ii) Para todo v fixado, $B(\mathrm{v}, \mathrm{w})$ é uma forma linear em w, isto é,

$$B(\mathrm{v}, \mathrm{w}_1 + \mathrm{w}_2) = B(\mathrm{v}, \mathrm{w}_1) + B(\mathrm{v}, \mathrm{w}_2)$$
$$\text{e} \quad B(\mathrm{v}, a\mathrm{w}) = aB(\mathrm{v}, \mathrm{w})$$

10.2.2 Exemplos

Exemplo 1: O produto usual de números reais

$$p: \mathbf{R} \times \mathbf{R} \to \mathbf{R}$$
$$(x, y) \longmapsto p(x, y) = xy$$

Verificando *i*) e *ii*):

$$p(x, y + z) = x(y + z) = xy + xz = p(x, y) + p(x, z)$$
$$p(ax, y) = ax \cdot y = a(xy) = ap(x, y)$$

Analogamente mostram-se as outras propriedades.

Exemplo 2: $B: \mathbf{R}^2 \times \mathbf{R}^2 \to \mathbf{R}$ dada por

$$B((x_1, y_1), (x_2, y_2)) = x_1x_2 - 2y_1y_2$$

é bilinear. De fato,

$$B((x_1, y_1), (x_2, y_2) + (x_3, y_3)) = B((x_1, y_1), (x_2 + x_3, y_2 + y_3)) =$$
$$= x_1(x_2 + x_3) + 2y_1(y_2 + y_3) = (x_1x_2 + 2y_1y_2) + x_1x_3 + 2y_1y_3 =$$
$$= B((x_1, y_1), (x_2, y_2)) + B((x_1, y_1), (x_3, y_3))$$

As outras propriedades são verificadas de modo análogo.

Exemplo 3: Seja V um espaço vetorial com produto interno $\langle\, , \rangle$. Podemos definir a forma bilinear $V \times V \to \mathbf{R}$ por $B(\mathrm{v}, \mathrm{w}) = \langle \mathrm{v}, \mathrm{w} \rangle$. O fato de B ser bilinear é uma consequência das propriedades de produto interno.

Vamos considerar agora um exemplo importante.

Exemplo 4:

$$\text{Seja } \mathbf{M} = \begin{bmatrix} -2 & 0 & 0 \\ 4 & 2 & 0 \\ 0 & 0 & 2 \end{bmatrix}$$

Podemos associar a M uma forma bilinear $B: \mathbf{R}^3 \times \mathbf{R}^3 \to \mathbf{R}$ definida por

$$B((x_1, x_2, x_3), (y_1, y_2, y_3)) = [x_1\ x_2\ x_3] \begin{bmatrix} -2 & 0 & 0 \\ 4 & 2 & 0 \\ 0 & 0 & 2 \end{bmatrix} \begin{bmatrix} y_1 \\ y_2 \\ y_3 \end{bmatrix} =$$

$$= -2x_1y_1 + 4x_2y_1 + 2x_2y_2 + 2x_3y_3$$

A bilinearidade de B decorre das propriedades do produto e da soma de matrizes.

Exemplo 5: Sejam V um espaço vetorial de dimensão n e α uma base de V. De modo análogo ao que foi feito no exemplo anterior, dada uma matriz qualquer $M_{n\times n}$, podemos associar uma forma bilinear $B: V \times V \to \mathbf{R}$ definida por:

se

$$[\mathrm{v}]_\alpha = \begin{bmatrix} x_1 \\ \vdots \\ x_n \end{bmatrix} \text{ e } [\mathrm{w}]_\alpha = \begin{bmatrix} y_1 \\ \vdots \\ y_n \end{bmatrix}$$

Se $B: V \times V \to \mathbf{R}$ é uma forma bilinear e dados $\mathrm{v}_1, \mathrm{v}_2, \mathrm{w}_1, \mathrm{w}_2$ em V, em geral temos

$$B(\mathrm{v}_1 + \mathrm{v}_2, \mathrm{w}_1 + \mathrm{w}_2) \neq B(\mathrm{v}_1, \mathrm{w}_1) + B(\mathrm{v}_2, \mathrm{w}_2)$$

pois

$$B(\mathrm{v}_1 + \mathrm{v}_2, \mathrm{w}_1 + \mathrm{w}_2) = B(\mathrm{v}_1, \mathrm{w}_1 + \mathrm{w}_2) + B(\mathrm{v}_2, \mathrm{w}_1 + \mathrm{w}_2) =$$
$$= B(\mathrm{v}_1, \mathrm{w}_1) + B(\mathrm{v}_1, \mathrm{w}_2) + B(\mathrm{v}_2, \mathrm{w}_1) + B(\mathrm{v}_2, \mathrm{w}_2)$$

$$B(\mathrm{v}, \mathrm{w}) = [\mathrm{v}]_\alpha' \, M \, [\mathrm{w}]_\alpha$$

Observe, ainda, que no Exemplo 4, temos $V = \mathbf{R}^3$ e a base canônica. A seguir veremos que, na verdade, toda forma bilinear pode ser escrita na forma do Exemplo 5, dado acima.

10.3 MATRIZ DE UMA FORMA BILINEAR

Sejam V um espaço vetorial e $B: V \times V \to \mathbf{R}$ uma forma bilinear. Dada uma base $\alpha = \{\mathrm{v}_1, ..., \mathrm{v}_n\}$ de V, associamos a B uma matriz $[B]_\alpha^\alpha$ chamada *matriz da forma bilinear B, na base α*, do seguinte modo:

Se $\mathrm{v} = x_1\mathrm{v}_1 + ... + x_n\mathrm{v}_n$ e $\mathrm{w} = y_1\mathrm{v}_1 + ... + y_n\mathrm{v}_n$,

$$B(\mathrm{v}, \mathrm{w}) = B(x_1\mathrm{v}_1 + ... + x_n\mathrm{v}_n, y_1\mathrm{v}_1 + ... + y_n\mathrm{v}_n) = \sum_{i,j}^{n} x_i y_j B(\mathrm{v}_i, \mathrm{v}_j)$$

$$= [x_1 \ \dots \ x_n] \begin{bmatrix} B(v_1, v_1) & \dots & B(v_1, v_n) \\ \vdots & & \vdots \\ B(v_n, v_1) & \dots & B(v_n, v_n) \end{bmatrix} \begin{bmatrix} y_1 \\ \vdots \\ y_n \end{bmatrix}$$

$$= [v]'_\alpha [B]^\alpha_\alpha [w]_\alpha$$

10.3.1 Exemplos

Exemplo 1: Seja $B: \mathbf{R}^2 \times \mathbf{R}^2 \to \mathbf{R}$ a forma bilinear dada por $B(v, w) = -x_1y_1 + 2x_2y_1 + 5x_2y_2$ onde $v = (x_1, x_2)$ e $w = (y_1, y_2)$. Então se $\alpha = \{e_1, e_2\}$ é a base canônica de $\mathbf{R}^2$, temos

$$[B]^\alpha_\alpha = \begin{bmatrix} B(e_1, e_1) & B(e_1, e_2) \\ B(e_2, e_1) & B(e_2, e_2) \end{bmatrix} = \begin{bmatrix} -1 & 0 \\ 2 & 5 \end{bmatrix}$$

Com isto, podemos escrever a forma bilinear dada na forma matricial:

$$B(v, w) = [x_1 \ x_2] \begin{bmatrix} -1 & 0 \\ 2 & 5 \end{bmatrix} \begin{bmatrix} y_1 \\ y_2 \end{bmatrix}$$

ou seja, $$B(v, w) = [v]'_\alpha [B]^\alpha_\alpha [w]_\alpha$$

Exemplo 2: Seja $B: \mathbf{R}^3 \times \mathbf{R}^3 \to \mathbf{R}$ a forma bilinear definida por $B((x_1, x_2, x_3), (y_1, y_2, y_3)) = -2x_1y_1 + 4x_2y_1 + 2x_2y_2 + 2x_3y_3$. Procuremos $[B]^\alpha_\alpha$, onde $\alpha = \{e_1, e_2, e_3\}$, é base canônica de $\mathbf{R}^3$:

$$[B]^\alpha_\alpha = \begin{bmatrix} B(e_1, e_1) & B(e_1, e_2) & B(e_1, e_3) \\ B(e_2, e_1) & B(e_2, e_2) & B(e_2, e_3) \\ B(e_3, e_1) & B(e_3, e_2) & B(e_3, e_3) \end{bmatrix}$$

Nesta matriz determinamos, por exemplo, $B(e_2, e_1) = B((0, 1 \ 0), (1, 0, 0)) = -2 \cdot 0 \cdot 1 + 4 \cdot 1 \cdot 1 + 2 \cdot 1 \cdot 0 + 2 \cdot 0 \cdot 0 = 4$. Calculando os outros elementos, obtemos

$$[B]^\alpha_\alpha = \begin{bmatrix} -2 & 0 & 0 \\ 4 & 2 & 0 \\ 0 & 0 & 2 \end{bmatrix}$$

Compare com o Exemplo 4 de 10.2.2. Como não poderia deixar de ser, $[B]^\alpha_\alpha = M$.

10.4 FORMA BILINEAR SIMÉTRICA

10.4.1 Definição: A forma bilinear $B: V \times V \longrightarrow \mathbf{R}$ é *simétrica* se $B(\mathrm{v}, \mathrm{w}) = B(\mathrm{w}, \mathrm{v})$ para todo $\mathrm{v}, \mathrm{w} \in V$.

10.4.2 Exemplos

Exemplo 1: Seja $\langle , \rangle$ um produto interno em V. Então a forma bilinear $B(\mathrm{v}, \mathrm{w}) = \langle \mathrm{v}, \mathrm{w} \rangle$ é simétrica, pois $\langle \mathrm{v}, \mathrm{w} \rangle = \langle \mathrm{w}, \mathrm{v} \rangle$.

Exemplo 2: $B: \mathbf{R}^2 \times \mathbf{R}^2 \rightarrow \mathbf{R}$ dada por

$$B(\mathrm{v}, \mathrm{w}) = -x_1y_1 + 3x_2y_1 + 3x_1y_2 + 2x_2y_2$$

onde $\mathrm{v} = (x_1, x_2)$ e $\mathrm{w} = (y_1, y_2)$.

Calculando, $B(\mathrm{w}, \mathrm{v})$, temos

$$\begin{aligned} B(\mathrm{w}, \mathrm{v}) &= ((y_1, y_2), (x_1, x_2)) \\ &= -y_1x_1 + 3y_2x_1 + 3y_2x_1 + 2y_2x_2 \end{aligned}$$

Como $B(\mathrm{v}, \mathrm{w}) = B(\mathrm{w}, \mathrm{v})$, B é simétrica.

Observe que $[B]^{\alpha}_{\alpha}$ é uma matriz simétrica. De fato:

$$B(\mathrm{v}, \mathrm{w}) = [x_1 \ x_2] \cdot \begin{bmatrix} -1 & 3 \\ 3 & 2 \end{bmatrix} \cdot \begin{bmatrix} y_1 \\ y_2 \end{bmatrix}$$

Este resultado vale em geral, podendo ser enunciado no teorema abaixo.

10.4.3 Teorema: Uma forma bilinear $B: V \times V \longrightarrow \mathbf{R}$ é simétrica se e somente se $[B]^{\alpha}_{\alpha}$ é uma matriz simétrica.

Prova: (Veja o Exercício 7 de 10.7.)

10.5 FORMAS QUADRÁTICAS

Consideremos uma partícula de massa m deslocando-se no espaço com velocidade $\vec{\mathrm{v}} = (v_x, v_y, v_z)$. A energia cinética que esse corpo possui é dada pela expressão

$$E_c = \frac{m \, \|\mathrm{v}\|^2}{2} = \frac{m}{2} \left(\sqrt{v_x^2 + v_y^2 + v_z^2}\right)^2$$

Portanto,

$$E_c = \frac{m}{2} \cdot v_x^2 + \frac{m}{2} \cdot v_y^2 + \frac{m}{2} \cdot v_z^2 =$$

$$= [v_x\ v_y\ v_z] \cdot \begin{bmatrix} m/2 & 0 & 0 \\ 0 & m/2 & 0 \\ 0 & 0 & m/2 \end{bmatrix} \begin{bmatrix} v_x \\ v_y \\ v_z \end{bmatrix}$$

Dessa forma, a energia cinética pode ser interpretada como uma função (que não é linear) da velocidade.

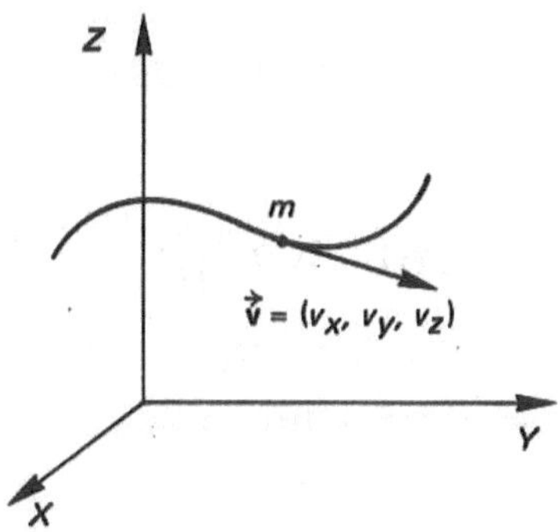

Figura 10.5.1

$$E_c : \mathbf{R}^3 \to \mathbf{R}$$

$$(v_x, v_y, v_z) \longmapsto \frac{m}{2} \cdot v_x^2 + \frac{m}{2} \cdot v_y^2 + \frac{m}{2} \cdot v_z^2$$

Se considerarmos, agora, a aplicação bilinear simétrica

$$B : \mathbf{R}^3 \times \mathbf{R}^3 \to \mathbf{R}$$

cuja expressão é

$$B((v_x, v_y, v_z), (w_x, w_y, w_z)) = [v_x\ v_y\ v_z] \begin{bmatrix} m/2 & 0 & 0 \\ 0 & m/2 & 0 \\ 0 & 0 & m/2 \end{bmatrix} \begin{bmatrix} w_x \\ w_y \\ w_z \end{bmatrix},$$

observamos que

$$E_c(v_x, v_y, v_z) = B((v_x, v_y, v_z), (v_x, v_y, v_z)).$$

Expressões que se comportam como a da energia cinética, isto é, que provêm de formas bilineares simétricas, recebem o nome de *formas quadráticas*. Agora, poderemos formalizar este conceito.

10.5.1 Definição: Seja V um espaço vetorial real e $B : V \times V \to \mathbf{R}$ uma forma bilinear simétrica. A função $Q : V \to \mathbf{R}$ definida por $Q(\mathrm{v}) = B(\mathrm{v}, \mathrm{v})$ é chamada *forma quadrática* associada a B.

Observe que (de 10.4.2) em relação a uma base α de V, Q pode ser expressa na seguinte forma:

$$Q(\mathrm{v}) = [\mathrm{v}]'_\alpha [B]^\alpha_\alpha [\mathrm{v}]_\alpha$$

onde $[B]^\alpha_\alpha$ é uma matriz simétrica.

10.5.2 Exemplos

Exemplo 1:

$Q : \mathbf{R}^2 \to \mathbf{R}$

$Q(\mathrm{v}) = x^2 - 10xy + y^2$, onde $\mathrm{v} = (x, y)$

Sabemos que

$$Q(\mathrm{v}) = [x\ y] \begin{bmatrix} a & b \\ b & c \end{bmatrix} \begin{bmatrix} x \\ y \end{bmatrix}$$

$$= ax^2 + 2bxy + cy^2.$$

Então, $ax^2 + 2bxy + cy^2 = x^2 - 10xy + y^2$.
Logo, $a = 1$, $2b = -10$, $c = 1$
Substituindo,

$$Q(\mathrm{v}) = [x\ y] \begin{bmatrix} 1 & -5 \\ -5 & 1 \end{bmatrix} \begin{bmatrix} x \\ y \end{bmatrix}$$

Observe ainda que Q é a forma quadrática associada à forma bilinear:

$$B(\mathrm{v}, \mathrm{w}) = [x_1\ y_1] \begin{bmatrix} 1 & -5 \\ -5 & 1 \end{bmatrix} \begin{bmatrix} x_2 \\ y_2 \end{bmatrix}$$

onde $[\mathrm{v}]_\alpha = \begin{bmatrix} x_1 \\ y_1 \end{bmatrix}$, $[\mathrm{w}]_\alpha = \begin{bmatrix} x_2 \\ y_2 \end{bmatrix}$ e $[B]^\alpha_\alpha = \begin{bmatrix} 1 & -5 \\ -5 & 1 \end{bmatrix}$.

(α é a base canônica de $\mathbf{R}^2$.)

O procedimento adotado no exemplo anterior pode ser aplicado a uma forma quadrática genérica $Q : \mathbf{R}^2 \to \mathbf{R}$, onde $Q(x, y) = Ax^2 + Bxy + Cy^2$. Concluímos então que sua forma matricial é

$$Q(x, y) = [x\ y] \cdot \begin{bmatrix} A & \frac{B}{2} \\ \frac{B}{2} & C \end{bmatrix} \cdot \begin{bmatrix} x \\ y \end{bmatrix}$$

Exemplo 2:

$Q : \mathbf{R}^3 \to \mathbf{R}$

$Q(x, y, z) = 3x^2 + 2xy + 4y^2 + 5yz.$

Em relação à base canônica de $\mathbf{R}^3$, Q é dada na seguinte forma matricial:

$$Q(x, y, z) = [x\ y\ z] \begin{bmatrix} 3 & 1 & 0 \\ 1 & 4 & \frac{5}{2} \\ 0 & \frac{5}{2} & 0 \end{bmatrix} \begin{bmatrix} x \\ y \\ z \end{bmatrix}$$

Compare com o exemplo anterior e extraia um resultado análogo para formas quadráticas $Q : \mathbf{R}^3 \to \mathbf{R}$,

$$Q(x, y, z) = Ax^2 + By^2 + Cz^2 + Dxy + Eyz + Fxz.$$

Exemplo 3:

$Q : \mathbf{R}^3 \to \mathbf{R}$

$Q(x, y, z) = 2x^2 + y^2 - 3z^2$

$$= [x\ y\ z] \begin{bmatrix} 2 & 0 & 0 \\ 0 & 1 & 0 \\ 0 & 0 & -3 \end{bmatrix} \begin{bmatrix} x \\ y \\ z \end{bmatrix}$$

10.6 DIAGONALIZAÇÃO DA FORMA QUADRÁTICA

Veremos a seguir que qualquer que seja a forma quadrática $Q : V \to \mathbf{R}$ sempre existe uma base ortonormal de V em relação a qual a matriz de Q é diagonal, ou seja, Q terá uma forma parecida com a do Exemplo 3 de 10.5.2. Antes de formalizar este resultado no teorema 10.6.1, vamos "diagonalizar" a forma quadrática do Exemplo 1 de 10.5.2. $Q(\mathrm{v}) = x^2 - 10xy + y^2$ onde $\mathrm{v} = (x, y)$. Procuremos uma base β de modo que se

$$[\mathrm{v}]_\beta = \begin{bmatrix} x_1 \\ y_1 \end{bmatrix}$$

$$Q(\mathrm{v}) = \lambda_1 x_1^2 + \lambda_2 y_1^2$$

ou ainda $$Q(\mathrm{v}) = [x_1\ y_1] \begin{bmatrix} \lambda_1 & 0 \\ 0 & \lambda_2 \end{bmatrix} \begin{bmatrix} x_1 \\ y_1 \end{bmatrix}$$

Temos

$$Q(x, y) = [x\ y] \begin{bmatrix} 1 & -5 \\ -5 & 1 \end{bmatrix} \begin{bmatrix} x \\ y \end{bmatrix}$$

ou $Q(x, y) = [v]'_\alpha [B]^\alpha_\alpha [v]_\alpha$, α base canônica do $\mathbf{R}^2$. Como a matriz $[B]^\alpha_\alpha$ é simétrica, ela é diagonalizável, admitindo um conjunto de autovetores ortonormais.

Os autovalores de $[B]^\alpha_\alpha$ são $\lambda_1 = 6$ e $\lambda_2 = -4$. Procurando os autovetores, encontramos para $\lambda_1 = 6$, $v_1 = (x, -x)$ e para $\lambda_2 = -4$, $v_2 = (x, x)$. (Verifique.) Assim, uma base ortonormal β de autovetores será dada por

$$v_1 = \left(\frac{1}{\sqrt{2}}, -\frac{1}{\sqrt{2}}\right) \text{ e } v_2 = \left(\frac{1}{\sqrt{2}}, \frac{1}{\sqrt{2}}\right).$$

Seja $[I]^\beta_\alpha$ a matriz de mudança de base. Então

$$[B]^\alpha_\alpha = [I]^\beta_\alpha [B]^\beta_\beta [I]^\alpha_\beta, \text{ onde } [B]^\beta_\beta = \begin{bmatrix} 6 & 0 \\ 0 & -4 \end{bmatrix}$$

Substituindo em $Q(v) = [v]'_\alpha [B]^\alpha_\alpha [v]_\alpha$, temos

$$Q(v) = [v]'_\alpha [I]^\beta_\alpha [B]^\beta_\beta [I]^\alpha_\beta [v]_\alpha$$

Como $[I]^\beta_\alpha$ é ortogonal, pois α e β são bases ortonormais, (veja 9.1.5),

$$([I]^\beta_\alpha)^{-1} = [I]^\alpha_\beta = ([I]^\beta_\alpha)'$$

donde

$$Q(v) = ([I]^\alpha_\beta [v]_\alpha)' [B]^\beta_\beta ([I]^\alpha_\beta [v]_\alpha)$$
$$= [v]'_\beta [B]^\beta_\beta [v]_\beta.$$

Isto é,

$$Q(v) = [x_1\ y_1] \begin{bmatrix} 6 & 0 \\ 0 & -4 \end{bmatrix} \begin{bmatrix} x_1 \\ y_1 \end{bmatrix}$$
$$= 6x_1^2 - 4y_1^2$$

onde $$[v]_\beta = \begin{bmatrix} x_1 \\ y_1 \end{bmatrix}$$

10.6.1 Teorema: Seja $Q(\mathrm{v}) = B(\mathrm{v}, \mathrm{v})$ uma forma quadrática em V. Existe uma base ortonormal β de V tal que se

$$[\mathrm{v}]_\beta = \begin{bmatrix} y_1 \\ \vdots \\ y_n \end{bmatrix},$$

então $\quad Q(\mathrm{v}) = \lambda_1 y_1^2 + \ldots + \lambda_n y_n^2.$

Prova: Seja α uma base ortonormal qualquer de V.

Então $Q(\mathrm{v}) = B(\mathrm{v}, \mathrm{v}) = [\mathrm{v}]'_\alpha \, [B]^\alpha_\alpha \, [\mathrm{v}]_\alpha$. Logo, a matriz $[B]^\alpha_\alpha$ é uma matriz simétrica e, portanto, corresponde a um operador auto-adjunto $T: V \to V$ que tem como matriz $[T]^\alpha_\alpha = [B]^\alpha_\alpha$. Como um operador auto-adjunto pode ser diagonalizado mediante uma base β de autovetores ortonormais, então

$$[B]^\alpha_\alpha = [T]^\alpha_\alpha = [I]^\beta_\alpha \begin{bmatrix} \lambda_1 & & 0 \\ & \ddots & \\ 0 & & \lambda_n \end{bmatrix} [I]^\alpha_\beta$$

$$= ([I]^\alpha_\beta)^{-1} \begin{bmatrix} \lambda_1 & & 0 \\ & \ddots & \\ 0 & & \lambda_n \end{bmatrix} [I]^\alpha_\beta$$

$$= ([I]^\alpha_\beta)' \begin{bmatrix} \lambda_1 & & 0 \\ & \ddots & \\ 0 & & \lambda_n \end{bmatrix} [I]^\alpha_\beta$$

pois α e β são bases ortonormais e, portanto, $[I]^\alpha_\beta$ é uma matriz ortogonal.

Então,

$$Q(\mathrm{v}) = [\mathrm{v}]'_{\alpha} \cdot ([I]^{\alpha}_{\beta})' \begin{bmatrix} \lambda_1 & & 0 \\ & \ddots & \\ 0 & & \lambda_n \end{bmatrix} [I]^{\alpha}_{\beta} \cdot [\mathrm{v}]_{\alpha}$$

$$= ([I]^{\alpha}_{\beta}[\mathrm{v}]_{\alpha})' \begin{bmatrix} \lambda_1 & & 0 \\ & \ddots & \\ 0 & & \lambda_n \end{bmatrix} ([I]^{\alpha}_{\beta}[\mathrm{v}]_{\alpha})$$

$$= [\mathrm{v}]'_{\beta} \begin{bmatrix} \lambda_1 & & 0 \\ & \ddots & \\ 0 & & \lambda_n \end{bmatrix} [\mathrm{v}]_{\beta}$$

$$= [y_1 \quad \dots \quad y_n] \begin{bmatrix} \lambda_1 & & 0 \\ & \ddots & \\ 0 & & \lambda_n \end{bmatrix} \begin{bmatrix} y_1 \\ \vdots \\ y_n \end{bmatrix}$$

$$= \lambda_1 y_1^2 + \lambda_2 y_2^2 + \dots + \lambda_n y_n^2.$$

10.6.2 Exemplos

Exemplo 1: Seja a forma quadrática em $\mathbf{R}^2$ dada por:

Se $\mathrm{v} = (x_1, x_2)$,

$$\begin{aligned} Q(\mathrm{v}) &= -4x_1^2 - 6x_1x_2 + 6x_2^2 \\ &= -4x_1^2 - 3x_1x_2 - 3x_1x_2 + 6x_2^2 \\ &= [x_1 \ x_2] \begin{bmatrix} -4 & -3 \\ -3 & 6 \end{bmatrix} \begin{bmatrix} x_1 \\ x_2 \end{bmatrix}. \end{aligned}$$

Calculemos os autovalores.

$$P(\lambda) = \det \begin{bmatrix} -4-\lambda & -3 \\ -3 & 6-\lambda \end{bmatrix} = \lambda^2 - 2\lambda - 33.$$

$$\lambda_1 = 1 - \sqrt{34} \quad \text{e} \quad \lambda_2 = 1 + \sqrt{34}$$

Então existe uma base β (que é aquela de autovetores da matriz) tal que se

$$[v]_\beta = \begin{bmatrix} y_1 \\ y_2 \end{bmatrix}$$

então $$Q(v) = [y_1 \ y_2] \begin{bmatrix} 1-\sqrt{34} & 0 \\ 0 & 1+\sqrt{34} \end{bmatrix} \begin{bmatrix} y_1 \\ y_2 \end{bmatrix}$$

isto é,

$$Q(v) = (1-\sqrt{34})y_1^2 + (1+\sqrt{34})y_2^2$$

Esta diagonalização das formas quadráticas (forma normal) tem muitas aplicações e uma delas será vista na classificação das cônicas, que apresentaremos no próximo capítulo.

10.7 EXERCÍCIOS

1. Seja f uma forma linear de $\mathbf{R}^2$ em $\mathbf{R}$ tal que

$$f(x, y) = -x + 2y.$$

Sejam $\alpha = \{(1, -1), (2, 0)\}$ e $\beta = \{-1\}$ bases de $\mathbf{R}^2$ e $\mathbf{R}$ respectivamente. Se $[v]_\alpha = \begin{bmatrix} -3 \\ 5 \end{bmatrix}$, calcule $[f(v)]_\beta$.

2. Verifique se as aplicações abaixo são formas bilineares.

a) $B: \mathbf{R}^2 \times \mathbf{R}^2 \to \mathbf{R}$ definida por $B((x_1, y_1), (x_2, y_2)) = x_1 + y_2$
b) $B: V \times V \to \mathbf{R}$ definida por $B(\mathbf{u}, \mathbf{v}) = \langle \mathbf{u}, \mathbf{v} \rangle$.

3. Em 2*b*) você deve ter mostrado que todo produto interno é uma forma bilinear. A recíproca é verdadeira?

4. Se $\mathbf{M} = \begin{bmatrix} -1 & 2 \\ 3 & 2 \end{bmatrix}$, ache a forma bilinear $B: \mathbf{R}^2 \times \mathbf{R}^2 \to \mathbf{R}$ associada à matriz $\mathbf{M}$. Esta forma bilinear é simétrica?

5. Qual é a matriz $\mathbf{M}_{2\times 2}$ associada à forma bilinear de $\mathbf{R}^2 \times \mathbf{R}^2 \to \mathbf{R}$ que dá o produto interno usual de $\mathbf{R}^2$?

6. *a*) Seja $A: \mathbf{R}^3 \times \mathbf{R}^3 \to \mathbf{R}$ definida por $A((x, y, z), (x', y', z')) = xy' + xz' - yx' - zy' + zz'$. Ache a matriz de A em relação às bases *i*) canônica *ii*) $\{(1, 1, 1), (1, 1, 0), (0, 1, 0)\}$.
b) Seja $A: \mathbf{R}^2 \times \mathbf{R}^2 \to \mathbf{R}$ definida por $A((x, y), (x', y')) = xy' - yx'$ e $\alpha = \{(1, 1), (-1, 1)\}$. Ache $[A]_\alpha^\alpha$.

7. Mostre o resultado afirmado em 10.4.2 e use este fato para dar exemplos de formas bilineares simétricas $B : \mathbf{R}^5 \times \mathbf{R}^5 \to \mathbf{R}$.

8. *a*) Seja $A((x, y), (x', y')) = 3xx' - yy'$. Ache a forma quadrática $Q : \mathbf{R}^2 \to \mathbf{R}$ associada a A.
   b) Seja $Q(x, y) = 2x^2 + 4xy - y^2$. Ache a matriz da forma bilinear associada.

9. Seja $Q(x, y) = x^2 + 12xy - 4y^2$. Determine uma base β tal que

$$[\mathrm{v}]_\beta = \begin{bmatrix} x_1 \\ y_1 \end{bmatrix} \text{ e } Q(\mathrm{v}) = \mathrm{a}x_1^2 + \mathrm{b}y_1^2$$

10. Se A é uma forma bilinear simétrica e Q a forma quadrática associada a ela, mostre que

$$A(\mathrm{v}, \mathrm{w}) = \frac{1}{4}\, Q(\mathrm{v} + \mathrm{w}) - \frac{1}{4}\, Q(\mathrm{v} - \mathrm{w})$$

11. Uma forma quadrática Q é chamada *positiva definida*, se para todo $\mathrm{v} \neq 0$, $Q(\mathrm{v}) > 0$.
   a) Como devem ser os autovalores da matriz de uma forma quadrática positiva definida? (Pense na matriz diagonalizada.)
   b) A forma quadrática $Q : \mathbf{R}^2 \longrightarrow \mathbf{R}$ dada pela matriz (em relação à base canônica)

$$\begin{bmatrix} 1 & 2 \\ 2 & -4 \end{bmatrix}$$

   é *positiva definida*?

12. Mostre que se $B(\mathrm{v}, \mathrm{w})$ é uma forma bilinear simétrica cuja forma quadrática associada é positiva definida, então $B(\mathrm{v}, \mathrm{w})$ é um produto interno. Compare com o Exercício 3.

13. Considere o conjunto V^*, formado por todas as formas lineares $T : V \to \mathbf{R}$, onde V é um espaço vetorial de dimensão n, e V^* é chamado de *espaço dual* de V.
   a) Mostre que V^* é um espaço vetorial.
   b) Mostre que, dada uma base $v_1, ..., v_n$ de V_1 as formas $T_i : V \to \mathbf{R}$ definidas por $T_i(v_j) = 0$, se $i \neq j$ e $T_i(v_j) = 1$, se $i = j$, formam uma base de V^*.
   c) Conclua finalmente que V e V^* são espaços vetoriais isomorfos.

10.7.1 Respostas

1. $[f(v)]_\beta = [1]$

3. Não, pois $B(\mathbf{u}, \mathbf{v}) \neq B(\mathbf{v}, \mathbf{u})$ e o produto interno é comutativo, ou seja, $\langle \mathbf{u}, \mathbf{v}\rangle = \langle \mathbf{v}, \mathbf{u}\rangle$.

5. $\begin{bmatrix} 1 & 0 \\ 0 & 1 \end{bmatrix}$

7. Seja $[B]_\alpha^\alpha$ simétrica. $[B]_\alpha^\alpha = \begin{bmatrix} a_{11} & \dots & a_{1n} \\ a_{n_1} & \dots & a_{nn} \end{bmatrix}$ onde $a_{ij} = a_{ji}$

Seja $u = [x_1, \dots, x_n]$
$\quad\ \ v = [y_1, \dots, y_n]$

Então $B(u, v) = \sum\limits_{j=1}^{n} \sum\limits_{i=1}^{n} a_{ij} x_i y_j$

e $B(v, u) = \sum\limits_{j=1}^{n} \sum\limits_{i=1}^{n} a_{ij} y_i x_j$. Como a adição é comutativa e $a_{ji} = a_{ij}$, temos, depois de trocar os índices i e j,

$$B(v, u) = \sum_{j=1}^{jn} \sum_{i=1}^{n} a_{ij} x_i y_j = B(u, v)_\alpha$$

Agora, seja B simétrica. Então $B(u, v) = B(v, u)$

Daí obtemos $\sum\limits_{j=1}^{n} \sum\limits_{i=1}^{n} a_{ij} x_i y_j = \sum\limits_{j=1}^{n} \sum\limits_{i}^{n} a_{ij} x_j y_i$

Invocando índices à direita, temos

$$\sum_{j=1}^{n} \sum_{i=1}^{n} a_{ij} x_i y_j = \sum_{j=1}^{n} \sum_{i=1}^{n} a_{ji} x_i y_j$$

Como isto é válido para todos os vetores u e v,
$a_{ij} = a_{ji}$ e $[B]_\alpha^\alpha$ é simétrica.

Exemplo: Seja

$$[B] = \begin{bmatrix} 0 & 1 & 0 & 0 & -1 \\ 1 & 0 & 2 & 0 & 0 \\ 0 & 2 & -1 & 0 & 0 \\ 0 & 0 & 0 & 0 & 0 \\ -1 & 0 & 0 & 0 & 3 \end{bmatrix}$$

$$B(u, v) = x_1y_2 - x_1y_5 + x_2y_1 + 2x_2y_3 + 2x_3y_2 - x_3y_3 - x_5y_1 + 3x_5y$$

9. $\beta = \left\{\left(\frac{-2}{\sqrt{13}}, \frac{3}{\sqrt{13}}\right), \left(\frac{3}{\sqrt{13}}, \frac{2}{\sqrt{13}}\right)\right\}$. Então $[v]_\beta = \begin{bmatrix} x_1 \\ y_1 \end{bmatrix}$

e $Q(v) = -8x_1^2 + 5y_1^2$.

11. *a*) Os autovalores são todos não negativos.

b) Não, pois os autovalores são $\dfrac{-3 \pm \sqrt{41}}{2}$

Leituras Sugeridas e Referências

[1] Halmos, P.; *Finite Dimensional Vector Spaces*; Van Nostrand Reinhold Company, New York, 1958.

[2] Hoffman, K. e Kunze, R.; Álgebra Linear; Editora Polígono, São Paulo, 1971.

capítulo 11

Classificação de Cônicas e Quádricas

11.1 INTRODUÇÃO

Neste capítulo estaremos interessados em figuras do plano $\mathbf{R}^2$ ou do espaço $\mathbf{R}^3$, isto é, em conjuntos de pontos no plano ou no espaço, cujas coordenadas satisfazem certas propriedades. Por exemplo, o subconjunto

$$\{(x, y) \in \mathbf{R}^2 : x + y = 1\}$$

pode ser representado graficamente, como mostra a Figura 11.1.1.

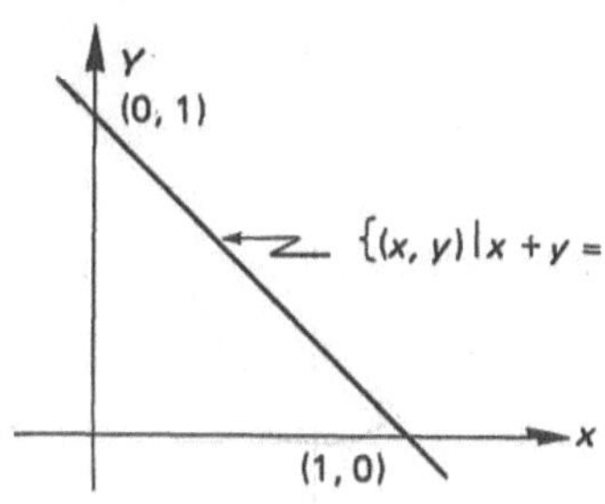

Figura 11.1.1

Outro exemplo é $\{(x, y, z) \in \mathbf{R}^3 : x = 2 \text{ e } y = 1\}$ cuja representação gráfica é

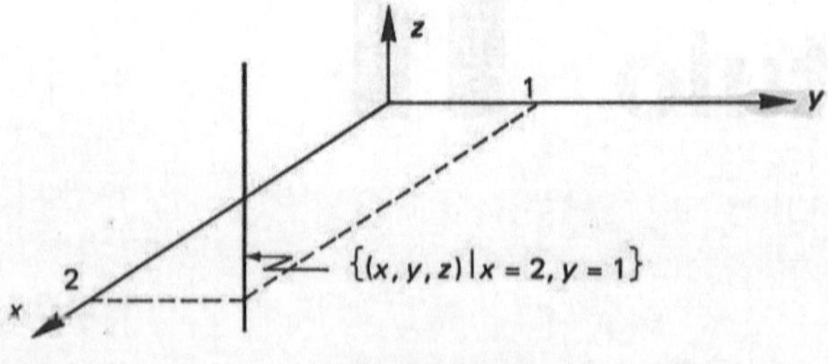

Figura 11.1.2

Estaremos particularmente interessados em estudar subconjuntos de $\mathbf{R}^2$ da forma

$$S = \{(x, y) \in \mathbf{R}^2 : F_1(x, y) = 0, ..., F_k(x, y) = 0\}$$

e subconjuntos de $\mathbf{R}^3$ da forma

$$S = \{(x, y, z) \in \mathbf{R}^3 : F_1(x, y, z) = 0, ..., F_k(x, y, z) = 0\}$$

As equações $F_1(x, y) = 0, ..., F_k(x, y) = 0$ (ou $F_1(x, y, z) = 0, ...,$ $F_k(x, y, z) = 0$ no caso do espaço $\mathbf{R}^3$) são chamadas *equações cartesianas* da figura que o conjunto determina. Observe que estas equações relacionam as coordenadas canônicas, isto é, coordenadas em relação à base canônica de $\mathbf{R}^2$ (ou $\mathbf{R}^3$). Freqüentemente, dá-se apenas as equações cartesianas da figura.

11.1.1 Exemplos

Exemplo 1: Podemos desenhar a figura no plano cuja equação cartesiana (em relação à base canônica) é $y - x^2 = 0$.

A figura pedida é o subconjunto $S = \{(x, y) \in \mathbf{R}^2 : y - x^2 = 0\}$, constituído pelos pontos do plano, da forma (x, x^2). Portanto,

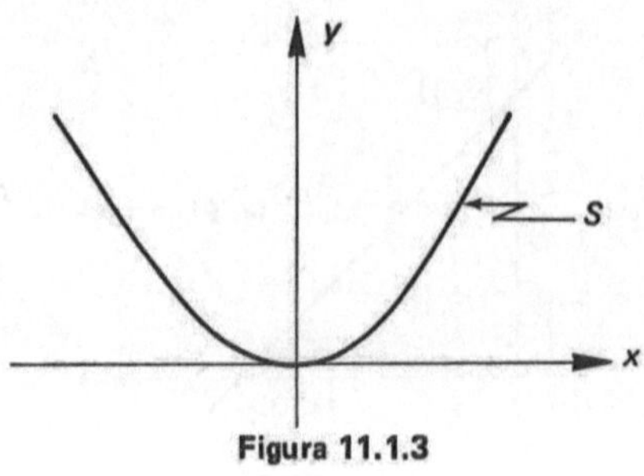

Figura 11.1.3

Exemplo 2: Para desenhar a figura no espaço cuja equação cartesiana é $y - x^2 = 0$, devemos saber que a figura pedida é o subconjunto $S = \{(x, y, z) \in \mathbf{R}^3 : y = x^2\}$. Note que z pode assumir qualquer valor.

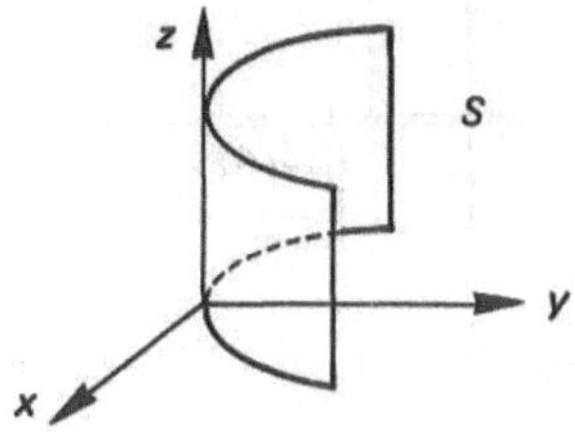

Figura 11.1.4

Observe ainda que as equações cartesianas dos dois exemplos anteriores são aparentemente as mesmas.

Analisemos agora o que acontece quando as equações cartesianas são de tipos especiais. Comecemos com o tipo mais simples, ou seja, as equações $F(x, y) = 0$ (ou $F(x, y, z) = 0$), de primeiro grau.

11.2 RETAS NO PLANO

11.2.1 Definição: Uma *reta no plano* é o conjunto dos pontos (x, y) do plano cujas coordenadas em relação à base canônica satisfazem a equação cartesiana

$$Ax + By = C$$

onde $A \neq 0$ ou $B \neq 0$. Temos as seguintes possibilidades:

i) $A \neq 0$ e $B \neq 0$; $Ax + By = C$

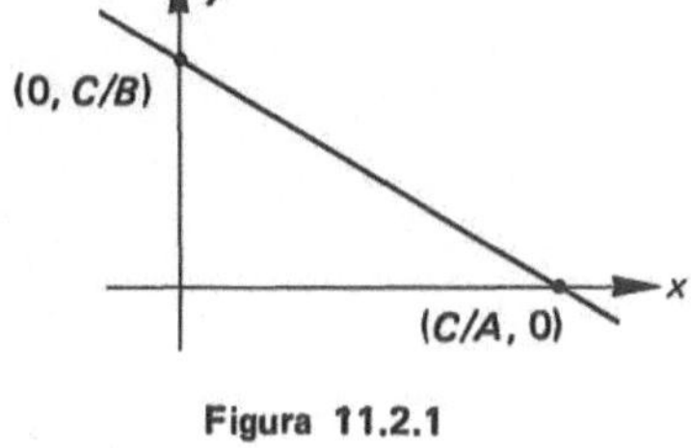

Figura 11.2.1

ii) $A = 0$ e $B \neq 0$; $By = C$

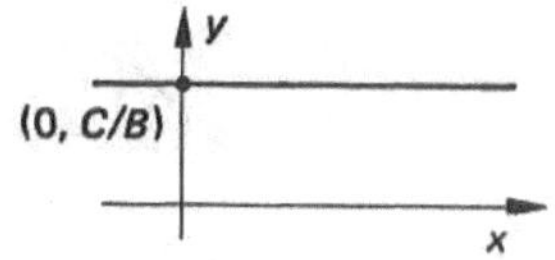

Figura 11.2.2

iii) $A \neq 0$ e $B = 0$
$Ax = C$

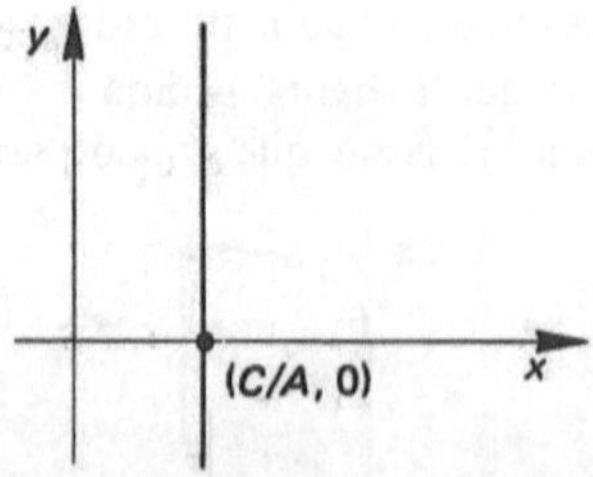

Figura 11.2.3

11.3 PLANOS NO ESPAÇO

11.3.1 Definição: Um *plano no espaço* é o conjunto dos pontos (x, y, z) do espaço cujas coordenadas em relação à base canônica satisfazem à equação

$$Ax + By + Cz + D = 0$$

onde $A \neq 0$ ou $B \neq 0$ ou $C \neq 0$.

É claro que esta definição algébrica deve coincidir com a definição geométrica de plano. Consideremos um ponto qualquer (x_0, y_0, z_0) tal que $Ax_0 + By_0 + Cz_0 + D = 0$ (sempre exista). Então a equação $Ax + By + Cz + D = 0$ pode ser escrita, subtraindo-se a primeira da segunda,

$$\begin{aligned} 0 &= A(x - x_0) + B(y - y_0) + C(z - z_0) \\ &= \langle (A, B, C), (x - x_0, y - y_0, z - z_0) \rangle \end{aligned}$$

onde $\langle\, , \rangle$ representa o produto interno canônico em $\mathbf{R}^3$. Os pontos (x, y, z) que satisfazem a equação são (x, y, z), de tal modo que o vetor diferença $v = (x - x_0, y - y_0, z - z_0)$ seja ortogonal ao vetor (A, B, C). (Veja a Figura 11.3.1.) Isto corresponde à definição geométrica de um plano que passa pelo ponto (x_0, y_0, z_0) e tem (A, B, C) como vetor normal.

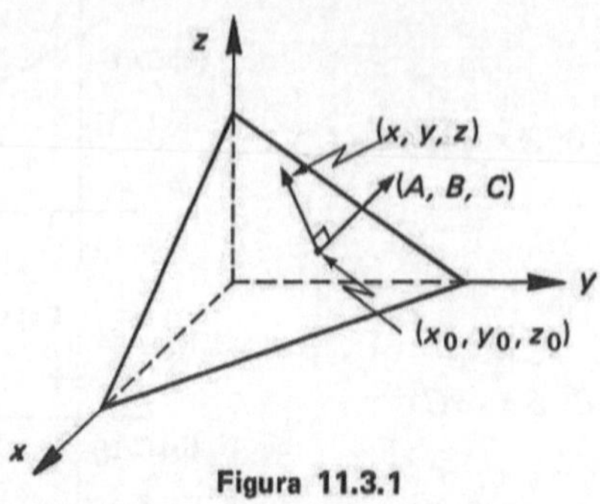

Figura 11.3.1

Passemos agora a analisar o que acontece quando a equação cartesiana é de segundo grau.

11.4 CÔNICAS NO PLANO

Para tratar das cônicas no plano de forma adequada procederemos estudando figuras padrão e, através da diagonalização de formas quadráticas associadas, mostraremos que as equações representam uma das figuras padrão centrada, possivelmente, em outro referencial.

11.4.1 Definição: Uma *cônica* em $\mathbf{R}^2$ é um conjunto de pontos cujas coordenadas em relação à base canônica satisfazem a equação:

$$Ax^2 + Bxy + Cy^2 + Dx + Ey + F = 0$$

onde A ou B ou $C \neq 0$.

Observe que a equação da cônica envolve uma forma quadrática, $Q(x, y) = Ax^2 + Bxy + Cy^2$, uma forma linear, $L(x, y) = Dx + Ey$, e um termo constante F. Isto é, a equação que define a cônica é:

$$\boxed{Q(x, y) + L(x, y) + F = 0.}$$

11.4.2 Exemplos

Circunferência

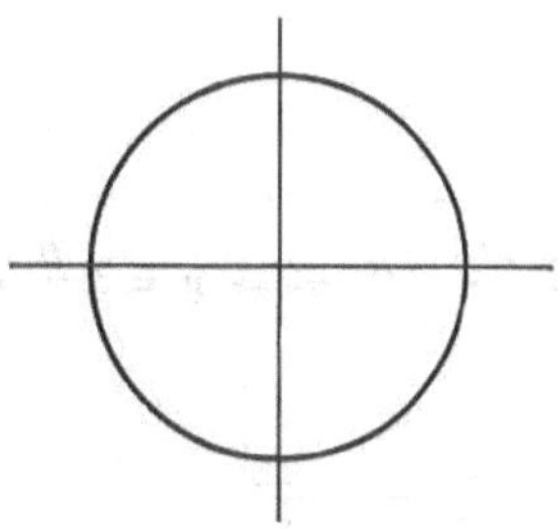

$$\boxed{x^2 + y^2 = r^2}$$

$A = C = 1$
$B = D = E = 0$
$F = -r^2$

Elipse

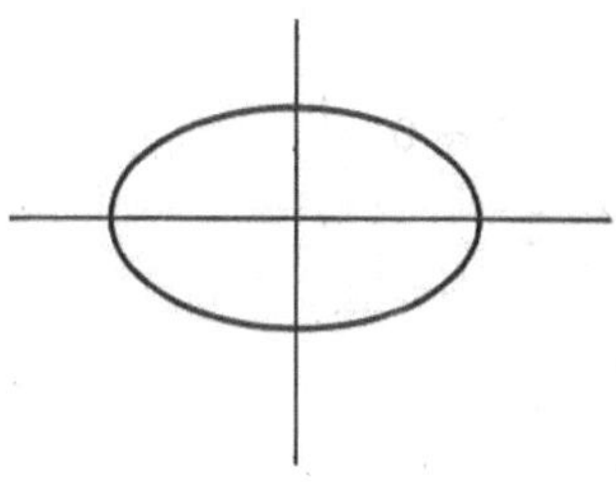

$$\boxed{\frac{x^2}{a^2} + \frac{y^2}{b^2} = 1}$$

$A = \frac{1}{a^2}$, $C = \frac{1}{b^2}$; $a > 0$, $b > 0$
$B = D = E = 0$
$F = -1$

Hipérbole

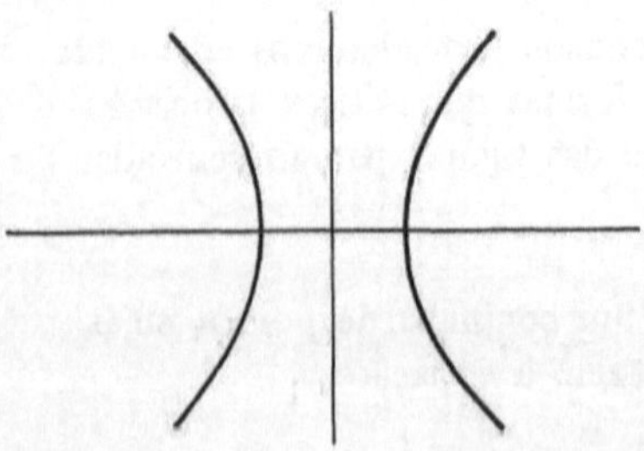

$$\frac{x^2}{a^2} - \frac{y^2}{b^2} = 1$$

$A = \frac{1}{a^2}$, $C = -\frac{1}{b^2}$; $a > 0$, $b > 0$

$B = D = E = 0$

$F = -1$

Parábola

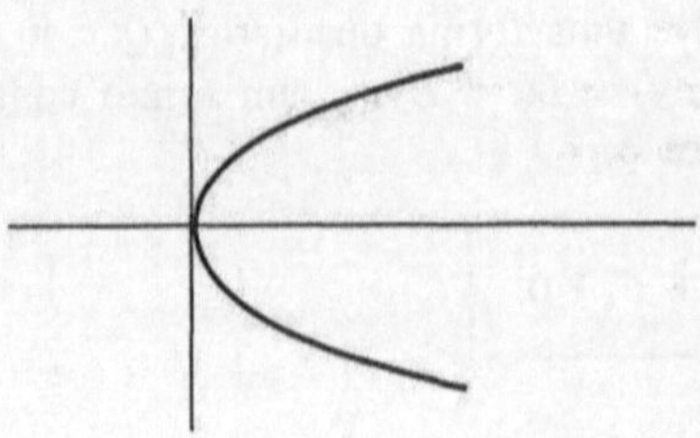

$y^2 - Dx = 0$

$D \neq 0$

Temos ainda os casos chamados degenerados

Par de retas concorrentes (hipérbole degenerada)

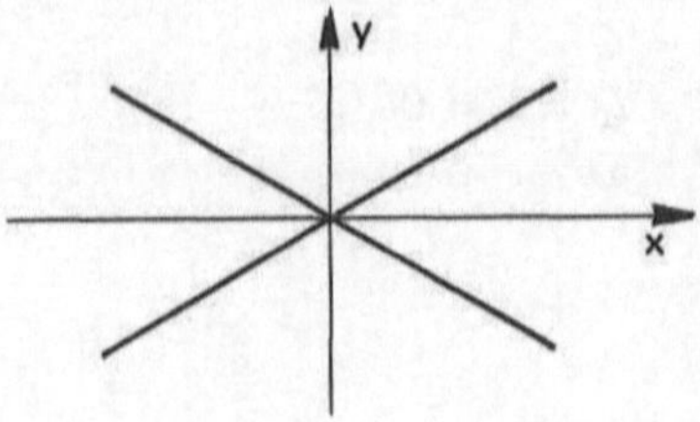

$\frac{x^2}{a^2} - \frac{y^2}{b^2} = 0 \Longrightarrow y = \pm\frac{b}{a}x$

$a > 0$

$b > 0$

Par de retas paralelas (parábola degenerada)

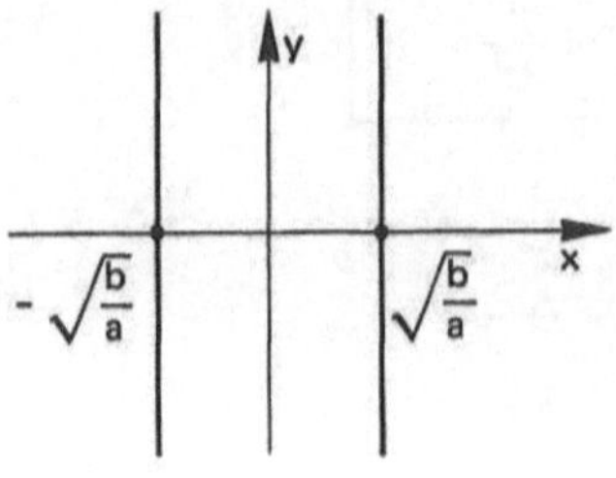

$ax^2 - b = 0$

$a > 0$

$b > 0$

Uma reta (parábola degenerada)

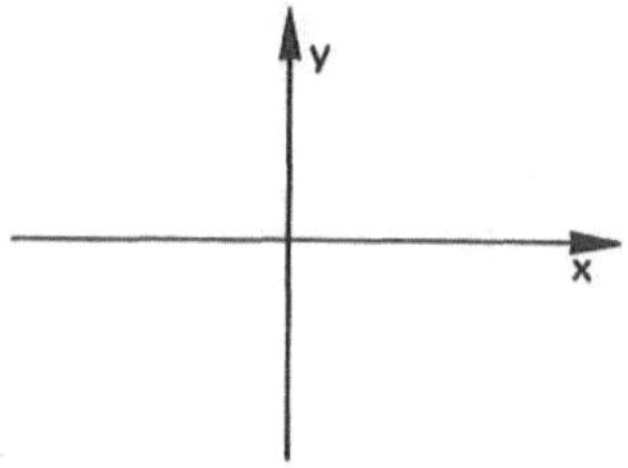

$$x^2 = 0$$

Um ponto (elipse degenerada)

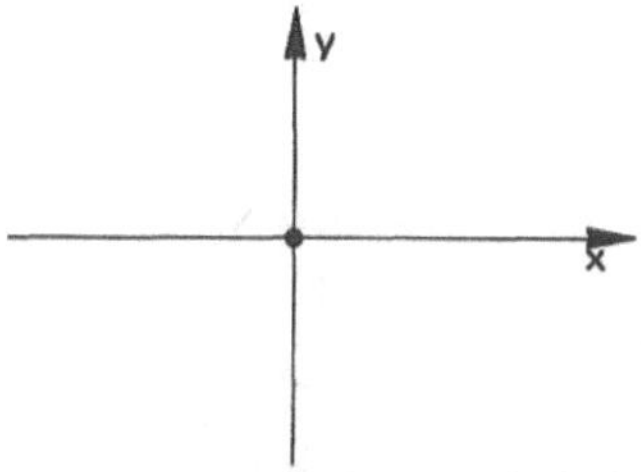

$$ax^2 + by^2 = 0$$
$$a > 0$$
$$b > 0$$

Vazio (elipse ou parábola degenerada)

$$ax^2 + by^2 + r^2 = 0$$
$$a > 0$$
$$b > 0$$
$$(r \neq 0)$$

As equações das cônicas aqui apresentadas estão na "*forma reduzida*", isto é, $B = 0$; se $A \neq 0$, $D = 0$ e se $C \neq 0$, $E = 0$. Veremos a seguir, através de uma mudança de referencial conveniente, que toda cônica toma uma das formas colocadas acima.

Estamos interessados aqui nas cônicas, definidas algebricamente. No entanto, cada cônica pode ser perfeitamente caracterizada por propriedades geométricas (por exemplo, a elipse é o lugar dos pontos do plano cuja soma das distâncias a dois pontos fixos (focos) é uma constante). O tratamento geométrico das cônicas que é a forma como elas foram introduzidas pelos gregos será dado em 11.7. O estudo das cônicas feito a partir de suas propriedades geométricas é muito bonito e tem muitas aplicações. Vale a pena ver!

11.4.3 Exemplos

Exemplo 1: $2x^2 - 5y^2 - 7 = 0$

$$2x^2 - 5y^2 = 7$$
$$\frac{2x^2}{7} - \frac{5y^2}{7} = 1$$
$$\frac{x^2}{\frac{7}{2}} - \frac{y^2}{\frac{7}{5}} = 1$$
$$\frac{x^2}{\left(\sqrt{\frac{7}{2}}\right)^2} - \frac{y^2}{\left(\sqrt{\frac{7}{5}}\right)^2} = 1, \text{ que é uma hipérbole}$$

Exemplo 2: $x^2 + y^2 - 6x - 2y + 8 = 0$

$$(x - 3)^2 + (y - 1)^2 = 2$$
$$x_1^2 + y_1^2 = 2$$

onde $x_1 = x - 3$ e
$y_1 = y - 1$

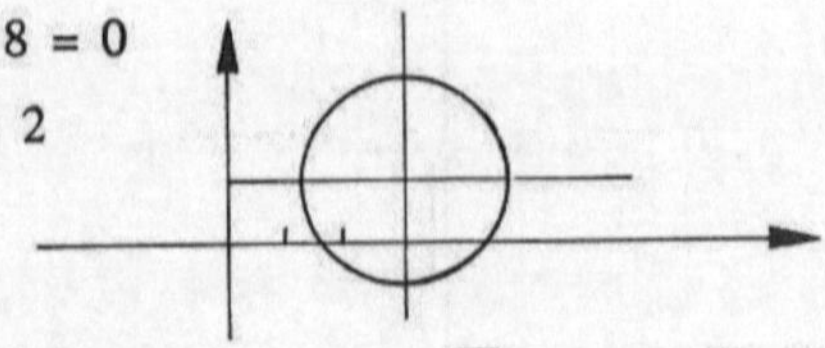

circunferência de raio $\sqrt{2}$ e centro (3, 1).

Consideremos agora um exemplo mais complicado.

Exemplo 3:

Dada a equação na base canônica α de $\mathbf{R}^2$:

$$2x^2 + 2y^2 + 4xy + 4\sqrt{2}x + 12\sqrt{2}y - 8 = 0$$

nosso objetivo, mais uma vez, será determinar que figura esta cônica representa no plano. Para isto, precisamos inicialmente eliminar os termos mistos, do tipo xy, através da diagonalização da forma quadrática.

1º Passo: Escrevendo a equação anterior na forma matricial, temos

$$[x\,y]\begin{bmatrix} 2 & 2 \\ 2 & 2 \end{bmatrix}\begin{bmatrix} x \\ y \end{bmatrix} + [4\sqrt{2} \quad 12\sqrt{2}]\begin{bmatrix} x \\ y \end{bmatrix} - 8 = 0$$

2º Passo: Vamos calcular os autovalores e os autovetores ortonormais da matriz $\begin{bmatrix} 2 & 2 \\ 2 & 2 \end{bmatrix}$.

$$P(\lambda) = \begin{bmatrix} 2-\lambda & 2 \\ 2 & 2-\lambda \end{bmatrix} = (2-\lambda)^2 - 4 = -4\lambda + \lambda^2$$

Então os autovalores são 0 e 4.

Para $\lambda_1 = 0$, $\begin{bmatrix} 2 & 2 \\ 2 & 2 \end{bmatrix} \begin{bmatrix} x \\ y \end{bmatrix} = \begin{bmatrix} 0 \\ 0 \end{bmatrix}$, e $\mathbf{v}_1 = (-\frac{1}{\sqrt{2}}, \frac{1}{\sqrt{2}})$

Para $\lambda_2 = 4$, $\begin{bmatrix} 2 & 2 \\ 2 & 2 \end{bmatrix} \begin{bmatrix} x \\ y \end{bmatrix} = \begin{bmatrix} 4x \\ 4y \end{bmatrix}$, donde $\mathbf{v}_2 = (\frac{1}{\sqrt{2}}, \frac{1}{\sqrt{2}})$

Sabemos de 10.6.1 que nesta nova base de autovetores $\beta = \{\mathbf{v}_1, \mathbf{v}_2\}$, a forma quadrática

$$Q(\mathbf{v}) = [x \;\; y] \begin{bmatrix} 2 & 2 \\ 2 & 2 \end{bmatrix} \begin{bmatrix} x \\ y \end{bmatrix} \text{ onde } [\mathbf{v}]_\alpha = \begin{bmatrix} x \\ y \end{bmatrix}$$

se reduz a

$$Q(\mathbf{v}) = [x_1 \;\; y_1] \begin{bmatrix} 0 & 0 \\ 0 & 4 \end{bmatrix} \begin{bmatrix} x_1 \\ y_1 \end{bmatrix} \text{ se } [\mathbf{v}]_\beta = \begin{bmatrix} x_1 \\ y_1 \end{bmatrix}$$

3º Passo: Agora precisamos determinar a relação que existe entre $\begin{bmatrix} x \\ y \end{bmatrix}$ e $\begin{bmatrix} x_1 \\ y_1 \end{bmatrix}$ e substituir o resultado na parte linear da equação dada.

$$L(\mathbf{v}) = [4\sqrt{2} \quad 12\sqrt{2}\,] \begin{bmatrix} x \\ y \end{bmatrix}$$

Mas, $\begin{bmatrix} x \\ y \end{bmatrix} = [I]^{autovetores}_{canônica} \begin{bmatrix} x_1 \\ y_1 \end{bmatrix}$

Logo $\begin{bmatrix} x \\ y \end{bmatrix} = \begin{bmatrix} \frac{-1}{\sqrt{2}} & \frac{1}{\sqrt{2}} \\ \frac{1}{\sqrt{2}} & \frac{1}{\sqrt{2}} \end{bmatrix} \begin{bmatrix} x_1 \\ y_1 \end{bmatrix}$

4º Passo: A equação original se reduz a

$$[x_1 \;\; y_1] \begin{bmatrix} 0 & 0 \\ 0 & 4 \end{bmatrix} \begin{bmatrix} x_1 \\ y_1 \end{bmatrix} + [4\sqrt{2} \quad 12\sqrt{2}\,] \begin{bmatrix} \frac{-1}{\sqrt{2}} & \frac{1}{\sqrt{2}} \\ \frac{1}{\sqrt{2}} & \frac{1}{\sqrt{2}} \end{bmatrix} \begin{bmatrix} x_1 \\ y_1 \end{bmatrix} - 8 = 0$$

$$0x_1^2 + 4y_1^2 + 4\sqrt{2}\left(-\frac{1}{\sqrt{2}}x_1 + \frac{1}{\sqrt{2}}y_1\right) + 12\sqrt{2}\left(\frac{1}{\sqrt{2}}x_1 + \frac{1}{\sqrt{2}}y_1\right) - 8 = 0$$

$$4y_1^2 - 4x_1 + 4y_1 + 12x_1 + 12y_1 - 8 = 0$$

$$4y_1^2 + 8x_1 + 16y_1 - 8 = 0$$

$$y_1^2 + 2x_1 + 4y_1 - 2 = 0$$

Esta última equação representa a cônica em relação ao novo referencial formado pelas retas suporte de $\mathbf{v}_1$ e $\mathbf{v}_2$, como mostra a Figura 11.4.1.

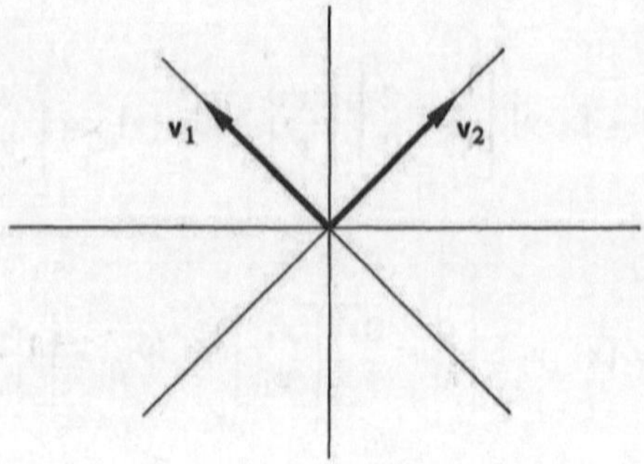

Figura 11.4.1

Vamos ainda introduzir uma nova mudança de coordenadas para identificar a cônica. Ela será dada por uma translação do referencial acima.

5º Passo: Para "eliminar" os termos lineares onde isto é possível ($\lambda \neq 0$), agrupamos os termos de $y_1^2 + 2x_1 + 4y_1 - 2 = 0$ convenientemente.

$$(y_1^2 + 4y_1 + 4) - 4 + 2x_1 - 2 = 0$$

$$(y_1 + 2)^2 + 2(x_1 - 3) = 0$$

Tornando $x_2 = x_1 - 3$ e $y_2 = y_1 + 2$, obtemos $y_2^2 + 2x_2 - 6 = 0$ ou finalmente

$$x_2 = -\frac{1}{2}y_2^2$$

Assim, a equação acima representa a cônica em relação a um novo referencial R_3, obtido por translação e podemos finalmente identificá-la como sendo uma *parábola*, conforme indica a Figura 11.4.2. (Veja 11.4.2 *iv*.) A origem deste último referencial R_3 será $x_2 = 0$ e $y_2 = 0$, isto é, $x_1 - 3 = 0$ e $y_1 + 2 = 0$.

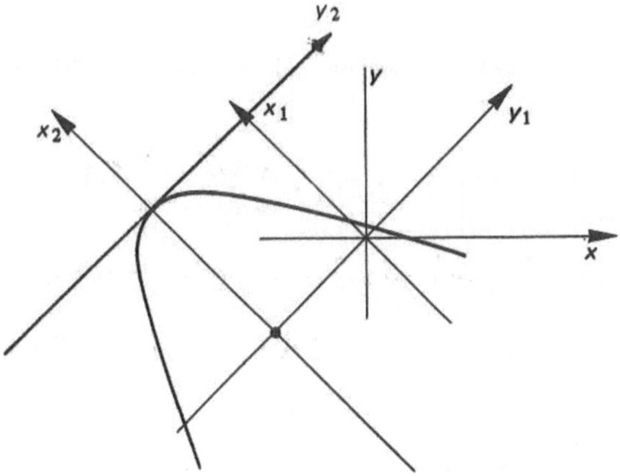

Figura 11.4.2

Agora iremos formular o procedimento geral de classificação das cônicas, estabelecendo em detalhes o que deve ser feito em cada passo.

11.4.4 Procedimento Geral de Classificação das Cônicas: Dada a equação (em coordenadas canônicas de $\mathbf{R}^2$)

$$Ax^2 + Bxy + Cy^2 + Dx + Ey + F = 0 \ (A \text{ ou } B \text{ ou } C \neq 0),$$

para achar que figura ela representa no plano, devemos proceder do seguinte modo:

1º Passo: Escrevemos a equação na forma matricial:

$$[x \ y]\begin{bmatrix} A & \frac{B}{2} \\ \frac{B}{2} & C \end{bmatrix}\begin{bmatrix} x \\ y \end{bmatrix} + [D \ E]\begin{bmatrix} x \\ y \end{bmatrix} + F = 0$$

2º Passo: Diagonalizamos a forma quadrática para eliminar os termos mistos. Para isto, precisamos encontrar os autovalores λ_1 e λ_2 e os autovetores ortonormais $\mathbf{v}_1$ e $\mathbf{v}_2$ de $\begin{bmatrix} A & \frac{B}{2} \\ \frac{B}{2} & C \end{bmatrix}$

3º Passo: Obtemos as novas coordenadas. Para isto, precisamos para substituir na equação de

$$\begin{bmatrix} x \\ y \end{bmatrix} = [I]^{\text{autovetores}}_{\text{canônica}} \begin{bmatrix} x_1 \\ y_1 \end{bmatrix}.$$

4º Passo: Substituimos as novas coordenadas na equação, obtendo a equação na nova base $\{v_1, v_2\}$

$$[x_1 \ y_1]\begin{bmatrix}\lambda_1 & 0\\ 0 & \lambda_2\end{bmatrix}\begin{bmatrix}x_1\\ y_1\end{bmatrix} + [D\ E]\,[I]^{autovetores}_{canônica}\begin{bmatrix}x_1\\ y_1\end{bmatrix} + F = 0.$$

$$\text{ou seja, } \lambda_1 x_1^2 + \lambda_2 y_1^2 + ax_1 + by_1 + F = 0.$$

5º Passo: Eliminamos os termos lineares das coordenadas cujos autovalores são não nulos. Temos então três casos:

i) λ_1 e $\lambda_2 \neq 0$.

$\lambda_1 x_1^2 + ax_1 + \lambda_2 y_1^2 + by_1 + F = 0$

$\lambda_1(x_1 + \frac{a}{2\lambda_1})^2 - \frac{a^2}{4\lambda_1} + \lambda_2(y_1 + \frac{b}{2\lambda_2})^2 - \frac{b^2}{4\lambda_2} + F = 0$

Seja $x_2 = x_1 + \frac{a}{2\lambda_1}$ e $y_2 = y_1 + \frac{b}{2\lambda_2}$, temos então $\lambda_1 x_2^2 + \lambda_2 y_2^2 + f = 0$

(que é uma das equações típicas) onde

$$f = F - \frac{a^2}{4\lambda_1} - \frac{b^2}{4\lambda_2}$$

ii) $\lambda_1 \neq 0$ e $\lambda_2 = 0$.

$\lambda_1 x_1^2 + ax_1 + by_1 + F = 0$

$\lambda_1(x_1 + \frac{a}{2\lambda_1})^2 - \frac{a^2}{4\lambda_1} + by_1 + F = 0$

Tornando $x_2 = x_1 + \frac{a}{2\lambda_1}$ e $y_2 = y_1$, temos

$$\lambda_1 x_2^2 + by_2 + f = 0$$

(que é uma das equações típicas) onde

$$f = F - \frac{a^2}{4\lambda_1}$$

iii) $\lambda_1 = 0$ e $\lambda_2 \neq 0$. (similar ao anterior)

Como vimos, este procedimento permite-nos, através de uma mudança de referencial, colocar qualquer cônica na forma de uma das equações típicas (11.4.2). Neste processo classificamos a cônica, damos suas dimensões e posições no plano.

11.4.5 Muitas vezes, entretanto, estaremos interessados apenas em *classificar* a cônica dada por uma equação $Ax^2 + Bxy + Cy^2 + Dx + Ey + F = 0$, sem determinar suas dimensões e localização. Visando solucionar este problema de uma forma mais rápida, vamos discutir as possibilidades que temos em função dos sinais dos autovalores associados à forma quadrática.

Consideremos, portanto, os autovalores λ_1 e λ_2 de $\begin{bmatrix} A & \frac{B}{2} \\ \frac{B}{2} & C \end{bmatrix}$. Como já vimos, obteremos depois da eliminação do termo misto uma equação da forma

$$(*)\ \lambda_1 x_1^2 + \lambda_2 y_1^2 + ax_1 + by_1 + F = 0$$

(I) Vamos analisar inicialmente, a situação em que $\lambda_1 \neq 0$ e $\lambda_2 \neq 0$. Neste caso, através de uma translação que é feita no 5º passo de 11.4.4, obtemos

$$\lambda_1 x_2^2 + \lambda_2 y_2^2 + f = 0$$

Note que se:

i) λ_1 e λ_2 forem ambos positivos, teremos para $f < 0$ uma elipse; para $f = 0$ teremos um ponto ($x_2 = y_2 = 0$) e para $f > 0$ teremos o conjunto vazio (compare com 11.4.2).

ii) Se λ_1 e λ_2 forem ambos negativos, também teremos uma elipse, um ponto ou vazio, conforme f seja positivo, nulo ou negativo.

iii) Se λ_1 e λ_2 tiverem sinais opostos, poderemos ter uma hipérbole, quando $f \neq 0$, ou um par de retas concorrentes se $f = 0$.

(II) Consideremos agora a situação em que $\lambda_1 = 0$ (e, portanto $\lambda_2 \neq 0$). Como vimos, partindo da equação (*), chegamos a uma equação:

$$\lambda_2 y_2^2 + ax_2 + f = 0$$

Note que:

i) se $a \neq 0$ teremos uma parábola.

ii) se $a = 0$, poderemos ter um par de retas paralelas, uma reta ou o vazio. (Analise em função dos valores de f, em que situações isto ocorre).

(III) O caso em que $\lambda_2 = 0$ é discutido de maneira análoga ao (II).

Podemos resumir os resultados até aqui obtidos no seguinte teorema:

11.4.6 Teorema: Dada uma cônica definida pela equação (*) $Ax^2 + Bxy + Cy^2 + Dx + Ey + F = 0$. Sejam λ_1 e λ_2 os autovalores associados à sua forma quadrática; então:

i) Se $\lambda_1 \cdot \lambda_2 > 0$ esta equação representa uma elipse, ou suas degenerações (um ponto ou o vazio).

ii) Se $\lambda_1 \cdot \lambda_2 < 0$ esta equação representa uma hipérbole ou sua degeneração (par de retas concorrentes).

iii) Se $\lambda_1 \cdot \lambda_2 = 0$ esta equação representa uma parábola ou suas degenerações (par de retas paralelas, uma reta ou o vazio).

Podemos afirmar que o determinante associado à forma quadrática $\begin{bmatrix} A & \frac{B}{2} \\ \frac{B}{2} & C \end{bmatrix}$ é igual ao produto de seus autovalores $\lambda_1 \cdot \lambda_2$. (Veja o Exercício 7 de 7.5). Assim o sinal de $\lambda_1 \cdot \lambda_2$ é o mesmo de $-(\frac{B^2}{4} - AC)$, que por sua vez tem o mesmo sinal de $-(B^2 - 4AC)$. Podemos assim reescrever o teorema anterior em função do "discriminante" $B^2 - 4AC$.

11.4.7 Teorema: Dada a equação: $Ax^2 + Bxy + Cy^2 + Dx + Ey + F = 0$, esta equação no plano representará:

i) uma elipse ou suas degenerações, se $B^2 - 4AC < 0$
ii) uma parábola ou suas degenerações, se $B^2 - 4AC = 0$
iii) uma hipérbole, se $B^2 - 4AC > 0$

11.5 QUÁDRICAS EM $\mathbf{R}^3$

11.5.1 Definição: Uma *quádrica* em $\mathbf{R}^3$ é um conjunto de pontos cujas coordenadas em relação à base canônica satisfazem a equação:

$$Ax^2 + By^2 + Cz^2 + Dxy + Eyz + Fxz + Gx + Hy + Iz + J = 0.$$

com A ou B ou C ou D ou E ou $F \neq 0$.

11.5.2 Exemplos

Elipsóide

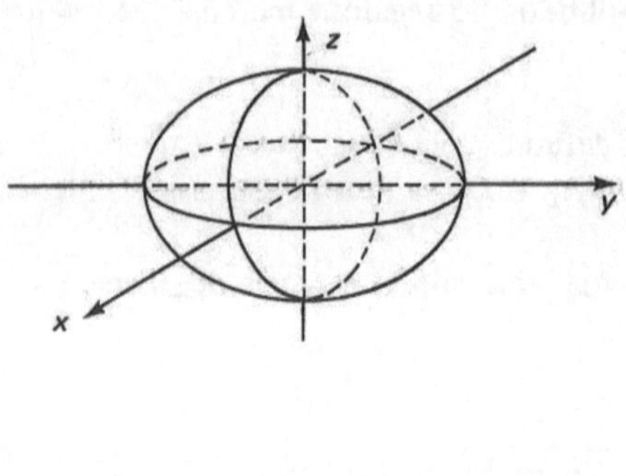

$$\frac{x^2}{a^2} + \frac{y^2}{b^2} + \frac{z^2}{c^2} = 1$$

Hiperbolóide de uma folha

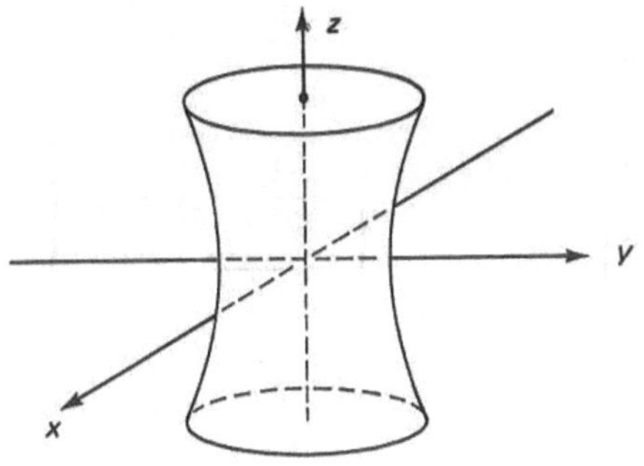

$$\frac{x^2}{a^2} + \frac{y^2}{b^2} - \frac{z^2}{c^2} = 1$$

Hiperbolóide de duas folhas

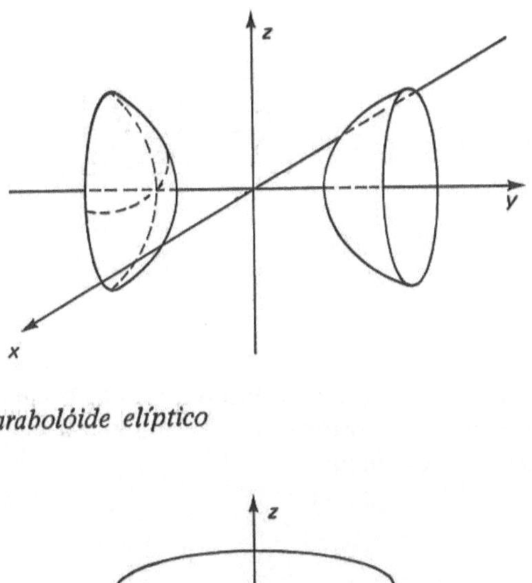

$$-\frac{x^2}{a^2} + \frac{y^2}{b^2} - \frac{z^2}{c^2} = 1$$

Parabolóide elíptico

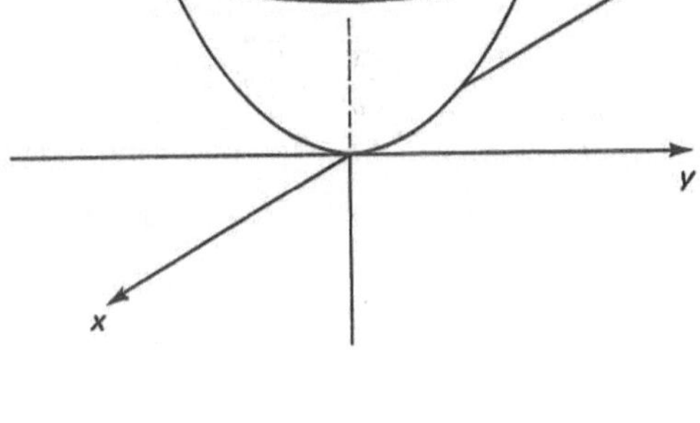

$$\frac{x^2}{a^2} + \frac{y^2}{b^2} = cz$$

Parabolóide hiperbólico

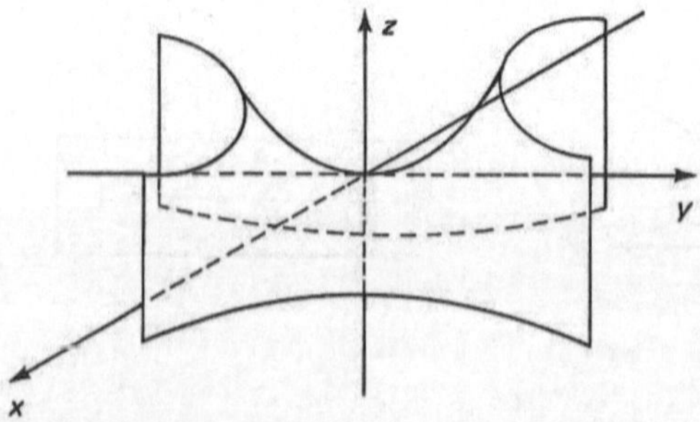

$$-\frac{x^2}{a^2}+\frac{y^2}{b^2}=cz$$

Cone quadrático

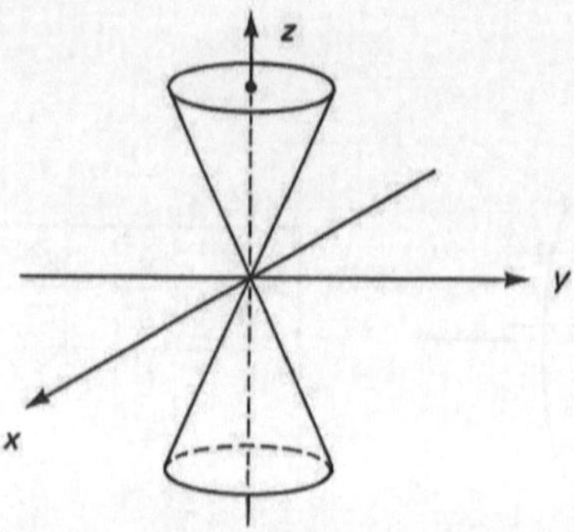

$$\frac{x^2}{a^2}+\frac{y^2}{b^2}=z^2$$

Cilindro

Se nenhum termo com z aparece na equação da quádrica, temos o cilindro. O cilindro "padrão" é formado por retas ortogonais ao plano $z = 0$ que passam por uma cônica neste plano. Por exemplo:

a) Cilindro elíptico

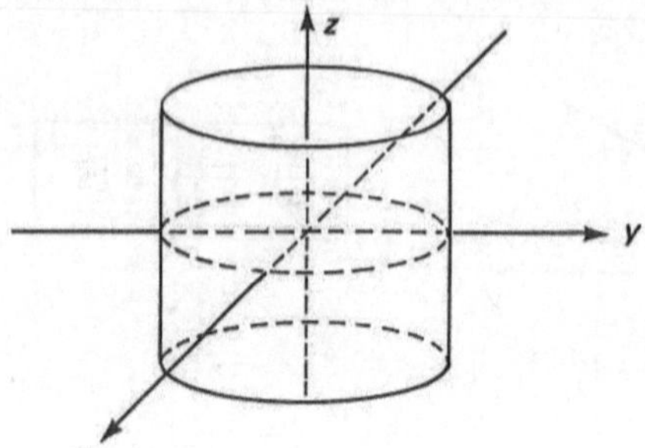

$$\frac{x^2}{a^2}+\frac{y^2}{b^2}=1$$

b) Cilindro hiperbólico

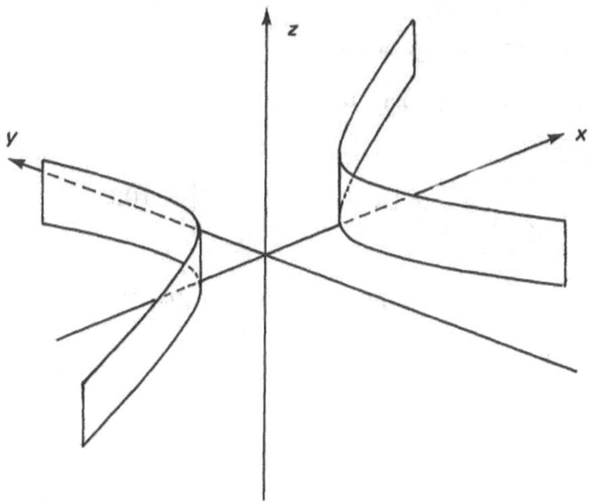

$$\frac{x^2}{a^2} - \frac{y^2}{b^2} = 1$$

c) Cilindro parabólico

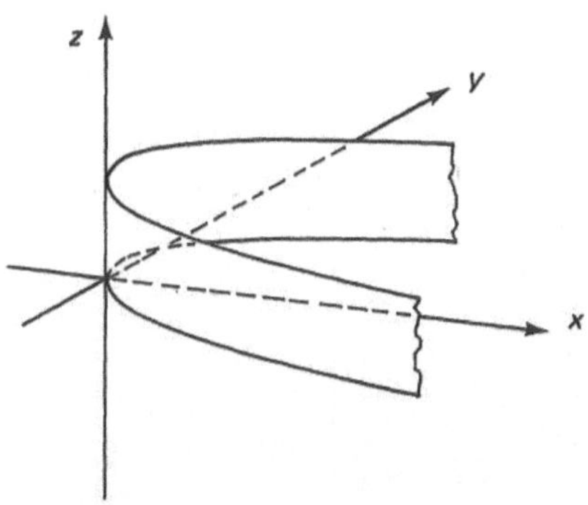

$$x = ky^2$$

A equação que define a quádrica pode representar o conjunto vazio ($x^2 = -1$), um ponto ($x^2 + y^2 + z^2 = 0$), uma reta ($x^2 + y^2 = 0$), um plano ($z^2 = 0$), dois planos paralelos ($z^2 = 1$) ou dois planos que se interceptam ($xy = 0$). Estes casos são denominados *degenerados*. Da mesma forma que foi feito para cônica, mostramos através de uma mudança de referencial conveniente que toda quádrica é de um dos tipos descritos em 11.2.1. Ou seja, quando nos é dada uma equação do 2º grau em x, y, z, e precisamos saber que figura ela representa em $\mathbf{R}^3$ (classificar a quádrica) procedemos de modo análogo à situação em $\mathbf{R}^2$, reduzindo a equação e interpretando-a no final.

11.5.3 Exemplos

Exemplo 1: Para classificar a quádrica

$$-x^2 + 2yz + z - y = 100.$$

escrevemos a equação acima na forma matricial, obtendo:

$$[x \quad y \quad z]\begin{bmatrix} -1 & 0 & 0 \\ 0 & 0 & 1 \\ 0 & 1 & 0 \end{bmatrix}\begin{bmatrix} x \\ y \\ z \end{bmatrix} + [0 \quad -1 \quad 1]\begin{bmatrix} x \\ y \\ z \end{bmatrix} = 100$$

Calculando os autovalores e os autovetores já normalizados da matriz

$$\begin{bmatrix} -1 & 0 & 0 \\ 0 & 0 & 1 \\ 0 & 1 & 0 \end{bmatrix}$$

obtemos:

para $\lambda_1 = -1$; $\mathbf{v}_1 = (1, 0, 0)$ e $\mathbf{v}_2 = (0, \frac{1}{\sqrt{2}}, \frac{1}{\sqrt{2}})$ e

para $\lambda_2 = 1$; $\mathbf{v}_3 = (0, \frac{1}{\sqrt{2}}, \frac{1}{\sqrt{2}})$

Temos ainda

$$\begin{bmatrix} x \\ y \\ z \end{bmatrix}_{\text{can.}} = [I]^{\,autovetores}_{\,canônica}\begin{bmatrix} x_1 \\ y_1 \\ z_1 \end{bmatrix}_{\text{aut.}}$$

onde

$$[I]^{\,autovetores}_{\,canônica} = \begin{bmatrix} 1 & 0 & 0 \\ 0 & \frac{1}{\sqrt{2}} & \frac{1}{\sqrt{2}} \\ 0 & -\frac{1}{\sqrt{2}} & \frac{1}{\sqrt{2}} \end{bmatrix}$$

Então, a equação da quádrica em relação a o referencial dado pelos autovetores será:

$$[x_1 \quad y_1 \quad z_1]\begin{bmatrix} -1 & 0 & 0 \\ 0 & -1 & 0 \\ 0 & 0 & 1 \end{bmatrix}\begin{bmatrix} x_1 \\ y_1 \\ z_1 \end{bmatrix} + [0 \quad -1 \quad 1]\begin{bmatrix} 1 & 0 & 0 \\ 0 & \frac{1}{\sqrt{2}} & \frac{1}{\sqrt{2}} \\ 0 & -\frac{1}{\sqrt{2}} & \frac{1}{\sqrt{2}} \end{bmatrix}\begin{bmatrix} x_1 \\ y_1 \\ z_1 \end{bmatrix} = 100$$

Isto é,

$$-x_1^2 - y_1^2 + z_1^2 - \frac{2}{\sqrt{2}} y_1 = 100.$$

Faremos agora uma nova mudança de coordenadas para eliminar os termos lineares onde isto é possível.

$$z_1^2 - x_1^2 - (y_1 + \frac{1}{\sqrt{2}})^2 + \frac{1}{2} - 100 = 0$$

Seja $x_2 = x_1$, $y_2 = y_1 + \frac{1}{\sqrt{2}}$ e $z_2 = z_1$; assim, temos a seguinte equação:

$$-\frac{x_2^2}{(\sqrt{\frac{199}{2}})^2} - \frac{y_2^2}{(\sqrt{\frac{199}{2}})^2} + \frac{{z_2}^2}{(\sqrt{\frac{199}{2}})^2} = 1$$

que representa a quádrica em relação ao referencial obtido por translação a partir daquele dos autovetores, cuja origem é dada por $x_2 = 0$, $y_2 = 0$ e $z_2 = 0$. Então

$$x_1 = 0, y_1 + \frac{1}{\sqrt{2}} = 0 \quad \text{e} \quad z_1 = 0.$$

Comparando a equação obtida com as equações das quadráticas indicadas em *iii* de 11.2.1 vemos que esta quádrica é um *hiperbolóide de duas folhas.*

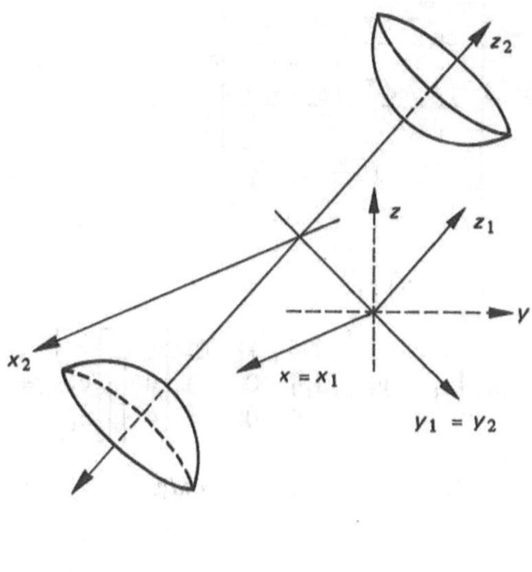

Exemplo 2: Para achar a figura dada pela equação

$$2x^2 + 2y^2 + 2z^2 + 2xy + 2xz + 2yz = 81$$

devemos resolver

$$[x \quad y \quad z]\begin{bmatrix} 2 & 1 & 1 \\ 1 & 2 & 1 \\ 1 & 1 & 2 \end{bmatrix}\begin{bmatrix} x \\ y \\ z \end{bmatrix} = 81$$

Calculando os autovalores e autovetores respectivos (já normalizados) obtemos

$$\lambda_1 = 1, \mathbf{v}_1 = \left(\frac{\sqrt{2}}{2}, -\frac{\sqrt{2}}{2}, 0\right)$$

$$\lambda_2 = 1, \mathbf{v}_2 = \left(\frac{\sqrt{6}}{6}, \frac{\sqrt{6}}{6}, -\frac{\sqrt{6}}{3}\right)$$

$$\lambda_3 = 4, \mathbf{v}_3 = \left(\frac{\sqrt{3}}{3}, \frac{\sqrt{3}}{3}, \frac{\sqrt{3}}{3}\right)$$

Ainda,

$$\begin{bmatrix} x \\ y \\ z \end{bmatrix} = [I]^{autovetores}_{canônica} \begin{bmatrix} x_1 \\ y_1 \\ z_1 \end{bmatrix}_{autovetores}$$

onde $[I]^{autovetores}_{canônica} = \begin{bmatrix} \frac{\sqrt{2}}{2} & \frac{\sqrt{6}}{6} & \frac{\sqrt{3}}{3} \\ -\frac{\sqrt{2}}{2} & \frac{\sqrt{6}}{6} & \frac{\sqrt{3}}{3} \\ 0 & \frac{-\sqrt{6}}{6} & \frac{\sqrt{3}}{3} \end{bmatrix}$

Então, a equação se torna

$$[x_1 \quad y_1 \quad z_1]\begin{bmatrix} 1 & 0 & 0 \\ 0 & 1 & 0 \\ 0 & 0 & 4 \end{bmatrix}\begin{bmatrix} x_1 \\ y_1 \\ z_1 \end{bmatrix} = 81$$

ou $x_1^2 + y_1^2 + 4z_1^2 = 81$, que é um *elipsóide*.

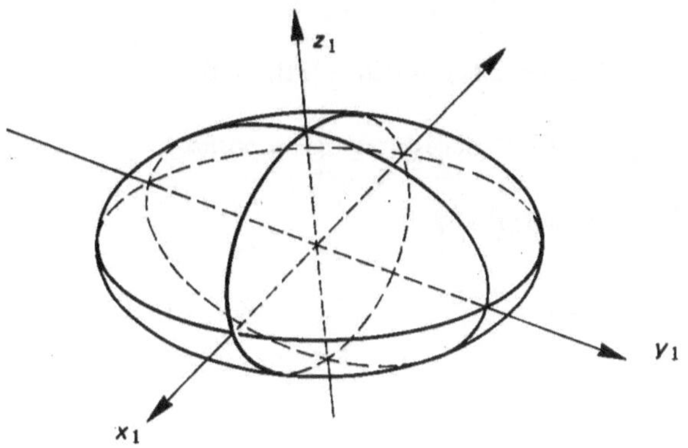

Como não aparecem os termos lineares, se não estivermos interessados na posição dos novos eixos mas apenas no formato da figura, bastaria calcular os autovalores, escrever a equação $x_1^2 + y_1^2 + 4z_1^2 = 81$ e já teríamos identificado a quádrica.

Também no estudo das quádricas em geral, se tivermos problemas onde somente a classificação destas seja importante, não interessando suas dimensões ou posição no espaço, poderemos resolvê-los apenas estudando os sinais dos autovalores associados à forma quadrática. Seria muito interessante que você discutisse todas as possibilidades, de modo análogo ao que foi feito em 11.4.5 para cônicas.

11.6 EXERCÍCIOS

Identifique a figura e ache sua posição quando a sua equação é:

1. $3x^2 + 2xy + 3y^2 - \sqrt{2}x = 0$

2. $4x^2 + 4xy + y^2 - x = 0$

3. $xy + x + y = 0$

4. $x^2 + xy + y^2 - 3 = 0$

5. $3x^2 - 4\sqrt{3}xy - y^2 + 20y - 25 = 0$

6. $4xy + 3y^2 + 2\sqrt{5}x + 4\sqrt{5}y = 0$

7. $-5y^2 + 2xy - 8xz + 2yz = 0$

8. $y^2 + 2z^2 + 2\sqrt{3}\,yz = 0$

9. $9x^2 + 16y^2 + 25z^2 + 24xy - 40x + 30y = 0$

Identifique a figura. Não é necessário dar a posição.

10. $3x^2 + 2y^2 + 3z^2 + 2xz = 2$

11. $y^2 + 2z^2 + 2\sqrt{3}\,yz = 0$

11.6.1 Respostas

1. Elipse: $\dfrac{x_2^2}{\frac{3}{64}} + \dfrac{y_2^2}{\frac{3}{32}} = 1$ em relação ao referencial de centro no ponto $\left(\dfrac{3}{8\sqrt{2}}, \dfrac{-1}{8\sqrt{2}}\right)$ e eixos x_2 na direção de $\left(\dfrac{1}{\sqrt{2}}, \dfrac{1}{\sqrt{2}}\right)$ e y_2 na direção de $\left(-\dfrac{1}{\sqrt{2}}, \dfrac{1}{\sqrt{2}}\right)$.

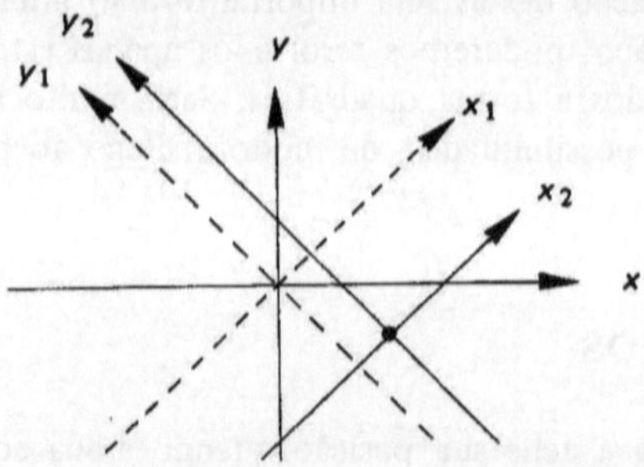

3. Hipérbole: $\dfrac{x_2^2}{2} - \dfrac{y_2^2}{2} = 1$ em relação ao referencial de centro no ponto $(x_1, y_1) = (-\sqrt{2}, 0)$ e eixos x_2 na direção de $\left(\dfrac{1}{\sqrt{2}}, \dfrac{1}{\sqrt{2}}\right)$ e y_2 na direção de $\left(\dfrac{1}{\sqrt{2}}, -\dfrac{1}{\sqrt{2}}\right)$.

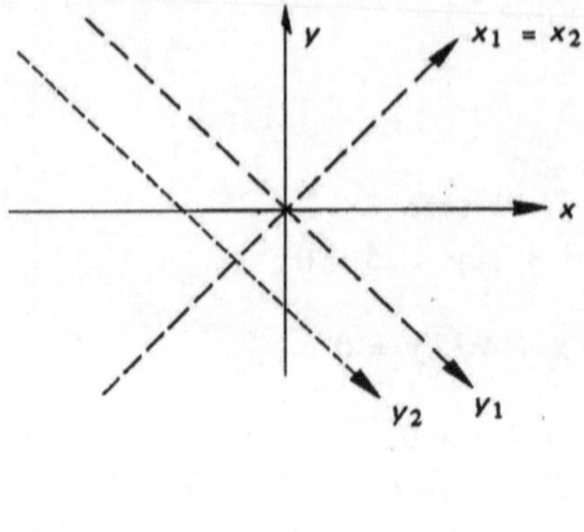

5. Hipérbole: $x_2^2 - \frac{y_2^2}{\frac{5}{3}} = 1$ em relação ao referencial com centro no ponto $(x_1, y_1) = (-1, \frac{5}{\sqrt{3}})$ e eixos x_2 na direção de $(-\frac{\sqrt{3}}{2}, \frac{1}{2})$ e y_2 na direção $(\frac{1}{2}, \frac{\sqrt{3}}{2})$.

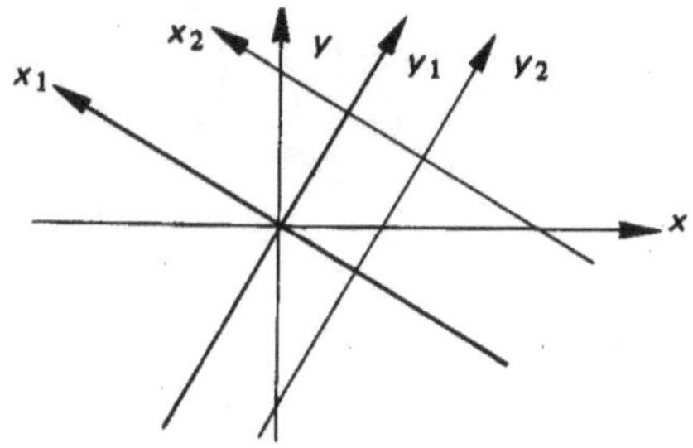

7. Hiperbolóide de 2 folhas de equação $-3x_1^2 - 6y_1^2 + 4z_1^2 = 1$ em relação ao referencial, com centro no ponto (0, 0, 0) e eixos x_1 na direção de $(\frac{1}{\sqrt{3}}, \frac{1}{\sqrt{3}}, \frac{1}{\sqrt{3}})$, y_1 na direção $(\frac{1}{\sqrt{6}}, -\frac{2}{\sqrt{6}}, \frac{1}{\sqrt{6}})$ e z_1 na direção de $(-\frac{1}{\sqrt{2}}, 0, \frac{1}{\sqrt{2}})$.

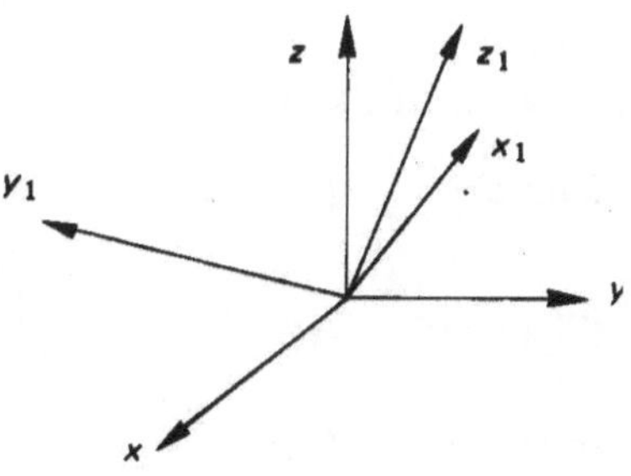

9. Elipsóide de equação $125x_2^2 + 125y_2^2 + 106z_2^2 = 3125$ em relação ao referencial, com centro no ponto $(x_1, y_1, z_1) = (0, -\frac{54}{125}, 0)$ e eixos x_2 na direção de (0, 0, 1), y_2 na direção de $(\frac{3}{5}, \frac{4}{5}, 0)$ e z_2 na direção de $(-\frac{4}{5}, \frac{3}{5}, 0)$.

*11.7 PROPRIEDADES GEOMÉTRICAS DAS CÔNICAS

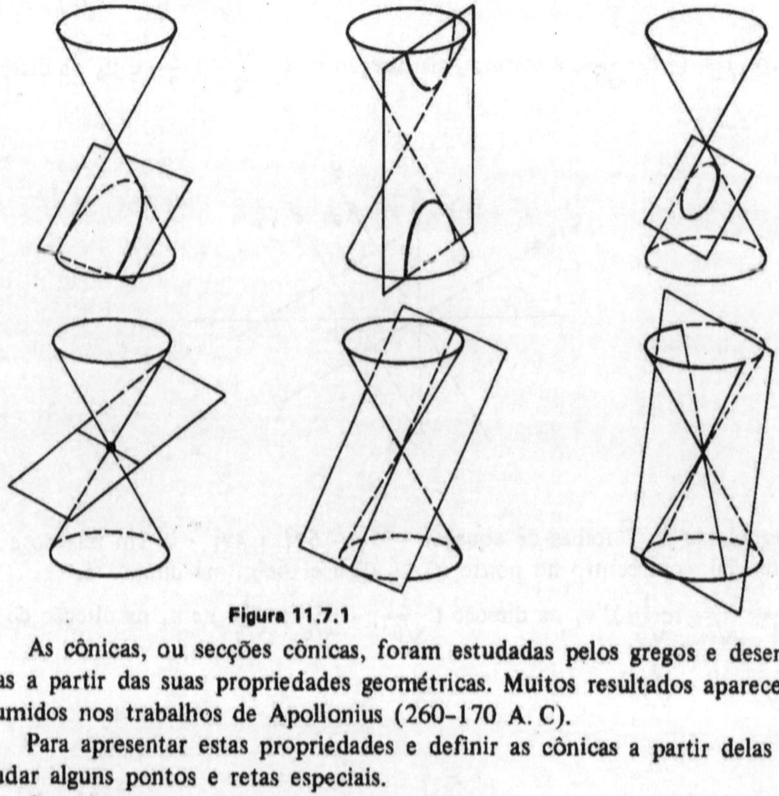

Figura 11.7.1

As cônicas, ou secções cônicas, foram estudadas pelos gregos e desenvolvidas a partir das suas propriedades geométricas. Muitos resultados aparecem resumidos nos trabalhos de Apollonius (260–170 A. C).

Para apresentar estas propriedades e definir as cônicas a partir delas vamos estudar alguns pontos e retas especiais.

Consideremos as cônicas na forma padrão:

$$\frac{x^2}{a^2} + \frac{y^2}{b^2} = 1 \qquad \text{(elipse)} \qquad \text{(E)}$$

$$\frac{x^2}{a^2} - \frac{y^2}{b^2} = 1 \qquad \text{(hipérbole)} \qquad \text{(H)}$$

$$y^2 = 4ax \qquad \text{(parábola)} \qquad \text{(P)}$$

Suponhamos ainda $a > b > 0$.

Para a elipse e a hipérbole, definimos os pontos: $F_1(-c, 0)$ e $F_2(c, 0)$ denominamos *focos* à esquerda e à direita.

Na elipse tomamos a *distância focal* $c = \sqrt{a^2 - b^2}$ e para a hipérbole $c = \sqrt{a^2 + b^2}$.

Na parábola definimos o foco como sendo $F(a, 0)$; i.e $c = a$ (veja 11.7.1):

11.7.1

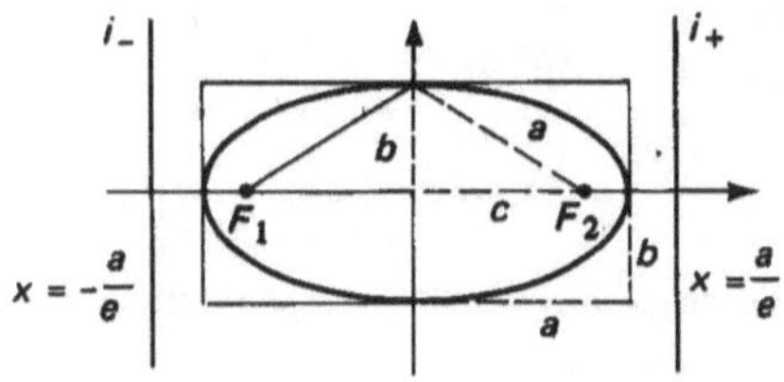

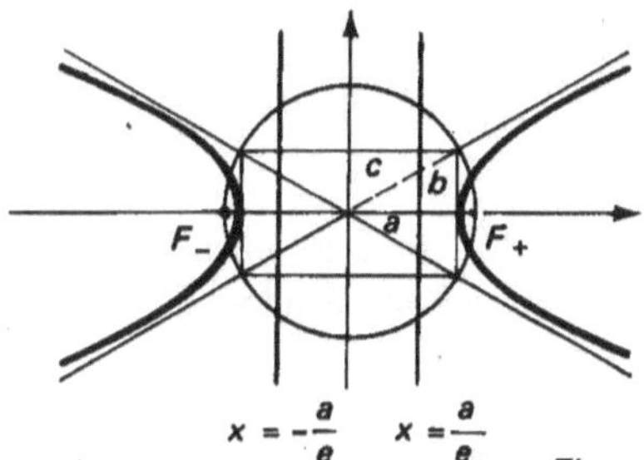

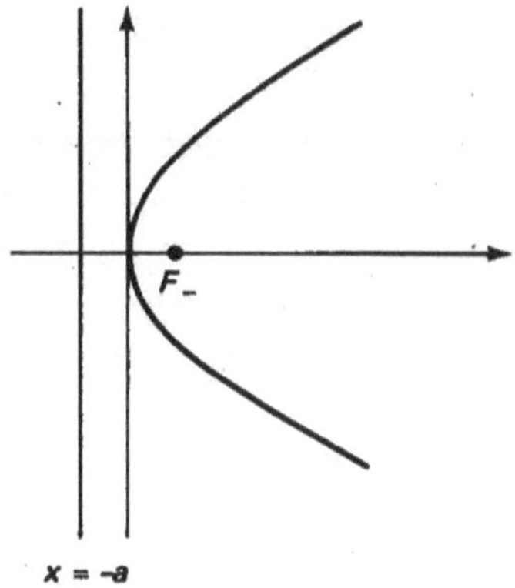

Figura 11.7.2

A *excentricidade* e é definida pela relação $e = \frac{c}{a}$.

Então, $0 \leqslant e < 1$ para uma elipse ($e = 0$ para a circunferência); $e > 1$ para a hipérbole e $e = 1$ para a parábola.

As diretrizes da elipse E ou da hipérbole H são as retas:

$$x = -\frac{a}{e} \quad \text{e} \quad x = \frac{a}{e}$$

(O círculo não tem diretriz.)

A *diretriz* da parábola P é única e é a reta $x = -a$.

Se na elipse ou hipérbole tivermos $b > a$, a distância focal fica sendo $c = \sqrt{b^2 - a^2}$ e $c = \sqrt{a^2 + b^2}$, respectivamente, e os focos $F_1(0, -c)$ e $F_2(0, c)$. A extremidade passa a ser $e = \frac{c}{b}$ e as diretrizes $y = \pm\frac{b}{e}$.

11.7.2 Exercícios

1. Esboce o gráfico das cônicas a seguir, determinando seus focos, diretrizes e excentricidade. Observe depois o papel geométrico da excentricidade.

a) $x^2 + 4y^2 = 100$

b) $2x^2 + y^2 = 100$

c) $\frac{x^2}{25} + \frac{y^2}{9} = 1$

d) $x^2 + y^2 = 4$

e) $x^2 - 4y^2 = 100$

f) $x^2 - 2y^2 = 100$

$g)\ \dfrac{x^2}{25} - \dfrac{y^2}{9} = 1$

$h)\ x^2 - y^2 = 4$

$i)\ y^2 = x$

$j)\ y^2 = \dfrac{-1}{2}x$

$k)\ y^2 = 4x$

$l)\ y^2 = 16x$

$m)\ 3x^2 - 4y^2 = 0$

2. Determine as cônicas representadas pelas equações abaixo, encontrando também os seus focos, diretrizes e excentricidade.

   $a)\ 25x^2 + 9y^2 - 72y - 81 = 0$

   $b)\ 9x^2 - 18y^2 + 54x - 36 = 0$

   $c)\ x = 4y^2 - 16y + 16$

3. Dê as equações da elipse, parábola e hipérbole "centradas" em um ponto $P(m, n)$ do plano e com eixos paralelos aos eixos coordenados. Encontre também os seus focos, diretrizes e excentricidade.

4. Mostre que qualquer que seja o ponto $P(x, y)$ sobre a elipse dada no exercício 1*c*, a soma das distâncias deste ponto aos dois focos é igual a 10.

Podemos agora estabelecer as propriedades geométricas das cônicas.

11.7.3

1. Elipse

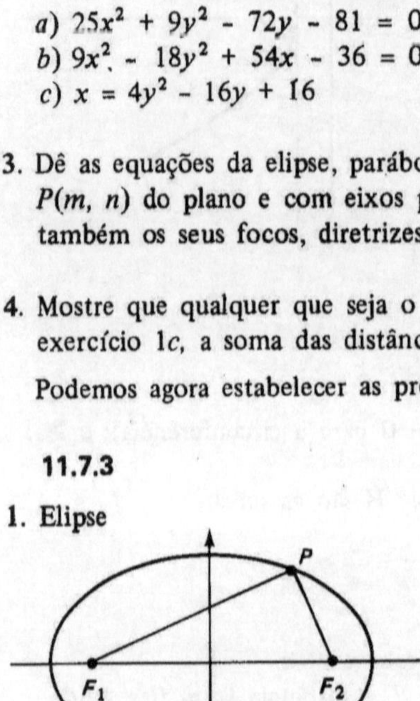

$d(P, F_1) + d(P, F_2) = 2a$

2. Hipérbole

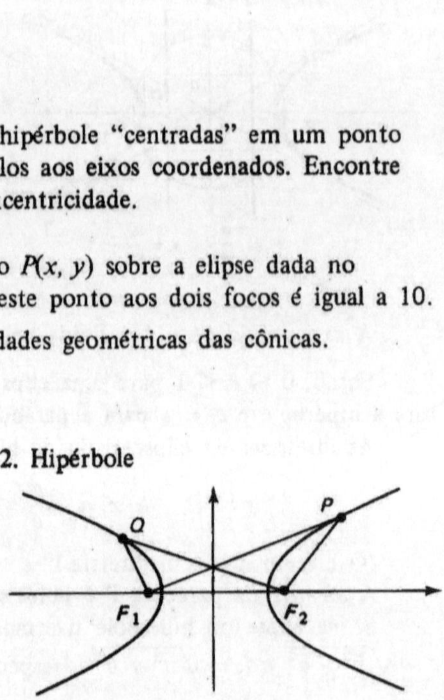

$d(F_1, P) - d(F_2, P) = 2a$

$d(F_1, Q) - d(F_2, Q) = -2a$

3.

$d(F, P) = e\,d(P, \ell)$

na parábola

$e = 1$: –

$d(F, P) = d(P, \ell)$

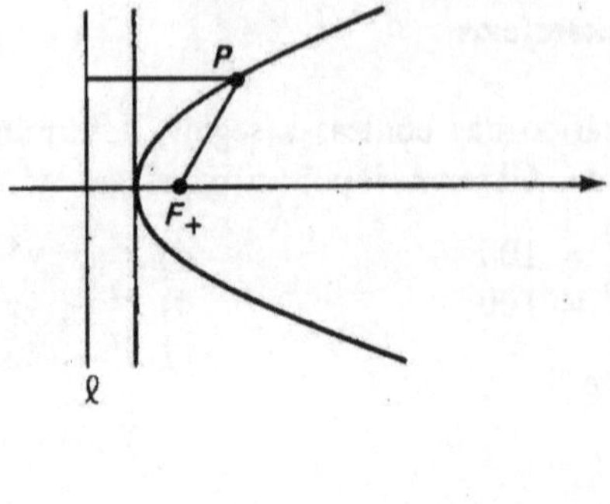

11.7.4 Teorema: Considere uma cônica padrão (E), (H) ou (P) de excentricidade e. Então:

1) Se $0 \leq e < 1$ (elipse), então para todo ponto da cônica, a *soma* das distâncias deste aos focos tem o mesmo valor $2a$ (Fig. 1).

2) Se $e > 1$ (hipérbole), então para todo o ponto da cônica a *diferença* das distâncias deste aos dois focos tem o mesmo valor absoluto (Fig. 2).

3) Se $e \neq 0$, então para todo ponto sobre a cônica, a distância deste ao foco é igual a e vezes a distância deste à diretriz. (Focos direitos com diretrizes direitas, focos esquerdos com diretrizes esquerdas. Fig. 3.)

Além disto, o que é fundamental é que *cada uma destas propriedades caracteriza as cônicas*, isto é, *1'*) um conjunto de pontos do plano que satisfaça a propriedade (*1*) será uma elipse dada pela equação (E), em relação a algum referencial; *2'* um conjunto de pontos que verifique a propriedade (*2*) será uma hipérbole (H) e *3'*) um conjunto de pontos do plano que satisfaça (*3*) será uma cônica, que satisfará (E) (H) ou (P).

Assim, como subproduto desta proposição podemos dar as definições geométricas das cônicas:

Corolário 1: A elipse pode ser definida como o conjunto dos pontos do plano cuja soma das distâncias a dois pontos fixos (focos) é igual a uma constante.

Note que esta constante será igual a medida do eixo maior da elipse. Por quê?

Exemplo: Encontre a equação da elipse de focos em (0, 0) e (0, 8) e eixo maior medindo 5.

Deixamos agora espaço para você:

i) Definir hipérbole pela propriedade 2.

ii) Definir parábola pela propriedade 3.

Corolário 2:

Exemplo:

Corolário 3:

Exemplo:

Finalmente dê a definição geral (geométrica) de cônica, pela propriedade 3.

Corolário 4:

Discuta *e*.

A demonstração da proposição 11.7.4. (ou dos corolários que ela engloba, inclusive os que você enunciou) é feita a partir do cálculo das distâncias. Tente fazê-las![1]

11.7.5 Exercícios

1. Se você fosse jardineiro e quizesse arrumar canteiros elípticos como faria?
2. Volte ao exercício 4 de 11.7.2. O que observa?
3. Encontre a equação da elipse com focos em (-1, 0) e (5, 0) e semi-eixo maior $2\sqrt{3}$.
4. Encontre a equação da elipse com focos em (0, 0), (0, 10) e semi-eixo maior $5\sqrt{5}$.
5. Encontre a equação da elipse com centro em (1, -1), semi-eixo maior 6, excentricidade $e = \frac{2}{3}$ e semi-eixo maior vertical.
6. Encontre a equação da hipérbole com focos em (0, 0) e (6, 0) e $e = \frac{3}{2}$.
7. Encontre a equação da hipérbole com focos em (0, -3) e (0, 5) e um vértice em $(0, 1 + \sqrt{10})$.
8. Encontre a equação da parábola com vértice em (2, 1) e diretriz $x = 0$.
9. Três postos de escuta estão localizados nos pontos $A(0, 0)$, $B(0, \frac{21}{4})$ e $C(\frac{25}{3}, 0)$, sendo a unidade 1 quilômetro. Os microfones localizados nestes pontos mostram que um revólver está $\frac{5}{3}$ km mais próximo de A do que de C e $\frac{7}{4}$ km mais próximo de B do que de A. Localize a posição do revólver.

   (A resolução deste problema lhe dará idéia, por exemplo, de como se localiza o epicentro de um terremoto. São sempre necessários os dados de três observatórios sísmicos.)

---

[1] Para consultas veja Leithold, L. *O Cálculo com Geometria Analítica*, volume 1, HARBRA, São Paulo, 1977, p. 491 e 497, ou Bers, L. *Calculus*, Holt, Rinehart and Winston, Inc., New York, 1967.

10. Encontre as retas tangentes às cônicas abaixo nos pontos indicados (use derivação implícita).

a) $9y^2 = x$ em $(1, \frac{1}{3})$

b) $x^2 + 25y^2 = 100$ em $(6, \frac{8}{5})$

c) $25x^2 - y^2 = 100$ em $(-3, 5, 5)$

d) $y^2 = 25x$ em $(9, -15)$

11. *Cônicas em Coordenadas Polares*

Usando coordenadas polares (r, θ) no plano ($x = r\cos\theta$, $y = r \operatorname{sen}\theta$) e a definição de cônica dada por 11.7.4, parte 3, você pode deduzir de modo simples as equações polares das cônicas, tomando o pólo num foco e o eixo polar e sua extensão ao longo do eixo principal[2].

a) Mostre que nestas condições a equação polar das cônicas é dada por

$$r = \frac{ed}{1 \pm e\cos\theta}$$

(O sinal + ou - é dado conforme a diretriz correspondente ao foco no pólo esteja à esquerda ou à direita deste.)

b) Dê exemplos de elipses, parábolas e hipérboles com suas formas polares.

c) Um cometa está se movendo em uma órbita parabólica em torno do sol no foco F da parábola. Faz-se uma observação do cometa quando ele está no ponto P_1 a 15 milhões de quilômetros do Sol; uma segunda observação é feita quando ele está no ponto P_2 a 5 milhões de quilômetros do Sol.

Os segmentos de reta FP_1 e FP_2 são perpendiculares. Com estas informações há duas órbitas possíveis para o cometa. Encontre a distância mais próxima que o cometa passa do Sol, em cada órbita.

d) A órbita do planeta Mercúrio em torno do Sol é elíptica, com o Sol em um dos focos, tendo o semi-eixo maior 36 milhões de quilômetros e excentricidade 0,206. Encontre: (*a*) qual é a distância mais próxima que Mercúrio passa do Sol e (*b*) a maior distância possível entre Mercúrio e o Sol.

12. *Equações Paramétricas da Elipse*

a) Mostre que as equações paramétricas $x = a\cos t$ e $y = b\operatorname{sen} t$, $a > 0$, $b > 0$ e $0 \leqslant t < 2\pi$ definem uma elipse cuja equação em coordenadas cartesianas é $\frac{x^2}{a^2} + \frac{y^2}{b^2} = 1$.

b) Mostre que as equações $x = a\cos(-2t)$ e $y = b\cos(-2t)$, $0 \leqslant t < \pi$, definem a mesma elipse dada em (*a*). Encontre os "vetores-velocidade"

---

[2]Consulte Leithold, L. *op. cit.*, caps. 11 e 12.

nos casos (*a*) e (*b*). ($\vec{V} = \frac{dx}{dt}\vec{i} + \frac{dy}{dt}\vec{j}$)

c) Use o item (*a*) para traçar a partir de duas circunferências concêntricas de raios a e b a elipse $\frac{x^2}{a^2} + \frac{y^2}{b^2} = 1$.

13. *Propriedade Reflexiva das Cônicas*

Um exemplo de aplicação da propriedade reflexiva das cônicas é dado pelos espelhos parabólicos, cujo formato é obtido pela rotação de uma parábola em torno do seu eixo de simetria. Tais espelhos transformam uma fonte luminosa colocada no foco em um feixe de raios paralelos (como num holofote) ou, reciprocamente, podem concentrar um feixe de raios paralelos em um único ponto (como no telescópio). Estas propriedades são explicadas por dois fatores:

i) A lei física que governa o movimento das ondas (o ângulo de incidência é igual ao ângulo de reflexão).

ii) O teorema a seguir.

Teorema: Sejam P um ponto de uma parábola e ℓ a reta tangente à parábola em P. Sejam ℓ_1 a reta ligando o foco a P e ℓ_2 a reta que passa por P e é paralela ao eixo, então os ângulos θ e α a seguir são iguais.

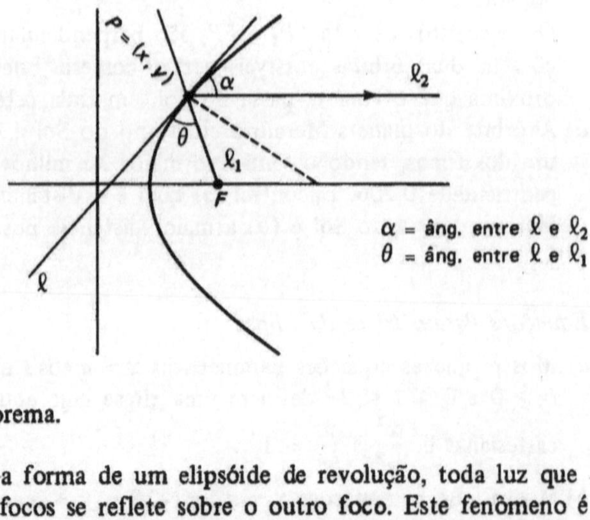

Demonstre este teorema.

14. Num espelho com a forma de um elipsóide de revolução, toda luz que emana de um dos focos se reflete sobre o outro foco. Este fenômeno é explicado por dois fatores: (*i*) Lei física da reflexão: ângulo de incidência igual ao ângulo de reflexão, (*ii*) Propriedade "reflexiva" da elipse que você mostrará a seguir.

Esta propriedade pode ter usos sérios (como por exemplo num laser) ou jocosos como uma sala de cochichos. (Se estivermos numa sala elipsoidal todo o som, que também é onda, emanado de um foco será perfeitamente audível no outro foco.)

Teorema: Sejam P um ponto da elipse e ℓ a reta tangente a esta em P. Sejam ℓ_1 a reta ligando o foco F_1 a P e ℓ_2 a reta ligando o outro foco F_2 a P. Então os ângulos θ entre as retas ℓ e ℓ_1 e α entre ℓ_2 e ℓ são iguais.

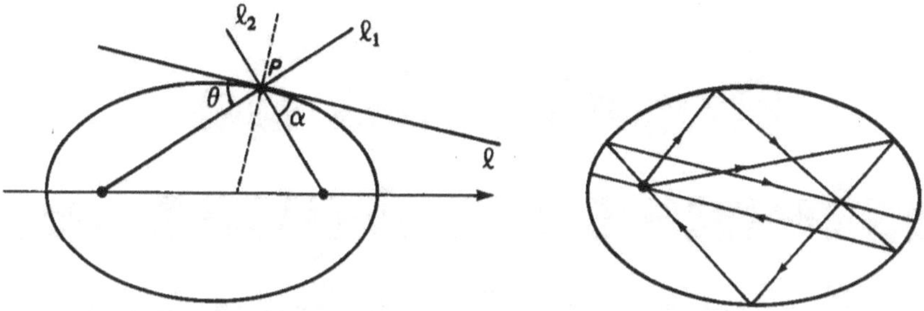

Demonstre este teorema.

Leituras Sugeridas e Referências

[1] Bers, L.; *Calculus*; Holt, Rinehart and Winston, Inc., New York, 1967.

[2] Kemeny, J., Snell, J. e Thompson, G.; *Introduction to Finite Mathematics*; Prentice Hall, Englewood Cliffs, 1957.

[3] Pitombeira de Carvalho, J.; *Introdução à Álgebra Linear*; Impa, Rio de Janeiro, 1972.

[4] Leithold, L.; *O Cálculo com Geometria Analítica*; HARBRA, São Paulo, 1977.

capítulo 12

Resolução de Sistemas de Equações Diferenciais Lineares

12.1 INTRODUÇÃO

Considere a seguinte situação: Um foguete está subindo verticalmente a partir do solo, sujeito à força gravitacional (que é de cima para baixo e supomos constante e igual a mg), a uma força constante para cima e a um impulso adicional para cima, proporcional ao tempo t decorrido depois do lançamento. Que altura ele atinge t segundos após o lançamento?

Denotando por x a altura, e usando o princípio de que força é igual a massa vezes aceleração (segunda lei de Newton), podemos escrever:

$$m \cdot \frac{d^2x}{dt^2} = a + bt - mg$$

Ao resolvermos esta equação teremos solucionado o nosso problema.[1]

Este exemplo ilustra como somos levados a utilizar equações envolvendo derivadas. Assim como este, muitos outros fenômenos em Física, Química, Biologia, Economia etc., são descritos por *equações diferenciais*.

---

[1] A resolução do problema é simples, bastando integrar duas vezes a equação e impor as condições iniciais $x(0) = 0$ e $v(0) = \frac{dx}{dt}(0) = 0$ sendo $v(0)$ a velocidade inicial.

Neste capítulo, presumiremos um conhecimento sobre derivadas de uma função de uma variável. Estaremos particularmente interessados na resolução de sistemas de equações diferenciais, onde são amplamente utilizados os conceitos de espaço vetorial, base, autovalores e autovetores.

12.2 EQUAÇÕES DIFERENCIAIS

Equações diferenciais são aquelas que relacionam uma função e suas derivadas. Por exemplo, as equações

i) $\dfrac{dx}{dt} - 2t = 0$

ii) $\dfrac{dx}{dt} = 3x$

iii) $\dfrac{d^2x}{dt^2} = 1 + \dfrac{dx}{dt}$

são equações diferenciais.

Para resolver uma equação algébrica (por exemplo, $x^2 - 3x + 2 = 0$) procuramos números (1 e 2 no caso). Para resolver uma equação diferencial vamos procurar funções que satisfaçam a equação. Por exemplo:

$x = t^2$ é uma solução da equação *i*). Uma outra solução de *i*) é $x = t^2 + 5$. O conjunto de todas as soluções de *i*) é expresso por $x = t^2 + c$, c constante.

$x = e^{3t}$ é uma solução de *ii*), pois $\dfrac{d(e^{3t})}{dt} = 3e^{3t}$. Uma outra solução de *ii*) é $x = 2e^{3t}$.

Podemos mostrar ainda que as soluções de *ii*) são exatamente as funções da forma $x = ke^{3t}$, sendo k uma constante. Temos, portanto, infinitas soluções para *ii*), assim como em *i*).

Suponhamos agora que precisamos de uma solução de *ii*) tal que $x(0) = -5$. Temos então $x(t) = ke^{3t}$ e como $x(0) = -5$, devemos ter $-5 = ke^{3 \cdot 0}$, o que implica $k = -5$. Isto é, a única solução para o problema

$$\begin{cases} \dfrac{dx}{dt} = 3x \\ x(0) = -5 \text{ (condição inicial)} \end{cases}$$

é $x(t) = -5e^{3t}$.

De modo geral as equações do tipo de *ii*), ou seja,

$$\frac{dx}{dt} = ax$$

são chamadas de *equações diferenciais lineares homogêneas de primeira ordem a coeficientes constantes* e admitem como *solução geral*[2].

$$x = ke^{at}.$$

Isto é, a expressão acima determina o conjunto de *todas* as soluções da equação, variando-se o valor de k.

Para comprovarmos que realmente é solução geral, devemos considerar as equivalências:

$$\frac{dx}{dt} = a \cdot x \iff \frac{dx}{dt} - ax = 0 \iff (\frac{dx}{dt} - ax)e^{-at} = 0 \cdot e^{-at} \iff$$

$$\iff \frac{dx}{dt} e^{-at} ax \cdot e^{-at} = 0 \iff \frac{d(x \cdot e^{-at})}{dt} = 0 \iff$$

$$\iff x \cdot e^{-at} = k(\text{constante}) \iff x = ke^{at}, k \in \mathbf{R}$$

Agora, ao invés de uma única equação diferencial, podemos considerar sistemas de equações diferenciais. Estaremos então procurando um conjunto de funções que satisfaçam simultaneamente várias equações diferenciais. Chamamos tal conjunto de funções de solução do sistema de equações diferenciais. Vamos procurar também o que chamamos de solução geral do sistema, que é uma expressão que gera toda solução do sistema.

12.2.1 Exemplos

Exemplo 1: Encontre todas as funções reais diferenciáveis $x_1 = x_1(t)$ e $x_2 = x_2(t)$ que satisfaçam o sistema, isto é, encontre a solução geral do sistema:

$$(\S) \begin{cases} \dfrac{dx_1}{dt} = -3x_1 + 4x_2 \\ \dfrac{dx_2}{dt} = -x_1 + 2x_2 \end{cases}$$

Resolução:

Se denotarmos

$$\mathbf{X} = \begin{bmatrix} x_1 \\ x_2 \end{bmatrix} \text{ e } \frac{d\mathbf{X}}{dt} = \begin{bmatrix} \dfrac{dx_1}{dt} \\ \dfrac{dx_2}{dt} \end{bmatrix}$$

Escrevendo o sistema (§) na forma matricial, temos

$$\begin{bmatrix} dx_1/dt \\ dx_2/dt \end{bmatrix} = \begin{bmatrix} -3 & 4 \\ -1 & 2 \end{bmatrix} \begin{bmatrix} x_1 \\ x_2 \end{bmatrix}$$

ou ainda,

$$\frac{d\mathbf{X}}{dt} = \mathbf{AX}, \text{ onde } \mathbf{A} = \begin{bmatrix} -3 & 4 \\ -1 & 2 \end{bmatrix}$$

Uma solução deste sistema é, então, uma matriz

$$\mathbf{X} = \begin{bmatrix} x_1(t) \\ x_2(t) \end{bmatrix}$$

cujos elementos são funções que solucionam o sistema de equações (§).

Com base na solução geral da equação $\dfrac{dx}{dt} = ax$, que é $x = ke^{at}$ (veja o final da secção 12.2), vamos ver se existe, para o sistema, uma solução do tipo:

$$\mathbf{X} = \begin{bmatrix} x_1(t) \\ x_2(t) \end{bmatrix} = \begin{bmatrix} a \\ b \end{bmatrix} e^{\lambda t}$$

Neste caso, calculando $\frac{d\mathbf{X}}{dt}$, temos

$$\frac{d\mathbf{X}}{dt} = \frac{d}{dt}\begin{bmatrix} x_1 \\ x_2 \end{bmatrix} = \frac{d}{dt}\begin{bmatrix} ae^{\lambda t} \\ be^{\lambda t} \end{bmatrix}$$

$$= \begin{bmatrix} \lambda a e^{\lambda t} \\ \lambda b e^{\lambda t} \end{bmatrix} = \lambda \begin{bmatrix} a \\ b \end{bmatrix} e^{\lambda t}$$

Para que **X** seja solução, devemos ter $\frac{d\mathbf{X}}{dt} = \mathbf{AX}$, e dessa forma ficamos com

$$\lambda \begin{bmatrix} a \\ b \end{bmatrix} e^{\lambda t} = \mathbf{A} \begin{bmatrix} a \\ b \end{bmatrix} e^{\lambda t}$$

ou seja,

$$\mathbf{A} \begin{bmatrix} a \\ b \end{bmatrix} = \lambda \begin{bmatrix} a \\ b \end{bmatrix}$$

Pensando em $\begin{bmatrix} a \\ b \end{bmatrix} = \mathbf{v}$ como um vetor de $\mathbf{R}^2$, a última equação se torna

$$\mathbf{Av} = \lambda \mathbf{v}$$

que é exatamente a equação de autovalores e autovetores da matriz **A**.

Concluímos, então, que $\mathbf{X} = \mathbf{v}e^{\lambda t}$ é solução do sistema se, e somente se λ é autovalor e **v** é autovetor da matriz **A**.

Procurando os autovalores e autovetores de A, resolvemos

$$\det \begin{bmatrix} -3-\lambda & 4 \\ -1 & 2-\lambda \end{bmatrix} = 0$$

Isto implica que $\lambda^2 + \lambda - 2 = 0$, ou seja, $\lambda_1 = 1$ e $\lambda_2 = -2$. Para $\lambda_1 = 1$ obtemos o autovetor $\mathbf{v}_1 = \begin{bmatrix} 1 \\ 1 \end{bmatrix}$ e, portanto, uma solução para o sistema será

$$\mathbf{X}_1 = \mathbf{v}_1 e^{\lambda_1 t} = \begin{bmatrix} 1 \\ 1 \end{bmatrix} e^{1 \cdot t}$$

Para $\lambda_2 = 2$ obtemos o autovetor $\mathbf{v}_2 = \begin{bmatrix} 4 \\ 1 \end{bmatrix}$ e teremos outra solução, $\mathbf{X}_2 =$ $= \mathbf{v}_2 e^{2t}$, isto é,

$$\mathbf{X}_2 = \begin{bmatrix} 4 \\ 1 \end{bmatrix} e^{-2t}$$

Como $\lambda_1 \neq \lambda_2$, vemos que $\mathbf{X}_1$ não é múltiplo de $\mathbf{X}_2$ (ou vice-versa) e dizemos então que $\mathbf{X}_1$ e $\mathbf{X}_2$ são soluções independentes do sistema.

Além disto, como veremos em 12.3.1, o conjunto das soluções

$$\mathbf{X} = \begin{bmatrix} x_1(t) \\ x_2(t) \end{bmatrix}$$

do sistema (§) é um espaço vetorial V de dimensão 2 e, portanto, duas soluções independentes geram V. Isto é, qualquer outra solução $\mathbf{X}$ é combinação linear de $\mathbf{X}_1$ e $\mathbf{X}_2$. Portanto a solução geral do sistema é:

$$\mathbf{X} = c_1 \begin{bmatrix} 1 \\ 1 \end{bmatrix} e^{t} + c_2 \begin{bmatrix} 4 \\ 1 \end{bmatrix} e^{-2t}$$

sendo c_1 e c_2 constantes. Na verdade, V é um espaço vetorial complexo (veja a secção 12.3.1) e assim c_1 e c_2 são números complexos. Dependendo do interesse, porém, pode-se considerar apenas as soluções reais, tomando c_1 e c_2 reais.

Ou ainda, como

$$\mathbf{X} = \begin{bmatrix} x_1 \\ x_2 \end{bmatrix} = \begin{bmatrix} c_1 e^{t} + 4c_2 e^{-2t} \\ c_1 e^{t} + c_2 e^{-2t} \end{bmatrix}$$

as funções soluções do sistema são

$$x_1(t) = c_1 e^{t} + 4c_2 e^{-2t}$$
$$x_2(t) = c_1 e^{t} + c_2 e^{-2t}$$

sendo c_1 e c_2 arbitrários.

Se impusermos ao Exemplo 1, colocado acima, as condições iniciais

$$x_1(0) = -1 \quad \text{e} \quad x_2(0) = 2,$$

temos:

$$\begin{cases} x_1(t) = c_1e^t + 4c_2e^{-2t} \\ x_2(t) = c_1e^t + c_2e^{-2t} \end{cases}$$

para $t = 0$

$$\begin{cases} -1 = c_1 + 4c_2 \\ 2 = c_1 + c_2 \end{cases}$$

que implica que $c_1 = 3$ e $c_2 = -1$.

Portanto, substituindo,

$$\begin{cases} x_1 = 3e^t - 4e^{-2t} \\ x_2 = 3e^t - e^{-2t} \end{cases}$$

Esta é a única solução de

$$\begin{cases} \dfrac{dx_1}{dt} = -3x_1 + 4x_2 \\ \\ \dfrac{dx_2}{dt} = -x_1 + 2x_2 \end{cases} \quad \text{tal que } x_1(0) = -1 \text{ e } x_2(0) = 2$$

No exemplo anterior obtivemos dois autovalores reais distintos. O sistema se resolve da mesma maneira, no caso de autovalores complexos distintos, como foi colocado no exemplo abaixo.

Exemplo 2:

$$\begin{cases} \dfrac{dx_1}{dt} = x_1 - 2x_2 \\ \\ \dfrac{dx_2}{dt} = 2x_1 + x_2 \end{cases}$$

Temos

$$A = \begin{bmatrix} 1 & -2 \\ 2 & 1 \end{bmatrix}$$

$$\lambda_1 = 1 + 2i \quad \text{e} \quad \mathbf{v}_1 = \begin{bmatrix} i \\ 1 \end{bmatrix}$$

e

$$\lambda_2 = 1 - 2i \quad \text{e} \quad \mathbf{v}_2 = \begin{bmatrix} -i \\ 1 \end{bmatrix}$$

Portanto a solução geral é

$$\mathbf{X} = c_1 \begin{bmatrix} i \\ 1 \end{bmatrix} e^{(1+2i)t} + c_2 \begin{bmatrix} -i \\ 1 \end{bmatrix} e^{(1-2i)t}$$

Ainda se faz necessário indicar outro exemplo importante, onde ocorrem autovalores complexos.

Exemplo 3: (oscilador harmônico simples)

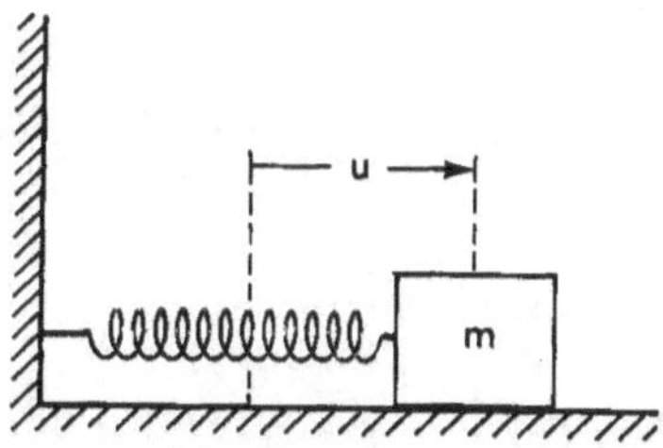

Figura 12.2.1

Consideremos um corpo rígido de massa m preso a uma mola cuja constante de elasticidade é k ($k > 0$). Suponhamos que não haja atrito e que a massa da mola seja desprezível em relação a m. Sejam u o deslocamento do corpo e v sua velocidade. Inicialmente, quando $t = 0$, o corpo apresenta-se deslocado de u_0 e parado ($v_0 = 0$).

Usando a segunda lei de Newton, montamos o sistema

$$\begin{cases} \dfrac{dv}{dt} = -\dfrac{k}{m}u \\[2ex] \dfrac{du}{dt} = v \end{cases}$$

cujas condições iniciais são:

$$\begin{cases} u(0) = u_0 \\ v(0) = 0 \end{cases}$$

Na forma matricial

$$\begin{bmatrix} \dfrac{dv}{dt} \\ \\ \dfrac{du}{dt} \end{bmatrix} = \begin{bmatrix} 0 & -\dfrac{k}{m} \\ \\ 1 & 0 \end{bmatrix} \begin{bmatrix} v \\ \\ u \end{bmatrix}$$

Os autovalores e autovetores da matriz são:

$$\lambda_1 = i\sqrt{\frac{k}{m}} \quad \text{e} \quad \mathbf{v}_1 = \begin{bmatrix} i\sqrt{k/m} \\ 1 \end{bmatrix}$$

$$\lambda_2 = -i\sqrt{\frac{k}{m}} \quad \text{e} \quad \mathbf{v}_2 = \begin{bmatrix} -i\sqrt{k/m} \\ 1 \end{bmatrix}$$

A solução geral do sistema é então

$$\begin{bmatrix} v \\ u \end{bmatrix} = c_1 \begin{bmatrix} i\sqrt{k/m} \\ 1 \end{bmatrix} e^{i\sqrt{k/m}\,t} + c_2 \begin{bmatrix} -i\sqrt{k/m} \\ 1 \end{bmatrix} e^{-i\sqrt{k/m}\,t}$$

Impondo as condições iniciais, obtemos

$$\begin{bmatrix} 0 \\ u_0 \end{bmatrix} = \begin{bmatrix} i\sqrt{\dfrac{k}{m}}\,c_1 - i\sqrt{\dfrac{k}{m}}\,c_2 \\ c_1 + c_2 \end{bmatrix}$$

ou seja, $c_1 = c_2 = \dfrac{u_0}{2}$.

Portanto, a solução procurada é

$$\begin{bmatrix} v \\ u \end{bmatrix} = \frac{u_0}{2} \begin{bmatrix} i\sqrt{\dfrac{k}{m}}\left(e^{i\sqrt{\frac{k}{m}}t} - e^{-i\sqrt{\frac{k}{m}}t}\right) \\ \\ e^{i\sqrt{\frac{k}{m}}t} + e^{-i\sqrt{\frac{k}{m}}t} \end{bmatrix}$$

Usando as relações de números complexos

$$\cos\theta = \frac{e^{i\theta} + e^{-i\theta}}{2}$$

$$\operatorname{sen}\theta = \frac{e^{i\theta} - e^{-i\theta}}{2i},$$

temos finalmente a solução:

$$v = -u_0 \sqrt{\frac{k}{m}} \operatorname{sen} \sqrt{\frac{k}{m}}\, t$$

$$u = u_0 \cos \sqrt{\frac{k}{m}}\, t$$

12.2.2 Resta-nos ainda analisar o caso de sistemas de 2 equações em que a matriz **A** admite apenas um autovalor λ. Temos então duas situações:

i) **A** admite dois autovetores $\mathbf{v}_1$ e $\mathbf{v}_2$ LI.

ii) **A** admite apenas um autovetor $\mathbf{v}$ LI.

No caso *i*) obtemos duas soluções LI, $\mathbf{X}_1 = \mathbf{v}_1 e^{\lambda t}$ e $\mathbf{X}_2 = \mathbf{v}_2 e^{\lambda t}$
A solução geral é então

$$\mathbf{X} = c_1 \mathbf{v}_1 e^{\lambda t} + c_2 \mathbf{v}_2 e^{\lambda t}$$

No caso *ii*) obtemos somente uma solução do tipo $\mathbf{v}e^{\lambda t}$. Entretanto, podemos mostrar que existe uma outra solução LI com a anterior, do tipo

$$\begin{bmatrix} c_1 t + d_1 \\ c_2 t + d_2 \end{bmatrix} e^{\lambda t}$$

Substituindo-a no sistema, encontramos os valores para c_1, c_2, d_1 e d_2, e então a solução geral é

$$\mathbf{X} = c_1 \mathbf{v} e^{\lambda t} + c_2 \begin{bmatrix} c_1 t + d_1 \\ c_2 t + d_2 \end{bmatrix} e^{\lambda t}$$

Este método usado para obtermos uma segunda solução é conhecido como método da variação dos parâmetros[2].

---

[2] Para maiores detalhes consulte, por exemplo, Pais Leme, P.J.S.; *Notas de Equações Diferenciais Ordinárias*, Impa, Rio, 1972; e Leighton, W.; *Equações Diferenciais Ordinárias;* Livros Técnicos e Científicos, Rio, 1970.

Você entenderá melhor este método ao resolver o Exercício 5 da secção 12.4.

12.2.3 Caso Geral: Só resolvemos até aqui sistemas de duas equações. Porém, tudo o que fizemos pode ser extrapolado para n equações, com as adaptações necessárias. Também neste caso a resolução é mais simples quando obtemos n autovetores LI.

Exemplo

$$\begin{cases} \dfrac{dx}{dt} = 14x + 66y - 42z \\ \dfrac{dy}{dt} = 4x + 24y - 14z \\ \dfrac{dz}{dt} = 10x + 55y - 33z. \end{cases}$$

A matriz é

$$\begin{bmatrix} 14 & 66 & -42 \\ 4 & 24 & -14 \\ 10 & 55 & -33 \end{bmatrix}$$

Calculando os autovalores e autovetores LI associados, temos:

$\lambda_1 = 2$ com $\mathbf{v}_1 = (-11, 2, 0)$ e $\mathbf{v}_2 = (7, 0, 2)$
$\lambda_2 = 1$ com $\mathbf{v}_3 = (6, 2, 7)$.

Portanto, a solução geral é

$$\begin{bmatrix} x \\ y \\ z \end{bmatrix} = c_1 \begin{bmatrix} -11 \\ 2 \\ 0 \end{bmatrix} e^{2t} + c_2 \begin{bmatrix} 7 \\ 0 \\ 2 \end{bmatrix} e^{2t} + c_3 \begin{bmatrix} 6 \\ 2 \\ 7 \end{bmatrix} e^{t}$$

Vamos analisar agora os casos em que num sistema de três equações não conseguimos três autovetores LI para a matriz A.

i) Se o polinômio característico é da forma $(\lambda - a)^2(\lambda - b)$, e associado ao autovalor a conseguirmos apenas um autovetor LI, procuramos uma terceira solução independente da forma

$$\mathbf{X}_3(t) = \begin{bmatrix} c_1 t + d_1 \\ c_2 t + d_2 \\ c_3 t + d_3 \end{bmatrix} e^{at}$$

ii) Se o polinômio característico é da forma $(\lambda - a)^3$, então podemos ter duas situações:

a) ao autovalor a estão associados dois autovetores LI, $\mathbf{v}_1$ e $\mathbf{v}_2$. Neste caso temos duas soluções LI: $\mathbf{v}_1 e^{at}$ e $\mathbf{v}_2 e^{at}$ e existe, como em *i*), a terceira solução LI exatamente como a dada acima.

b) ao autovalor a está associada apenas um autovetor $\mathbf{v}$ LI. Temos então uma única solução LI da forma $\mathbf{X}_1 = \mathbf{v}e^{at}$.

Neste caso mostramos que existem mais duas soluções LI da forma

$$\mathbf{X}_2 = \begin{bmatrix} c_1 t + d_1 \\ c_2 t + d_2 \\ c_3 t + d_3 \end{bmatrix} e^{at} \quad \text{e} \quad \mathbf{X}_3 = \begin{bmatrix} m_1 t^2 + n_1 t + k_1 \\ m_2 t^2 + n_2 t + k_2 \\ m_3 t^2 + n_3 t + k_3 \end{bmatrix} e^{at}$$

Aqui, como nos itens anteriores, as constantes, c_i, d_i, m_i etc. são determinadas substituindo-se as soluções no sistema.

12.3 RESOLUÇÃO DE SISTEMAS DE *n* EQUAÇÕES LINEARES HOMOGÊNEAS DE 1ª ORDEM A COEFICIENTES CONSTANTES

Esta seção envolve um problema genérico, que consiste em procurar um conjunto de n funções reais que satisfaça, ao sistema:

$$(\S) \quad \begin{cases} \dfrac{dx_1}{dt} = a_{11}x_1 + \ldots + a_{1n}x_n \\ \dfrac{dx_2}{dt} = a_{21}x_1 + \ldots + a_{2n}x_n \\ \vdots \\ \dfrac{dx_n}{dt} = a_{n_1}x_1 + \ldots + a_{nn}x_n \end{cases}$$

onde os a_{ij} s são constantes reais. Na forma matricial temos:

$$\begin{bmatrix} \dfrac{dx_1}{dt} \\ \vdots \\ \dfrac{dx_n}{dt} \end{bmatrix} = \begin{bmatrix} a_{11} & a_{12} & \cdots & a_{1n} \\ \vdots & \vdots & & \vdots \\ a_{n1} & a_{n2} & \cdots & a_{nn} \end{bmatrix} \begin{bmatrix} x_1 \\ \vdots \\ x_n \end{bmatrix}$$

ou $\dfrac{d\mathbf{X}}{dt} = \mathbf{AX}$.

Uma solução será uma matriz $\mathbf{X} = \begin{bmatrix} x_1 \\ \vdots \\ x_n \end{bmatrix}$, cujos elementos são funções que solucionam o sistema (§).

O fato essencial que relaciona sistemas deste tipo com a Álgebra Linear é dado pelo teorema seguinte.

12.3.1 Teorema: O conjunto S de todas as soluções do sistema $\dfrac{d\mathbf{X}}{dt} = \mathbf{AX}$ é um espaço vetorial (complexo) de dimensão n.

Prova: De fato, observamos que se $\mathbf{X} = \begin{bmatrix} x_1 \\ \vdots \\ x_n \end{bmatrix}$ e $\mathbf{Y} = \begin{bmatrix} y_1 \\ \vdots \\ y_n \end{bmatrix}$ são soluções do sistema, então $\mathbf{X} + \mathbf{Y}$ e $k\mathbf{X}$ ($k \in \mathbf{C}$) são soluções, pois

$$\frac{d(\mathbf{X} + \mathbf{Y})}{dt} = \frac{d\mathbf{X}}{dt} + \frac{d\mathbf{Y}}{dt} = \mathbf{AX} + \mathbf{AY} = \mathbf{A}(\mathbf{X} + \mathbf{Y})$$

Isto é, $\mathbf{X} + \mathbf{Y}$ é solução. (Um procedimento análogo é usado para mostrar que $k\mathbf{X}$ é solução do sistema.

Vemos assim que S é um espaço vetorial complexo (subespaço do espaço vetorial das funções definidas em $\mathbf{R}$ com valores complexos). Para mostrarmos que a dimensão de S é n, isto é, que existem n e não mais que n soluções linearmente independentes, precisamos do *Teorema da existência e unicidade de solução de um sistema de equações diferenciais com condição inicial*[3].

12.3.2 A proposição anterior pode ser utilizada para se achar a solução geral de um sistema. Assim, se encontrarmos n soluções linearmente independentes do sistema

$$\frac{d\mathbf{X}}{dt} = \mathbf{AX},\ \mathbf{X}_1, \ldots, \mathbf{X}_n,\ \left(\text{isto é } \frac{d\mathbf{X}_i}{dt} = \mathbf{AX}_i\right)$$

---

[3] A demonstração deste teorema não será feita aqui, mas se você estiver interessado em estudá-la veja, por exemplo, Paes Leme, op. cit. p. 56.

podemos gerar todas as soluções do sistema, e qualquer uma delas será da forma:

$$X = c_1 X_1 + \ldots + c_n X_n \quad (c_i \in \mathbf{C}).$$

Note que cada solução X_1 é uma matriz $n \times 1$ de funções:

$$X_i = \begin{bmatrix} x_{i1}(t) \\ \vdots \\ x_{in}(t) \end{bmatrix}$$

12.4 EXERCÍCIOS

1. Uma colônia de bactérias cresce a uma razão diretamente proporcional ao número de bactérias presentes. (Se chamarmos de $B(t)$ a quantidade de bactérias depois de um tempo t, isto significa que $\frac{d}{dt} B(t) = k \cdot B(t)$, $k =$ = constante.) Se o número de bactérias triplica em duas horas, quanto tempo será necessário para que tenhamos cinquenta vezes a quantidade inicial?

Nos Exercícios de 2 a 5, dê a solução dos sistemas lineares.

2. $\begin{cases} \dfrac{dx}{dt} = 4x - 3y \\ \dfrac{dy}{dt} = 5x - 4y \end{cases}$

   com condição inicial $x(0) = 1$, $y(0) = 2$

3. $\begin{cases} \dfrac{dx}{dt} = -5x \\ \dfrac{dy}{dt} = -5y \end{cases}$

4. $\begin{cases} \dfrac{dx}{dt} = -9x + 19y + 4z \\ \dfrac{dy}{dt} = -3x + 7y + z \\ \dfrac{dz}{dt} = -7x + 17y + 2z \end{cases}$

5. $\begin{cases} \dfrac{dx}{dt} = x + y \\ \dfrac{dy}{dt} = -x + 3y \end{cases}$

6. Num circuito LC, seja um indutor de indutância L ligado em série com um capacitor de capacitância C. Seja i a corrente que circula no circuito e q a carga no capacitor.

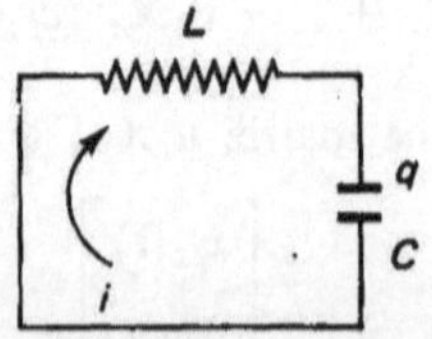

Suponhamos, inicialmente, que a corrente no circuito seja i_0 e o capacitor tenha uma carga q_0. Sabendo que a diferença de potencial no indutor é $L\frac{di}{dt}$ e no capacitor é $\frac{q}{C}$, temos o sistema de equações diferenciais

$$\begin{cases} L\dfrac{di}{dt} + \dfrac{q}{C} = 0 \\ \dfrac{dq}{dt} = i \end{cases}$$

Encontre as expressões da carga e da corrente em função do tempo.

12.4.1 Respostas

1. $\dfrac{2 \ln 50}{\ln 3}$

2. $x(t) = c_1e^t + 3c_2e^{-t}$
   $y(t) = c_1e^t + 5c_2e^{-t}$

3. $x(t) = e^{-5t}$
   $y(t) = 2e^{-5t}$

4. $x(t) = c_1(9 - 4i)e^{it} + c_2(9 + 4i)e^{-it} + 3c_3$
   $y(t) = c_1(3 - i)e^{it} + c_2(3 + i)e^{-it} + c_3$
   $z(t) = c_1(7 - 2i)e^{it} + c_2(7 + 2i)e^{-it} + 2c_3$

5. Solução: A matriz associada é $\mathbf{A} = \begin{bmatrix} 1 & 1 \\ -1 & 3 \end{bmatrix}$.

   $\lambda = 2$ e $\mathbf{v} = \begin{bmatrix} 1 \\ 1 \end{bmatrix}$, o único LI. Uma solução é $\mathbf{X}_1 = \begin{bmatrix} 1 \\ 1 \end{bmatrix}e^{2t}$.

Outra solução LI é do tipo

$$X_2 = \begin{bmatrix} c_1 t + d_1 \\ c_2 t + d_2 \end{bmatrix} e^{2t}$$

Então $\dfrac{d\mathbf{X}}{dt} = \mathbf{AX}_2$

Como

(*i*) $\dfrac{d\mathbf{X}_2}{dt} = \begin{bmatrix} c_1 \\ c_2 \end{bmatrix} e^{2t} + \begin{bmatrix} c_1 t + d_1 \\ c_2 t + d_2 \end{bmatrix} 2e^{2t}$

e (*ii*) $\mathbf{AX}_2 = \begin{bmatrix} (c_1 + c_2)t + (d_1 + d_2) \\ (3c_2 - c_1)t + (3d_2 - d_1) \end{bmatrix} e^{2t}$

Igualando (*i*) e (*ii*), temos:

$$2c_1 t + 2d_1 + c_1 = (c_1 + c_2)t + d_1 + d_2$$
$$2c_2 t + 2d_2 + d_1 = (3c_2 - c_1)t + 3d_2 - d_1$$

Como isto é uma identidade de polinômios, igualando os coeficientes, temos:

$-c_1 + c_2 = 0$, $-d_1 + d_2 = c_1$, $-c_1 + c_2 = 0$ e $-d_1 + d_2 = c_2$

Portanto, $c_1 = 1$, $c_2 = 1$, $d_1 = 0$ e $d_2 = 1$ e

$$\mathbf{X}_2 = \begin{bmatrix} t \\ t + 1 \end{bmatrix} e^{2t}$$

A solução geral é

$$x(t) = k_1 e^{2t} + k_2 t e^{2t}$$
$$y(t) = k_1 e^{2t} + k_2 (t + 1) e^{2t}$$

6. $i(t) = \alpha k e^{kt} + \beta k e^{-kt}$

$q(t) = \alpha e^{kt} - \beta e^{-kt}$

onde $\alpha = \dfrac{i_0 + kq_0}{2k}$, $\beta = \dfrac{i_0 - kq_0}{2k}$ e $k = \dfrac{1}{\sqrt{-cL}}$

Leituras Sugeridas e Referências

[1]Bentley, D. e Cooke, K.; *Linear Algebra with Differential Equations;* Holt, Rinehart and Winston, Inc., New York, 1973.
[2]Leighton, W.; *Equações Diferenciais Ordinárias;* Livros Técnicos e Científicos, Rio, 1970.
[3]Pais Leme, P.J.S.; *Notas de Equações Diferenciais Ordinárias*; Impa, Rio, 1972.

capítulo 13

Processos Iterativos e Álgebra Linear

13.1 INTRODUÇÃO

Em qualquer problema concreto é necessário não apenas saber que uma solução existe, mas também chegar a esta solução em termos numéricos. Os problemas que aparecem na prática, no entanto, envolvem tantas variáveis ou são tão difíceis que tornam-se praticamente impossíveis de serem resolvidos sem o uso de recursos como calculadoras, computadores etc.. (Tente, por exemplo, resolver um sistema linear de 100 equações e 100 incógnitas.) Há necessidade, então, de desenvolver processos numéricos que possam ser usados em computação eletrônica. Estes processos podem ser divididos em dois grupos: processos exatos e processos iterativos.

Por um *processo exato* entendemos um processo através do qual se obtém a solução numérica de um problema por meio de um número finito de operações elementares. O método de resolução de sistemas lineares por redução da matriz, que vimos no Capítulo 2, é um exemplo de processo numérico exato que pode ser programado e usado em computadores (embora para este fim existam outros métodos exatos de resolução de sistemas lineares que são melhores, como o método de Gauss que utiliza uma quantidade menor de operações, reduzindo o tempo de uso do computador e possibilitando, consequentemente, uma maior economia).

Um *processo iterativo* de resolução de um problema é um processo em que se obtém uma seqüência de soluções aproximadas do problema, tal que cada termo da seqüência é obtido a partir dos anteriores por um processo bem determinado e que, num certo sentido, está "cada vez mais perto" da solução correta do problema.

A escolha de um ou outro processo (quando houver esta possibilidade) vai depender de uma série de fatores: da precisão desejada dos resultados (e aqui devemos ressaltar que a expressão *processo exato* não quer dizer que se encontre a resposta correta, sem erro algum. Este erro quase sempre aparece na prática, pois as máquinas calculadoras têm apenas um número finito de dígitos e assim, em cada operação haverá um erro de arredondamento), da capacidade de memória do computador empregado, do tempo despendido em computação, do problema em particular. Por exemplo, o processo iterativo é melhor quando as matrizes envolvidas são esparsas, isto é, com muitos zeros, ou quando existe uma fórmula para calcular os elementos da matriz, evitando que seja necessário o armazenamento etc. Por razões técnicas, durante vários anos houve preferência generalizada pelos processos iterativos, mas com o desenvolvimento de computadores em grande capacidade de memória e rapidez, os processos exatos voltaram a ser interessantes do ponto de vista prático e, atualmente, são competitivos com os processos iterativos. Estes últimos, no entanto, continuam a ser muito importantes e serão os que estudaremos aqui através de sua conexão com Álgebra Linear.

Suporemos que você saiba um pouco (não muito) sobre limites e seqüências de números.

13.2 SEQUÊNCIAS DE MATRIZES

Começaremos considerando uma sequência infinita de matrizes de ordem $r \times s$, $\mathbf{A}_1, \mathbf{A}_2, \ldots, \mathbf{A}_n, \mathbf{A}_{n+1}, \ldots$, onde

$$\mathbf{A}_1 = \begin{bmatrix} a_{11}^{(1)} & a_{12}^{(1)} & \ldots & a_{1s}^{(1)} \\ \vdots & \vdots & & \vdots \\ a_{r1}^{(1)} & a_{r2}^{(1)} & \ldots & a_{rs}^{(1)} \end{bmatrix}, \quad \mathbf{A}_2 = \begin{bmatrix} a_{11}^{(2)} & a_{12}^{(2)} & \ldots & a_{1s}^{(2)} \\ \vdots & \vdots & & \vdots \\ a_{r1}^{(2)} & a_{r2}^{(2)} & \ldots & a_{rs}^{(2)} \end{bmatrix},$$

$$\ldots, \mathbf{A}_n = \begin{bmatrix} a_{11}^{(n)} & a_{12}^{(n)} & \ldots & a_{1s}^{(n)} \\ \vdots & \vdots & & \vdots \\ a_{r1}^{(n)} & a_{r2}^{(n)} & \ldots & a_{rs}^{(n)} \end{bmatrix}, \ldots$$

com todos os $a_{ij}^{(k)}$ números reais ou complexos. Representamos tal seqüência por $\{\mathbf{A}_n\}_{n \in \mathbf{N}}$

13.2.1 Definição: Dizemos que a sequência $\{\mathbf{A}_n\}_{n \in \mathbf{N}}$ de matrizes *converge* para (ou se aproxima de, ou ainda tem como limite) a matriz $\mathbf{A} = [a_{ij}]$ (de mesma ordem) se os elementos das matrizes $\mathbf{A}_n$ se aproximam dos elementos correspondentes da matriz **A**, isto é,

$$\lim_{n \to \infty} a_{ij}^{(n)} = a_{ij} \text{ para } \begin{cases} i = 1, 2, ..., r \\ j = 1, 2, ..., s \end{cases}$$

Neste caso, usaremos a notação

$$\lim_{n \to \infty} \mathbf{A}_n = \mathbf{A} \quad \text{ou} \quad \mathbf{A}_n \to \mathbf{A}$$

Exemplo: Seja a sequência $\{\mathbf{A}_n\}_{n \in \mathbf{N}}$ onde

$$\mathbf{A}_n = \begin{bmatrix} \frac{1}{n} & 1 + \frac{5}{n^2} \\ 3 & \frac{3n+1}{2n} \end{bmatrix}$$

Então, $\mathbf{A}_1 = \begin{bmatrix} 1 & 6 \\ 3 & 2 \end{bmatrix}$, $\mathbf{A}_2 = \begin{bmatrix} \frac{1}{2} & \frac{9}{4} \\ 3 & \frac{7}{4} \end{bmatrix}$ etc. e $\lim\limits_{n \to \infty} \mathbf{A}_n = \begin{bmatrix} 0 & 1 \\ 3 & \frac{3}{2} \end{bmatrix}$

Um caso particular importante da definição anterior é quando as matrizes são vetores-coluna, $\mathbf{X}_n$. Neste caso,

$$\mathbf{X}_n = \begin{bmatrix} x_1^{(n)} \\ \vdots \\ x_r^{(n)} \end{bmatrix} \to \mathbf{X} = \begin{bmatrix} x_1 \\ \vdots \\ x_r \end{bmatrix}$$

se $\lim\limits_{n \to \infty} x_i^{(n)} = x_i$ para $i = 1, 2, ..., r$.

13.2.2 Definição: Usando as notações da definição 13.2.1, dizemos que a *série de matrizes* (soma de infinitas matrizes)

$$\mathbf{A}_1 + \mathbf{A}_2 + ... + \mathbf{A}_n + \mathbf{A}_{n+1} + ...$$

tem como soma uma matriz **S** e escrevemos $\mathbf{S} = \mathbf{A}_1 + \mathbf{A}_2 + ...$ se a sequência $\{\mathbf{B}_n\}_{n \in \mathbf{N}}$, onde $\mathbf{B}_n = \mathbf{A}_1 + ... + \mathbf{A}_n$ tem como limite a matriz **S**, isto é,

$$\lim_{n \to \infty} (\mathbf{A}_1 + \mathbf{A}_2 + ... + \mathbf{A}_n) = \mathbf{S}$$

Como o limite de uma sequência de matrizes é formado pelos limites dos elementos, certas propriedades de limites de sequências de números também são válidas para seqüências de matrizes. Por exemplo, constantes multiplicativas podem ser colocadas fora do limite em sequências numéricas, isto é, $\lim_{n \to \infty} k \cdot a_n = k \cdot \lim_{n \to \infty} a_n$, o mesmo valendo para matrizes. Isto é, se $\mathbf{Q}_1$ e $\mathbf{Q}_2$ são matrizes constantes, então

$$\lim_{n \to \infty} (\mathbf{Q}_1 \cdot \mathbf{A}_n) = \mathbf{Q}_1 \cdot \lim_{n \to \infty} \mathbf{A}_n \quad \text{e} \quad \lim_{n \to \infty} (\mathbf{A}_n \cdot \mathbf{Q}_2) = (\lim_{n \to \infty} \mathbf{A}_n) \cdot \mathbf{Q}_2,$$

desde que sejam possíveis as operações.

Os resultados que vêm a seguir mostram outras situações em que, sob certos aspectos, as seqüências de matrizes comportam-se como sequências de números. A primeira delas é que, dado um número real ou complexo a, com $|a| < 1$, as potências de $|a|$ são números cada vez mais próximos de zero, isto é, $\lim_{k \to \infty} |a|^k = 0$, e portanto $\lim_{k \to \infty} a^k = 0$. Além disso, se $|a| > 1$, $\lim_{k \to \infty} a^k$ não é zero.

Você deve conhecer ainda que se tivermos uma sequência de números que é uma progressão geométrica de primeiro termo 1 e razão a, com $|a| < 1$, então a soma dos termos (infinitos) desta progressão existe e é dada por

$$1 + a + a^2 + \ldots + a^k + \ldots = \frac{1}{1 - a}$$

Estes dois resultados também são válidos (com certas modificações) para sequências de matrizes, como veremos nos teoremas 13.2.4, 13.2.5 e 13.3.7.

No que se segue, estaremos considerando todos os autovalores de uma matriz quadrada $\mathbf{A}$, inclusive os complexos, mesmo que $\mathbf{A}$ tenha apenas elementos reais.

13.2.3 Teorema: Seja $\mathbf{A}$ uma matriz quadrada $r \times r$. Então $\lim_{k \to \infty} \mathbf{A}^k = \mathbf{0}$ (matriz nula $r \times r$) se e somente se todos os autovalores de $\mathbf{A}$ têm módulo menor que 1.

Prova: Suponhamos que $\mathbf{A}$ seja diagonalizável. Existe então uma matriz inversível, $\mathbf{Q}$, tal que

$$\mathbf{Q}^{-1}\mathbf{A}\mathbf{Q} = \begin{bmatrix} \lambda_1 & 0 & \ldots & 0 \\ 0 & \lambda_2 & & \vdots \\ \vdots & & \ddots & \\ 0 & \ldots & & \lambda_r \end{bmatrix}$$

onde os λ_i são os autovalores de $\mathbf{A}$, isto é,

$$\mathbf{A} = \mathbf{Q} \cdot \begin{bmatrix} \lambda_1 & 0 & \dots & 0 \\ 0 & \lambda_2 & & \vdots \\ \vdots & & \ddots & \\ 0 & \dots & & \lambda_r \end{bmatrix} \cdot \mathbf{Q}^{-1}$$

Vê-se facilmente (por indução) que

$$\mathbf{A}^k = \mathbf{Q} \cdot \begin{bmatrix} \lambda_1 & 0 & \dots & 0 \\ 0 & \lambda_2 & & \vdots \\ \vdots & & \ddots & \\ 0 & \dots & & \lambda_r \end{bmatrix}^k \cdot \mathbf{Q}^{-1} = \mathbf{Q} \cdot \begin{bmatrix} \lambda_1^k & 0 & \dots & 0 \\ 0 & \lambda_2^k & & \vdots \\ \vdots & & \ddots & \\ 0 & \dots & & \lambda_r^k \end{bmatrix} \cdot \mathbf{Q}^{-1}$$

E portanto,

$$\lim_{k\to\infty} \mathbf{A}^k = \lim_{k\to\infty} \mathbf{Q} \cdot \begin{bmatrix} \lambda_1^k & \dots & 0 \\ \vdots & & \vdots \\ 0 & \dots & \lambda_r^k \end{bmatrix} \cdot \mathbf{Q}^{-1} = \mathbf{Q} \left(\lim_{k\to\infty} \begin{bmatrix} \lambda_1^k & \dots & 0 \\ \vdots & & \vdots \\ 0 & \dots & \lambda_r^k \end{bmatrix} \right) \mathbf{Q}^{-1}$$

Como $|\lambda_1| < 1$, $|\lambda_2| < 1$, ..., $|\lambda_r| < 1$, então $\lim\limits_{k\to\infty} \lambda_i^k = 0$ para $i = 1, ..., r$

e portanto,

$$\lim_{k\to\infty} \mathbf{A}^k = \mathbf{Q} \cdot \mathbf{0} \cdot \mathbf{Q}^{-1} = \mathbf{0}$$

Vamos mostrar agora que, se $\lim\limits_{k\to\infty} \mathbf{A}^k = \mathbf{0}$, então $|\lambda_i| < 1$ para $i = 1, ..., r$.

Suponhamos, por absurdo, que um dos autovalores, por exemplo o λ_1, tem módulo maior ou igual a 1. Então, $\lim\limits_{k\to\infty} \lambda_1^k \neq 0$. Dessa forma

$$\lim_{k\to\infty} \mathbf{A}^k = \mathbf{Q} \left(\lim_{k\to\infty} \begin{bmatrix} \lambda_1^k & \cdots & 0 \\ \vdots & & \vdots \\ 0 & \cdots & \lambda_r^k \end{bmatrix} \right) \mathbf{Q}^{-1} \neq \mathbf{0}$$

o que contradiz o fato inicial de que $\lim\limits_{k\to\infty} \mathbf{A}^k = \mathbf{0}$. Portanto, todos os autovalores devem ter módulo menor que 1.

O caso geral, isto é, quando **A** não é diagonalizável, é feito de modo análogo só que, no lugar da forma diagonal, é usada a forma de Jordan. Depois, tente fazer esta demonstração, como exercício. A dificuldade estará em se estabelecer a expressão da *n*-ésima potência da forma de Jordan da matriz **A**.

Vejamos mais uma situação em que as sequências de matrizes apresentam um comportamento semelhante às sequências de números.

13.2.4 Teorema: Seja $\mathbf{A}$ uma matriz quadrada $r \times r$. Então, $\lim_{k \to \infty} \mathbf{A}^k = \mathbf{0}$ se e somente se $\mathbf{I} - \mathbf{A}$ é uma matriz inversível e $\mathbf{I} + \mathbf{A} + \mathbf{A}^2 + \ldots + \mathbf{A}^k + \ldots = (\mathbf{I} - \mathbf{A})^{-1}$, onde $\mathbf{I}$ é a matriz identidade $r \times r$.

Prova: Suponhamos primeiro que $\mathbf{I} + \mathbf{A} + \mathbf{A}^2 + \ldots + \mathbf{A}^k + \ldots = (\mathbf{I} - \mathbf{A})^{-1}$, isto é, que $\lim_{k \to \infty} (\mathbf{I} + \mathbf{A} + \ldots + \mathbf{A}^k) = (\mathbf{I} - \mathbf{A})^{-1}$.

Portanto, $\lim_{k \to \infty} (\mathbf{I} + \mathbf{A} + \ldots + \mathbf{A}^k + \mathbf{A}^{k+1}) = (\mathbf{I} - \mathbf{A})^{-1}$.

Subtraindo as duas igualdades, temos

$$\mathbf{0} = (\mathbf{I} - \mathbf{A})^{-1} - (\mathbf{I} - \mathbf{A})^{-1} = \lim_{k \to \infty} (\mathbf{I} + \mathbf{A} + \ldots + \mathbf{A}^k + \mathbf{A}^{k+1}) - \lim_{k \to \infty} (\mathbf{I} + \mathbf{A} + \ldots + \mathbf{A}^k) = \lim_{k \to \infty} \mathbf{A}^{k+1} = \lim_{k \to \infty} \mathbf{A}^k.$$

Suponhamos, por outro lado, que $\lim_{k \to \infty} \mathbf{A}^k = \mathbf{0}$. Pelo teorema anterior vemos que os autovalores de $\mathbf{A}$ têm módulo menor que 1 e, portanto, o número 1 não é autovalor, o que implica $\det(\mathbf{A} - 1 \cdot \mathbf{I}) \neq 0$. Então, a matriz $\mathbf{A} - 1 \cdot \mathbf{I}$ é inversível. Assim, $\mathbf{I} - \mathbf{A}$ também é inversível e $(\mathbf{I} - \mathbf{A})^{-1}$ existe. Vale ainda a identidade

$$(\mathbf{I} + \mathbf{A} + \mathbf{A}^2 + \ldots + \mathbf{A}^k)(\mathbf{I} - \mathbf{A}) = \mathbf{I} - \mathbf{A}^{k+1}.$$

Multiplicando pela direita por $(\mathbf{I} - \mathbf{A})^{-1}$, temos

$$\mathbf{I} + \mathbf{A} + \mathbf{A}^2 + \ldots + \mathbf{A}^k = (\mathbf{I} - \mathbf{A})^{-1} - \mathbf{A}^{k+1}(\mathbf{I} - \mathbf{A})^{-1}$$

Então $\mathbf{I} + \mathbf{A} + \mathbf{A}^2 + \ldots + \mathbf{A}^k + \ldots$

$$= \lim_{k \to \infty} (\mathbf{I} + \mathbf{A} + \ldots + \mathbf{A}^k) = \lim_{k \to \infty} [(\mathbf{I} - \mathbf{A})^{-1} - \mathbf{A}^{k+1}(\mathbf{I} - \mathbf{A})^{-1}]$$

$$= (\mathbf{I} - \mathbf{A})^{-1} \quad \text{pois} \quad \lim_{k \to \infty} \mathbf{A}^{k+1} = \mathbf{0}.$$

Reunindo os resultados dos dois teoremas anteriores obtemos:

13.2.5 Corolário: Se $\mathbf{A}$ é uma matriz quadrada, então os autovalores de $\mathbf{A}$ têm todos módulo menor que 1 se, e somente se a matriz $\mathbf{I} - \mathbf{A}$ é inversível e vale

$$\mathbf{I} + \mathbf{A} + \mathbf{A}^2 + \ldots + \mathbf{A}^k + \ldots = (\mathbf{I} - \mathbf{A})^{-1}.$$

13.3 RESOLUÇÃO DE SISTEMAS LINEARES – PROCESSO ITERATIVO

Vejamos, agora, como esses fatos podem ser usados para resolver sistemas lineares. Consideremos o sistema:

$$\begin{cases} 1{,}03x - 0{,}02y = 7 \\ 0{,}01x + 0{,}90y = -5{,}2 \end{cases}$$

Observamos que ele pode ser colocado na forma

$$\begin{aligned} x &= -0{,}03x + 0{,}02y + 7 \\ y &= -0{,}01x + 0{,}10y - 5{,}2 \end{aligned}$$

ou na forma matricial

$$\begin{bmatrix} x \\ y \end{bmatrix} = \begin{bmatrix} -0{,}03 & 0{,}02 \\ -0{,}01 & 0{,}10 \end{bmatrix} \begin{bmatrix} x \\ y \end{bmatrix} + \begin{bmatrix} 7 \\ -5{,}2 \end{bmatrix}$$

Chamando $\mathbf{X} = \begin{bmatrix} x \\ y \end{bmatrix}$, $\mathbf{M} = \begin{bmatrix} -0{,}03 & 0{,}02 \\ -0{,}01 & 0{,}10 \end{bmatrix}$ e $\mathbf{N} = \begin{bmatrix} 7 \\ -5{,}2 \end{bmatrix}$, vemos que uma solução do sistema é exatamente um vetor-coluna $\mathbf{X}$ que satisfaça $\mathbf{X} = \mathbf{MX} + \mathbf{N}$.

Queremos saber se existe algum processo iterativo para determinar tal $\mathbf{X}$. Iniciemos o processo com um vetor qualquer $\mathbf{X}_1$. Por exemplo, tomemos $\mathbf{X}_1 = \begin{bmatrix} 1 \\ 0 \end{bmatrix}$. Se calcularmos

$$\mathbf{X}_2 = \mathbf{MX}_1 + \mathbf{N} = \begin{bmatrix} -0{,}03 & 0{,}02 \\ -0{,}01 & 0{,}10 \end{bmatrix} \begin{bmatrix} 1 \\ 0 \end{bmatrix} + \begin{bmatrix} 7 \\ -5{,}2 \end{bmatrix} = \begin{bmatrix} 6{,}97 \\ -5{,}21 \end{bmatrix}$$

e se usarmos o vetor obtido para obter $\mathbf{X}_3$, teremos

$$\mathbf{X}_3 = \mathbf{MX}_2 + \mathbf{N} = \begin{bmatrix} -0{,}03 & 0{,}02 \\ -0{,}01 & 0{,}10 \end{bmatrix} \begin{bmatrix} 6{,}97 \\ -5{,}21 \end{bmatrix} + \begin{bmatrix} 7 \\ -5{,}2 \end{bmatrix} = \begin{bmatrix} 6{,}6867 \\ -5{,}7907 \end{bmatrix}$$

Analogamente, se usarmos $\mathbf{X}_3$ para obter $\mathbf{X}_4$, teremos

$$\mathbf{X}_4 = \mathbf{MX}_3 + \mathbf{N} = \begin{bmatrix} -0{,}03 & 0{,}02 \\ -0{,}01 & 0{,}10 \end{bmatrix} \begin{bmatrix} 6{,}6867 \\ -5{,}7907 \end{bmatrix} + \begin{bmatrix} 7 \\ -5{,}2 \end{bmatrix} = \begin{bmatrix} 6{,}683585 \\ -5{,}845937 \end{bmatrix}$$

Se em cada passo procedermos analogamente, isto é, uma vez obtido $\mathbf{X}_n$, obtemos $\mathbf{X}_{n+1}$ pela fórmula $\mathbf{X}_{n+1} = \mathbf{MX}_n + \mathbf{N}$, teremos montada uma sequência $\{\mathbf{X}_n\}_{n \in \mathbb{N}}$ de vetores-coluna. Será que estes vetores $\mathbf{X}_n$ estão se aproximando de um vetor $\mathbf{X}$ que seja solução do sistema? Verifiquemos isto. Naturalmente, o sistema pode ser resolvido de forma usual (por exemplo, por substituição) e a solução é

$$x = \frac{650788}{97541} \quad \text{e} \quad y = \frac{-6056}{947}$$

Efetuando as divisões, teremos $x \approx 6{,}6824849$ e $y \approx -5{,}8520276$. Compare esses resultados com os obtidos em $\mathbf{X}_4$.

Surge uma pergunta natural: em que condições teremos a repetição do que parece acontecer neste exemplo? Em outras palavras, quando a sequência $\mathbf{X}_n$ se aproxima de um vetor $\mathbf{X}$, que é solução do sistema? O próximo teorema nos dará uma resposta a esta pergunta, fornecendo um método iterativo de resolução de sistemas lineares que satisfaça determinadas condições. Antes de enunciá-lo e demonstrá-lo, precisamos estudar a relação entre as formas $\mathbf{AX} = \mathbf{B}$ e $\mathbf{X} = \mathbf{MX} + \mathbf{N}$ de um sistema.

Normalmente, um sistema vem dado na forma $\mathbf{AX} = \mathbf{B}$. Entretanto, se quisermos aplicar um procedimento semelhante ao usado no exemplo anterior, esta forma não é satisfatória. É preciso colocá-lo na forma $\mathbf{X} = \mathbf{MX} + \mathbf{N}$. Isto pode ser feito de várias maneiras. Uma delas é a que foi usada no exemplo:

$$\mathbf{AX} = [\mathbf{I} + (\mathbf{A} - \mathbf{I})]\mathbf{X} = \mathbf{X} + (\mathbf{A} - \mathbf{I})\mathbf{X} = \mathbf{B},$$

ou seja, $\mathbf{X} = (\mathbf{I} - \mathbf{A})\mathbf{X} + \mathbf{B}$, e então tomamos $\mathbf{M} = \mathbf{I} - \mathbf{A}$ e $\mathbf{N} = \mathbf{B}$. O modo como são escolhidos $\mathbf{M}$ e $\mathbf{N}$ em função de $\mathbf{A}$ e $\mathbf{B}$ é importante na prática, e em 13.3.9 voltaremos a comentar este assunto. No momento, estamos apenas interessados na situação em que $\mathbf{M}$ e $\mathbf{N}$ já foram obtidos e então, começando com um vetor-coluna qualquer $\mathbf{X}_1$, montamos uma seqüência $\{\mathbf{X}_n\}_{n \in \mathbf{N}}$ iterativamente pela fórmula $\mathbf{X}_{n+1} = \mathbf{M} \cdot \mathbf{X}_n + \mathbf{N}$. Queremos saber, então, em que condições a seqüência obtida se aproxima de uma solução do sistema. Como já dissemos, a resposta é dada pelo teorema a seguir.

13.3.1 Teorema: Se um sistema linear é dado na forma $\mathbf{X} = \mathbf{MX} + \mathbf{N}$, onde $\mathbf{M}$ é uma matriz quadrada tal que todos os seus autovalores tenham módulo menor que 1, então, iniciando por um vetor-coluna qualquer $\mathbf{X}_1$, a seqüência de vetores-coluna obtida pela fórmula

$$\mathbf{X}_{n+1} = \mathbf{MX}_n + \mathbf{N}$$

tem como limite um vetor-coluna $\mathbf{X}$ que é solução do sistema $\mathbf{X} = \mathbf{MX} + \mathbf{N}$. Dizemos, neste caso, que a sequência converge para uma solução do sistema.

Prova: Temos

$$\begin{aligned}
\mathbf{X}_2 &= \mathbf{MX}_1 + \mathbf{N}\\
\mathbf{X}_3 &= \mathbf{MX}_2 + \mathbf{N} = \mathbf{M}(\mathbf{MX}_1 + \mathbf{N}) + \mathbf{N} = \mathbf{M}^2\mathbf{X}_1 + (\mathbf{I} + \mathbf{M})\mathbf{N}\\
\mathbf{X}_4 &= \mathbf{MX}_3 + \mathbf{N} = \mathbf{M}[\mathbf{M}^2\mathbf{X}_1 + (\mathbf{I} + \mathbf{M})\mathbf{N}] + \mathbf{N} = \mathbf{M}^3\mathbf{X}_1 + (\mathbf{I} + \mathbf{M} + \mathbf{M}^2)\mathbf{N}
\end{aligned}$$

e, procedendo por indução, obtemos

$$\mathbf{X}_n = \mathbf{M}^{n-1}\mathbf{X}_1 + (\mathbf{I} + \mathbf{M} + \mathbf{M}^2 + \ldots + \mathbf{M}^{n-2})\mathbf{N}.$$

Como $\mathbf{M}$ tem todos os autovalores com módulo menor que 1, pelo corolário 13.2.5 e pelo teorema 13.2.4, temos

$$\lim_{n \to \infty} (\mathbf{I} + \mathbf{M} + ... + \mathbf{M}^{n-2}) = (\mathbf{I} - \mathbf{M})^{-1}$$

$$\lim_{n \to \infty} \mathbf{M}^{n-1} = \mathbf{0}.$$

Portanto, $\lim_{n \to \infty} \mathbf{X}_n = \lim_{n \to \infty} [\mathbf{M}^{n-1}\mathbf{X}_1 + (\mathbf{I} + \mathbf{M} + ... + \mathbf{M}^{n-2})\mathbf{N}] =$
$= (\mathbf{I} - \mathbf{M})^{-1}\mathbf{N}.$

Concluímos, então, que $\lim_{n \to \infty} \mathbf{X}_n$ existe e chamemos

$$\mathbf{X} = (\mathbf{I} - \mathbf{M})^{-1}\mathbf{N} = \lim_{n \to \infty} \mathbf{X}_n.$$

Tomemos agora o limite quando $n \to \infty$ dos dois membros da igualdade $\mathbf{X}_{n+1} = \mathbf{M}\mathbf{X}_n + \mathbf{N}$. Temos $\lim_{n \to \infty} \mathbf{X}_{n+1} = \lim_{n \to \infty} (\mathbf{M}\mathbf{X}_n + \mathbf{N}) = \mathbf{M} \cdot \lim_{n \to \infty} \mathbf{X}_n + \mathbf{N}$, ou seja, $\mathbf{X} = \mathbf{M}\mathbf{X} + \mathbf{N}$ e, portanto, $\mathbf{X} = \lim_{n \to \infty} \mathbf{X}_n$ é solução do sistema.

O teorema que acabamos de ver é típico dos teoremas que aparecem em processos iterativos. Ele fornece um processo de construção mecânica de uma sequência que, sob certas condições, aproxima-se da solução do problema. Não é vantajoso aplicar manualmente estes processos, mas estes parecem bastante razoáveis quando se dispõe de uma calculadora automática programável.

Entretanto, este teorema apresenta uma limitação muito séria na prática. Como verificar concretamente se uma dada matriz (geralmente de ordem alta) tem autovalores com módulo menor que 1? Calcular os autovalores seria uma resposta óbvia, mas não temos meios práticos e rápidos de fazer isto com matrizes de ordem alta (a não ser, talvez, por outros processos numéricos iterativos). Vamos ver, então, se conseguimos dar uma resposta bem simples e rápida, apenas examinando os elementos da matriz. Para isto definimos:

13.3.2 Definição: Seja $\mathbf{A} = [a_{ij}]_{r \times s}$ uma matriz. Chamamos de *norma da matriz* $\mathbf{A}$ e denotamos por $\|\mathbf{A}\|$, o número não negativo

$$\|\mathbf{A}\| = \max_{1 \leq i \leq r} \sum_{j=1}^{s} |a_{ij}|$$

Exemplo: Se

$$\mathbf{A} = \begin{bmatrix} 2 & -1 \\ 8 & 0 \end{bmatrix},$$

então $\|\mathbf{A}\| = \text{máx}\,\{|2| + |-1|, |8| + |0|\} = \text{máx}\,\{3, 8\} = 8.$

O caso particular da definição anterior em que a matriz é um vetor-coluna $n \times 1$ é muito importante e por isso vamos repetir a definição neste caso particular, dando um nome especial.

13.3.3 Definição: Seja

$$\mathbf{X} = \begin{bmatrix} x_1 \\ \vdots \\ x_n \end{bmatrix}$$

um vetor-coluna. Chamamos de *norma do máximo do vetor-coluna* **X** ao número

$$\|\mathbf{X}\| = \text{máx } \{ |x_1|, |x_2|, ..., |x_n| \}$$

Observação: No Capítulo 8, ao lidarmos com espaços vetoriais munidos de um produto interno $\langle\ ,\ \rangle$, demos o nome de norma de um vetor **v** ao número $\|\mathbf{v}\| = \langle \mathbf{v}, \mathbf{v} \rangle$. A noção que estamos apresentando aqui não provém de um produto interno, mas continua recebendo o nome de norma porque possui várias propriedades em comum com o conceito introduzido no Capítulo 8. Vejamos algumas propriedades.

13.3.4 Teorema: Consideremos uma sequência de matrizes $\mathbf{A}_n = [a_{ij}^{(n)}]_{r \times s}$ e uma matriz $\mathbf{A} = [a_{ij}]_{r \times s}$, tais que $\lim_{n \to \infty} \|\mathbf{A}_n - \mathbf{A}\| = 0$. Então $\lim_{n \to \infty} (\mathbf{A}_n - \mathbf{A}) = \mathbf{0}$, ou seja, $\lim_{n \to \infty} \mathbf{A}_n = \mathbf{A}$.

Prova: Temos $\lim_{n \to \infty} \|\mathbf{A}_n - \mathbf{A}\| = \lim_{n \to \infty} \max_{1 \leqslant i \leqslant r} \left(\sum_{j=1}^{s} |a_{ij}^{(n)} - a_{ij}| \right) = 0$

Então para todo $i = 1, ..., r$, temos

$$\lim_{n \to \infty} \sum_{j=1}^{s} |a_{ij}^{(n)} - a_{ij}| = 0$$

Mas, se a soma de termos positivos tende a zero, cada uma das parcelas também tende a zero. Logo, para todo $i = 1, ..., r$ e $j = 1, ..., s$ temos $\lim_{n \to \infty} |a_{ij}^{(n)} - a_{ij}| = 0$, ou seja, $\lim_{n \to \infty} (a_{ij}^{(n)} - a_{ij}) = 0$. Assim, $\lim_{n \to \infty} (\mathbf{A}_n - \mathbf{A}) = 0$.

13.3.5 Teorema: Sejam **A** e **B** duas matrizes de mesma ordem e λ um número.

i) $\|\mathbf{A}\| = 0$ se, e somente se $\mathbf{A} = \mathbf{0}$
ii) $\|\mathbf{A} + \mathbf{B}\| \leqslant \|\mathbf{A}\| + \|\mathbf{B}\|$
iii) $\|\lambda \mathbf{A}\| = |\lambda| \, \|\mathbf{A}\|$

Prova: Faça como exercício. Ao provar (*ii*) lembre que se a e b são números, então $|a + b| \leqslant |a| + |b|$.

Observe que as propriedades do teorema anterior são três das propriedades da norma definida no Capítulo 8. A norma definida aqui, embora não provenha de um produto interno, tem também essas propriedades.

Vamos precisar, ainda, de mais uma propriedade desta norma para demonstrar os resultados seguintes.

13.3.6 Teorema: Se $\mathbf{A} = [a_{ik}]_{r \times s}$ e $\mathbf{B} = [b_{kj}]_{s \times t}$ são duas matrizes, então $\|\mathbf{A} \cdot \mathbf{B}\| \leqslant \|\mathbf{A}\| \cdot \|\mathbf{B}\|$.

Prova: Temos $\mathbf{A} \cdot \mathbf{B} = [c_{ij}]_{r \times t}$ onde $c_{ij} = \sum_{k=1}^{s} a_{ik} b_{kj}$

Então
$$\|\mathbf{A} \cdot \mathbf{B}\| = \max_{1 \leqslant i \leqslant r} \sum_{j=1}^{t} |c_{ij}| = \max_{1 \leqslant i \leqslant r} \left(\sum_{j=1}^{t} \left| \sum_{k=1}^{s} a_{ik} b_{kj} \right| \right) \leqslant$$

$$\leqslant \max_{1 \leqslant i \leqslant r} \left[\sum_{j=1}^{t} \left(\sum_{k=1}^{s} |a_{ik}|\, |b_{kj}| \right) \right] =$$

$$= \max_{1 \leqslant i \leqslant r} \left(\sum_{k=1}^{s} |a_{ik}| \sum_{j=1}^{t} |b_{kj}| \right) \leqslant$$

$$\leqslant \max_{1 \leqslant i \leqslant r} \left[\sum_{k=1}^{s} |a_{ik}| \left(\max_{1 \leqslant k \leqslant s} \sum_{j=1}^{t} |b_{kj}| \right) \right] =$$

$$= \left(\max_{1 \leqslant i \leqslant r} \sum_{k=1}^{s} |a_{ik}| \right) \cdot \left(\max_{1 \leqslant k \leqslant s} \sum_{j=1}^{t} |b_{kj}| \right) =$$

$$= \|\mathbf{A}\| \cdot \|\mathbf{B}\|$$

Uma situação particular desta proposição é quando **B** é um vetor-coluna **X**. Temos então $\|\mathbf{A} \cdot \mathbf{X}\| \leqslant \|\mathbf{A}\| \cdot \|\mathbf{X}\|$. Vamos ver agora qual é a ligação que existe entre a norma de uma matriz e seus autovalores.

13.3.7 Teorema: Se **A** é uma matriz quadrada tal que $\|\mathbf{A}\| < 1$, então todos os seus autovalores têm módulo menor que 1.

Prova: Pelo teorema 13.3.6, temos $\|\mathbf{A}^2\| = \|\mathbf{A} \cdot \mathbf{A}\| \leqslant \|\mathbf{A}\| \cdot \|\mathbf{A}\| \leqslant \|\mathbf{A}\|^2$ e, indutivamente, $\|\mathbf{A}^k\| \leqslant \|\mathbf{A}\|^k$. Como $\|\mathbf{A}\| < 1$, temos

$$0 \leqslant \lim_{k \to \infty} \|\mathbf{A}^k\| \leqslant \lim_{k \to \infty} \|\mathbf{A}\|^k = 0$$

ou seja, $\lim_{k \to \infty} \|\mathbf{A}^k\| = 0$ e, portanto, pelo teorema 13.3.4 $\lim_{k \to \infty} \mathbf{A}^k = \mathbf{0}$. Usando, então, o teorema 13.2.3, vemos que os autovalores de **A** têm módulo menor que 1.

Incluindo este último resultado no teorema 13.3.1, obtemos o seguinte teorema que fornece um critério para determinar se um sistema tem solução obtida através do processo iterativo.

13.3.8 Teorema: Se $\mathbf{M} = [b_{ij}]_{r \times r}$ é uma matriz tal que $\|\mathbf{M}\| = \max_{1 \leqslant i \leqslant r} \sum_{j=1}^{r} |b_{ij}| < 1$ e **N** é um vetor-coluna $r \times 1$, então, qualquer que seja o vetor-coluna inicial $\mathbf{X}_1$, a seqüência de vetores-coluna, dada pela fórmula iterativa $\mathbf{X}_{n+1} = \mathbf{M} \cdot \mathbf{X}_n + \mathbf{N}$, aproxima-se de um vetor-coluna **X** que é solução do sistema linear $\mathbf{X} = \mathbf{M} \cdot \mathbf{X} + \mathbf{N}$.

Como este último resultado pode ser usado na prática? Como já comentamos, um sistema que normalmente aparece na forma $\mathbf{A} \cdot \mathbf{X} = \mathbf{B}$ sempre pode ser colocado (de vários modos) na forma $\mathbf{X} = \mathbf{M} \cdot \mathbf{X} + \mathbf{N}$. A resolução do teorema anterior pelo processo iterativo, é viável, desde que esteja satisfeita determinada condição sobre **M**. Dependendo da maneira como colocamos o sistema na forma $\mathbf{X} = \mathbf{M} \cdot \mathbf{X} + \mathbf{N}$, esta condição (suficiente) sobre **M** vai se refletir de maneira diferente sobre **A**.

Por exemplo, na escolha sugerida, isto é, $\mathbf{M} = \mathbf{I} - \mathbf{A}$ e $\mathbf{N} = \mathbf{B}$, se $\mathbf{A} = [a_{ij}]_{r \times r}$, a condição $\|\mathbf{M}\| < 1$ é a de que $\|\mathbf{I} - \mathbf{A}\| = \text{máx}\,\{|1 - a_{i1}| + |a_{i2}| + \ldots + |a_{ir}|\} < 1$. Isto significa em termos intuitivos que para esta escolha de **M** e **N** o processo iterativo converge se a matriz de coeficientes **A** do sistema for razoavelmente próxima da identidade.

Para conseguirmos convergência em outras situações, precisamos fazer outras escolhas para **M** e **N**. Nos meios computacionais, estas outras escolhas para **M** e **N** são feitas seguindo o princípio enunciado abaixo.

13.3.9 Princípio: Dado o sistema $\mathbf{A} \cdot \mathbf{X} = \mathbf{B}$, escrevemos $\mathbf{A} = \mathbf{P} - \mathbf{Q}$, onde **P** é uma matriz inversível. Então

$$\mathbf{A} \cdot \mathbf{X} = (\mathbf{P} - \mathbf{Q})\mathbf{X} = \mathbf{P} \cdot \mathbf{X} - \mathbf{Q} \cdot \mathbf{X} = \mathbf{B}$$

ou $\mathbf{P} \cdot \mathbf{X} = \mathbf{Q} \cdot \mathbf{X} + \mathbf{B}$

ou ainda $\mathbf{X} = (\mathbf{P}^{-1}\mathbf{Q})\mathbf{X} + \mathbf{P}^{-1}\mathbf{B}$.

Então $\mathbf{M} = \mathbf{P}^{-1}\mathbf{Q}$ e $\mathbf{N} = \mathbf{P}^{-1}\mathbf{B}$.

Este princípio pode ser ilustrado, desenvolvendo um processo que denominamos *Método de Jacobi.*

13.4 MÉTODO DE JACOBI

Se $\mathbf{A} = \begin{bmatrix} a_{11} & \dots & a_{1r} \\ \vdots & & \vdots \\ a_{r1} & \dots & a_{rr} \end{bmatrix}$ com $a_{ii} \neq 0$, $i = 1, \dots, r$,

podemos escrever

$$\mathbf{A} = \begin{bmatrix} a_{11} & & & 0 \\ & a_{22} & & \\ & & \ddots & \\ 0 & & & a_{rr} \end{bmatrix} + \begin{bmatrix} 0 & a_{12} & \dots & a_{1r} \\ a_{21} & & \dots & a_{2r} \\ \vdots & & & \vdots \\ a_{r1} & a_{r2} & \dots & 0 \end{bmatrix}$$

Como $a_{ii} \neq 0$, a matriz diagonal é inversível e sua inversa é

$$\begin{bmatrix} a_{11} & & & 0 \\ & a_{22} & & \\ & & \ddots & \\ 0 & & & a_{rr} \end{bmatrix}^{-1} = \begin{bmatrix} a_{11}^{-1} & & & 0 \\ & a_{22}^{-1} & & \\ & & \ddots & \\ 0 & & & a_{rr}^{-1} \end{bmatrix}$$

Podemos tomar então em 13.3.9

$$\mathbf{P} = \begin{bmatrix} a_{11} & & 0 \\ & \ddots & \\ 0 & & a_{rr} \end{bmatrix} \text{ e } \mathbf{Q} = \begin{bmatrix} 0 & -a_{12} & \dots & -a_{1r} \\ -a_{21} & 0 & \dots & -a_{2r} \\ \vdots & \vdots & & \vdots \\ -a_{r1} & -a_{r2} & \dots & 0 \end{bmatrix}$$

Com esta escolha o processo iterativo obtido é chamado método de Jacobi. Neste caso

$$\mathbf{M} = \begin{bmatrix} 0 & \dfrac{-a_{12}}{a_{11}} & \dots & \dfrac{-a_{1r}}{a_{11}} \\ \dfrac{-a_{21}}{a_{22}} & 0 & \dots & \dfrac{-a_{2r}}{a_{22}} \\ \vdots & \vdots & & \vdots \\ \dfrac{-a_{r1}}{a_{rr}} & \dfrac{-a_{r2}}{a_{rr}} & \dots & 0 \end{bmatrix}$$

A condição $\|\mathbf{M}\| < 1$ para a convergência do processo iterativo é então que

$$\left|\frac{-a_{12}}{a_{11}}\right| + \ldots + \left|\frac{-a_{1r}}{a_{11}}\right| < 1$$

$$\left|\frac{-a_{21}}{a_{22}}\right| + \ldots + \left|\frac{-a_{2r}}{a_{22}}\right| < 1$$

$$\left|\frac{-a_{r1}}{a_{rr}}\right| + \ldots + \left|\frac{-a_{r,r-1}}{a_{rr}}\right| < 1$$

ou seja,

$$|a_{12}| + |a_{13}| + \ldots + |a_{1r}| < |a_{11}|$$
$$\vdots$$
$$|a_{r1}| + |a_{r2}| + \ldots + |a_{r,r-1}| < |a_{rr}|$$

Em outras palavras, no Método de Jacobi, a condição de convergência do processo é a de que cada elemento da diagonal seja, em módulo, maior que a soma dos módulos dos elementos que estejam na mesma linha.

13.5 PROCESSO DE GAUSS-SEIDEL

Um outro processo muito usado na prática é o chamado processo de Gauss-Seidel. Considerando uma matriz $\mathbf{A} = [a_{ij}]_{r \times r}$ com diagonal sem zeros $(a_{ii} \neq 0,\ i = 1, \ldots, r)$, escrevemos

$$\mathbf{A} = \begin{bmatrix} a_{11} & & & 0 \\ a_{21} & a_{22} & & \\ \vdots & \vdots & \ddots & \\ a_{r1} & a_{r2} & \ldots & a_{rr} \end{bmatrix} + \begin{bmatrix} 0 & a_{12} & \ldots & a_{1r} \\ 0 & 0 & \ldots & a_{2r} \\ \vdots & & \ddots & \vdots \\ 0 & 0 & \ldots & 0 \end{bmatrix}$$

em seguida tomamos

$$\mathbf{P} = \begin{bmatrix} a_{11} & & & 0 \\ a_{21} & a_{22} & & \\ \vdots & \vdots & \ddots & \\ a_{r1} & a_{r2} & \ldots & a_{rr} \end{bmatrix} \quad \text{e} \quad \mathbf{Q} = \begin{bmatrix} 0 & a_{12} & \ldots & a_{1r} \\ & 0 & \ldots & a_{2r} \\ & & \ddots & \\ & 0 & & 0 \end{bmatrix}$$

Note que **P** é inversível, pois os elementos da diagonal são não nulos e ela é triangular inferior. Neste processo é um pouco mais difícil escrever **M** e **N**, mas você deve tentar. Como você poderá verificar também, a condição $\|\mathbf{M}\| < 1$ é muito mais complicada de se expressar em termos da matriz **A**. Costuma-se, assim, trabalhar com uma outra condição suficiente (critério de Sassenfield).

Mas você pode verificar que a condição $|a_{ii}| > \sum_{\substack{j=1 \\ j \neq i}}^{n} |a_{ij}|$ para $i = 1, 2, ..., n$

estabelecida no método de Jacobi também é uma condição suficiente para a convergência no processo de Gauss-Seidel. Você encontrará a prova destes critérios, bem como um grande número de exemplos, na bibliografia citada no final do Capítulo.

O método de Gauss-Seidel costuma ser muito vantajoso nos casos onde a matriz é de ordem elevada e há poucos elementos diferentes de zero.

13.6 ESTIMATIVA DE ERRO

Dado um processo iterativo $\mathbf{X}_{n+1} = \mathbf{M}\mathbf{X}_n + \mathbf{N}$ com $\|\mathbf{M}\| < 1$, sabemos que o processo converge, isto é, a sequência $\{\mathbf{X}_n\}_{n \in \mathbf{N}}$ aproxima-se de um vetor-coluna $\mathbf{X}$ que é solução da equação $\mathbf{X} = \mathbf{M}\mathbf{X} + \mathbf{N}$.

Resta, entretanto, um problema prático: uma vez que não conhecemos *a priori* a solução **X** (na verdade é isto que queremos achar) como saberemos quando os $\mathbf{X}_n$ estão suficientemente próximos de **X**? Intuitivamente a resposta é: calculamos os termos $\mathbf{X}_n$, $\mathbf{X}_{n+1}$, etc. e em cada passo comparamos o valor obtido com o anterior, isto é, $\mathbf{X}_{n+1}$ com $\mathbf{X}_n$. Quando $\mathbf{X}_{n+1}$ estiver próximo de $\mathbf{X}_n$ é porque *provavelmente* os termos não se alteram muito a cada passo e podemos dizer que $\mathbf{X}_{n+1}$ está próximo de **X**.

Esta resposta intuitiva apresenta problemas sérios. Primeiro, o que significa exatamente a palavra *próximo*? Como podemos medir isso de forma que uma calculadora automática possa nos responder quando estamos "próximos"? Segundo, como podemos justificar a nossa intuição? Terceiro, na prática precisamos saber exatamente qual é o erro cometido ao pararmos o processo iterativo num determinado passo, e não apenas saber que estamos próximos.

Quanto ao primeiro problema, podemos solucioná-lo utilizando a noção de norma. Por exemplo, se

$$\mathbf{X}_n = \begin{bmatrix} x_1^{(n)} \\ \vdots \\ x_r^{(n)} \end{bmatrix} \quad \text{e} \quad \mathbf{X}_{n+1} = \begin{bmatrix} x_1^{(n+1)} \\ \vdots \\ x_r^{(n+1)} \end{bmatrix}$$

então $\|\mathbf{X}_{n+1} - \mathbf{X}_n\| = \text{máx}\ \{|x_1^{(n+1)} - x_1^{(n)}|, ..., |x_r^{(n+1)} - x_r^{(n)}|\}$ e, portanto, se a norma da diferença de $X_{n+1} - X_n$ for pequena, os elementos correspondentes dos vetores-coluna estão próximos.

Os dois outros problemas serão resolvidos de uma forma conjunta. Queremos saber qual o erro cometido ao pararmos o processo iterativo num certo passo. Vamos calcular, então, $\|X_{n+1} - X\|$, onde X é a solução do problema $X = MX + N$. Para isto, sabemos que $X_{n+1} = M \cdot X_n + N$ e $X = M \cdot X + N$. Subtraindo termo a termo obtemos

$$X_{n+1} - X = M \cdot X_n - M \cdot X$$

Subtraindo $M \cdot X_{n+1}$, dos dois membros da última igualdade obtemos

$$X_{n+1} - X - M \cdot X_{n+1} = M \cdot X_n - M \cdot X - M \cdot X_{n+1}$$

ou $X_{n+1} - X - M \cdot X_{n+1} + M \cdot X = M \cdot X_n - M \cdot X_{n+1}$

ou ainda $(I - M)(X_{n+1} - X) = M(X_n - X_{n+1})$.

Com a hipótese $\|M\| < 1$ (para o processo convergir), aplicando o mesmo raciocínio que em 13.2.5, vemos que $I - M$ é inversível e que

a) $(I - M)^{-1} = I + M + M^2 + \dots$

Então $X_{n+1} - X = (I - M)^{-1} \cdot M(X_n - X_{n+1})$

Tomando as normas dos dois membros e lembrando 13.3.6, chegamos a

b) $\|X_{n+1} - X\| \leqslant \|(I - M)^{-1}\| \cdot \|M\| \cdot \|X_n - X_{n+1}\|$

Usando 13.3.5 (*ii*) e 13.3.6 em (*a*), obtemos

$$\|(I - M)^{-1}\| = \|I + M + M^2 + \dots\| \leqslant 1 + \|M\| + \|M\|^2 + \dots = \frac{1}{1 - \|M\|}$$

Colocando esta expressão em (*b*), temos o teorema seguinte.

13.6.1 Teorema: Consideremos o processo iterativo $X_{n+1} = MX_n + N$ com $\|M\| < 1$. Então a sequência $\{X_n\}_{n \in N}$ converge para a solução X do problema $X = MX + N$, de tal modo que

$$\|X_{n+1} - X\| \leqslant \frac{\|M\|}{1 - \|M\|} \|X_{n+1} - X_n\|.$$

Assim, o teorema justifica o nosso procedimento intuitivo e nos dá um meio de calcular o erro cometido ao pararmos o processo em um determinado passo. Por exemplo, se quisermos achar X com uma precisão de ξ, deveremos, a partir de um X_0 qualquer, seguir o processo iterativo até que

$$\|X_{n+1} - X\| \leqslant \frac{\|M\|}{1 - \|M\|} \|X_{n+1} - X_n\| < \xi,$$

isto é, até que a norma da diferença de um termo com o seguinte, $\|X_{n+1} - X_n\|$, seja menor que $\xi\frac{(1 - \|M\|)}{\|M\|}$

13.7 EXERCÍCIOS

1. Seja $\mathbf{A} = \begin{bmatrix} 2 & 0{,}1 & 1 \\ 3 & 4 & 0 \\ 0 & 1 & 8 \end{bmatrix}$

   a) Calcule $\|\mathbf{A}\|$.

   b) Ao resolvermos o sistema

   $$\mathbf{A} \cdot \begin{bmatrix} x \\ y \\ z \end{bmatrix} = \begin{bmatrix} 3 \\ 0 \\ 1 \end{bmatrix},$$

   podemos garantir que o processo iterativo dado por $\mathbf{X}_n = \mathbf{MX} + \mathbf{N}$ onde $\mathbf{M} = \mathbf{I} - \mathbf{A}$ e $\mathbf{N} = \begin{bmatrix} 3 \\ 0 \\ 1 \end{bmatrix}$ converge para uma solução do sistema?

2. Se **M** é uma matriz quadrada tal que $\|\mathbf{M}\| < 1$, sabemos que seus autovalores têm módulo menor que 1. A recíproca é verdadeira? Isto é, se os autovalores têm módulo menor que 1, então necessariamente $\|\mathbf{M}\| < 1$?

3. O sistema linear

   $$\begin{cases} -5x + 2y + z = 2 \\ x + 7y + z = 2 \\ x + y - 5z = 2 \end{cases}$$

   pode ser resolvido pelo Método de Jacobi? Se puder, calcule $\mathbf{X}_3$ a partir de

   $$\mathbf{X}_1 = \begin{bmatrix} 0 \\ 1 \\ 0 \end{bmatrix}.$$

4. Resolva o sistema linear

   $$\begin{cases} 6x + 2y - 3z = 5 \\ -x + 8y + 3z = -10 \\ x + 4y + 12z = 12 \end{cases}$$

   pelo (*a*) Método de Jacobi (*b*) Método de Gauss-Seidel, a partir de

   $\mathbf{X}_1 = \begin{bmatrix} 1 \\ 1 \\ 1 \end{bmatrix}$, isto é, ache $\mathbf{X}_4$ e faça uma estimativa do erro $\|\mathbf{X}_4 - \mathbf{X}\|$, onde **X** é a solução correta do problema. O que você pode dizer sobre as velocidades de convergência dos dois métodos?

5. Prove o teorema 13.3.5.

13.7.1 Respostas

1. *a*) $\|A\| = 9$

   b) Não podemos garantir pois $\|M\| > 1$.

2. Não vale pois $M = \begin{bmatrix} \frac{22}{32} & \frac{6\sqrt{3}}{32} \\ \frac{6\sqrt{3}}{32} & \frac{10}{\sqrt{32}} \end{bmatrix}$ é uma matriz com $\|M\| \cong 1{,}011875$ e no entanto seus autovalores são 0,875 e 0,125 aproximadamente.

3. Pode, pois o módulo de cada elemento da diagonal é maior que a soma dos módulos dos outros elementos que estão na mesma linha.

4. *a*)

$$X_4 = \begin{bmatrix} \frac{191}{96} \\ -\frac{101}{64} \\ \frac{21}{16} \end{bmatrix} \quad \text{e} \quad \|X_4 - X\| \leqslant 1{,}85$$

   b)

$$X_4 = \begin{bmatrix} \frac{2317}{1152} \\ -\frac{13829}{9216} \\ \frac{12281}{9216} \end{bmatrix} \quad \text{e} \quad \|X_4 - X\| \leqslant 0{,}151$$

   O processo de Gauss-Seidel converge mais rapidamente que o de Jacobi.

Leitura Sugeridas e Referências

[1] Barros, I. Q.; *Introdução ao Cálculo Numérico*; Edgard Blücher Ltda., São Paulo, 1972.
[2] Conte, S. D.; *Elementos de Análise Numérica*; McGraw-Hill, New York, 1972.
[3] Isaacson, E. e Keller, H.; *Analysis of Numerical Methods*; Wiley, New York, 1966.
[4] Protter, M. e Morrey, C.; *College Calculus with Analytic Geometry*; Addison – Wesley Publishing Company, Inc., Reading, 1965.

capítulo 14

Conjuntos Convexos e Programação Linear

14.1 INTRODUÇÃO

Um problema de otimização envolve maximizar ou minimizar uma função restrita a certas condições. Estamos sempre interessados em minimizar custos, maximizar lucro, rendimento etc. A programação linear é uma técnica que permite a resolução destes problemas no caso específico em que as funções a serem analisadas são funções afins (lineares mais constante) e as restrições são dadas por desigualdades lineares (regiões poliedrais convexas).

Neste capítulo, introduziremos os conjuntos convexos e analisaremos os máximos e mínimos que as funções afins assumem nestes conjuntos, traduziremos problemas concretos para esta linguagem e procuraremos resolvê-los. Isto será feito de uma maneira mais conceitual e geométrica nas seções 14.2 e 14.3, e de uma maneira algorítmica e programável na seção 14.5, escrita pelo professor Antonio Carlos Moretti, que vem trabalhando em muitos problemas nesta área e que nos deu valiosas sugestões para esta nova versão.

Os resultados de conjuntos convexos e programação linear começaram a ser organizados no final do século passado e início deste século, a partir de trabalhos de matemáticos como H. Minkowski, A. Haar, H. Weyl. A partir dos anos 40 tivemos um rápido desenvolvimento dessa área, principalmente no que se refere ao desenvolvimento de algoritmos que permitiram programar e resolver inúmeros problemas aplicados envolvendo muitas variáveis.

A grande difusão da programação linear nos últimos anos deve-se ao fato de que, embora ela trate de um problema específico, ela é uma técnica simples e muitos problemas do cotidiano podem ser formulados segundo esta linguagem.

14.2 CONJUNTOS CONVEXOS

As noções que introduziremos a seguir visam uma caracterização de regiões convexas especiais. O conceito de *variedade linear* de um espaço vetorial é algo que abrange seus subespaços e as translações destes.

14.2.1 Definição: Um subconjunto A de um espaço vetorial V é uma *variedade linear de V* se existe um subespaço W de V e um vetor $\mathbf{v}_0$ de V, tal que:

$$A = \{\mathbf{v} \in V; \mathbf{v} = \mathbf{v}_0 + \mathbf{w} \text{ para } \mathbf{w} \in W\}$$

Usaremos a notação $A = \mathbf{v}_0 + W$ para indicar a variedade linear. Observe que se $\mathbf{v}_0 \neq 0$, então A não é um subespaço. Por dimensão de A, denotada $\dim A$, entendemos a dimensão de W.

14.2.2 Exemplos

Exemplo 1: Um exemplo de uma variedade linear de dimensão 1 no $\mathbf{R}^2$ é uma reta (que passe ou não pela origem), como indica a Figura 14.2.1.

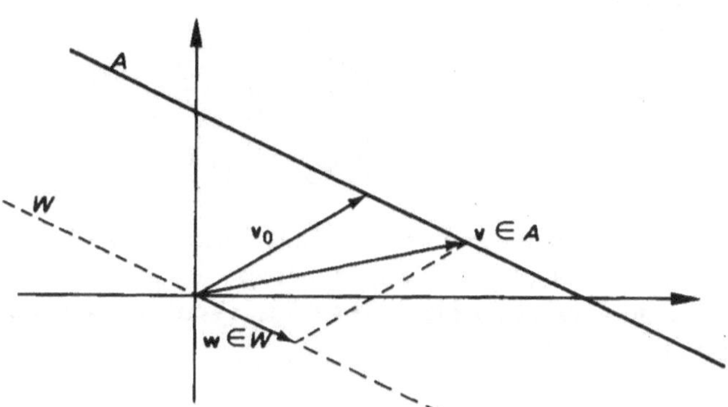

Figura 14.2.1

Um ponto do plano é uma variedade linear de dimensão zero.

Exemplo 2: Todo subespaço é, em particular, uma variedade linear ($v_0 = 0$).

Exemplo 3: Como já vimos (Exemplo 9 de 4.3.2) o conjunto-solução de

$$\begin{cases} 2x + 4y + z = 1 \\ x + y + 2z = 1 \\ x + 3y - z = 0 \end{cases}$$

não é um subespaço vetorial de $M(3, 1)$. Resolvendo o sistema vemos que os vetores-solução são da forma:

$$(*) \quad \begin{bmatrix} x \\ y \\ z \end{bmatrix} = \begin{bmatrix} \frac{3}{2} \\ \frac{-1}{2} \\ 0 \end{bmatrix} + \lambda \begin{bmatrix} \frac{-7}{2} \\ \frac{3}{2} \\ 1 \end{bmatrix}, \text{ para } \forall \lambda \in \mathbf{R}$$

Note, ainda, que os vetores do tipo

$$\lambda \begin{bmatrix} \frac{-7}{2} \\ \frac{3}{2} \\ 1 \end{bmatrix}$$

sendo solução do sistema homogêneo associado (Exercícios 20 e 22 da secção 2.6), formam um subespaço, W, de $M(3, 1)$, de dimensão 1. Portanto, o conjunto dos vetores-solução do nosso sistema, descrito em (*), é uma variedade linear de dimensão 1.

$$A = \begin{bmatrix} \frac{3}{2} \\ \frac{-1}{2} \\ 0 \end{bmatrix} + W$$

Exemplo 4: De modo geral: se um sistema de equações lineares é compatível (isto é, admite solução) seu conjunto-solução é uma variedade linear de dimensão igual ao grau de liberdade do sistema. (Verifique isto! Compare com o Exercício 21 da secção 2.6.)

No caso particular do Exemplo 4 acima em que temos apenas uma equação linear, a variedade linear determinada por esta equação será chamada *hiperplano*.

Por exemplo, em $\mathbf{R}^3$ (observe que estamos identificando $M(3, 1)$ com $\mathbf{R}^3$), o hiperplano determinado pela equação $2x + 3y + 3z - 2 = 0$ é o plano

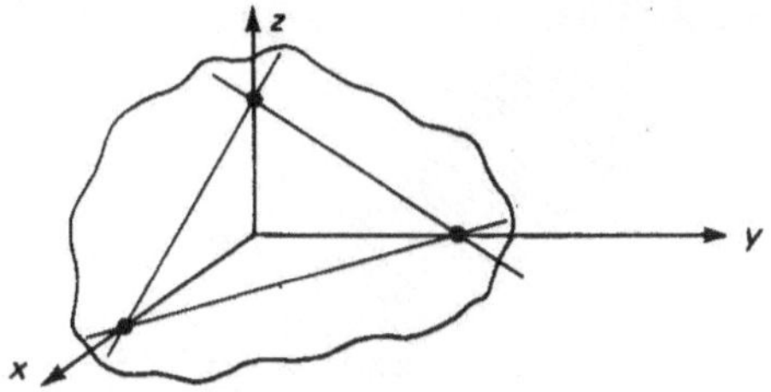

Figura 14.2.2

No caso de $\mathbf{R}^2$, um hiperplano é uma reta (faça um exemplo).

Um hiperplano divide o espaço vetorial em 2 semi-espaços. Por exemplo, ao considerarmos o hiperplano em $\mathbf{R}^3$ descrito por

$$2x + 3y + 3z - 2 = 0$$

teremos o espaço dividido em dois semi-espaços que são os pontos (x, y, z) que satisfazem $2x + 3y + 3z - 2 \geqslant 0$ ou $2x + 3y + 3z - 2 \leqslant 0$, respectivamente. Na figura

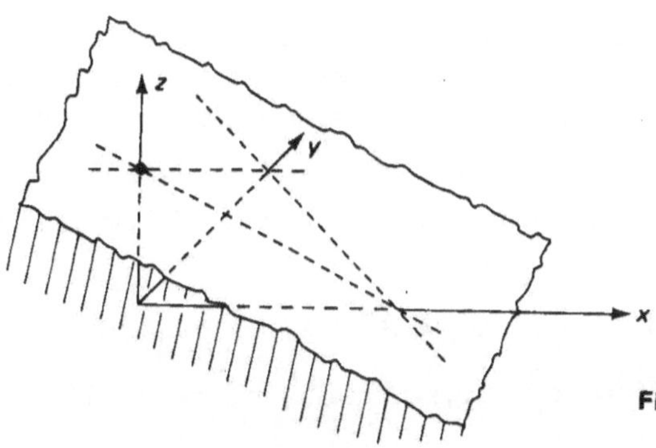

Figura 14.2.3

a região hachureada representa o semi-espaço $2x + 3y + 3z - 2 \leqslant 0$.

Se considerarmos, agora, o hiperplano $x + y - 1 = 0$ no $\mathbf{R}^2$ (que é uma reta no plano), qual é o semi-espaço descrito por $x + y - 1 \geqslant 0$? (Note que como aqui o espaço vetorial é o $\mathbf{R}^2$, o semi-espaço será dado geometricamente por um semi-plano). Para resolvermos este problema, uma vez traçado o hiperplano (no caso a reta) $x + y - 1 = 0$, escolhemos um ponto de $\mathbf{R}^2$, por exemplo a origem $(0, 0)$ e verificamos se ele satisfaz ou não a desigualdade. Neste caso, como para $x = 0$, $y = 0$, $x + y - 1 = -1 < 0$, o ponto $(0, 0)$ não está no semi-espaço procurado; este será aquele que não contém a origem.

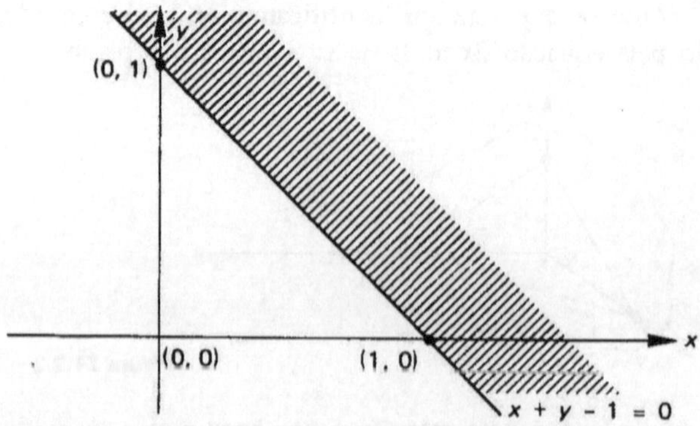

Figura 14.2.4

Usa-se, ainda, distinguir entre *semi-espaço fechado* (o que contém o hiperplano) e *semi-espaço aberto* (o que não contém o hiperplano). No último exemplo, o semi-espaço aberto, descrito por $x + y - 1 > 0$, será o semi-plano assinalado, excluindo-se a reta $x + y - 1 = 0$.

Para hiperplanos definidos por uma equação de mais do que três variáveis não teremos uma visão geométrica dos semi-espaços vetoriais como nos exemplos anteriores, mas estes conceitos são abordados da mesma maneira:

Hiperplano $\mathbf{H} = (x_1, ..., x_n) \in \mathbf{R}^n ; a_1x_1 + ... + a_nx_n = b$

é uma variedade afim de dimensão $n - 1$ que divide o $\mathbf{R}^n$ em dois *subespaços fechados*:

$$\mathbf{H}^+ = (x_1, ..., x_n) \in \mathbf{R}^n ; a_1x_1 + ... + a_nx_n \geqslant b \quad \text{e}$$

$$\mathbf{H}^- = (x_1, ..., x_n) \in \mathbf{R}^n ; a_1x_1 + ... + a_nx_n \leqslant b$$

14.2.3 Vamos agora apresentar um problema que nos guiará nos itens a seguir. Suponhamos que um agricultor queira adubar a sua plantação e disponha de dois tipos de adubo. O primeiro contém 3 g de fósforo, 1 g de nitrogênio e 8 g de potássio, e custa 10 u.c.p. por quilograma. O segundo tipo contém 2 g de fósforo, 3 g de nitrogênio e 2 g de potássio, e custa 8 u.c.p. por quilograma. Sabemos que um quilograma de adubo dá para 10 m² de terra, e que o solo em que estão suas plantações necessita de pelo menos 3 g de fósforo, 1,5 g de nitrogênio e 4 g de potássio a cada 10 m². Quanto o agricultor deve comprar de cada adubo, para cada 10 m² de terra, de modo a conseguir ter o mínimo custo?

	x	y	*Necessidades mínimas de adubo*
	Tipo A	*Tipo B*	
Fósforo	3	2	3
Nitrogênio	1	3	1,5
Potássio	8	2	4
	Custo 10 u.c.p.	Custo 8 u.c.p.	

Chamemos de x a quantidade em kg de adubo do primeiro tipo e y a do segundo tipo. Evidentemente, x e y não podem assumir qualquer valor, pois devemos ter $x \geqslant 0$ e $y \geqslant 0$ e, além disso, x kg do primeiro adubo fornece $3x$ g de fósforo, enquanto que y kg do segundo tipo fornece $2y$ g de fósforo. Então, se usarmos x kg do primeiro e y kg do segundo, estaremos adicionando $3x + 2y$ gramas e, pela exigência mínima do solo, devemos ter $3x + 2y \geqslant 3$.
Analogamente, para o nitrogênio e o potássio deveremos ter $x + 3y \geqslant 1{,}5$ e $8x + 2y \geqslant 4$. Então os valores x e y devem satisfazer simultaneamente:

$$(\S)\quad x \geqslant 0,\quad y \geqslant 0,\quad 3x + 2y \geqslant 3,\quad x + 3y \geqslant 1{,}5,\quad 8x + 2y \geqslant 4.$$

Colocando num gráfico as quantidades x (como abscissa) e y (como ordenada), como mostra a Figura 14.2.5 observamos que estas restrições nos conduzem a:

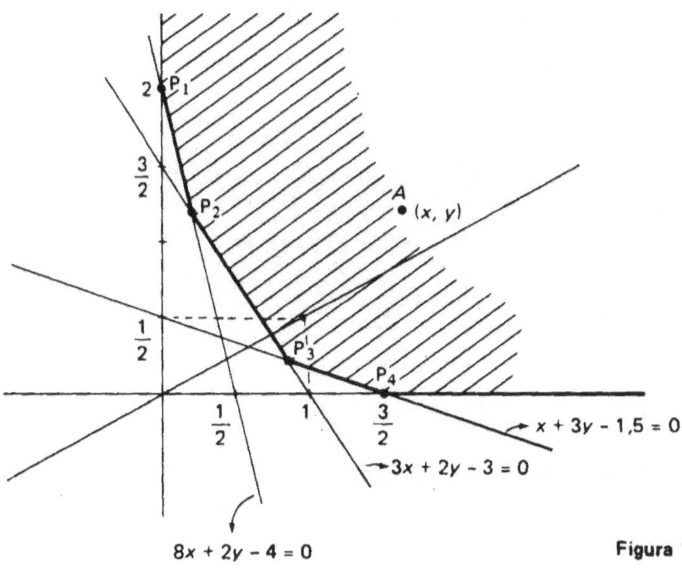

Figura 14.2.5

Isto é, para que os valores x e y satisfaçam simultaneamente todas as desigualdades, o ponto (x, y) deve estar na região hachureada A. Note que esta região A é dada por uma intersecção de semi-espaços fechados do $\mathbf{R}^2$.

Além disso, queremos que o custo dado pela função

$$f(x, y) = 10x + 8y$$

seja mínimo, isto é, estamos procurando na região hachureada qual é o ponto (x, y) no qual $f(x, y)$ tem o menor valor.

Para resolver este problema devemos, então, estudar um pouco mais as propriedades dos conjuntos do tipo de A e das funções do tipo $f(x, y)$. Para isto precisamos das definições dadas a seguir.

14.2.4 Definição: Sejam A e B dois pontos do $\mathbf{R}^n$. O *segmento* de extremos A e B é o conjunto $\overline{AB}$ de pontos $\mathbf{R}^n$, dado por:

$$\overline{AB} = \{(1 - t)A + tB;\ \ 0 \leqslant t \leqslant 1\}$$

Esta definição corresponde exatamente à nossa intuição de segmento em dimensão dois e três.

Observe que no segmento $\overline{AB}$ o ponto que corresponde a $t = 0$ é o ponto A, o ponto que corresponde a $t = 1$ é B e, a qualquer ponto P do segmento, existe $t_1 \in \mathbf{R}$ tal que $0 \leqslant t_1 \leqslant 1$ e $P = (1 - t_1)A + t_1B$. Tomemos, por exemplo, $A = (1, 2)$ e $B = (3, -1)$ em $\mathbf{R}^2$. Dado o ponto $P = (\frac{7}{3}, 0)$ sobre o segmento, podemos escrever $(\frac{7}{3}, 0) = (1 - \frac{2}{3})(1, 2) + \frac{2}{3}(3, -1)$, ou seja, existe $t = \frac{2}{3}$ $(0 \leqslant t \leqslant 1)$, tal que $P = (1 - t)A + tB$. Por outro lado, se tomamos t_1, tal que $0 \leqslant t_1 \leqslant 1$, por exemplo $t_1 = \frac{1}{2}$, e fazemos $P_1 = (1 - t_1)A + t_1B = (2, -1)$, verificamos facilmente que P_1 está sobre o segmento AB.

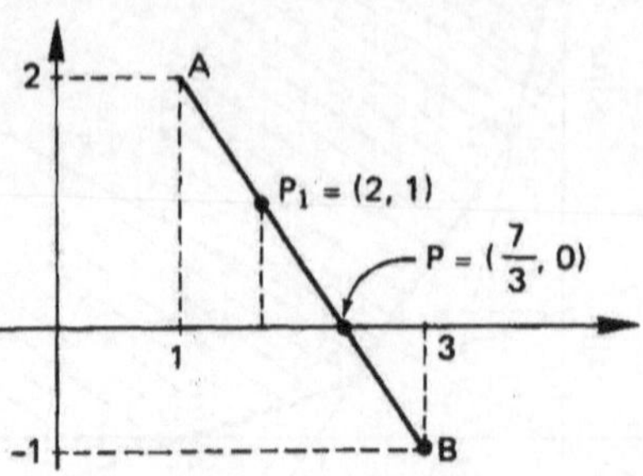

Figura 14.2.6

14.2.5 Definição: Um subconjunto S do $\mathbf{R}^n$ é chamado *convexo* se para quaisquer dois pontos A e B de S o segmento AB está inteiramente contido em S.

Exemplo

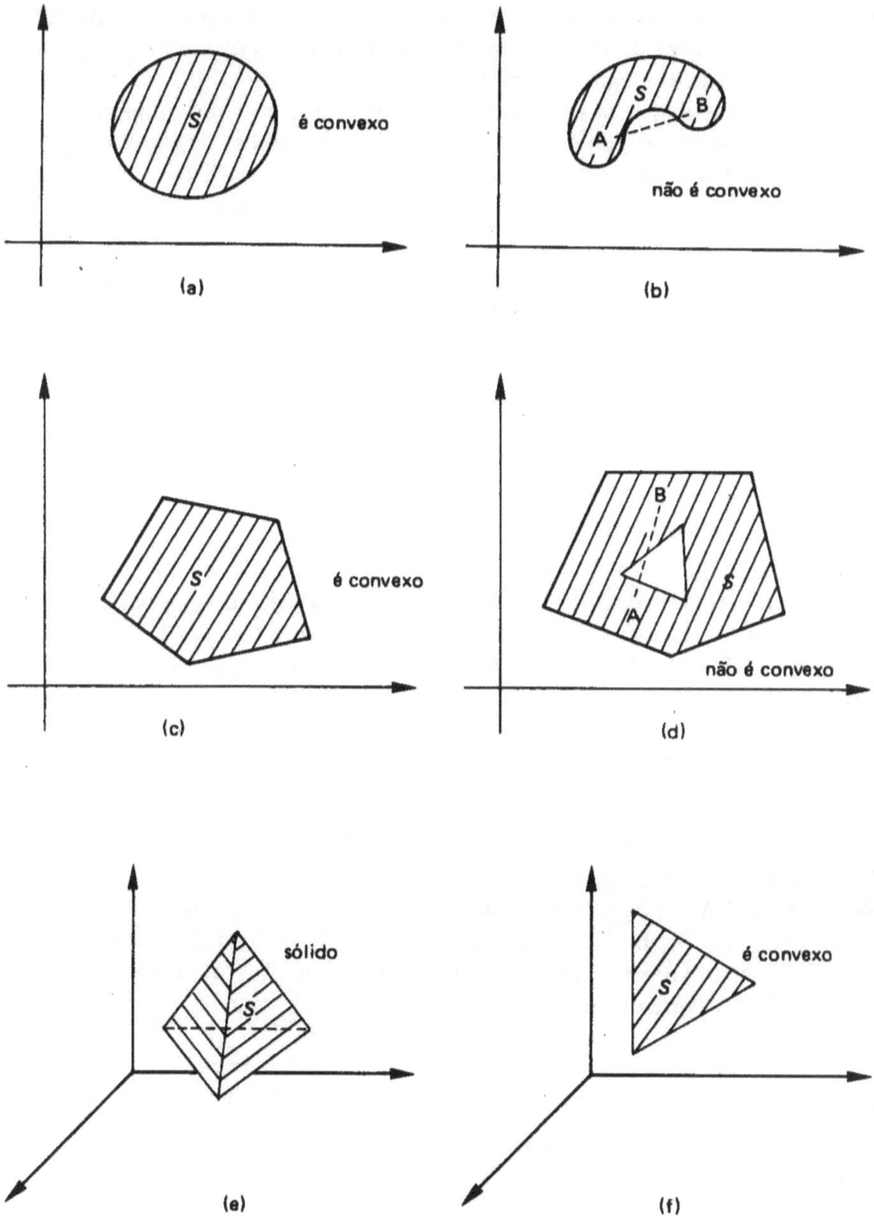

Figura 14.2.7

14.2.6 Teorema: Um semi-espaço fechado é convexo.

Prova: Mostremos isso no caso de $\mathbf{R}^2$. (O caso geral é feito, usando o mesmo argumento.) No caso de $\mathbf{R}^2$, um semi-espaço fechado é constituído por pontos (x, y), que satisfazem uma expressão do tipo $ax + by + c \leqslant 0$.
Precisamos mostrar que se tomarmos dois pontos quaisquer do semi-espaço, o segmento que une estes pontos está contido no semi-espaço. Sejam $A = (x_0, y_0)$ e $B = (x_1, y_1)$ dois pontos quaisquer do semi-espaço, e seja P um ponto qualquer de AB. Existe, então, $t_1 \in \mathbf{R}$, com $0 \leqslant t_1 \leqslant 1$, tal que

$$P = (1 - t_1)(x_0, y_0) + t_1(x_1, y_1)$$
$$((1 - t_1)x_0 + t_1x_1, (1 - t_1)y_0 + t_1y_1)$$

e temos que verificar se:

$$(*) \quad a[(1 - t_1)x_0 + t_1x_1] + b[(1 - t_1)y_0 + t_1y_1] + c \leqslant 0,$$

que é a condição para P estar no semi-espaço. Mas

$$a[(1 - t_1)x_0 + t_1x_1] + b[(1 - t_1)y_0 + t_1y_1] + c =$$
$$= (1 - t_1)ax_0 + t_1ax_1 + (1 - t_1)by_0 + t_1by_1 + (1 - t_1)c + t_1c$$
$$= (1 - t_1)[ax_0 + by_0 + c] + t_1[ax_1 + by_1 + c],$$

e como $ax_0 + by_0 + c \leqslant 0$ e $ax_1 + by_1 + c \leqslant 0$ (pois A e B estão no semi-espaço) e $1 - t_1 \geqslant 0$ e $t_1 \geqslant 0$ (pois $0 \leqslant t_1 \leqslant 1$), a relação (*) é satisfeita. Assim, como P está no semi-espaço e P era um ponto arbitrário de $\overline{AB}$, então o segmento $\overline{AB}$ está inteiramente contido no semi-espaço e, portanto, este é convexo.

14.2.7 Teorema: A intersecção de conjuntos convexos é um conjunto convexo.

Prova: Sejam S_1 e S_2 dois conjuntos convexos. Precisamos mostrar que se A e B são dois pontos quaisquer de $S_1 \cap S_2$, então $\overline{AB} \subset S_1 \cap S_2$.
Mas se $A, B \in S_1 \cap S_2$, então $A, B \in S_1$ e como S_1 é convexo, $\overline{AB} \in S_1$. Analogamente, se $A, B \in S_1 \cap S_2$, então $A, B \in S_2$ e como S_2 é convexo, $\overline{AB} \in S_2$. Como $\overline{AB}$ está contido simultaneamente em S_1 e S_2, então $\overline{AB} \in S_1 \cap S_2$. Portanto $S_1 \cap S_2$ é convexo.

14.2.8 Definição: Uma *região poliedral convexa fechada* em $\mathbf{R}^n$ é uma intersecção de uma quantidade finita de semi-espaços fechados do $\mathbf{R}^n$.

Devido aos dois teoremas anteriores, uma região poliedral convexa é um conjunto convexo.

14.2.9 Um conjunto $A \subset \mathbf{R}^n$ é dito *limitado* se existirem constantes $k_i, i = 1, ..., n$ tais que, se $(x_1, ..., x_n) \in A$ então $x_i \leqslant k_i$, $i = 1, ..., n$.

14.2.10 Exemplos

Exemplo 1:

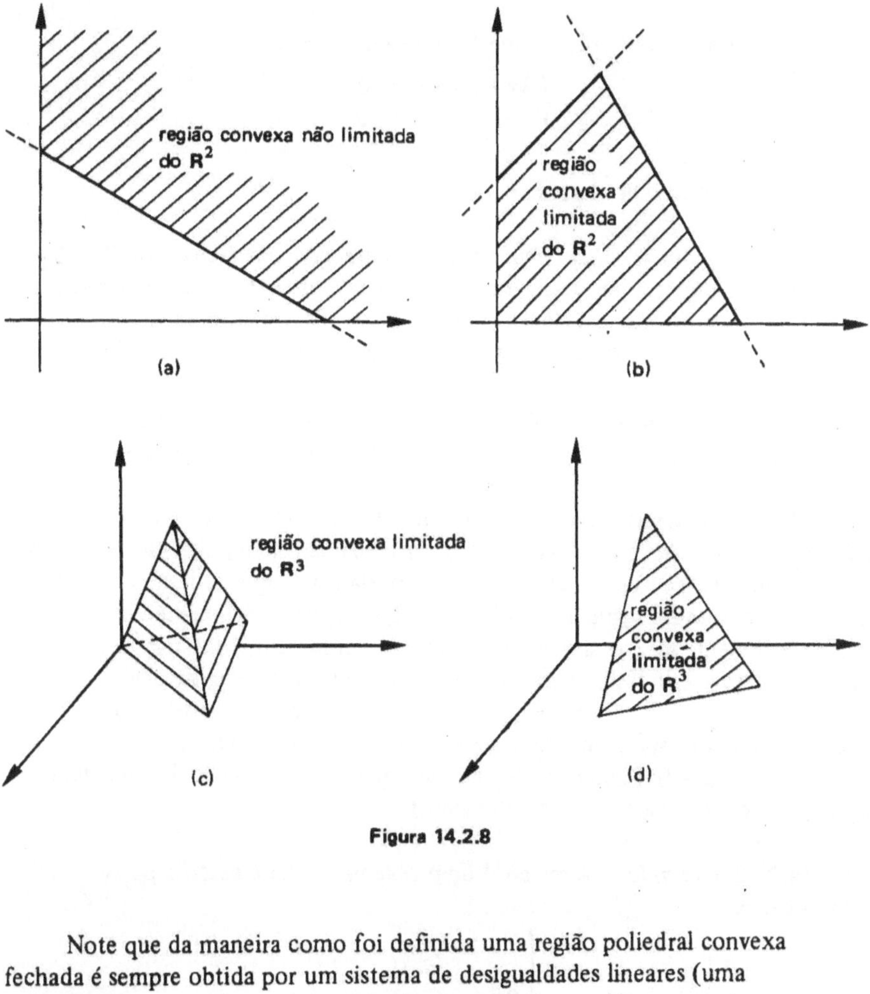

Figura 14.2.8

Note que da maneira como foi definida uma região poliedral convexa fechada é sempre obtida por um sistema de desigualdades lineares (uma desigualdade para cada semi-espaço). Como exemplo veja (§) de 14.2.3 e Figura 14.2.5.

Numa região poliedral convexa, procuramos pontos especiais – os *vértices*. Na região poliedral convexa do exemplo 14.2.3, eles são os pontos $P_1 = (0, 2), P_2 = (\frac{1}{5}, \frac{6}{5}), P_3 = (\frac{6}{7}, \frac{3}{14})$ e $P_4 = (\frac{3}{2}, 0)$. Note que estes pontos são dados por intersecção de duas das retas que definem os semi-espaços. Assim, por exemplo, P_2 é dado pela solução do sistema

$$\begin{cases} 3x + 2y - 3 = 0 \\ 8x + 2y - 4 = 0 \end{cases}$$

Note, porém, que o ponto $(0, \frac{3}{2})$ que é solução do sistema

$$\begin{cases} 3x + 2y - 3 = 0 \\ x = 0 \end{cases}$$

não pertence à região A.

Este comentário nos leva a:

14.2.11 Definição: Dada uma região poliedral convexa fechada do $\mathbf{R}^n$ (determinada por um sistema de inequações lineares), os *vértices* dessa região são os pontos da região que satisfazem um dos possíveis sistemas de n equações lineares independentes, obtidas substituindo-se as desigualdades por igualdades.

Observação: Depois de resolver um sistema, a fim de verificar se o ponto está na região, testamos para ver se ele satisfaz todas as desigualdades.

14.2.12 Caracterização Geométrica dos Vértices: Os vértices que aqui foram definidos "algebricamente" são os *pontos extremos* da região poliedral convexa **R**. Com isto queremos dizer que eles são os pontos da região que não estão contidos no "interior" de nenhum segmento contido na região. Mais formalmente: "P é vértice de **R** se, e somente se, P está num segmento AB contido em **R** então P = A ou P = B". Prove este fato! *Sugestão:* Se $P \in \mathbf{R}^n$ satisfaz uma igualdade $a_1x_1 + ... + a_nx_n + b = 0$ (hiperplano), então $p + v$ e $p - v$ satisfazem a desigualdade correspondente se, e somente se, v satisfaz a igualdade $a_1x_1 + ... + a_nx_n = 0$ (lembre-se depois disto que a única solução de um sistema homogêneo de n-equações LI é o vetor nulo).

14.2.13 *Exemplo 1*: A região A do problema 14.2.3 é descrita pelas desigualdades

$$\begin{cases} x \geqslant 0 \\ y \geqslant 0 \\ 3x + 2y \geqslant 3 \\ x + 3y \geqslant 1,5 \\ 8x + 2y \geqslant 4 \end{cases}$$

Ao substituirmos por igualdades e tomarmos os sistemas de duas equações obtemos $10 = \binom{5}{2}$. Dentre estes, determinaremos os vértices, verificando quais satisfazem o sistema de inequações que definem a região A. Neste caso, teremos apenas os pontos P_1, P_2, P_3 e P_4 nestas condições. Verifique!

Exemplo 2: Consideremos a região poliedral convexa fechada de $\mathbf{R}^3$, dada pelo sistema de inequações lineares

$$\begin{cases} x + y + z \leqslant 3 \\ y - z \leqslant 2 \\ x - 2y \leqslant 1 \\ x \geqslant 0 \end{cases}$$

Então os possíveis vértices são dados pelos sistemas de três equações

$$\begin{cases} x + y + z = 3 \\ y - z = 2 \\ x - 2y = 1 \end{cases} \Rightarrow (3, 1, -1)$$ (está na região, pois satisfaz todas as inequações)

$$\begin{cases} y - z = 2 \\ x - 2y = 1 \\ x = 0 \end{cases} \Rightarrow \left(0, \frac{-1}{2}, \frac{-5}{2}\right)$$ (está na região)

$$\begin{cases} x + y + z = 3 \\ y - z = 2 \\ x = 0 \end{cases} \Rightarrow \left(0, \frac{5}{2}, \frac{1}{2}\right)$$ (está na região)

$$\begin{cases} x + y + z = 3 \\ x - 2y = 1 \\ x = 0 \end{cases} \Rightarrow \left(0, \frac{-1}{2}, \frac{1}{2}\right)$$ (está na região)

E a região é

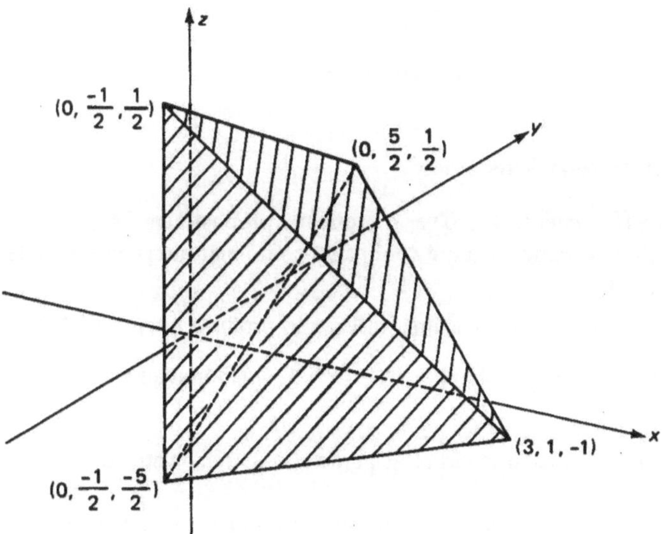

Figura 14.2.9

Agora, estamos em condições de caracterizar problemas como o introduzido em 14.2.3 e que podem ser resolvidos pela técnica específica que é a programação linear.

14.3 INTRODUÇÃO À PROGRAMAÇÃO LINEAR (PL)

A programação linear trata do problema específico de:

Maximizar ou minimizar uma função do tipo

$$f(x_1, ..., x_n) = a_1x_1 + ... + a_nx_n + b,$$

restrita a um subconjunto A poliedral convexo de $\mathbf{R}^n$.

(Note que $f: \mathbf{R}^n \to \mathbf{R}$ é uma transformação afim, isto é, $f(x) = L(x) + b$ onde L é uma transformação linear, $b \in \mathbf{R}$.)

Na linguagem de programação linear (PL), f é chamada *função objetivo* (f.o.) e A é denominada *região factível.*

No exemplo da seção 14.2.3, f.o. é dada por $f(x, y) = 10x + 8y$ e a região factível é a região A descrita por:

$$\begin{cases} x \geqslant 0 \\ y \geqslant 0 \\ 3x + 2y \geqslant 3 \\ x + 3y \geqslant 1{,}5 \\ 8x + 2y \geqslant 4 \end{cases}$$

Nosso problema é minimizar f restrita a A.

14.3.1 Método Geométrico

Vamos (finalmente!) resolver o problema proposto em 14.2.3. O procedimento que vamos seguir é conhecido como método geométrico de resolução em PL.

Vamos reescrever a f.o. acima, utilizando produto interno do $\mathbf{R}^2$.

$f(x, y) = \langle (10, 8), (x, y) \rangle$, $\mathbf{c} = (10, 8)$ é denominado vetor gradiente e $\mathbf{x} = (x, y)$.

Observação 1: f é constante nas retas perpendiculares ao vetor $\mathbf{c} = (10, 8)$.

De fato:

Uma reta perpendicular a $\bar{c}$ pode ser escrita na forma paramétrica do seguinte modo:

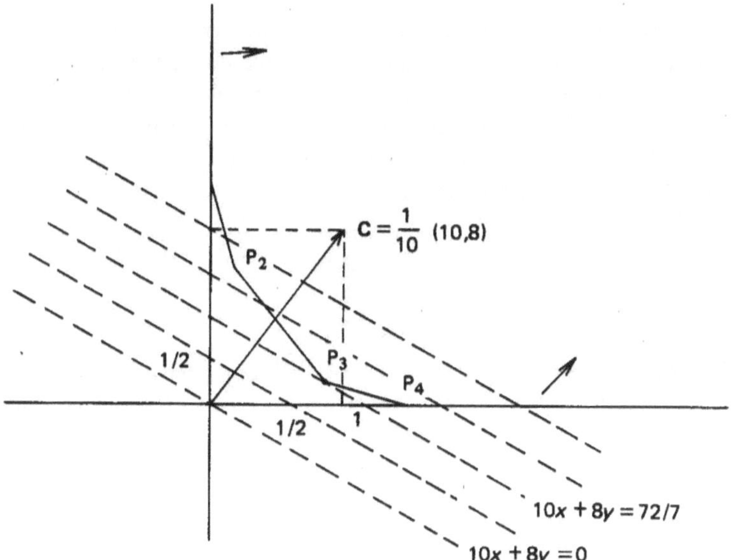

Figura 14.3.10

$$(x, y) = (x^*, y^*) + \lambda(-8, 10)$$

ou seja $\mathbf{x} = \mathbf{x}^* + \lambda \mathbf{c}^{\perp}$

onde $\mathbf{x}^* = (x^*, y^*)$ é o vetor deslocamento, que podemos tomar na direção de $\mathbf{c}$.

Portanto, $f(x, y) = \langle \mathbf{c}, \mathbf{x} \rangle = \langle \mathbf{c}, \mathbf{x}^* + \lambda \mathbf{c}^{\perp} \rangle = \langle \mathbf{c}, \mathbf{x}^* \rangle = \|\mathbf{c}\| \cdot \|\mathbf{x}^*\| \cos \alpha$ e, neste caso, $\cos \alpha = 1$.

Observação 2: Da observação 1 você pode notar que f será tão menor quanto menor for o deslocamento $\|\mathbf{x}^*\|$, ou seja, $f(x, y)$ assume seu mínimo no ponto (ou pontos) da região factível que estiver na reta perpendicular a $\mathbf{c}$, mais próximo da origem. Em nosso problema, o ponto é $\left(\frac{6}{7}, \frac{3}{14}\right) = P_3$ que é um vértice da região factível.

14.3.2 *Exemplo*: Uma fábrica produz dois tipos de geradores, tipo A e tipo B, e cada um deles deve passar por duas máquinas, C e D. Para fazer um gerador do tipo A, a máquina C deve trabalhar 2 horas e a máquina D deve trabalhar 4 horas. Para fazer uma unidade do tipo B, as máquinas C e D devem trabalhar respectivamente, 4 e 2 horas. As máquinas podem trabalhar 24 horas por dia. Sabe-se que a fábrica tem um lucro de 3.000 u.c.p. por um gerador do tipo A e um lucro de 5.000 u.c.p. por um do tipo B. Além disso, ela vende toda a sua produção. Sendo assim perguntamos: quantos geradores de cada tipo a fábrica deve produzir, para que seu lucro seja máximo?

Chamemos x a quantidade do tipo A e y a do tipo B, e observemos as restrições sobre x e y. Se são fabricados x geradores do tipo A, o tempo gasto pela máquina C é $2x$, e se são fabricados y geradores do tipo B, o tempo gasto pela máquina C é $4y$, ou seja, o tempo total usado pela máquina C é $2x + 4y$, que deve ser menor que 24 horas. Analogamente, temos uma restrição para a máquina D. Devemos ter, então:

$$\begin{aligned} x &\geqslant 0 \\ y &\geqslant 0 \\ 2x + 4y &\leqslant 24 \\ 4x + 2y &\leqslant 24 \end{aligned}$$

que nos fornece a região mostrada na Figura 14.3.11, cujos vértices são (0, 0), (6, 0), (4, 4) e (0, 6). A função que queremos maximizar é a função lucro.

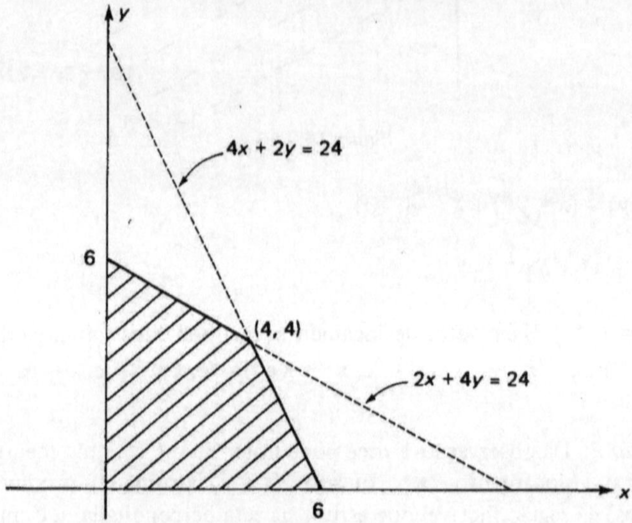

Figura 14.3.11

$$f(x, y) = 3\,000x + 5000y$$

Use o método geométrico descrito no exemplo anterior para determinar o máximo de f, observando que, para obter o máximo, você deve "caminhar" na região por retas perpendiculares ao vetor gradiente da f.o. e no mesmo sentido dele.

14.3.3 Tipos de Solução

Baseado no método geométrico que descrevemos na seção anterior, já se pode intuir vários tipos de solução de problemas de programação linear de duas variáveis.

Vamos considerar todos os tipos possíveis de regiões poliedrais convexas no $\mathbf{R}^2$ e pesquisar os máximos e mínimos de uma função $f(x, y) = ax + by + c$. Na Figura 14.3.12 tomamos $a = 1$ e $b = 2$.

(a) Regiões ilimitadas sem vértices

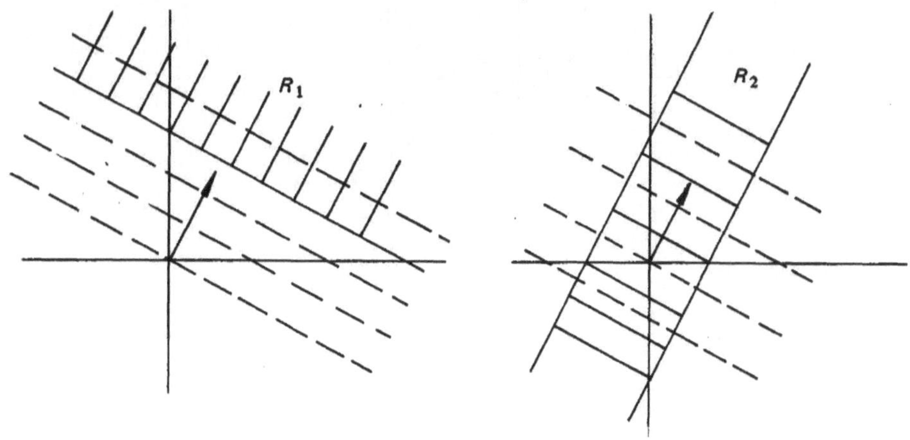

(b) Regiões ilimitadas com vértices

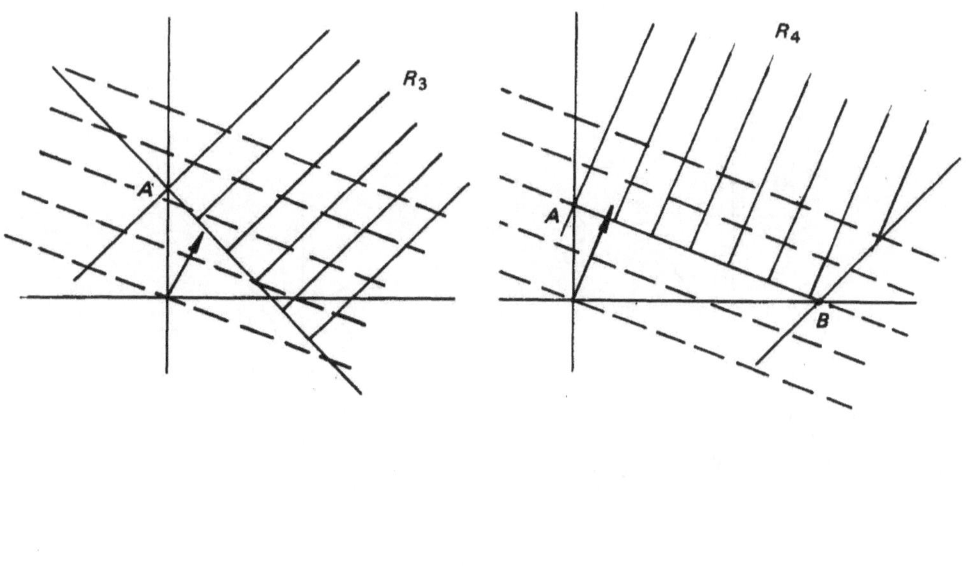

(c) Região limitada (portanto, com pelo menos três vértices)

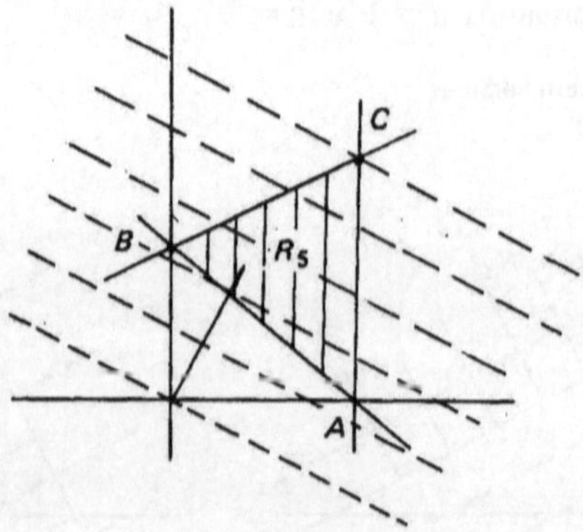

(d) Casos degenerados

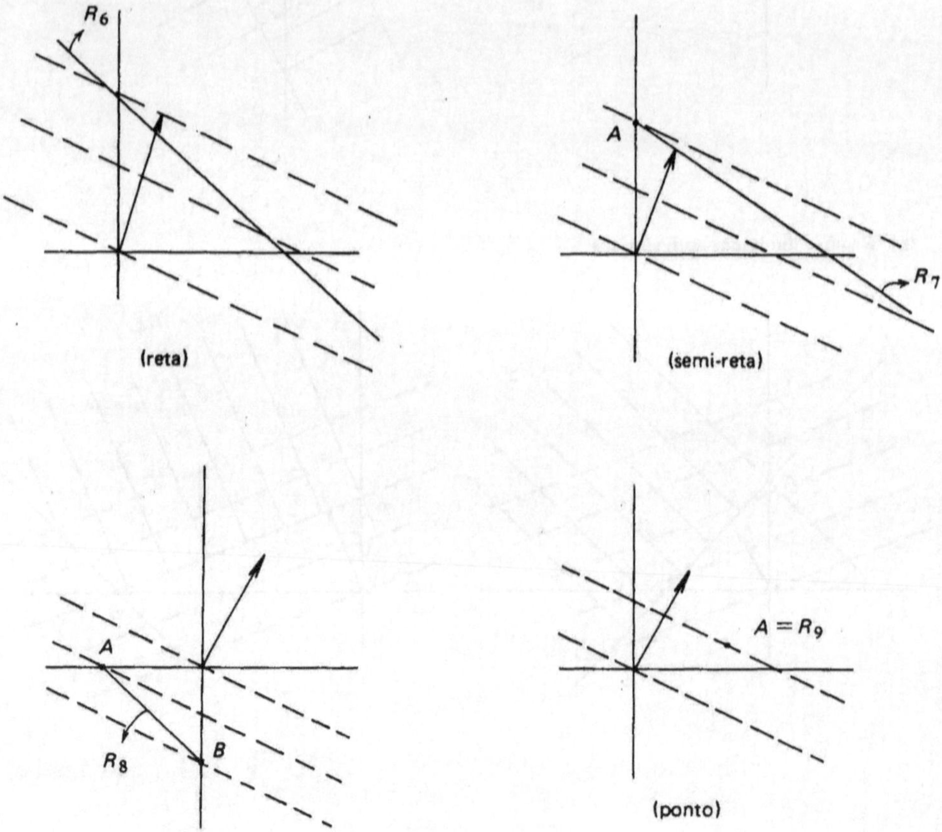

Figura 14.3.12

Podemos observar portanto que a função

$$f(x, y) = x + 2y + c \quad \text{na região}$$

R_1 assume mínimo em toda reta ("fronteira" de R_1) e não assume máximo.
R_2 não assume máximo nem mínimo.
R_3 não assume máximo nem mínimo.
R_4 assume mínimo nos vértices A e B, portanto assume mínimo em todo segmento AB, e não assume máximo.
R_5 assume mínimo no vértice A e máximo no vértice C.
R_6 não assume máximo nem mínimo.
R_7 assume máximo no vértice A e não assume mínimo.
R_8 assume mínimo no vértice B e máximo no vértice A.
R_9 tem o valor máximo igual ao valor mínimo e igual a $f(A)$.

Exercício: *a*) Descreva, através de inequações, as regiões $R_1, R_2, ..., R_9$ acima.

b) Faça um estudo semelhante ao que foi feito acima para determinar os máximos e mínimos de $f(x, y) = -2x + y + c$ nas regiões $R_1, R_2, ..., R_9$.

14.3.4 Resolução do Problema para n-variáveis

Podemos estender o método geométrico descrito no Exemplo 14.3.1 para problemas de PL em geral. Teremos então para $f(x_1, ..., x_n) = a_1x_1 + ... + a_nx_n + b$ o vetor gradiente $\mathbf{c} = (a_1, a_2, ..., a_n) \in \mathbf{R}^n$. Em termos de produto interno temos $f(\mathbf{x}) = \langle \mathbf{x}, \mathbf{c} \rangle + b$, $\mathbf{x} = (x_1, \ldots, x_n)$. A função objetivo será, portanto, constante nos hiperplanos perpendiculares a **c**. (Para as noções de perpendicularismo e co-seno do ângulo entre vetores do $\mathbf{R}^n$, consulte, se necessário, o Capítulo 8.)

No caso de problema envolvendo três variáveis ainda é possível visualizar geometricamente. Os pontos de mínimo ou máximo da f.o. serão procurados varrendo-se a região factível por planos perpendiculares ao vetor gradiente $\mathbf{c} = (a_1, a_2, a_3) \in \mathbf{R}^3$.

Exercício: Para fixar melhor este procedimento, considere a função $f(x, y, z) = 4 - x - 2y + z$. Determine o valor máximo e o valor mínimo que f assume na região descrita no Exemplo 2 de 14.2.13. Observe os pontos onde isto ocorre.

Fica difícil, trabalhar na prática com este procedimento geométrico para quatro ou mais variáveis. Mas esta noção de procurar máximos e mínimos da função objetivo por uma varredura de hiperplanos perpendiculares ao gradiente nos permite intuir dois fatos cruciais na programação linear.

i) A função objetivo assume necessariamente um valor máximo e um valor mínimo quando a região poliedral convexa (factível) for limitada.

ii) Os vértices desempenham um papel fundamental na procura de máximos e mínimos para a função objetivo.

Volte aos exemplos anteriores de PL, tente observar o porquê deste fato. Na próxima seção vamos formalizar esta última observação, estabelecendo o resultado que é fundamental na resolução de problemas de PL.

14.3.5 Teorema Fundamental da Programação Linear

O primeiro resultado nos diz que os valores extremos de uma função afim são assumidos nos pontos extremos dos segmentos.

Lema 1: Seja $f(x_1, ..., x_n) = a_1x_1 + a_2x_2 + ... + a_nx_n + b$ e seja P um ponto interior a um segmento $\overline{AB}$ do $\mathbf{R}^n$, isto é, $P = \lambda A + (1 - \lambda) B, 0 < \lambda < 1$.
Então teremos $f(A) \leqslant f(P) \leqslant f(B)$ ou $f(B) \leqslant f(P) \leqslant f(A)$.

Prova: Como $P = \lambda A + (1 - \lambda) B$ e f é uma transformação afim,

$f(x) = L(x) + b$, onde $L(x) = L(x_1, ..., x_n) = a_1x_1 + a_2x_2 + ... + a_nx_n$ é linear,
$f(P) = L(P) + b = L(\lambda A + (1 - \lambda) B) + b = \lambda L(A) + (1 - \lambda) L(B) + b$.

Suponha $f(A) \leqslant f(B) \Rightarrow L(A) \leqslant L(B)$
Como $f(P) = \lambda L(A) + (1 - \lambda) L(B) + b$ temos
$\lambda L(A) + (1 - \lambda) L(A) + b \leqslant f(P) \leqslant \lambda L(B) + (1 - \lambda) L(B) + b$.

$$L(A) + b \leqslant f(P) \leqslant L(B) + b$$

Portanto:

$$f(A) \leqslant f(P) \leqslant f(B)$$

Da mesma forma, se tivermos $f(B) \leqslant f(A)$ mostramos que $f(B) \leqslant f(P) \leqslant f(A)$.

Uma conseqüência deste resultado é o lema a seguir, que você poderá provar como exercício.

Lema 2: Seja $f(x_1, ..., x_n) = a_1x_1 + a_2x_2 + ... + a_nx_n + b$. Se dentre os valores que f assumir num segmento $\overline{AB}$ do $\mathbf{R}^n$, o valor máximo (mínimo) for assumido num ponto P interior deste segmento, então f será constante em $\overline{AB}$.

Analisando os enunciados dos lemas 1 e 2 e a natureza de uma região poliedral convexa, estamos em condição de enunciar o principal resultado da PL.

Teorema Fundamental da Programação Linear

Seja $f(x_1, ..., x_n) = a_1x_1 + ... + a_nx_n + b$ definida numa região poliedral convexa A do $\mathbf{R}^n$. Suponha que f assuma um valor máximo (mínimo) nesta região. Então, se A possui vértice(s), este valor máximo (mínimo) será assumido num vértice.

Prova: (Para regiões A do $\mathbf{R}^2$.) Suponhamos que o valor máximo (mínimo) de f seja assumido num ponto P de A.

Considerando todas as regiões poliedrais convexas possíveis do $\mathbf{R}^2$ (veja 14.3.3), podemos ter:

i) *P é um vértice*. (Neste caso o teorema já estará provado.)

ii) *P está numa aresta*. Do lema 2, f assumira este valor máximo (mínimo) em toda aresta. Como a região A possui vértice(s) esta aresta conterá um vértice v obrigatoriamente. (Por quê?) Portanto, $f(\text{P}) = f(v)$.

iii) *P está no interior de A*. Neste caso, f será constante em toda região A. De fato:

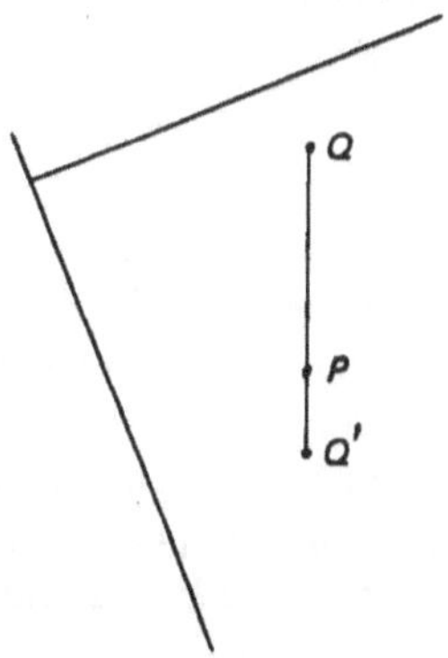

Figura 14.4.12

Seja Q um outro ponto interior de A. Como A é poliedral convexa, o segmento QP está contido em A; além disso, como P é interior, podemos considerar um prolongamento Q Q deste ainda contido em A. Do lema 2 segue que f é constante em QQ′ e, portanto, $f(\text{P}) = f(\text{Q})$.

Observação 1: A prova deste teorema para n-variáveis vai envolver um número maior de possibilidades: o ponto inicial de máximo (mínimo) poderá estar

i) num vértice;

ii) numa aresta (solução de $(n - 1)$ - equações). Neste caso, o máximo (mínimo) será assumido em toda a aresta que é um subconjunto de dimensão 1;

iii) numa face (solução de $(n - 2)$ - equações). Neste caso, o máximo (mínimo será assumido em toda a face que é um subconjunto de dimensão 2;

•
•
•

ni) num ponto interior da região A (que tem dimensão n). Neste caso, a função será constante em toda região.

Pode-se mostrar que em todos estes casos, quando a região tem vértices, conseguimos um vértice v onde a função assume seu máximo (mínimo), $f(v) = f(\text{P})$.

Observação 2: É este teorema que permite, nos casos em que, pela natureza da função, já sabemos que ela assume máximo (mínimo) encontrá-lo apenas determinando seus valores nos vértices da região poliedral convexa.

Exemplo: No problema proposto na seção 14.2.3, temos

$$f(x, y) = 10x + 8y \geqslant 0 \text{ pois } x \geqslant 0 \text{ e } y \geqslant 0.$$

f é, portanto, limitada inferiormente, o que nos permite concluir que ela assumirá um mínimo na região que é fechada. Para encontrá-lo, bastará portanto calcular o valor da função nos vértices da região.

Regiões Limitadas

Uma situação onde, para qualquer função objetivo, temos necessariamente máximo e mínimo acontece quando a região A for limitada. Para mostrar este fato, você deve voltar para a solução geométrica dos problemas de PL (14.3). Note que, ao varrermos o $\mathbf{R}^n$ por hiperplanos perpendiculares ao vetor gradiente da f.o., sempre tocaremos a região A uma primeira e uma última vez. Além disto, uma região poliedral convexa limitada claramente possui vértices (por quê?). Isto nos permite reescrever o teorema fundamental PL para este caso.

Teorema: Seja $f(x_1, x_2, ..., x_n) = a_1x_1 + ... + a_nx_n + b$ definida numa região poliedral convexa limitada A. Então f assume seus valores máximo e mínimo nos vértices de A.

Algoritmos para Resolver Problemas de PL

Vimos nesta seção que grande parte dos problemas de programação linear se resolve analisando-se apenas os valores da função objetivo nos vértices da região factível. Tanto a determinação dos vértices (resolução de sistemas lineares) quanto o cálculo da f.o. nestes são possíveis de algoritmos e de programação para calculadoras, microcomputadores e computadores. Na próxima seção introduziremos um destes métodos, conhecido por *método simplex*.

Programação Linear Inteira

Muitos problemas práticos podem ser formulados como maximizar ou minimizar uma função do tipo $f(x_1, ..., x_n) = a_1x_1 + ... + a_nx_n + b$ numa região poliedral convexa, *com a restrição adicional que as variáveis são inteiros.* Este é o caso por exemplo do problema proposto em 14.3.2.

Na resolução de um problema de PL, nem sempre o máximo ou mínimo ocorrem em pontos cujas coordenadas são números inteiros, condição indispensável na formulação de certos problemas. Existem técnicas para se determinar soluções inteiras ótimas (máximo ou mínimo), isto é, soluções mais próximas dos vértices de máximo ou mínimo. Em alguns problemas você poderá fazer isto intuitivamente, veja Exercício 16 de 14.4. No caso geral, estes problemas são tratados na subárea de PL denominada *Programação Linear Inteira* (veja referências ao final do capítulo)

*14.4 EXERCÍCIOS

1. Na definição de variedade linear em 14.2.1 prove que $\mathbf{v}_0 \in \mathbf{A}$. O vetor $\mathbf{v}_0$ é único? W é único? Interprete geometricamente.

2. Desenhe a região em $\mathbf{R}^2$, definida pelas desigualdades

$$\begin{cases} 2x + y + 9 \geqslant 0 \\ -x + 3y + 6 \geqslant 0 \\ x + 2y - 3 \leqslant 0 \end{cases}$$

   Quais são seus vértices?

3. Desenhe a região definida em $\mathbf{R}^3$, pelas desigualdades anteriores.

4. Quais são os vértices da região poliedral convexa em $\mathbf{R}^2$, definida por

$$\begin{cases} x \geqslant 0 \\ 2x + 3y \leqslant 2 \\ 3x + 2y \leqslant 2 \\ x + y \leqslant 1 \end{cases}$$

   Desenhe esta região.

5. Se duas regiões poliedrais convexas são definidas por dois conjuntos de desigualdades lineares, a intersecção destas regiões é definida por qual conjunto de desigualdades?

6. A união de dois conjuntos convexos é convexa?

7. Sejam A = (1, 2, 3) e B = (0, 1, -1) dois pontos de $\mathbf{R}^3$. O ponto (0, 0, 0) está sobre o segmento $\overline{AB}$?

8. Uma região poliedral convexa fechada de $\mathbf{R}^2$ tem vértices (-2, 0), (3, 4), (1, 0) e (-1, -1). Ache um conjunto de desigualdades que defina esta região.

9. Ache os pontos de máximo e os pontos de mínimo da função $f(x, y) = 7x + 5y + 2$ definida na região determinada pelas desigualdades

$$\begin{cases} 2x + y + 9 \geqslant 0 \\ -x + 2y + 6 \geqslant 0 \\ x \geqslant 0 \\ x + y - 4 \leqslant 0 \end{cases}$$

10. Uma máquina produz dois tipos A e B de frascos de vidro, mas não simultaneamente. Ao produzir um frasco do tipo A ela gasta 0,2 horas, e ao produzir um tipo B, gasta 0,4 horas. Sabendo que a máquina pode trabalhar no máximo 16 horas por dia e que o fabricante tem um lucro de 2 u.c.p. com um frasco tipo A e 3 u.c.p. com um frasco tipo B, quantos frascos de cada tipo devem ser produzidos para que o lucro seja máximo?

11. Uma companhia de transportes dispõe de 4 caminhões com capacidade para transportar 5.000 kg, 4 caminhões de 10.000 kg de capacidade e 2 caminhões de 20.000 kg de capacidade. O custo por hora dos caminhões do primeiro tipo é 200 u.c.p., do segundo 300 u.c.p. e do terceiro 400 u.c.p. Como devem ser usados os caminhões para transportar uma carga de 80.000 kg, para que o custo seja mínimo?

12. Uma indústria produz porcas, parafusos e pregos, podendo usar dois métodos distintos (mas não simultaneamente) para produzi-los. O primeiro método produz 3.000 porcas, 2.000 parafusos e 2.500 pregos por hora, enquanto o segundo produz 4.000 parafusos e 4.000 pregos por hora, mas nenhuma porca. A indústria trabalha 18 horas por dia e tem uma encomenda de 5.000 porcas, 5.000 parafusos e 5.000 pregos. Durante quantas horas ela deve empregar cada método para fazer a entrega o mais rapidamente possível?

13. Seja $f(x, y) = 3x + 3y$ definida na região poliedral convexa abaixo:

a) Qual o valor máximo e mínimo de f?
b) Calcule os valores $f(\text{A})$, $f(\text{B})$ e $f(\text{P})$, onde P é um ponto no segmento AB.
c) Use (*a*) e (*b*) para determinar os pontos onde f atinge o máximo e os pontos onde assume o mínimo.

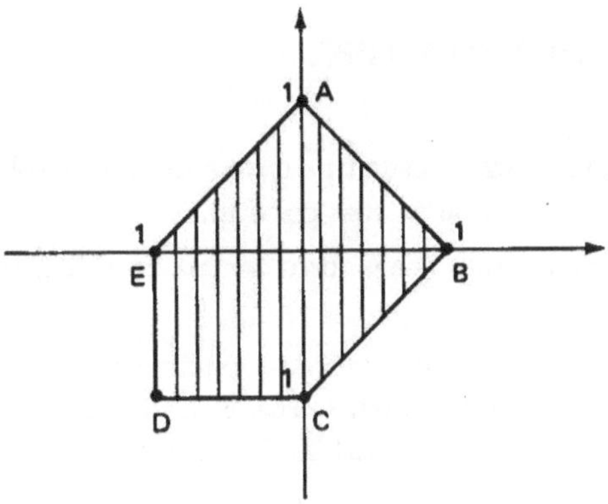

Figura 14.4.13

14. Numa indústria química há uma caldeira cuja margem de segurança é tal que a pressão P medida em atmosferas, e a temperatura T, medida em graus Celsius, devem ser reguladas de maneira que $10P + T \leqslant 400$. Quer-se usar a caldeira para que seja processada uma determinada reação. Para que isto ocorra da forma desejada, a temperatura deve estar entre 80°C e 300°C, e a pressão entre 1 e 20 atmosferas. A que temperatura e pressão deve trabalhar a caldeira para que a reação se processe no menor tempo possível, se sabemos que a velocidade da reação é dada por $v = 2T + 30P + 20$?

15. Mostre que uma região poliedral convexa limitada A do $\mathbf{R}^3$ pode ser caracterizada pelos seus vértices $v_1, ..., v_n$ da seguinte maneira:

$$A = \left\{ x \in \mathbf{R}^3;\ x = \lambda_1 v_1 + ... + \lambda_n v_n,\ 0 \leqslant \lambda_i \leqslant 1,\ i = 1, ..., n \right\}$$

16. Construção de Casas Populares. (Problema coletado pelo Prof. Rodney Bassanezzi em Guarapuava-PR.)

Tipo de Casa	*A*	*B*	*C*
Número de pessoas que abriga	6	4	3
Custo de construção (em UPC)	1.200	1.000	800
Demanda (nº de famílias que solicitaram)	150	200	250

Verba total disponível: 2.000.000 UPC.

a) Determine quantas casas de cada tipo devem ser construídas de modo a atender o maior número de pessoas possível.

b) Resolva o item *a*) supondo que o custo da casa do tipo *B* passou para 1.040 UPC.

c) Estabeleça um critério que leve em conta o número de pessoas e o número de famílias que solicitaram as casas. Determine o número de casas de cada tipo a serem construídas de modo a otimizar o critério que você adotou.

14.5 MÉTODO SIMPLEX

14.5.1 Introdução

O método gráfico apresentado na seção anterior é utilizado apenas para problemas com duas ou três variáveis. Para problemas maiores, o método gráfico torna-se impraticável, neste caso nós precisamos de uma técnica eficiente para resolver problemas de programação linear com mais de três variáveis. Esta técnica é o *método simplex.*

O método simplex nada mais é do que um algoritmo de busca, isto é, ele começa num vértice da região factível e move-se de um vértice factível a outro até encontrar o vértice ótimo. Foi desenvolvido em 1947 por George B. Dantzig, e após sua concepção houve um crescimento espantoso da programação linear, com centenas de livros e artigos publicados nos círculos acadêmicos. Antes de 1947, a programação linear era praticamente desconhecida, havendo, entretanto, algumas exceções, por exemplo, Fourier (1823), de la Poussin (1911), Kantorovich (1939).

A pouca utilização da programação linear antes de 1947 era devida à grande dificuldade computacional de se resolver problemas lineares, pelo fato de existir um grande número de combinações (factíveis e não-factíveis) a serem pesquisadas. Com o método simplex essa dificuldade foi otimizada, pois o algoritmo simplex realiza uma busca apenas nos vértices factíveis (que pertencem à região factível).

Nesta seção, introduziremos o método simplex através da resolução de um modelo simples de programação linear. Uma visão algébrica do método simplex também será apresentada, para que o leitor verifique que atrás do "procedimento mecânico" do método simplex existe toda uma base algébrica. Por último, será apresentado um programa na linguagem Basic que resolve problemas de programação linear e pode facilmente ser implementado em qualquer microcomputador existente no mercado.

14.5.2 Exemplo do Fabricante de Móveis

Problema: Vamos considerar um fabricante de móveis que fabrica apenas mesas e cadeiras. Ele tem um lucro[1] de Cr$4.500,00 em cada cadeira e de Cr$8.000,00 em cada mesa vendida. Supõe-se que devido à forte demanda desses itens consegue-se vender toda a produção da fábrica. Mas, a produção da firma é limitada em dois aspectos:

1) Cada cadeira produzida utiliza 5 unidades de jacarandá. Da mesma forma, cada mesa de jacarandá produzida utiliza 20 unidades de jacarandá. Dispomos de um total de 400 unidades de jacarandá.
2) Cada cadeira produzida gasta 10 homens-horas e cada mesa produzida gasta 15 homens-horas. Dispomos de um total de 450 homens-horas.

O objetivo do fabricante é descobrir qual a quantidade ótima de cadeiras e mesas a serem fabricadas, de tal modo que o lucro total seja o maior possível.

14.5.3 Modelando o Problema Matematicamente

Em primeiro lugar vamos identificar as variáveis do modelo. Vamos chamar de

x_1 = número total de cadeiras fabricadas; e de
x_2 = número total de mesas fabricadas.

Uma vez identificadas as nossas variáveis (na terminologia de programação linear chamadas de variáveis de decisão), fica fácil estabelecer o modelo matemático do problema do fabricante de móveis.

O lucro do fabricante pode ser expresso da seguinte maneira:

$$L = 4.500x_1 + 8.000x_2$$

e as restrições do problema:

$5x_1 + 20x_2 \leq 400$ (restrição de disponibilidade da matéria-prima)

$10x_1 + 15x_2 \leq 450$ (restrição de disponibilidade de mão-de-obra)

$$\left.\begin{array}{l} x_1 \geq 0 \\ x_2 \geq 0 \end{array}\right\}$$ (restrições de não-negatividade)

[1] Lucro é definido como o preço de venda menos o custo de fabricação.

E assim, o modelo de programação linear do problema do fabricante de móveis pode ser estabelecido formalmente da seguinte maneira:

$$\begin{array}{lrrl} \text{Max } L = 4.500x_1 + 8.000x_2 & & & \\ \text{s/a} & 5x_1 + & 20x_2 \leqslant 400 & (R_1) \\ & 10x_1 + & 15x_2 \leqslant 450 & (R_2) \\ & x_1 & \geqslant 0 & (R_3) \\ & & x_2 \geqslant 0 & (R_4) \end{array}$$

14.5.4 Solução Geométrica

Desenhando as restrições descritas na seção 14.5.3 obtemos a seguinte região factível:

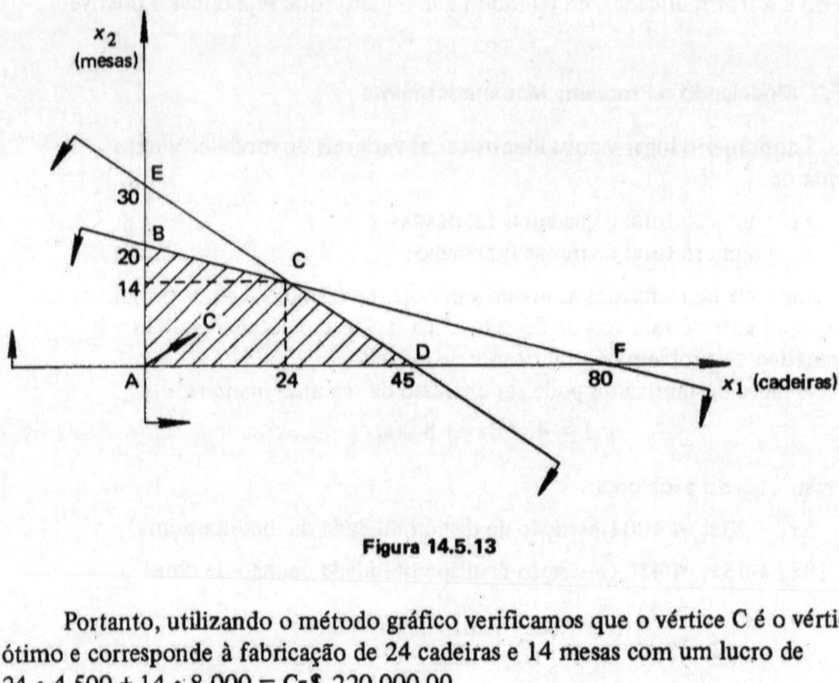

Figura 14.5.13

Portanto, utilizando o método gráfico verificamos que o vértice C é o vértice ótimo e corresponde à fabricação de 24 cadeiras e 14 mesas com um lucro de $24 \cdot 4.500 + 14 \cdot 8.000 = $ Cr\$ 220.000,00

14.5.5 Forma Padrão do Problema do Fabricante de Móveis

Como foi visto nas seções anteriores, a solução ótima para qualquer problema de programação linear ocorre num dos vértices da região factível. Esses vértices ocorrem onde retas se cruzam. Portanto, antes de resolver um problema de programação linear pelo método simplex, devemos transformar o sistema de inequações linares, geradas pelas restrições do problema, em um sistema de equações lineares, ou seja, devemos transformar o problema de programação linear original na forma padrão.

Problema do fabricante de móveis:

$$\begin{array}{lrrl} \text{Max } L = 4.500x_1 + 8.000x_2 & & & \\ \text{s/a} & 5x_1 + & 20x_2 & \leqslant 400 \\ & 10x_1 + & 15x_2 & \leqslant 450 \\ & x_1 & & \geqslant 0 \\ & & x_2 & \geqslant 0 \end{array}$$

Nós devemos transformar a inequação $5x_1 + 20x_2 \leqslant 400$ em equação, para isto basta associar uma variável x_3, que é chamada de variável de folga, na inequação:

$$5x_1 + 20x_2 + x_3 = 400$$

Usando o mesmo raciocínio para a 2ª restrição, obtemos:

$$10x_1 + 15x_2 + x_4 = 450$$

Logo, o problema na forma padrão fica:

$$\begin{array}{lrrrrl} \text{Max } L = 4.500x_1 + 8.000x_2 & & & & & \\ \text{s/a} & 5x_1 + & 20x_2 & + x_3 & & = 400 \\ & 10x_1 + & 15x_2 & & + x_4 & = 450 \\ & x_1, x_2, x_3, x_4 \geqslant 0 & & & & \end{array}$$

14.5.6 Algumas Definições

Considere o seguinte sistema linear:

$$\left.\begin{array}{l} a_{11}x_1 + a_{12}x_2 + \ldots + a_{1n}x_n = b_1 \\ a_{21}x_1 + a_{22}x_2 + \ldots + a_{2n}x_n = b_2 \\ \ldots\ldots\ldots\ldots\ldots\ldots\ldots\ldots\ldots\ldots \\ a_{m1}x_1 + a_{m2}x_2 + \ldots + a_{mn}x_n = b_m \end{array}\right\} \quad \text{(I)}$$

que escrito na forma matricial torna-se

$$\mathbf{Ax} = \mathbf{b}$$

Suponha que o posto de **A** seja igual a m e que $n > m$.

a) Solução Básica

Dado um conjunto de m equações lineares com m incógnitas, conforme definido em (I), vamos chamar de **B** qualquer submatriz $m \times m$, não-singular, formada por m colunas independentes de **A** (se **A** tem posto igual a m então tal submatriz existe. Por quê? Veja 3.7.1), e seja **N** a submatriz $m \times (n - m)$ formada pelas $n - m$ colunas restantes (aquelas que não pertencem a **B**). Portanto, $\mathbf{Ax} = \mathbf{b}$ pode ser escrito da seguinte maneira:

$$\mathbf{Bx_B} + \mathbf{Nx_N} = \mathbf{b}$$

pois **A** foi particionada em **B** e **N** ($\mathbf{A} = [\mathbf{B}, \mathbf{N}]$) e **x** em $\mathbf{x_B}$ e $\mathbf{x_N}$ ($\mathbf{x} = [\mathbf{x_B}, \mathbf{x_N}]$), onde $\mathbf{x_B}$ = [vetor de m componentes formado pelas variáveis associadas às colunas de **B**] e $\mathbf{x_N}$ = [vetor de $(n - m)$ componentes formado pelas variáveis associadas a **N**].

Então, se todos os componentes de $\mathbf{x_N}$ forem fixos iguais a zero, a solução para o conjunto resultante, $\mathbf{Bx_B} = \mathbf{b}$, é dito ser uma solução básica para (I) com respeito à base **B**. Os componentes de $\mathbf{x_B}$ são chamados de variáveis básicas e os componentes de $\mathbf{x_N}$ de variáveis não-básicas.

b) Solução Básica Degenerada

Se uma ou mais variáveis básicas em uma solução básica tem valor zero, esta solução é dita ser solução básica degenerada. Do ponto de vista geométrico, isto ocorre quando temos um vértice determinado pela intersecção de mais de duas retas.

Vamos considerar agora o seguinte sistema

$$\left.\begin{array}{l} \mathbf{Ax} = \mathbf{b} \\ \mathbf{x} \geq 0 \end{array}\right\} \quad \text{(II)}$$

o qual representa as restrições de um problema de programação linear na forma padrão.

c) Solução Factível

Um vetor **x** satisfazendo todas as restrições de (II) é dito ser factível para este sistema. Uma solução factível para (II) que também é básica é chamada de solução básica factível. Se esta solução também for uma solução básica degenerada, ela será chamada de solução básica factível degenerada.

Considere agora o problema de programação linear na forma padrão:

$$\left.\begin{array}{ll} \text{Min } \mathbf{cx} & \\ \text{s/a } & \mathbf{Ax} = \mathbf{b} \\ & \mathbf{x} \geq 0 \end{array}\right\} \quad \text{(III)}$$

d) **Solução Básica Factível Ótima**

É a solução básica factível que dentre todas as soluções básicas factíveis de (III) nos dá o valor ótimo (no caso, o valor mínimo) para a função objetivo.

Teorema Fundamental da Programação Linear

Dado um problema de programação linear na forma padrão (III) onde **A** é uma matriz $m \times (n+m)$ de posto m,

i) se há uma solução factível, há uma solução básica factível;

ii) se há uma solução factível ótima, há uma solução básica factível ótima.

Do teorema anterior e da equivalência entre solução básica factível e vértice temos que o método simplex é finito, pois um sistema linear de m equações com $(n+m)$ incógnitas tem no máximo

$$\binom{n+m}{m} = \frac{(m+n)!}{m!\,n!} \quad \text{soluções básicas}$$

Logo, o método simplex efetua um número menor que $\binom{n+m}{m}$ iterações para encontrar a solução ótima, pois o algoritmo simplex é um procedimento de busca, isto é, move-se de vértice factível em vértice factível, ou seja, de solução básica factível em solução básica factível até encontrar o ótimo.

Considere agora o problema do fabricante de móveis na forma padrão conforme estabelecido na seção 14.5.5 e sua resolução geométrica na seção 14.5.4.

Temos que

$$\mathbf{A} = \begin{bmatrix} 5 & 20 & 1 & 0 \\ 10 & 15 & 0 & 1 \end{bmatrix}$$

$$\mathbf{c} = [4.500, 8.000, 0, 0]$$

$$\mathbf{x} = [x_1, x_2, x_3, x_4]^T$$

$$\mathbf{b} = [400, 450]^T$$

São soluções básicas:

1) O ponto A
Neste caso, a base **B** é formada pelas colunas de x_3 e x_4 na matriz **A**.
Portanto,

$$\mathbf{B}_1 = \begin{bmatrix} 1 & 0 \\ 0 & 1 \end{bmatrix}$$

e $\mathbf{x_B} \equiv$ vetor das variáveis básicas $\equiv [x_3 \ x_4]$

$$\mathbf{B_1 x_{B_1}} = \mathbf{b} \Rightarrow \begin{bmatrix} 1 & 0 \\ 0 & 1 \end{bmatrix} \begin{bmatrix} x_3 \\ x_4 \end{bmatrix} = \begin{bmatrix} 400 \\ 450 \end{bmatrix}$$

$$\Rightarrow \mathbf{x_{B_1}} = [x_3 \ \ x_4] = [400 \ \ 450]$$

Fixando $x_1 = x_2 = 0$ temos que a solução basica associada à base $\mathbf{B_1}$ é $\mathbf{x} = (x_1, x_2, x_3, x_4) = (0, 0, 400, 450)$

2) O ponto B

Tomando a base $\mathbf{B_2} = \begin{bmatrix} 20 & 0 \\ 21 & 1 \end{bmatrix}$, $\mathbf{x_B} = (x_2, x_4)$

temos

$$\mathbf{B_2 x_B} = b \Rightarrow \begin{bmatrix} 20 & 0 \\ 15 & 1 \end{bmatrix} \begin{bmatrix} x_2 \\ x_4 \end{bmatrix} = \begin{bmatrix} 400 \\ 450 \end{bmatrix}$$

$$\mathbf{x_B} = (x_2, x_4) = (20 \ \ 150)$$

Portanto, fixando $x_1 = x_3 = 0$ temos que a solução básica associada à base $\mathbf{B_2}$ é $\mathbf{x} = (x_1, x_2, x_3, x_4) = (0, 20, 0, 150)$.

3) O ponto C

$$\mathbf{B_3} = \begin{bmatrix} 5 & 20 \\ 10 & 15 \end{bmatrix}, \mathbf{x_B} = (x_1, x_2) = (24, 14)$$

A solução básica associada à base $\mathbf{B_3}$ é $\mathbf{x} = (x_1, x_2, x_3, x_4) = (24, 14, 0, 0)$

4) O ponto D

$$\mathbf{B_4} = \begin{bmatrix} 5 & 1 \\ 10 & 0 \end{bmatrix}, \mathbf{x_{B_4}} = (x_1, x_3) = (45, 175)$$

A solução básica associada à base $\mathbf{B_4}$ é $\mathbf{x} = (x_1, x_2, x_3, x_4) = (45, 0, 175, 0)$

5) O ponto E

$$\mathbf{B_5} = \begin{bmatrix} 20 & 1 \\ 15 & 0 \end{bmatrix}, \mathbf{x_B} = (x_2, x_3) = (30, -200)$$

A solução básica associada à base $\mathbf{B_5}$ é $\mathbf{x} = (x_1, x_2, x_3, x_4) = (0, 30, -200, 0)$

6) O ponto F

$$\mathbf{B_6} = \begin{bmatrix} 5 & 0 \\ 10 & 1 \end{bmatrix}, \mathbf{x_B} = (x_1, x_4) = (80, -350)$$

A solução básica associada à base B_6 é

$$\mathbf{x} = (x_1, x_2, x_3, x_4) = (80, 0, 0, -350)$$

São soluções básicas factíveis (vértices):

1) o ponto A;
2) o ponto B;
3) o ponto C;
4) o ponto D.

14.5.7 Tableau Simplex

Vamos reescrever o problema do fabricante de móveis da seguinte forma:

$$\begin{array}{lrl} \text{Max} & L - 4.500x_1 - 8.000x_2 - 0x_3 - 0x_4 & = 0 \\ \text{s/a} & 5x_1 + 20x_2 + 0x_3 + 0x_4 & = 400 \\ & 10x_1 + 15x_2 + 0x_3 + 0x_4 & = 450 \\ & x_1, x_2, x_3, x_4 & \geqslant 0 \end{array}$$

O método simplex sempre começa com uma *base inicial factível.* Como no problema do fabricante de móveis todas as restrições são do tipo $\leqslant$, temos uma base óbvia que é a identidade, referente às colunas das variáveis de folga x_3 e x_4.

Portanto, $\mathbf{B} = \begin{bmatrix} 1 & 0 \\ 0 & 1 \end{bmatrix}$; $\mathbf{x_B} = [x_3, x_4] = [400, 450]$

e $x_1 = x_2 = 0$ (se você não entendeu o porquê disso, leia novamente a definição de solução básica factível). E o tableau simplex associado a esta base inicial é

Colunas	1	2	3	4	5	6	
		x_1	x_2	x_3	x_4		
Linhas da função objetivo	L	−4.500	−8.000	0	0	0	≡ Valor atual da função objetivo
Variáveis básicas	x_3	5	20	1	0	400	≡ b_1
	x_4	10	15	0	1	450	≡ b_2

O tableau simplex acima consiste de:

1) 6 colunas: A primeira contém informação sobre a base atual (você lê na 1ª coluna a função objetivo L e as variáveis x_3 e x_4 que são a nossa solução básica inicial). As colunas 2, 3, 4 e 5 contêm informação a respeito das variáveis x_1, x_2, x_3 e x_4, respectivamente. E a última coluna contém na 1ª linha o valor atual da função objetivo e nas duas últimas, os valores atuais das variáveis básicas x_3 e x_4.

2) 3 linhas: A primeira refere-se à linha da função objetivo; os valores na linha da função objetivo (excetuando-se a última coluna) são chamados pela terminologia da programação linear de custo reduzido. As duas últimas linhas referem-se às duas restrições do problema.

Para verificarmos se o tableau expressa uma solução básica factível basta verificar se os valores das variáveis básicas são $\geqslant 0$. O tableau simplex nos diz que a nossa base **B** é composta pelas colunas x_3 e x_4 da matriz **A** (veja a 1ª coluna do tableau) e os valores das variáveis básicas são lidos na última coluna. O tableau nos diz também se a solução básica factível associada à base **B** é ótima ou não.

Para sabermos se a solução básica factível é ótima ou não, basta verificar se existe alguma variável não-básica que entrando na base melhore o valor da função objetivo.

14.5.8 Verificando quem Entra na Base

As duas variáveis não-básicas no tableau simplex são x_1 e x_2.

A coluna de x_1, no tableau simplex diz que: "Se aumentarmos a variável x_1 em uma unidade nós utilizamos 5 unidades de x_3 e 10 unidades de x_4 *com um acréscimo no valor da função objetivo* de Cr$ 4.500,00 (repare que temos 4.500 porque passamos o custo de x_1 para o lado esquerdo da equação)".

A coluna de x_2 diz que: "Ao aumentarmos a variável x_2 em uma unidade nós utilizamos 20 unidades de x_3 e 15 unidades de x_4 e *teremos um acréscimo* de Cr$ 8.000,00 no valor da função objetivo".

Como o nosso problema é maximizar, nós não estamos no ótimo pois se entrarmos na base com uma das variáveis não-básicas, x_1 ou x_2, nós teremos um acréscimo no valor da função objetivo.

Há vários critérios de entrada na base, mas o mais comum deles é fazer entrar na base a variável não-básica que tiver o custo reduzido mais negativo, pois assim nós teremos um acréscimo maior no valor da função objetivo (isto não quer dizer que necessariamente chegaremos ao ótimo mais rápido!).

Se seguirmos o critério acima, a variável x_2 entra na base pois ela nos dá um acréscimo de Cr$ 8.000,00 no valor da função objetivo (se x_1 entrasse, nós teríamos um aumento de apenas Cr$ 4.500.00).

Para x_2 entrar na base alguém precisa sair (para manter o posto de B). Quem sai da base?

Se uma unidade de x_2 contribui em Cr$ 8.000,00 para o lucro então nós devemos aumentar x_2 o máximo possível, ou seja, nós devemos aumentar x_2 até que ele não viole as restrições de matéria-prima e mão-de-obra.

Para a restrição de matéria-prima nós temos:

$\frac{400}{20} = 20 \equiv$ indica que como nós temos um total de 400 unidades disponíveis de matéria-prima e cada unidade de x_2 gasta 20 unidades de x_3, então 20 unidades de x_2 podem ser processadas sem que a variável x_3 torne-se negativa.

Para a restrição de mão-de-obra temos:

$\frac{450}{15} = 30 \equiv$ indica que podemos processar 30 unidades de x_2 sem que x_4 torne-se negativa.

Portanto, nós devemos fabricar 20 unidades de x_2 pois se fabricarmos mais de 20 unidades a restrição de matéria-prima será violada. Observe que quando a variável x_2 aumenta, a variável x_3 vai diminuindo, e quando x_2 atinge 20 unidades a variável x_3 assume o valor zero.

Portanto, a variável x_2 entra na base com valor 20 e x_3 sai da base porque zerou.

Observação: Se houver mais de uma variável básica que assuma valores nulos então deve-se escolher apenas uma delas para deixar a base, as demais ficam na base com valores iguais a zero (solução degenerada).

14.5.9 Pivoteamento

O tableau simplex deve expressar a nova base que é formada pelas colunas de x_2 e x_4. A primeira modificação a ser feita no tableau é trocar x_3 por x_2 na primeira coluna do tableau. Agora, a fim de que o tableau expresse a nova base é necessário isolar x_2 na sua coluna, ou seja,

$$\begin{array}{cc} & x_2 \\ & 0 \\ x_2 \text{ - - - - - - -} & 1 \text{ - - - - - - - -} \\ & 0 \end{array}$$

Para transformar x_2 na forma acima nós devemos realizar operações no tableau de tal maneira que o elemento-pivô (elemento que se encontra na intersecção da coluna da variável que entra na base com a linha da variável que sai da base) se torne 1 e os demais elementos da coluna sejam transformados em zero. Tal procedimento se chama *pivoteamento* e nada mais é do que realizar operações elementares (veja secção 2.3) no tableau (que é equivalente ao sistema gerado pelas restrições do problema na forma padrão) com o intuito de transformar a coluna x_2 na forma citada acima.

Portanto, após efetuado o pivoteamento o tableau simplex torna-se:

Tableau 2:

	x_1	x_2	x_3	x_4	
L	2.500	0	400	0	160.000
x_2	1/4	1	1/20	0	20
x_4	25/4	0	15/20	1	150

que corresponde à seguinte base

coluna original de x_4

$$\mathbf{B} = \begin{bmatrix} 20 & 0 \\ 15 & 1 \end{bmatrix} ; \; \mathbf{x_B} = [x_2, x_4] = (20, 150]$$

coluna original de x_2

e temos a seguinte solução básica factível

$$\mathbf{x}\,(x_1, x_2, x_3, x_4) = (0, 20, 0, 150)$$

E o tableau 2 expressa o seguinte problema:

$$\begin{aligned} \text{Max } L - 2.500x_1 + 0x_2 + 400x_3 + 0x_4 &= 160.000 \\ \text{s/a} \quad 1/4x_1 + 0x_2 + 1/20x_3 + 0x_4 &= 20 \\ 25/4x_1 + 0x_2 - 15/20x_3 + 0x_4 &= 50 \end{aligned}$$

que é equivalente ao problema original pois foram efetuadas operações elementares no problema original para se chegar ao problema acima.

A pergunta que nos surge é: Estamos no ótimo? De novo precisamos verificar se ao entrarmos com alguma variável não-básica na base haverá um acréscimo (melhoria) no valor da função objetivo.

As nossas variáveis não-básicas atuais são x_1 e x_3 (por quê?). Vamos verificar o que cada uma dessas colunas expressa.

A coluna de x_1 nos diz que: "Ao aumentarmos a variável x_1 em uma unidade, sacrificamos 1/4 unidades de x_2 e 25/4 unidades de x_4 e ao fazermos isto temos um acréscimo de Cr$ 2.500,00 no valor atual da função objetivo".

A coluna de x_3 nos diz: "Ao aumentarmos a variável x_3 em uma unidade usamos 1/20 unidades de x_2 e ganhamos 15/20 unidades de x_4, com decréscimo de Cr$ 400,00 na função objetivo".

Portanto, se a variável x_1 entrar na base será um negócio lucrativo. Enquanto que se a variável x_3 entrar na base será um mal negócio, pois o valor da função objetivo diminuirá. Logo, a variável x_1 entra na base.

E quem sai da base?

Sai a variável que zerar primeiro. Quando x_1 aumenta, x_2 diminui em 1/4; portanto, nós podemos aumentar x_1 até o valor de $\frac{20}{1/4} = 80$ sem que a variável x_2 se torne negativa. E nós podemos aumentar x_1 até $\frac{150}{25/4} = \frac{600}{25} = 24$ sem que a variável x_4 se torne negativa. Assim, a variável que zera primeiro é a variável x_4 e portanto ela deixa a base.

Assim, devemos pivotear sobre o elemento-pivô que fica na intersecção da coluna x_1 com a linha da variável básica x_4.

Após efetuadas as operações de pivoteamento sobre o tableau atual temos um novo tableau:

Tableau 3:

	x_1	x_2	x_3	x_4	
L	0	0	100	400	220.000
x_2	0	1	4/25	1/25	14
x_1	1	0	3/25	4/25	24

Estamos no ótimo? Para responder essa pergunta precisamos verificar o que as colunas das variáveis não-básicas nos dizem.

A coluna de x_3 nos diz que: "Ao aumentarmos x_3 em uma unidade nós gastamos 4/25 unidades da variável x_2 e ganhamos 3/25 unidades de x_1, e esta ação nos leva a um decréscimo de Cr$ 100,00 no valor da função objetivo". Como o problema é de maximização, seria um mal negócio fazer a variável x_3 entrar na base.

A coluna de x_4 nos diz: "Ao aumentarmos x_4 em uma unidade, nós ganhamos 1/25 unidades de x_2 e gastamos 4/25 unidades de x_1, ocasionando um decréscimo de Cr$ 400,00 no valor da função objetivo". Esta ação também não é lucrativa.

Como as variáveis não-básicas atuais, x_3 e x_4, do problema não podem entrar na base, pois se isso ocorresse nós teríamos um decréscimo no valor da função objetivo, nós estamos no ótimo.

A base ótima é:

$$\mathbf{B} = [a_2, a_1] = \begin{bmatrix} 20 & 5 \\ 15 & 10 \end{bmatrix}$$

e a solução básica factível ótima correspondente a esta base é:

$\mathbf{x}^* = [x_1{}^*, x_2{}^*, x_3{}^*, x_4{}^*] = [24, 14, 0, 0] \equiv$ solução única e finita

O valor ótimo

$L^* = 4.500x_1{}^* + 8.000x_2{}^* =$ Cr$ 220.000,00

Agora, olhando no gráfico da região factível apresentado em 14.5.4 verificamos o caminho feito pelo método simplex até alcançar o ponto ótimo $\mathbf{X}^*$.

Tableau	*Solução*	*Pontos correspondentes no gráfico*
1 (inicial)	$\mathbf{x} = (0, 0, 400, 450)$	A
2	$\mathbf{x} = (0, 20, 0, 150)$	B
3	$\mathbf{x}^* = (24, 14, 0, 0)$	C

A tabela acima serve simplesmente para verificarmos que o método simplex caminha de vértice (= solução básica factível) em vértice até alcançar o ponto ótimo.

14.5.10 Método Simplex – Uma Visão Algébrica

Considere o problema de programação linear, dado baixo, na forma padrão

$$\left.\begin{array}{lrl} \text{Min} & z & = cx \\ \text{s/a} & Ax & = b \\ & x & \geqslant 0 \end{array}\right\} \text{(I)}$$

onde

$$\begin{array}{l} A \in \mathbf{R}^{m \times (n+m)} \\ x \in \mathbf{R}^{1 \times (n+m)} \\ b \in \mathbf{R}^{1 \times m} \\ c \in \mathbf{R}^{(n+m) \times 1} \end{array}$$

O que nós vamos fazer agora é particionar a matriz **A** em duas submatrizes, **B** e **N**, que chamaremos de submatriz básica e submatriz não-básica, respectivamente. Da mesma forma, faremos isto com os vetores
$x = [x_B, x_N]$ e $c = [c_B, c_N]$.

Uma vez feito isto, nós podemos reescrever o problema expresso em (I) da seguinte maneira:

$$\left.\begin{array}{lll} \text{Min} & z = & c_B x_B + c_N x_N \\ \text{s/a} & & B x_B + N x_N = b \\ & & x_B \geqslant 0, x_N \geqslant 0 \end{array}\right\} \text{(II)}$$

Se expressarmos $Bx_B + Nx_N = b$ na forma $x_B = B^{-1}b - B^{-1}Nx_N$ e substituirmos este resultado na linha da função objetivo obtemos:

$$\begin{array}{lll} \text{Min} & z + 0x_B + (c_B B^{-1} N - c_N) x_N & = c_B B^{-1} b \\ \text{s/a} & x_B + B^{-1} N x_N & = B^{-1} b \\ & x_B \geqslant 0, x_N \geqslant 0 & \end{array}$$

O problema acima é expresso na forma de tableau da seguinte maneira:

	x_B	x_N	
z	0	$c_B B^{-1} N - c_N$	$c_B B^{-1} b$
x_B	I	$B^{-1} N$	$B^{-1} b$

Este tableau nos dá a representação da linha da função objetivo z e das variáveis básicas em termos das variáveis não-básicas. Quando temos uma solução básica factível, ou seja, uma solução do tipo $x = (x_B, x_N) = (x_B, 0)$, nós obtemos o valor atual de z (pode ser lido diretamente do tableau na intersecção da linha z com a coluna mais à direita do tableau) e os valores atuais das variáveis básicas (na coluna mais à direita, logo abaixo da linha de z).

Sempre que temos uma solução básica factível nós desejamos saber se esta solução é ótima ou não. Para sabermos se estamos no ótimo basta verificarmos qual é o efeito produzido no valor da função objetivo quando fazemos uma variável não-básica, digamos x_j, sair do nível zero e passar para um nível positivo; se ao fazermos isto ocorrer uma melhoria no valor da função objetivo, então é interessante x_j entrar na base. Para compreendermos melhor, vamos expressar a equação $z = \mathbf{c_B B^{-1} b} - (\mathbf{c_B B^{-1} N} - \mathbf{c_N})\mathbf{x_N}$ de outra maneira:

$$z = z_0 - (z_j - c_j)x_j \text{ para todo } x_j \text{ pertencente à submatriz } \mathbf{N}.$$

onde: $z_0 = \mathbf{c_B B^{-1} b} \equiv$ valor atual da função objetivo

$z_j = \mathbf{c_B B^{-1}} a_j$

$(z_j - c_j) =$ custo reduzido da variável x_j.

Como o problema é minimizar, então é interessante que x_j entre na base quando o seu custo reduzido $(z_j - c_j)$ for maior do que zero, porque assim quando x_j cresce o valor da função objetivo decresce. Se $(z_j - c_j) \leqslant 0$, então o valor da função objetivo aumentará, ou permanecerá o mesmo, quando x_j aumentar. Portanto, para um *problema de minimização* as nossas candidatas a entrar na base serão as variáveis não-básicas cujo custo reduzido $(z_j - c_j)$ for maior do que zero. Quando uma ou mais variáveis não-básicas satisfizerem $(z_j - c_j) > 0$ usa-se como critério de desempate escolher aquela variável não-básica que tiver o custo reduzido mais positivo.

Suponha que a variável não-básica x_k entre na base $((z_k - c_k) > 0)$. Portanto, a variável não-básica x_k sairá do seu nível zero e passará a ter um valor positivo, mudança que acarretará um efeito nas variáveis básicas dado pela equação:

$$\mathbf{x_B} = \hat{\mathbf{b}} - \mathbf{y}_k x_k$$

onde $\hat{\mathbf{b}} = \mathbf{B}^{-1}\mathbf{b} \equiv$ valor atual das variáveis básicas

$\mathbf{y}_j = \mathbf{B}^{-1}\mathbf{a}_k \equiv$ coluna da variável x_j atualizada

que pode ser reescrita da seguinte maneira:

$$\begin{bmatrix} x_{B_1} \\ x_{B_2} \\ \vdots \\ x_{B_m} \end{bmatrix} = \begin{bmatrix} \hat{b}_1 \\ \hat{b}_2 \\ \vdots \\ \hat{b}_m \end{bmatrix} - \begin{bmatrix} y_{1k} \\ y_{2k} \\ \vdots \\ y_{mk} \end{bmatrix} x_k$$

ou ainda,

$$x_{B_i} = \bar{b}_i - y_{ik}x_k$$

Quando a variável x_k cresce podem ocorrer 3 casos:

1) Se $y_{ik} > 0$, então a variável x_{B_i} diminui à medida que x_k cresce, ou seja, x_{B_i} é candidata a sair da base.

2) Se $y_{ik} = 0$, então x_{B_i} não se altera quando x_k cresce.

3) Se $y_{ik} < 0$, então x_{B_i} cresce à medida que x_k cresce.

Nós só devemos nos preocupar com o caso 1, $y_{ik} > 0$, pois quando x_k cresce, x_{B_i} diminui e nós devemos tomar o cuidado de não deixar que x_{B_i} se torne negativo. Cada variável básica que tem seu componente em y_k maior do que zero é uma candidata a deixar a base, e deixa a base aquela que zerar primeiro.

14.5.11 Tipos de Solução

Nós podemos verificar através do tableau simplex soluções do tipo:

a) Alternativa

Se no tableau simplex tivermos o ótimo e existir uma variável não-básica, digamos x_k, com seu custo reduzido $(z_k - c_k)$ igual a zero, então nós temos soluções alternativas. Isso é fácil de ver pois

$$z = z_0 - (z_k - c_k)x_k \text{ e } (z_k - c_k) = 0,$$

então x_k pode entrar na base que o valor da função objetivo z não se altera, ou seja, mudamos de uma solução básica factível (vértice) para outra sem alterar a função objetivo; isto ocorre quando temos soluções alternativas.

b) Ilimitada ($z \to \alpha$)

Se no tableau existir alguma variável não-básica candidata a entrar na base, digamos x_k, e y_k tem todos os seus componentes menores ou iguais a zero (casos 2 e 3 da seção anterior), então nós temos solução ótima infinita, pois x_k pode crescer que nenhuma variável básica sairá da base porque crescerá junto com x_k, mas se as variáveis básicas crescerem sem limite, z que é função dessas variáveis crescerá sem limite também.

Observação: Compare estas observações com 14.3.3.

14.5.12 Resumo do Método Simplex

Passos do Algoritmo Simplex – Problema de Minimização

Passo 1: Ache uma solução básica factível com base **B**. Forme o tableau simplex inicial.

	$\mathbf{x_B}$	$\mathbf{x_N}$	
z	0	$\mathbf{c_B B^{-1} N - c_N}$	$\mathbf{c_B B^{-1} b}$
$\mathbf{x_B}$	**I**	$\mathbf{B^{-1} N}$	$\mathbf{B^{-1} b}$

Passo 2: Calcule $(z_k - c_k) = \text{máximo } \{ (z_j - c_j)$ para todas as variáveis não-básicas $x_j \}$

Passo 3 (critério de otimalidade): Se $(z_k - c_k) \leqslant 0$ então pare: a solução atual é ótima. Caso contrário, vá para o passo 4.

Passo 4: Se $y_k \leqslant 0$, então pare: a solução ótima é ilimitada. Caso contrário, vá para o passo 5.

Passo 5 (teste da razão): Determine o índice r como se segue

$$\frac{\hat{b}_r}{y_{rk}} = \underset{1 \leqslant i \leqslant m}{\text{mínimo}} \left\{ \frac{\hat{b}_i}{y_{ik}} \text{ para apenas os } y_{ik} > 0 \right\}$$

Observação: $\hat{b}_r = r$-ésimo componente do vetor $\hat{\mathbf{b}} = \mathbf{R}^{-1}\mathbf{b}$

Passo 6: Pivote em y_{rk}

Pivoteamento em y_{rk} é definido como.

a) Divida a linha r por y_{rk}.

b) Para $i = 1, 2, ..., m$ e $i \neq r$, atualize a i-ésima linha da seguinte maneira: "multiplique a nova linha r por $-y_{ik}$ e some a linha resultante à linha i".

c) Atualize a linha da função objetivo da seguinte maneira: "multiplique a nova linha r por $(c_k - z_k)$ e some a linha resultante com a linha da função objetivo"

Passo 7. Atualize as variáveis básicas e não-básicas onde x_k entra na base e x_{B_r} deixa a base e volte para o passo 2.

Observação 1: Se o problema for maximizar, apenas o passo 3 (critério de otimalidade) sofrerá (por quê?)

Passo 3 (critério de otimalidade): Se $(z_k - c_k) \geq 0$ então pare: a solução atual é ótima. Caso contrário, vá para o passo 4.

Observação 2: O método simplex trabalha apenas com variáveis não-negativas, ou seja, $x \geq 0$. Na prática, isso nem sempre acontece; nestes casos precisamos fazer uma transformação de variáveis para garantir que todas as variáveis sejam não-negativas (veja bibliografia para maiores detalhes).

14.5.13 Método das 2 Fases

Como foi dito na seção anterior o método simplex sempre começa com uma solução básica factível inicial.

Quando nós temos um problema linear com todas as restrições do tipo $\leq$ nós temos uma base factível inicial óbvia, que é a identidade formada pelas colunas das variáveis de folga.

Mas nem sempre isso é possível; neste caso, precisamos de um método que nos dê uma solução básica factível inicial. Um desses métodos é o método das 2 fases.

O método das 2 fases começa com a fase 1, que é a minimização da soma das variáveis artificiais, sujeita a restrições $\mathbf{Ax} + \mathbf{x}_a = \mathbf{b}$, $\mathbf{x} \geq 0$ e $\mathbf{x}_a \geq 0$. Se o problema original $\mathbf{Ax} = \mathbf{b}$, $\mathbf{x} \geq 0$, tem solução factível, então o valor ótimo para a função objetivo da fase 1 é zero, pois todas as variáveis artificiais acopladas ao problema original tendem a zero, ou seja, elas deixam a a base; após eliminarmos as colunas pertencentes às variáveis artificiais não-básicas, começamos a fase 2 que é resolver o problema original com a base factível encontrada na fase 1.

14.5.14 Resumo do Método das 2 Fases

Fase 1: Para cada restrição do tipo $\geq$ ou $=$ associe uma variável artificial. Resolva o problema abaixo começando com a solução básica factível $\mathbf{x} = 0$ e $\mathbf{x}_a = \mathbf{b}$.

$$\begin{aligned} \text{Min} \quad & z_a = \mathbf{1x}_a \\ \text{s/a} \quad & \mathbf{Ax} + \mathbf{x}_a = \mathbf{b} \\ & \mathbf{x} \geq 0, \ \mathbf{x}_a \geq 0 \end{aligned}$$

Se no ótimo o valor de $z_a \neq 0$, então pare: o seu problema original não tem solução factível. Caso contrário, elimine todas as colunas artificiais e a linha da função objetivo artificial. Vá para a fase 2.

Fase 2: Acople a função objetivo linear original e resolva o problema com a solução básica factível $x_B = B^{-1}b$ e $x_N = 0$. *Observe que* x_B contém as variáveis legítimas do problema original uma vez que assumimos que as variáveis artificiais deixaram a base. Portanto, nós devemos resolver o seguinte problema:

$$\begin{aligned} \text{Min} \quad & c_B x_B + c_N x_N \\ \text{s/a} \quad & x_B + B^{-1}Nx_N = B^{-1}b \\ & x_B \geqslant 0,\ x_N \geqslant 0 \end{aligned}$$

14.5.15 Programa-Exemplo

Nesta seção apresentamos um programa escrito em linguagem Basic que resolve problemas de programação linear do tipo

$$\begin{aligned} \text{Max} \quad & z = cx \\ \text{s/a} \quad & Ax \leqslant b \\ & x \geqslant 0 \end{aligned}$$

O programa foi escrito com o objetivo de permitir seu uso em qualquer microcomputador existente no mercado. Nos micros do tipo Sinclair (TK82-C, TK85, CP200...) deve-se fazer certas alterações:

i) Usar o comando de atribuição *LET* em todas as atribuições do programa.

ii) Desprezar a entrada dos dados através do comando *DATA* e utilizar apenas a entrada através do teclado (veja o exemplo da rodada).

a) Listagem do Programa

```
10      ! ********************************
20      ! *                              *
30      ! *     Este programa resolve    *
40      ! * problemas de programacao     *
50      ! * linear do tipo !             *
60      ! *                              *
70      ! *       Max   z = cx           *
80      ! *       s/a                    *
90      ! *             Ax <= b          *
100     ! *              x >= 0          *
110     ! *                              *
120     ! *                              *
130     ! ********************************
140     ! *                              *
```

```
150     ! *      Arrays utilizados :      *
160     ! *      ------ ----------        *
170     ! *                               *
180     ! *  I1( m )    : Vetor que con-  *
190     ! *               tem os indices  *
200     ! *               das variaveis   *
210     ! *                basicas        *
220     ! *  A( m,n+m+1 ) : Matriz tec-   *
230     ! *                nologica am -  *
240     ! *                pliada (inclui *
250     ! *                 vetor b  )    *
260     ! *  F( n+ m ) : Vetor custo      *
270     ! *  C1( n+m ) : Vetor de cus -   *
280     ! *              tos reduzidos    *
290     ! *                               *
300     ! *-------------------------------*
310     ! *                               *
320     ! *  Observacao : Se a entrada    *
330     ! *   de dados for atraves do     *
340     ! *   comando DATA , deve - se    *
350     ! *   colocar a partir da linha   *
360     ! *   1850 os dados da seguinte   *
370     ! *   forma  :                    *
380     ! *                               *
390     ! *           Restricao 1         *
400     ! *           Restricao 2         *
410     ! *           ...........         *
420     ! *           Restricao m         *
430     ! *           b( 1 )              *
440     ! *           b( 2 )              *
450     ! *           ......              *
460     ! *           b( m )              *
470     ! *           c( 1 )              *
480     ! *           c( 2 )              *
490     ! *           ......              *
500     ! *           c( n )              *
510     ! *                               *
520     ! *********************************
530     Print " Numero de restricoes "
540     Input M
550     Print " Numero de variaveis "
560     Input N
570     N1 = N + 1
580     N2 = N + M
```

```
590     N3 =  N + M + 1
600     Rem *** Chamada da rotina de Leitura ***
610     Gosub 650
620     Rem *** Chamada da rotina Simplex ***
630     Gosub 1200
640     End
650     Rem *** Rotina de Leitura ***
660     Rem *** Declaracao dos arrays ***
670     Rem *** Dim I1(M),A(M,N3),F(N2),C1(N2) ***
680     Rem *** O comentario acima indica as  ***
690     Rem *** dimensoes minimas dos arrays  ***
700     Dim I1(10),A(10,31),F(30),C1(30)
710     I = 0
720     For J = N1 to N2
730     I = I + 1
740     I1( I ) = J
750     Next J
760     For I = 1 to M
770     For J = N1 to N2
780     If J = M+1 Then A(I,J) = 1 Else A(I,J) = 0
790     Next J
800     Next I
810     For I = N1 to N2
820     F( I ) = 0
830     Next I
840     Print " Entrada da matriz de restricoes pelo "
850     Print " teclado( T ) ou pelo DATA( D ) "
860     Input R$
870     If R$ = "T" Then 1000
880     For I = 1 to M
890     For J = 1 to N
900     Read A( I,J )
910     Next J
920     Next I
930     For I = 1 to M
940     Read A( I,N3 )
950     Next I
960     For I = 1 to N
970     Read F( I )
980     Next I
990     Return
1000    Print " Entrada da matriz de restricoes "
1010    For I = 1 to M
1020    For J = 1 to N
1030    Print " A(";I;",";J;") = ";
1040    Input A( I,J )
```

```
1050    Next J
1060    Next I
1070    Print " Entrada do Vetor b "
1080    For I = 1 to M
1090    Print " b(";I;") = ";
1100    Input A( I,N3 )
1110    Next I
1120    Print " Entrada do Vetor Custo "
1130    Print " ( nao inclua folgas )  "
1140    For I = 1 to N
1150    Print "c(";I;") = ";
1160    Input F( I )
1170    Next I
1180    Return
1190    Rem *** Rotina Simplex ***
1200    Z = 0
1210    K1 = 0
1220    K1 = K1 + 1
1230    S1 = ( - Inf )
1240    For L = 1 to N2
1250    For I = 1 to M
1260    If L = I1( I ) Then 1370
1270    Next I
1280    S = 0
1290    For I = 1 to M
1300    J = I1( I )
1310    S = S + F( J ) * A( I,L )
1320    Next I
1330    C1( L ) = F( L ) - S
1340    If C1( L ) <= S1 Then 1370
1350    S1 = C1( L )
1360    K = L
1370    Next L
1380    For L = 1 to M
1390    I2 = I1( L )
1400    C1( I2 ) = 0
1410    Next L
1420    P = Eps
1430    If S1 <= P Then 1700
1440    K2 = 0
1450    V = Inf
1460    For L = 1 to M
1470    T = A( L,K )
1480    If T <= 0 Then 1530
1490    Q = A( L,N3 )/T
1500    If Q >= V Then 1530
```

```
1510    K2 = L
1520    V = Q
1530    Next L
1540    If K2 = 0 Then 1730
1550    I1( K2 ) = K
1560    T = 1.0/A( K2,K )
1570    For L = 1 to N3
1580    A( K2,L ) = A( K2,L ) * T
1590    Next L
1600    For L = 1 to M
1610    If L = K2 Then 1660
1620    D = ( - A( L,K ) )
1630    For J = 1 to N3
1640    A( L,J ) = A( L,J ) + A( K2,J ) * D
1650    Next J
1660    Next L
1670    Z = Z + V * S1
1680    Gosub 1750
1690    Goto 1220
1700    Print " Solucao otima "
1710    Gosub 1780
1720    Return
1730    Print " Solucao Ilimitada "
1740    Return
1750    Rem *** Rotina de Impressao ***
1760    Print
1770    Print " Iteracao n. "; K1
1780    Print
1790    Print " Valores das variaveis basicas "
1800    Print
1810    For L = 1 to M
1820    Print  " X(";I1(L);") = ";A( L,N3 )
1830    Next L
1840    Print
1850    Print " Valor da funcao objetivo : ";Z
1860    Return
```

Existem duas funções pré-definidas:

i) *Eps* (linha 1390): menor número representado pela máquina e

ii) *Inf* (linha 1200): maior número representado pela máquina

que foram utilizadas no programa.Caso o seu micro não contenha essas funções, atribua valores a Eps e Inf (talvez o manual do micro contenha informações a esse respeito).

b) Exemplo de uma Rodada

Vamos utilizar o problema do fabricante de móveis proposto em 14.5.2 para ilustrar uma rodada do programa.

```
 Numero de restricoes
? 2
 Numero de variaveis
? 2
 Entrada da matriz de restricoes pelo
 teclado( T ) ou pelo DATA( D )
? T
 Entrada da matriz de restricoes
 A( 1 , 1 ) = ? 5
 A( 1 , 2 ) = ? 20
 A( 2 , 1 ) = ? 10
 A( 2 , 2 ) = ? 15
 Entrada do Vetor b
 b( 1 ) = ? 400
 b( 2 ) = ? 450
 Entrada do Vetor Custo
 ( nao inclua folgas )
c( 1 ) = ? 4500
c( 2 ) = ? 8000

 Iteracao n.  1

 Valores das variaveis basicas

 X( 2 ) =  20
 X( 4 ) =  150

 Valor da funcao objetivo :  160000

 Iteracao n.  2

 Valores das variaveis basicas

 X( 2 ) =  14
 X( 1 ) =  24
```

```
Valor da funcao objetivo :  220000
Solucao otima

Valores das variaveis basicas

X( 2 ) =  14
X( 1 ) =  24

Valor da funcao objetivo :  220000
```

Caso o leitor deseje rodar o programa utilizando o comando *DATA*, deve-se acoplar as linhas abaixo ao programa:

```
1850 Data 5,20            ! Restricao n. 1
1860 Data 10,15           ! Restricao n. 2
1870 Data 400,450         ! Vetor b
1880 Data 4500,8000       ! Vetor Custo
```

14.6 EXERCÍCIOS

1. A Cia. VT produz televisores em cores e em preto e branco. Uma pesquisa de mercado indicou que mensalmente podem ser vendidos, no máximo, 4.000 unidades de aparelhos em cores e 1.000 unidades em preto e branco. O setor de produção informou que o número de homens-horas disponíveis por mês é de 50.000, e um aparelho colorido requer 20 homens-horas e um aparelho preto e branco requer 15 homens-horas.

   O Departamento de Vendas informou que para atender os pedidos já efetuados este mês, deverão ser produzidos, no mínimo, 800 aparelhos coloridos. Os aparelhos são embalados em caixas de papelão e o departamento de matéria-prima informou que, por uma falha de previsão, existem disponíveis somente 4.200 caixas para a embalagem dos aparelhos e para este mês não está prevista nova compra deste material. Os lucros unitários dos aparelhos são Cr$ 50.000,00 (colorido) e Cr$ 28.000,00 (preto e branco). Deseja-se estabelecer o plano de produção que produzirá o lucro máximo para esta indústria.

2. Arley Tão cria porcos para vender, e ele deseja determinar as quantidades de cada alimento que deverão ser dadas a cada porco para obter os requerimentos nutricionais a um custo mínimo. O número de unidades de cada tipo de ingrediente nutricional básico encontrado num quilo de cada alimento é dado na tabela abaixo, juntamente com os requerimentos diários e o custo.

Ingrediente nutricional	*Quilo de milho*	*Quilo de cereais*	*Quilo de alfafa*	*Mínimo requerido diariamente*
Carboidratos	90	20	40	200
Proteínas	30	80	60	180
Vitaminas	10	20	60	150
Custo Cr$	2.540,00	2.360,00	2.000,00	

3. A Cia. Sovina de Investimentos possui Cr$ 6.000.000,00, quantia esta que deverá ser aplicada em 5 tipos de investimento, sendo que os retornos para cada investimento são: investimento 1 (I1): 10%, investimento 2 (I2): 8%; investimento 3 (I3): 6%; investimento 4 (14): 5%; investimento 5 (I5): 9%.

   O gerente desta Cia. deseja diversificar os investimentos para obter o máximo rendimento possível. Dado o elemento de risco envolvido, o gerente restringiu a quantia aplicada no I1 a não mais que a quantia total que irá investir em I3, I4 e I5 (em conjunto). A quantia total aplicada em I2 e I5 deve ser pelo menos igual à quantia aplicada em I3. O I2 deve estar limitado a um nível que não exceda a quantia aplicada em I4.

   É preciso determinar a alocação ótima de investimento entre as 5 categorias, de forma que o retorno ao final do ano seja o máximo possível.

4. Um fazendeiro quer comprar as seguintes quantidades de fertilizantes: fertilizante 1: 185 ton; fertilizante 2: 50 ton; fertilizante 3: 50 ton; fertilizante 4: 200 ton. Ele pode comprar estes fertilizantes em 3 lojas diferentes sendo a disponibilidade de cada loja e os custos dos vários tipos de fertilizantes nas várias lojas fornecidos nas tabelas abaixo.

Disponibilidade				
Loja	Fertilizante			
	1	2	3	4
1	70	–	60	150
2	100	30	–	100
3	100	40	35	70

Custo Cr$/ton				
Loja	Fertilizante			
	1	2	3	4
1	450	–	300	319
2	425	180	–	350
3	480	200	240	325

Como o fazendeiro pode preencher suas necessidades de fertilizante a um custo mínimo?

5. A Cia. ZigZag possui fábricas em Campinas e Belo Horizonte. Esta Cia. produz e distribui máquinas de costura a comerciantes de várias cidades. Numa determinada semana, a Cia. possui: 30 unidades em Campinas e 40 unidades em BH. Nesta mesma semana, esta Cia. deve atender os pedidos dos comerciantes das seguintes cidades: São Paulo: 20 unidades, Rio de Janeiro: 25 unidades e Vitória: 25 unidades.

O problema consiste em distribuir as máquinas aos comerciantes de forma a atender os pedidos a um custo mínimo de transporte. Os custos unitários são:

Origem \ *Destino*	*SP*	*RJ*	*Vitória*
Campinas	700	1.300	2.000
BH	2.200	1.800	1.700

6. Uma refinaria mistura 4 tipos de gasolina e produz 3 tipos de combustível. Os dados são fornecidos nas tabelas abaixo.

Tipo de gasolina	*Taxa de octano*	*Nº de barris disponíveis diariamente*
1	68%	4.000
2	86%	5.050
3	91%	7.100
4	99%	4.300

Combustível	*Taxa mínima de octano*	*Lucro*	*Demanda diária*
1	95%	7.200 u.c.p.	no máximo 10.000
2	90%	6.000 u.c.p.	—
3	85%	5.000 u.c.p.	pelo menos 15.000

A refinaria vende a gasolina não usada para produzir combustível a 4.900 u.c.p. se sua taxa de octano for acima de 90% e a 3.800 u.c.p. se sua taxa de octano for menor que 90%. Como pode a refinaria maximizar o lucro total diário?

7. *a*) Resolva o problema dos televisores (Exercício 1) pelo método gráfico.
   b) Escreva o problema na forma padrão.
   c) Através da solução obtida no item *a*), calcule o valor das variáveis de folga na solução ótima;
   d) Interprete os valores das variáveis de folga.

8. Um aluno do curso de MS415 quer aproveitar o que já aprendeu a respeito da Programação Linear para resolver um problema particular muito grave. Atualmente, ele possui duas namoradas: Maria e Luísa. Ele faz alguns cálculos e estudos, dos quais concluiu que:
   a) Maria, muito elegante e sofisticada, prefere freqüentar bares e boites mais requintados, de modo que uma saída de 3 horas custará Cr$ 1.500,00.
   b) Luísa é mais simples e prefere divertimentos mais populares, de modo que uma saída de 3 horas custará Cr$ 800,00.
   c) Após pagar as contas da república onde mora, e outros gastos, restam para ele Cr$ 5.000,00 mensais para diversão.
   d) Seus afazeres escolares são muitos (lista de exercícios, programas etc.) e consomem muito do seu tempo e energia, de tal forma que lhe sobram, mensalmente, 30 horas e 40.000 calorias para as atividades sociais.
   e) Cada saída com Maria consome 3.000 calorias, mas com Luísa, mais alegre e extrovertida, gasta o dobro.
   f) É importante colocar que ele gosta das duas com a mesma intensidade.

Tomando como base as conclusões acima, ele quer planejar sua vida social de modo a obter o número máximo de saídas.

Formule o problema e resolva-o. Após conseguir o resultado, comunique-o à classe para que este aluno (que prefere que seu nome não seja revelado por razões que parecem óbvias) possa conferir com a solução ótima por ele obtida.

9. A Cia. KI-SORVETEBOM produz dois tipos de sorvetes: picolé e copinho. Nesta Cia. o único ponto crítico é a mão-de-obra disponível. O copinho consome 50% a mais de mão-de-obra que o picolé. Sabe-se também que se todo o sorvete produzido fosse do tipo picolé a Cia. produziria 400 toneladas por dia. O mercado limita a produção diária do copinho e picolé em 150 e 300 toneladas, respectivamente.

   O lucro por tonelada de copinho e picolé produzidos é Cr$ 5.000,00 e Cr$ 3.500,00 por tonelada, respectivamente.

   Formular e resolver o problema que permita determinar a quantidade a ser produzida de cada tipo de sorvete.

   Discuta a solução ótima obtida e verifique os valores das variáveis de folga.

10. Resolva todos os exercícios que você achar interessante (incluindo aqueles propostos na solução geométrica e os desta seção) que podem ser resolvidos pelo método simplex sem usar o método das 2 fases.

11. Resolva o Exercício 2 desta seção usando o método das 2 fases. Repare que como as restrições são do tipo $\geqslant$ então é necessário subtrair variáveis (neste caso chamadas de variáveis de excesso) para colocar o problema na forma padrão.

14.7 RESPOSTAS

14.7.1 Respostas de 14.4

2.

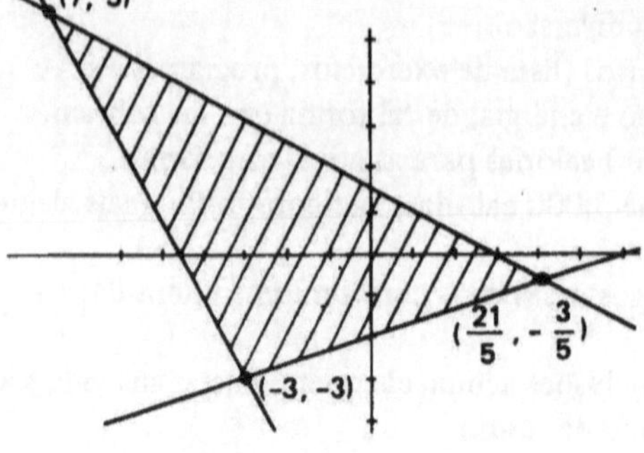

4.

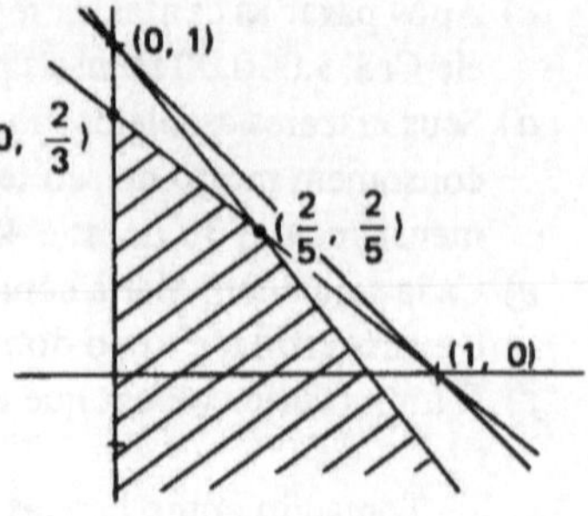

6. Não

8. $\begin{cases} x - 2y - 1 \leqslant 0 \\ x + \ \ y + 2 \geqslant 0 \\ 2x - \ \ y - 2 \leqslant 0 \\ 4x - 5y + 8 \geqslant 0 \end{cases}$

10. 80 do tipo A e nenhum de B.

12. O primeiro método 100 minutos e o segundo 25 minutos.

14. $T = 200°C$ e $P = 20$ atmosferas

14.7.2 Respostas de 14.6

1. Sugestão: faça x_1 = quantidade de televisores coloridos produzidos
   x_2 = quantidade de televisores branco e preto produzidos

3. Seja x_i = quantidade aplicada no investimento I_i

$$\begin{aligned} \text{Max } z &= 0{,}1x_1 + 0{,}08x_2 + 0{,}06x_3 + 0{,}05x_4 + 0{,}09x_5 \\ \text{s/a } & x_1 + x_2 + x_3 + x_4 + x_5 = 6.000.000 \\ & x_1 \leqslant x_3 + x_4 + x_5 \\ & x_2 + x_5 \geqslant 3;\ x_2 \leqslant x_4 \text{ e } x_i \geqslant 0 \end{aligned}$$

4. x_{ij} = quantidade (em toneladas) de fertilizante i comprado na loja j

$$\begin{aligned} \text{Min } z = {} & 450x_{11} + 425x_{12} + 480x_{13} + 180x_{22} + 200x_{23} + \\ & + 300x_{31} + 240x_{33} + 319x_{41} + 350x_{42} + 325x_{43} \end{aligned}$$

$$\begin{aligned} \text{s/a } & x_{11} + x_{12} + x_{13} = 185 \\ & x_{22} + x_{23} = 50 \\ & x_{31} + x_{33} = 50 \\ & x_{41} + x_{42} + x_{43} = 200 \end{aligned}$$

$$\begin{aligned} & x_{11} \leqslant 70 && x_{31} \leqslant 60 \\ & x_{12} \leqslant 100 && x_{33} \leqslant 35 \\ & x_{13} \leqslant 100 && x_{41} \leqslant 150 \\ & x_{21} \leqslant 30 && x_{42} \leqslant 100 \\ & x_{23} \leqslant 40 && x_{43} \leqslant 70 \end{aligned}$$

5. Sugestão: x_{ij} = número de máquinas de costura transportadas da cidade i para a cidade j ($i = 1, 2$; $j = 1, 2, 3$)

6. x_{ij} = barris de gasolina i usados na produção do combustível j

$$\text{Max } z = 7.200 \sum_{i=1}^{4} x_{i1} + 6.000 \sum_{i=1}^{4} x_{i2} + 5.000 \sum_{i=1}^{4} x_{i3} +$$

$$+ 4.900 \left[\left(7.100 - \sum_{j=1}^{3} x_{3j}\right) + \left(4.300 - \sum_{j=1}^{3} x_{4j}\right)\right] +$$

$$+ 3.800 \left[\left(4.000 - \sum_{j=1}^{3} x_{1j}\right) + \left(5.050 - \sum_{j=1}^{3} x_{2j}\right)\right]$$

s/a

$$0{,}68x_{11} + 0{,}86x_{21} + 0{,}91x_{31} + 0{,}99x_{41} \geqslant 0{,}95 \sum_{i=1}^{4} x_{i1}$$

$$0{,}68x_{12} + 0{,}86x_{22} + 0{,}91x_{32} + 0{,}99x_{42} \geqslant 0{,}90 \sum_{i=1}^{4} x_{i2}$$

$$0{,}68x_{13} + 0{,}86x_{23} + 0{,}91x_{33} + 0{,}99x_{43} \geqslant 0{,}85 \sum_{i=1}^{4} x_{i3}$$

$$\sum_{j=1}^{3} x_{1j} \leqslant 4.000 \qquad x_{11} + x_{21} + x_{31} + x_{41} \leqslant 10.000$$

$$\sum_{j=1}^{3} x_{2j} \leqslant 5.050 \qquad x_{13} + x_{23} + x_{33} + x_{43} \leqslant 15.000$$

$$\sum_{j=1}^{3} x_{3j} \leqslant 7.100 \qquad x_{ij} \geqslant 0$$

$$\sum_{j=1}^{3} x_{4j} \leqslant 4.300$$

Leituras Sugeridas e Referências

1 Bazaraa, M.S. e Jarvis, J.J.; *Linear Programming and Network Flows*, John Wiley & Sons, USA, 1977.

2 Campbell, H.G.; *Linear Algebra with Applications*, Appleton-Century-Crofts, USA, 1971.

3 Herstein, I.N.; *Tópicos de Álgebra* Editora Polígono, São Paulo, 1971.

4 Hoffman, K. e Kunze, R.: *Álgebra Linear*, Editora Polígono, São Paulo, 1971.
5 Kemeny, J., Snell, J. e Thompson, G.; *Introduction to Finite Mathematics*, Prentice Hall, Englewood Cliffs, 1975.
6 Leithold, L.; *O Cálculo com Geometria Analítica*; HARBRA, São Paulo, 1982.
7 Maculan, N. e Pereira, M.V.F.; *Programação Linear*, Editora Atlas, São Paulo, 1980.
8 Murty, K.; *Linear and Combinatorial Programming*, John Wiley & Sons, USA, 1976.
9 Solodovnikov, A. S.; *Systems of Linear Inequalities*, Mir, Rússia, 1979.

Bibliografia Geral

Boyer, C.B.; *História da Matemática*; Editora Edgar Blücher Ltda., Editora da U.S.P., São Paulo, 1974.

Bentley, D. e Cooke, K., *Linear Algebra with Differential Equations*; Holt, Rinehart and Winston, Inc., New York, 1973.

Bers, L.; *Calculus*; Holt, Rinehart and Winston, Inc., New York, 1967.

Campbell, H.G.; *Linear Algebra with Applications*; Appleton-Century-Crofts, New York, 1971.

Gelfand, I.M.; *Lectures in Linear Algebra*; Interscience Publishers, New York, 1961.

Halmos, P.; *Finite Dimensional Vector Spaces*; Van Nostrand Reinhold Company; New York, 1958.

Herstein, I.N.; *Tópicos de Álgebra*; Editora Polígono, São Paulo, 1970.

Hoffman, K. e Kunze, R.; *Álgebra Linear*; Editora Polígono, São Paulo, 1971.

Lang, S.; *Álgebra Linear*, Editora Edgar Blücher Ltda., São Paulo, 1971.

Isaacson, E. e Keller, H.; *Analysis of Numerical Methods*; Wiley, New York, 1966.

Kemeny, J., Snell, J. e Thompson, G.; *Introduction to Finite Mathematics*; Prentice Hall, Englewood Cliffs, 1957.

Lipschutz, S.; *Álgebra Linear*; McGraw-Hill do Brasil Ltda.. Rio de Janeiro, 1971.

Noble, B. e Daniel, J. *Applied Linear Algebra;* Prentice. Hall;Englewood Cliffs, New Jersey. 1977.

Paes Leme, P.J.S.; *Notas de Equações Diferenciais Ordinárias*; Impa, Rio, 1972.

Protter, M. e Morrey, C.; *College Calculus with Analytic Geometry*; Addison – Wesley Publishing Company, Inc., Reading, 1965.

SMSG; *Matemática: Curso Colegial*, vol. 3; Yale University Press, New Haven, 1965.

Struik, D.J., *A Concise History of Mathematics*; Dover, New York, 1967.

Índice Remissivo

D

E

F

G

H

I

S

T

U

V